普通高等教育“十二五”规划教材

电工技术

主　编　刘子建

副主编　罗瑞琼　胡燕瑜

主　审　邹逢兴

内 容 提 要

本书主要内容包括：电路模型和电路定律，电阻电路的等效变换，电阻电路的一般分析方法，电路定理，动态电路的时域分析，相量法，正弦稳态电路的分析，三相电路，含有耦合电感的电路，铁心变压器，三相异步电动机，继电接触器控制系统，MATLAB 在电路与电机分析中的应用。

本书理论深度适中，叙述简洁清晰，便于教与学。对重点、难点内容精心编写了相关例题和习题，有利于学生理解掌握，并培养和提高解决问题的能力。为了激发学习兴趣，书中还介绍了 15 个典型工程应用实例。

本书可作为高等学校非电类专业的电工技术教材，也可作为有关工程技术人员的参考书。

本书配有免费电子教案，读者可以从中国水利水电出版社网站以及万水书苑下载，网址为：http://www.waterpub.com.cn/softdown/或 http://www.wsbookshow.com。

图书在版编目（CIP）数据

电工技术 / 刘子建主编. -- 北京 : 中国水利水电出版社, 2014.1（2021.8 重印）
普通高等教育“十二五”规划教材
ISBN 978-7-5170-1617-5

Ⅰ. ①电… Ⅱ. ①刘… Ⅲ. ①电工技术－高等学校－教材 Ⅳ. ①TM

中国版本图书馆CIP数据核字(2013)第319030号

策划编辑：雷顺加　责任编辑：张玉玲　加工编辑：鲁林林　封面设计：李　佳

书　　名	普通高等教育“十二五”规划教材 **电工技术**
作　　者	主　编　刘子建 副主编　罗瑞琼　胡燕瑜 主　审　邹逢兴
出版发行	中国水利水电出版社 （北京市海淀区玉渊潭南路 1 号 D 座　100038） 网址：www.waterpub.com.cn E-mail：mchannel@263.net（万水） sales@waterpub.com.cn 电话：（010）68367658（发行部）、82562819（万水）
经　　售	北京科水图书销售中心（零售） 电话：（010）88383994、63202643、68545874 全国各地新华书店和相关出版物销售网点
排　　版	北京万水电子信息有限公司
印　　刷	三河市航远印刷有限公司
规　　格	170mm×227mm　16 开本　21.25 印张　415 千字
版　　次	2014 年 1 月第 1 版　2021 年 8 月第 4 次印刷
印　　数	8001—10000 册
定　　价	35.00 元

普通高等教育“十二五”规划教材

（电工电子课程群改革创新系列）

编审委员会名单

序

电能的开发及其广泛应用成为继蒸汽机的发明之后，近代史上第二次技术革命的核心内容。20 世纪出现的大电力系统构成工业社会传输能量的大动脉，以电、磁、光为载体的信息与控制系统则组成了现代社会的神经网络。各种新兴电工电子材料的开发和应用丰富了现代材料科学的内容，它们既得益于电工电子技术的发展，又为电工电子技术的进步提供物质条件。

电工电子技术的迅猛发展和广泛应用，可以说“无所不用，无处不在”，日益渗透到其他科学领域，促进其发展，在我国现代化建设中具有重要的作用。电工电子技术成为每一名工科学生的必修课程。

为了满足高校不同专业的学生对电工电子技术知识和技能的不同要求，在共性和差异之间找到平衡点，经过多年的探索，中南大学电工电子教学与实验中心构建了一套“多类别模块化组合式”的电工电子系列课程体系。根据中南大学课程群建设的总体规划，并结合现代电工电子技术发展的趋势与当今电工电子的应用环境，我们与中国水利水电出版社合作出版电工电子系列教材。计划首次出版 10 本，包括理论教材和实践教材两类。

理论教材按照不同专业分 4 个层次共 7 本：

电气信息类：电路理论，模拟电子技术，数字电子技术；

机制能动类：电工技术，电子技术；

材料化工类：电工学（多学时）；

工程管理类：电工学（少学时）。

实践教材按照不同教学环节共 3 本：

电路与电子技术实验教程；

电子技术课程设计教程；

电工电子实习教程。

本系列教材的特色可以归纳为以下几点：

1．对于相同的教学内容，不同层次的理论教材中，教学深度、广度和表述方法不同，以期符合不同的教学要求，满足对不同专业学生的教学需要。

2．注重基础知识的提炼与更新，注重工程性内容的引入，让学生既有扎实的理论基础，又能联系实际，培养学生的工程概念和能力。

3．紧跟科技发展的步伐，注重教学内容的关联性和完整性。具体体现在降低教学难度，注重介绍基本内容、基本方法和典型应用电路，尤其是集成电路的应用。

4. 引入仿真工具，对常用基本电路进行仿真分析，建立理论与实践沟通的桥梁。减少重要结论的推导和证明，将学生的注意力吸引到对电路结构的认识、元件参数的选择、性能指标的测试和实际制作上来。

目前我国高校的教育和教学模式还有赖于改革和完善，各专业的培养方案和课程建设也还在不断地探索中。本系列教材在满足本校教学要求的同时，也希望得到广大师生的批评、建议和鼓励。

中南大学电工电子课程群改革创新系列教材编委会

2013年12月18日

前　言

电工技术是高等院校非电类专业的一门专业基础课程。通过本课程的学习，可使学生掌握电路的基本理论和基本分析方法，了解几种典型电机的结构、原理、特性和应用，获得初步的电工技术实验技能，掌握一种仿真软件在电路与电机分析中的应用。

交通设备信息工程、机械设计制造及其自动化、车辆工程等专业要求电工技术课程介绍较多的电路理论知识和电机知识，以便为相关后续课程打好基础。为此，我们编写了这本教材。在编写过程中，我们所作的考虑如下：

（1）在内容安排上，按 64 学时的理论教学学时，精选电路理论和电机学两门课程的基础内容作为本教材内容。将电路理论和电机学分别安排在 1～9 章和 10～12 章加以介绍，使少学时的电工技术课程也可选用本教材。

（2）以适合学生自学为出发点，优先考虑阐述的清晰和可读性，对所需数学和物理知识作简单介绍，而对重点、难点内容讲清讲透，不吝啬篇幅。

（3）精选了丰富的例题和习题，以引导学生理解掌握本课程的重要知识，培养和提高学生分析解决问题的能力。

（4）在每章末尾都有小结，对本章讲述的主要内容进行归纳和提炼，以帮助学生对本章内容整体把握。

（5）为激发学生学习电工技术的兴趣，本教材结合教学内容精选了 15 个具有一定代表性的应用实例，应用实例部分可以作为学生自学的内容。

（6）电机内部电磁关系的分析很复杂，也很抽象，而根据电机的基本方程式和等效电路来分析电机的特性则比较简单。对非电类专业的学生来说，主要是要求掌握电机的特性。本书尽量从物理概念上阐述电机内部电磁关系的有关结论，避免复杂的数学推导，电机的特性则根据电机的基本方程式和等效电路导出，从而大大降低了电机学这部分内容的学习难度。

（7）随着计算机的普及和快速发展，计算机辅助分析技术在工程技术领域的应用越来越广泛。本书介绍 MATLAB 软件在电路与电机分析中的应用，使学生掌握基本的计算机辅助分析技术。

（8）制作相配套的电子课件，利于广大师生使用。

使用本书作为教材时，授课教师可根据学生的能力、培养计划和学时等因素，灵活地选用书中的内容。若选用第 1～9 章，则需 48 学时左右，讲完全部内容则需64学时左右。

本书由中南大学电工电子教学与实验中心组织编写，刘子建任主编，罗瑞琼、胡燕瑜任副主编，邹逢兴任主审。全书由刘子建统稿，共13章，第1～4章由罗瑞琼编写，第5～6章由胡燕瑜编写，第7～12章由刘子建编写，第13章由胡燕瑜和刘子建共同编写。

国防科技大学邹逢兴教授担任本书的主审，邹教授在百忙之中精心审阅了全部书稿，提出了许多宝贵意见，对完善和提高教材质量起到了重要作用，在此向邹教授表示深深的谢意。

本书在编写过程中，得到了中南大学电工电子教学与实验中心许多教师的支持与帮助，特别是罗桂娥、宋学瑞、张静秋、李中华、张晓丽、赖旭芝、刘曼玲、张亚鸣、李力争、谢平凡、吴显金、张婵娟、寻小惠、姜霞和罗群等教师审阅了本书的编写提纲和书稿，提出了很多改进意见和建议，对我们启发和帮助很大，在此表示衷心的感谢。

中南大学张升平老师仔细阅读了本书的初稿，提出了许多宝贵的意见和建议，在此表示诚挚的感谢。

由于编者水平有限，书中不足之处在所难免，敬请广大读者批评指正。

编 者

2013年12月于中南大学

目　　录

第 1 章　电路模型和电路定律

本章主要介绍电路模型的概念，电压、电流及其参考方向的概念，功率和能量的计算方法，基尔霍夫定律以及电阻、独立电源和受控电源等电路元件。

1.1　电路和电路模型

1.1.1　电路的作用和组成

若干个电气设备或器件按照一定方式组合起来，构成电流的通路，称为电路。

各种实际电路都是由电阻器、电容器、电感器等部件和晶体管、运算放大器等器件组成的，可以实现人们所需要的功能。随着微电子技术的发展，已可将若干部、器件制作在一块硅片上，在电气上相互连接，在结构上形成一个整体，即所谓的集成电路。日常生活中使用的实际电路随处可见，手电筒电路、照明电路、收音机电路、电视机电路以及计算机电路等都是实际电路的例子。

电路的类型是多种多样的，不同的电路其作用也是各不相同的。但就其基本功能而言，可分为两大类：一类是电能的产生、传输与转换电路；另一类是电信号的产生、传递与处理电路。电力系统是产生、传输与转换电能的典型例子，如图 1-1 所示为简单电力系统的基本结构示意图。扩音机是产生、传递与处理电信号的典型例子，其结构框图如图 1-2 所示。

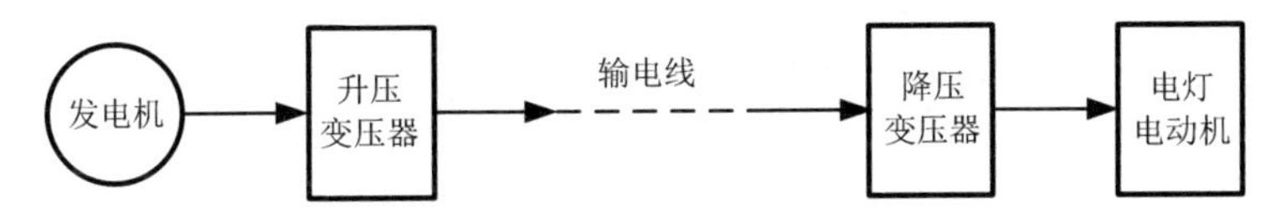

图 1-1　简单电力系统的基本结构示意图

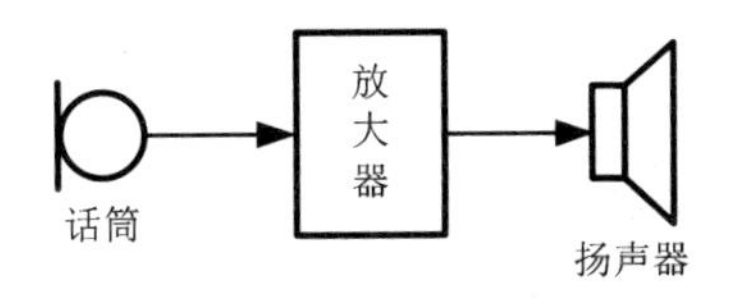

图 1-2　扩音机结构框图

实际电路都是由电源、负载和中间环节三部分组成的。产生电能或电信号的设备称为电源，如发电机、话筒、干电池等。用电设备称为负载，如电动机、电灯、扬声器等。连接电源与负载的部分称为中间环节，如变压器、放大器、连接导线等。

1.1.2 电路模型

分析任何一个物理系统，都要用理想化的模型描述该系统。例如，经典力学中的质点就是小物体的模型，质点的几何尺寸为零，却有一定的质量，有确定的位置和速度等。要分析实际电路的物理过程也需要构造出能反映该实际电路物理性质的理想化模型，也就是用一些理想化的元件相互连接组成理想化电路（电路模型），用以描述该实际电路，进而对电路模型进行分析，所得结果就反映了实际电路的物理过程。

电路模型只反映了电路的主要性能，而忽略了它的次要性能，因而电路模型只是实际电路的近似，两者不能等同。大量的实践经验表明，只要电路模型选取适当，按电路模型分析计算的结果与相应实际电路的观测结果是基本一致的。当然，如果模型选取不当，则会造成较大的误差，有时甚至得出相互矛盾的结果。

图 1-3（a）所示为手电筒电路，该电路由干电池、小灯泡、开关和手电筒壳（相当于导线）组成。其电路模型如图 1-3（b）所示，图中的电阻元件 R 作为小灯泡的电路模型，反映了将电能转换为热能和光能这一物理现象；干电池用电压源 U_S 和电阻 R_S 的串联组合作为模型，分别反映了电池内储化学能转换为电能以及电池本身消耗能量的物理过程；手电筒壳用理想导线（其电阻设为零）即线段表示；开关用理想开关（设开关闭合时其电阻为零、断开时其电阻为无穷大）表示。

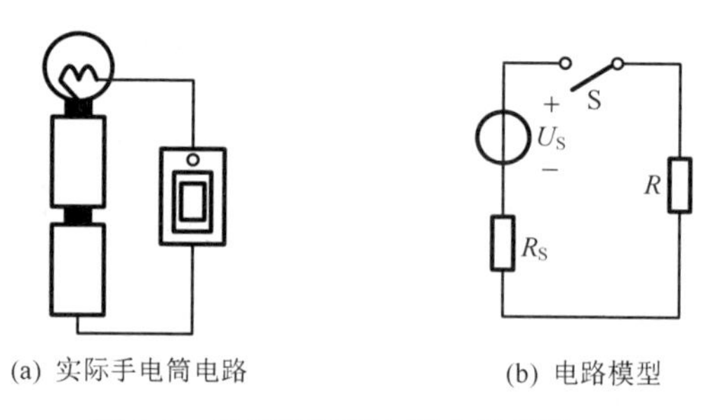

(a) 实际手电筒电路　　(b) 电路模型

图 1-3　手电筒电路与其电路模型

1.1.3 集总参数电路

电路理论主要研究电路中发生的电磁现象，用电流、电压来描述其中的过程。

我们只关心各器件端的电流和端子间的电压，而不涉及器件内部的物理过程。这只有在满足集总化假设的条件下才是合理的。

实际的器件、连接导线以及由它们连接成的实际电路都有一定的尺寸，占有一定的空间，而电磁能量的传播速度（$c=3\times10^{8}\,\mathrm{m/s}$）是有限的，如果电路尺寸$l$远小于电路最高工作频率$f$所对应的波长$\lambda$（$\lambda=c/f$），则可以认为传送到实际电路各处的电磁能量是同时到达的。这时，与电磁波的波长相比，电路尺寸可以忽略不计。从电磁场理论的观点来看，整个实际电路可看作是电磁空间的一个点，这与经典力学中把小物体看作质点相类似。

当实际电路的几何尺寸远小于工作波长时，我们用能足够精确反映其电磁性质的一些理想电路元件或它们的组合来模拟实际元件，这种理想化的电路元件称为集总参数元件，它们有确定的电磁性质和确切的数学定义。可以认为，电磁能量的消耗都集中于电阻元件，电场能量只集中于电容元件，磁场能量只集中于电感元件。对于这些具有两个端子的集总参数元件（简称二端元件），可用其流经端子的电流和两个端子间的电压来描述它们的电磁性能，而端电流和端子间的电压仅是时间的函数，与空间位置无关。

根据实际电路的几何尺寸 l 与其工作波长λ的关系，可以将实际电路分为两大类：满足$l<<\lambda$条件的电路称为集总参数电路，不满足$l<<\lambda$条件的另一类电路称为分布参数电路。我国电力用电的频率为 50Hz，该频率对应的波长为 6000km，因而 30km 长的输电线可以看作是集总参数电路，但长达数百或数千千米的输电线就不能看作集总参数电路，而要看作分布参数电路。

本书只讨论集总参数电路，且所涉及电路均指由理想电路元件构成的电路模型，同时把理想电路元件简称为电路元件或元件。通常，电路又称网络，本书中将不加区别地引用。

1.2　电路变量

描述电路的物理量有电压、电流、电荷、磁通、功率和能量等，它们一般都是时间的函数，通常把这些物理量统称为电路变量。在这些电路变量中，电流和电压是电路分析中最常用的两个变量，常将它们称为基本变量，这是因为一旦确定一个电路中的所有电压和电流，这个电路的基本特性也就被掌握了。

1.2.1　电流及其参考方向

把单位时间内通过导体横截面的电荷量 q 定义为电流，用 i 表示，即

$$i = \frac{\mathrm{d}q}{\mathrm{d}t} \tag{1-1}$$

上式中，当电荷量的单位用库[仑]（C）、时间的单位用秒（s）时，电流的单位为安[培]（A）。实际应用中还常用千安（kA）、毫安（mA）和微安（μA）等单位计量电流，它们之间的换算关系为$1\mathrm{A}=1000\mathrm{mA}=10^6\mu\mathrm{A}$，$1\mathrm{kA}=1000\mathrm{A}$。

电流的方向规定为正电荷运动的方向。如果电流大小和方向不随时间变化，则这种电流称为恒定电流或直流电流（Direct Current，DC）；若电流的大小和方向随时间做周期性变化，则称为交流电流（Alternating Current，AC）。最常见的交流电流是正弦交流电流。

在分析简单的电路时，可以确定电流的实际方向，但在分析复杂的电路时，对于电流的实际方向往往事先难以判断。例如交流电流的方向是随时间变化的，它的实际方向也就很难确定。为此，在分析电流时可以先假定一个方向，称之为参考方向。电流的参考方向通常用带有箭头的线段表示，如图 1-4 中实线箭头所示（图中的方框泛指具有两个端子的电路元件，即二端元件；或泛指由多个电路元件组成的对外具有两个端子的一段电路，即二端电路）。根据电流参考方向的规定，当电流为正值时，该电流的参考方向与实际方向（虚线箭头）相同，如图 1-4（a）所示；当电流为负值时，该电流的参考方向与实际方向相反，如图 1-4（b）所示。由此可知，在选定参考方向后，电流就有了正值和负值之分，电流值的正、负符号就反映了电流的实际方向。在未指定参考方向的情况下，讨论电流值的正或负是没有意义的。电流的参考方向可以任意指定，一般用箭头表示，也可以用双下标表示，例如，i_{AB}表示参考方向是由 A 到 B。值得注意的是，不能在分析电路的过程中随意改变在分析电路之前指定的参考方向。

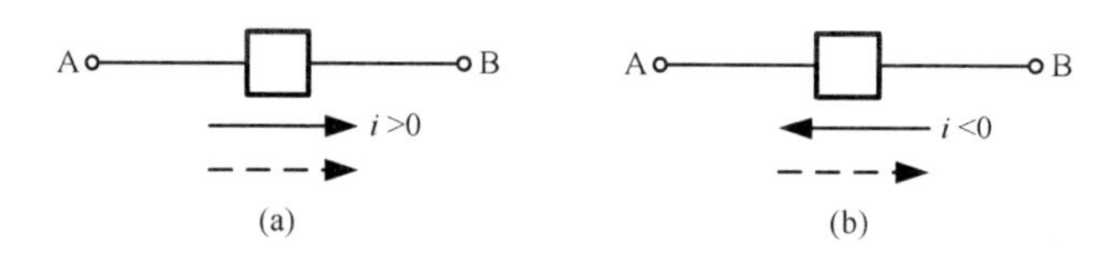

图 1-4 电流的参考方向

电荷在电路中流动，就必然有能量的转换发生。电荷在电路的某些部分（例如电源处）获得能量而在另外一些部分（如电阻元件处）失去能量。电荷在电源处获得的能量是由电源的化学能或机械能或其他形式的能量转换而来的。电荷在电路某些部分所失去的能量，或转换为热能（电阻元件处），或转换为化学能（如在被充电的电池处），或储存在磁场中（电感元件处）等。失去的能量是由电源提供的，因此在电路中存在着能量的流动，电源可以提供能量，有能量流出；电阻等元件吸收能量，有能量流入。

1.2.2　电压及其参考方向

电路中，电场力将单位正电荷从 A 点移到 B 点所作的功定义为 A、B 两点之间的电压，也称电位差，用 u 表示，即

$$u=\frac{\mathrm{d}w}{\mathrm{d}q} \tag{1-2}$$

上式中，当功的单位用焦[耳]（J）、电荷量的单位用库（C）时，电压的单位为伏[特]（V）。电压常用的单位还有千伏（kV）、毫伏（mV）等，换算关系为 $1\mathrm{kV}=10^3\mathrm{V}=10^6\mathrm{mV}$。

如果正电荷由 A 点移到 B 点获得能量，则 A 点为低电位，即负极，B 点为高电位，即正极。如果正电荷由 A 点移到 B 点失去能量，则 A 点为高电位，即正极，B 点为低电位，即负极。正电荷在电路中转移时电能的得或失表现为电位的升或降，即电压升或电压降。规定电压的方向为正极指向负极。

如果电压大小和极性不随时间变化，则这种电压称为直流电压；若电压的大小和极性都随时间做周期性变化，则称为交流电压。

如同需要为电流指定参考方向一样，也需要为电压指定参考方向。电压的参考方向在元件或电路的两端用“＋”、“－”符号来表示。“＋”表示高电位端，“－”表示低电位端，如图 1-5 所示。根据电压参考方向的规定，当电压为正值时，该电压的参考方向与实际方向相同；当电压为负值时，该电压的参考方向与实际方向相反。有时为了图示方便，也可用箭头表示电压的参考方向。还可以用双下标来表示电压，如 u_{AB} 表示 A 与 B 之间的电压，其参考方向为 A 指向 B。

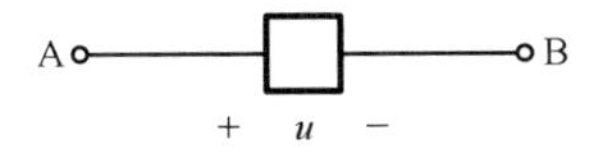

图 1-5　电压的参考方向

综上所述，在分析电路时，既要为流过元件的电流指定参考方向，也要为元件两端的电压指定参考方向，它们彼此可以独立无关地任意指定。如果指定流过元件的电流的参考方向是从标注正极的一端指向负极的一端，即两者的参考方向一致，则把电流和电压的这种参考方向称为关联参考方向，如图 1-6（a）所示；当两者不一致时，称为非关联参考方向，如图 1-6（b）所示。图 1-6（c）所示电路中指定了电压和电流的参考方向，对于 A 来说，其电压 u 和电流 i 的参考方向是非关联的；对于 B 来说，其电压 u 和电流 i 的参考方向是关联的。

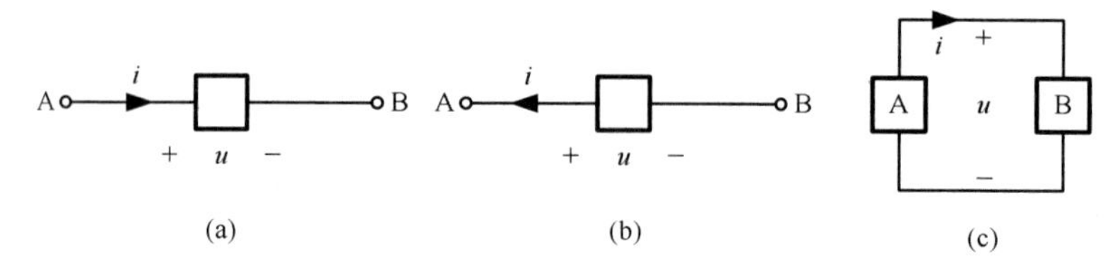

图 1-6　电压、电流的参考方向

1.2.3　功率和能量

在 1.2.2 节我们已经讲过，电路中存在能量的流动，现在来讨论电路中的某一段吸收或提供能量的速率，即功率的计算。用图 1-7 来表示该段电路，其电压和电流为关联参考方向。设在 dt 时间内由 A 点转移到 B 点的正电荷为 dq，则根据式（1-2）可知在转移过程中 dq 失去的能量为

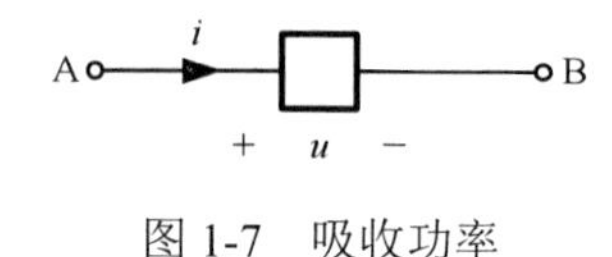

图 1-7　吸收功率

$$\mathrm{d}w = u\mathrm{d}q$$

电荷失去能量意味着这段电路吸收能量，亦即能量由电路的其他部分传送到这一部分。吸收能量的速率由功率 p 表示为

$$p = \frac{\mathrm{d}w}{\mathrm{d}t} = u\frac{\mathrm{d}q}{\mathrm{d}t}$$

因

$$i = \frac{\mathrm{d}q}{\mathrm{d}t}$$

故得

$$p = ui \qquad (1\text{-}3)$$

上式中，当电压的单位用伏（V）、电流的单位用安（A）时，功率的单位为瓦[特]（W）。

式（1-3）是在电压和电流为关联参考方向下推得的，按该式计算的功率表示某段电路吸收的功率，如果 $p>0$，则该段电路实际吸收功率；如果 $p<0$，则该段电路实际发出功率。

如果电压和电流为非关联参考方向，按式（1-3）计算的功率表示某段电路发出的功率，如果 $p>0$，则该段电路实际发出功率；如果 $p<0$，则该段电路实际吸收功率。

实际发出功率的元件在电路中相当于电源，实际吸收功率的元件在电路中相当于负载。

某段电路吸收了 50W 的功率，也可以认为它发出了 –50W 的功率；某段电路

发出了 50W 的功率，也可以认为它吸收了 –50W 的功率。

在一个完整的电路中，吸收的功率之和一定等于发出的功率之和，即电路中的功率平衡。功率平衡常常用来检查计算结果是否正确。

例 1-1　电路如图 1-8 所示，已知 $u = 6\text{V}$，$i = -3\text{A}$。求元件 A、B 吸收的功率和发出的功率。

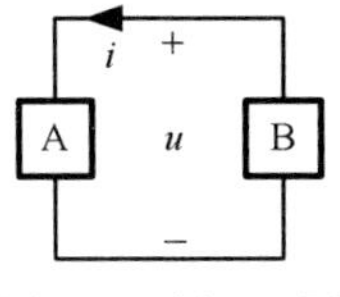

图 1-8　例 1-1 图

解： 对元件 A 来说，u 与 i 为关联参考方向；对元件 B 来说，u 与 i 为非关联参考方向。因此

$$p_{\text{A吸}} = ui = 6\times(-3) = -18\text{W}，\quad p_{\text{B发}} = ui = 6\times(-3) = -18\text{W}$$

上式表明：元件 A 吸收的功率为 -18W，即发出的功率为 18W；元件 B 发出的功率为 -18W，即吸收的功率为 18W。显然，元件 A 发出的功率等于元件 B 吸收的功率，电路中的功率是平衡的。

在电压、电流为关联参考方向的情况下，某段电路在 t_0 到 t 的时间内吸收的能量为

$$w(t) = \int_{t_0}^{t} p(\xi)\mathrm{d}\xi$$

上式中，当功率的单位用瓦（W）、时间的单位用秒（s）时，能量的单位为焦（J）。在电气工程中，能量单位除用焦之外，还常用千瓦小时（$\text{kW}\cdot\text{h}$）。功率为 1000W 的家用电器，使用 1 小时，吸收的能量为 $1\text{kW}\cdot\text{h}$，俗称 1 度电。

一个二端元件，如果对于所有的时刻 t，元件吸收的能量满足

$$w(t) = \int_{-\infty}^{t} p(\xi)\mathrm{d}\xi \geqslant 0 \qquad \forall t$$

则称该元件是无源的，否则就称为有源的。

1.3　基尔霍夫定律

集总参数电路由各种元件通过理想导线连接而成，若将每一个二端元件视为一条支路（branch），则分别称流经元件的电流和元件的端电压为支路电流和支路电压，它们是集总参数电路分析的对象。集总参数电路的基本规律也将用支路电流和支路电压来表达。

为了表达电路的基本规律，先介绍几个名词。支路的含义已如上所述。支路的连接点称为结点（node）。在图 1-9 所示电路中共有 7 条支路，5 个结点。显然，结点是两条或两条以上支路的连接点。为方便起见，在分析电路时，也可把支路看成是一个具有两个端子而由多个元件串联而成的组合。例如，把图中的元件 1 和 2 看作一条支路，这样，连接点 E 就不算结点。电路中的任一闭合路径称为回路（loop），

例如，图中元件 1、2、3、4，元件 3、5、6，元件 1、2、4、6、5 均构成回路，该电路共有 7 个回路。在回路内部不另含有支路的回路称为网孔（mesh），例如，图中元件 3、5、6，元件 4、6、7 均构成网孔，该电路有 3 个网孔。

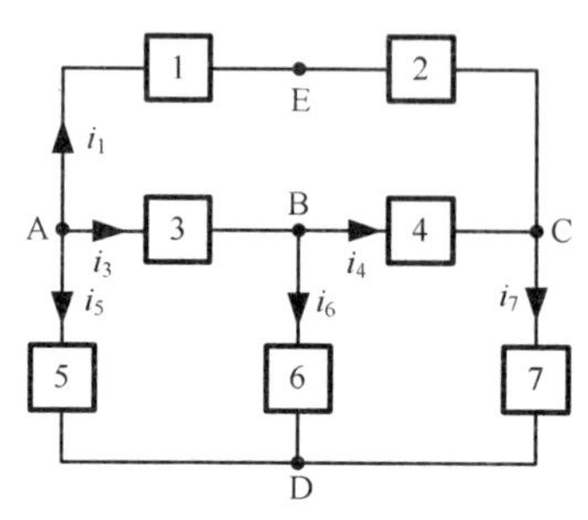

图 1-9　具有 5 个结点的电路

所谓电路的基本规律，包含两方面的内容。一是电路作为一个整体来看应服从什么规律，二是电路的各个组成部分各有什么表现，也就是其特性如何。这两方面都是不可少的。因为电路是由元件组成的，这个电路表现如何，既要看这些元件是怎样连接而构成一个整体的，又要看每个元件各具有什么特性。本节先说明电路整体的基本规律，即基尔霍夫定律。

1.3.1　基尔霍夫电流定律

基尔霍夫电流定律（Kirchhoff's Current Law，KCL）可表述为：对于任一集总参数电路中的任一结点，在任一时刻，流出（或流入）该结点的所有支路电流的代数和为零。其数学表达式为

$$\sum i = 0 \tag{1-4}$$

对结点应用 KCL 建立电路方程时，根据各支路电流的参考方向，既可规定流出结点的电流为正，也可规定流入结点的电流为正，两种取法任选一种。

例如，对图 1-9 所示电路应用 KCL，取流出结点的电流为正，可得

结点 A　$$i_1 + i_3 + i_5 = 0 \tag{1-5A}$$

结点 B　$$-i_3 + i_4 + i_6 = 0 \tag{1-5B}$$

结点 C　$$-i_1 - i_4 + i_7 = 0 \tag{1-5C}$$

结点 D　$$-i_5 - i_6 - i_7 = 0 \tag{1-5D}$$

式（1-5）称为 KCL 方程或结点电流方程。

基尔霍夫电流定律又称基尔霍夫第一定律，其物理背景是电荷守恒定律。

KCL 适用于任何集总参数电路，它与元件的性质无关。由 KCL 所得到的电路方程是齐次线性代数方程，它表明了电路中与结点相连接的各支路电流所受的

线性约束。

KCL 一般用于结点，但对包围几个结点的闭合面（可称为广义结点，即图论中的割集）也是适用的。例如，对图 1-10 中的闭合面 S，有

$$i_1 + i_2 + i_3 = 0 \tag{1-6}$$

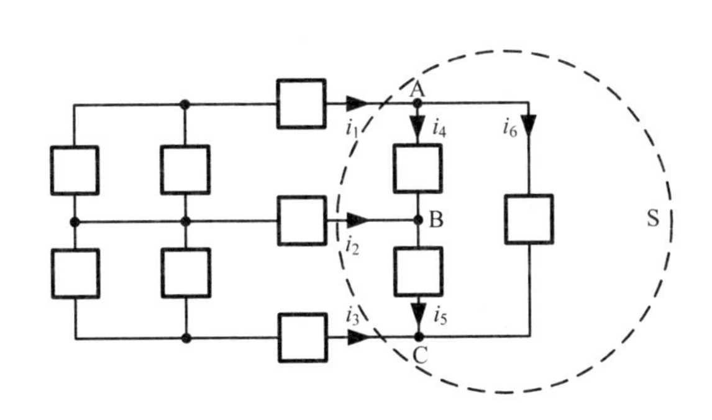

图 1-10　KCL 用于广义结点

下面证明式（1-6），以说明 KCL 为什么可用于包围几个结点的闭合面。

图 1-10 中的闭合面 S 内有 3 个结点，即结点 A、B 和 C，以电流流入为正，对这 3 个结点分别列写 KCL 方程，可得

结点 A　　$i_1 - i_4 - i_6 = 0$

结点 B　　$i_2 + i_4 - i_5 = 0$

结点 C　　$i_3 + i_5 + i_6 = 0$

将以上 3 个式子相加，可得 $i_1 + i_2 + i_3 = 0$，即式（1-6）。

S 内的电流 i_4、i_5 和 i_6 为什么不会在式（1-6）中出现呢？从上面的证明过程可以看出，i_4、i_5 和 i_6 是仅在 S 内流动的支路电流，它们在 S 所包围的所有结点的电流方程中各自出现两次，一次为正，一次为负，其和必为零，因此不会在式（1-6）中出现。

如果某一电路的两个分离部分之间只有一条连接导线，如图 1-11 所示，根据 KCL 可知，流过导线的电流 i 必为零。

例 1-2　求图 1-12 所示电路中的未知电流。

解：根据 KCL，可得

结点 A　　$i_1 - 2 + 1 = 0 \Rightarrow i_1 = 1\text{A}$

结点 C　　$i_2 - 3 + 1 = 0 \Rightarrow i_2 = 2\text{A}$

结点 D　　$i_3 - 8 + 2 = 0 \Rightarrow i_3 = 6\text{A}$

结点 E　　$i_4 - i_3 + 5 = 0 \Rightarrow i_4 = 1\text{A}$

结点 F $$i_5 + i_4 + 3 = 0 \Rightarrow i_5 = -4\text{A}$$

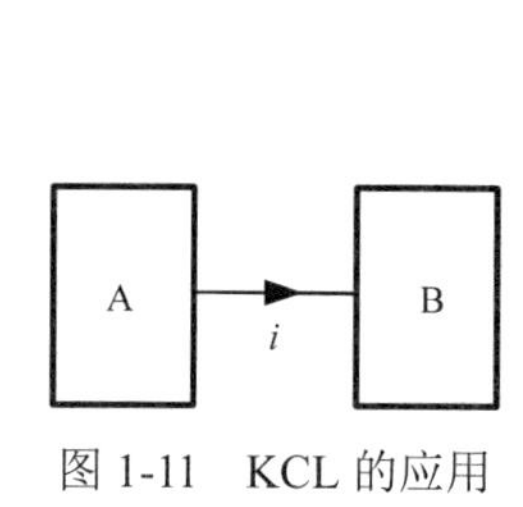

图 1-11 KCL 的应用

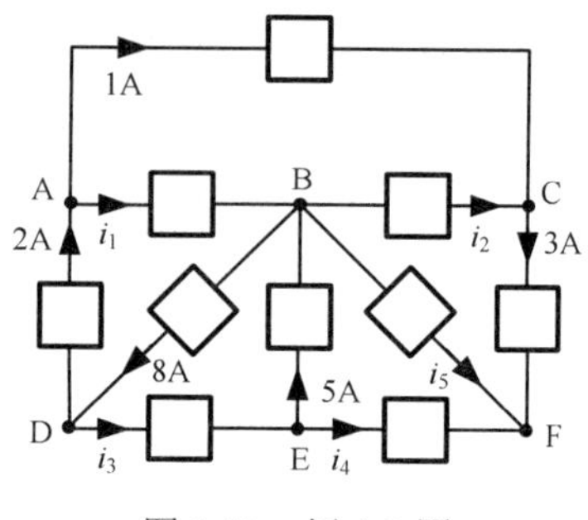

图 1-12 例 1-2 图

下面介绍 KCL 方程的独立性。

KCL 方程并非都是独立的。例如，把式（1-5）的四个方程相加就会出现 $0 \equiv 0$ 的恒等式，这说明这 4 个方程不是相互独立的，而是线性相关的，其中任何一个方程是另外三个方程的线性组合。一般地讲，对具有 n 个结点的电路，可列出 $n-1$ 个独立的 KCL 方程。这个问题可说明如下：在电路中，每条支路总是连接于两个结点之间，每个支路电流从某一结点流入，必从另一结点流出。这样，如果对电路的全部结点列写 KCL 方程，那么每个支路电流必然出现两次，且一次取正号、一次取负号，将所有结点的 KCL 方程相加必然出现 $0 \equiv 0$ 的恒等式，因此这 n 个 KCL 方程是线性相关的。但是，从这 n 个方程中任意去掉一个，余下的 $n-1$ 个方程一定是互相独立的。因为去掉一个 KCL 方程，则这方程中的支路电流在其他 KCL 方程中就只可能出现一次，因而如果把其余的 $n-1$ 个 KCL 方程相加，这些支路电流就不可能与其他支路电流相消，相加的结果不可能恒为零，因而这 $n-1$ 个 KCL 方程是互相独立的。

能提供独立的 KCL 方程的结点，称为独立结点。值得注意的是，独立结点是由 $n-1$ 个结点构成的一组结点，这 $n-1$ 个结点的 KCL 方程是互相独立的。具有 n 个结点的电路，任意 $n-1$ 个结点均构成独立结点。

1.3.2 基尔霍夫电压定律

基尔霍夫电压定律（Kirchhoff's Voltage Law，KVL）可表述为：对于任一集总参数电路中的任一回路，在任一时刻，沿该回路所有支路电压的代数和等于零。其数学表达式为

$$\sum u = 0 \tag{1-7}$$

应用 KVL 时，应指明回路的绕行方向。绕行方向可任意选取，既可取顺时针

方向，也可取逆时针方向。当支路电压的参考方向与回路的绕行方向一致时，该支路电压取正号，反之取负号。

例如，对图 1-13 所示电路应用 KVL 可得方程

回路 1　　$u_1 - u_2 - u_3 = 0$　　（1-8A）

回路 2　　$u_2 - u_4 + u_5 = 0$　　（1-8B）

回路 3　　$u_3 - u_5 + u_6 = 0$　　（1-8C）

回路 4　　$u_1 - u_4 + u_6 = 0$　　（1-8D）

式（1-8）称为 KVL 方程或回路电压方程。

基尔霍夫电压定律又称基尔霍夫第二定律，其物理背景是能量守恒定律。

KVL 适用于任何集总参数电路，它与元件的性质无关。由 KVL 所得到的电路方程是齐次线性代数方程，它表明了构成回路的电压所受的线性约束。

在电路分析中，常常需要求得某两点之间的电压。根据 KVL 容易得出：在集总参数电路中，任意两点 A、B 之间的电压 u_{AB} 等于沿 A 到 B 的任一路径上所有支路电压的代数和。例如，对图 1-14 所示电路，从 A 到 B 有 7 条路径，u_{AB} 可由下面 7 个表达式中的任一个求得

$$u_{AB} = u_1 + u_6$$

$$u_{AB} = u_2 + u_7$$

$$u_{AB} = u_3 + u_8$$

$$u_{AB} = u_1 + u_4 + u_7$$

$$u_{AB} = u_2 - u_4 + u_6$$

$$u_{AB} = u_2 + u_5 + u_8$$

$$u_{AB} = u_3 - u_5 + u_7$$

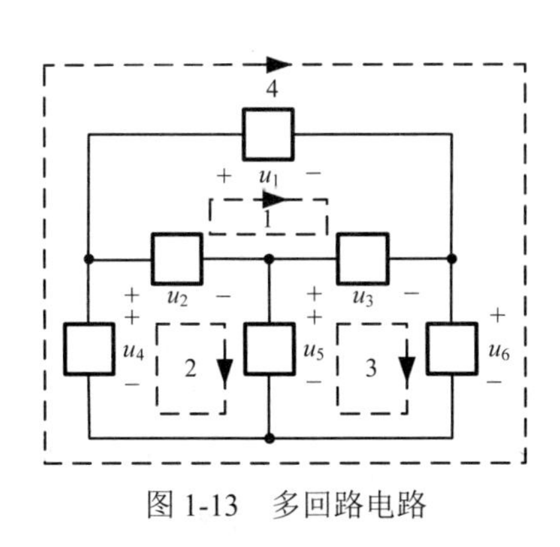

图 1-13　多回路电路

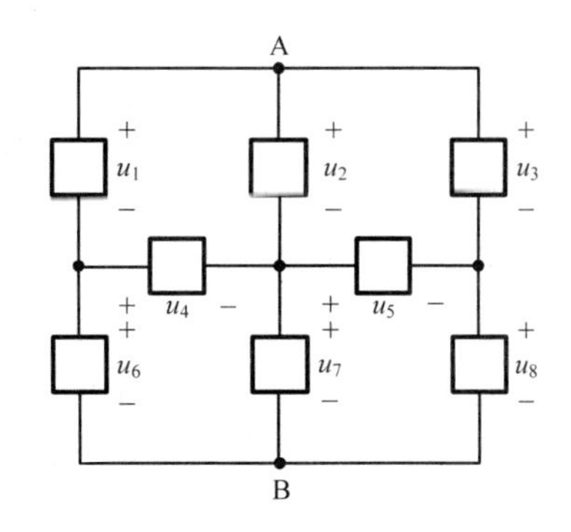

图 1-14　两结点之间的电压

例 1-3　求图 1-15 所示电路中的未知电压。

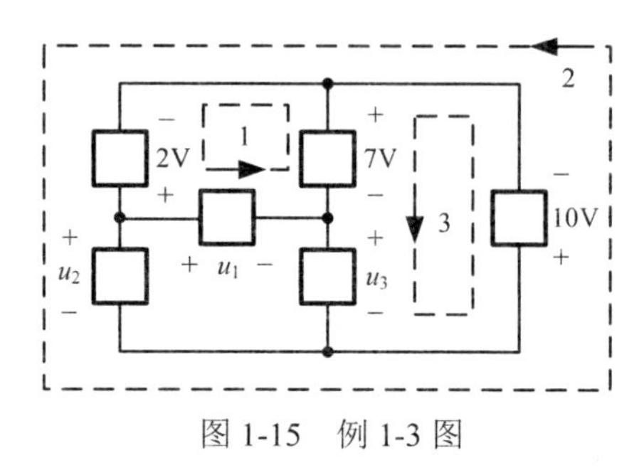

图 1-15 例 1-3 图

解：根据 KVL，可得

回路 1 $u_1-2-7=0\Rightarrow u_1=9\text{V}$

回路 2 $u_2-2+10=0\Rightarrow u_2=-8\text{V}$

回路 3 $u_3+7+10=0\Rightarrow u_3=-17\text{V}$

下面介绍 KVL 方程的独立性。

KVL 方程也并非都是独立的。例如，图 1-13 所示电路只有 6 个支路电压，但有 7 个回路，相应地可写出 7 个 KVL 方程，方程数比支路电压数还多，显然这 7 个方程是非独立的。可以证明：对任一具有 n 个结点、b 条支路的电路，可列出 $b-(n-1)$ 个独立的 KVL 方程。

能提供独立的 KVL 方程的回路，称为独立回路。值得注意的是，独立回路是由 $b-(n-1)$ 个回路构成的一组回路，这 $b-(n-1)$ 个回路的 KVL 方程是互相独立的。具有 n 个结点、b 条支路的电路，从中任选 $b-(n-1)$ 个回路，不一定能构成独立回路。独立回路可以这样选取：使所选的每一个回路中都包含有一个其他回路所不包含的新支路。对于复杂的电路，可借助网络图论的相关知识来确定独立回路，本书中对网络图论不作详细介绍。

1.4 电阻电路元件

上节讨论了电路中各支路电流之间以及各支路电压之间分别应遵循的规律。电路是由元件连接组成的，而各种元件都有精确的定义，由此可确定每一元件电压与电流之间的关系（Voltage Current Relation，VCR）。元件的 VCR 连同基尔霍夫定律构成了集总参数电路分析的基础。

本书涉及的电路元件有电阻元件、电容元件、电感元件、耦合电感元件、理想变压器、独立电源和受控电源。电阻元件、独立电源和受控电源放在本节介绍，其他元件放在后面的章节介绍。

1.4.1　电阻元件

电阻元件是从实际电阻器抽象出来的模型，用以反映电阻器对电流呈现阻力的性能。

一个二端元件，如果在任意时刻 t，其两端的电压 u 与流经它的电流 i 之间的关系能用 $u-i$ 平面（或 $i-u$ 平面）上通过原点的一条曲线所确定，则此二端元件称为电阻元件。$u-i$ 平面（或 $i-u$ 平面）上的这条曲线称为电阻元件在时刻 t 的伏安特性曲线。

电阻元件按其伏安特性曲线是否为通过原点的直线可分为线性电阻元件和非线性电阻元件，按其伏安特性曲线是否随时间变化可分为时不变电阻元件和时变电阻元件。

一、线性时不变电阻元件

如果一个电阻元件的伏安特性曲线是一条不随时间变化、通过原点的直线，则该电阻元件称为线性时不变电阻元件，其电路符号如图 1-16（a）所示。在电压和电流取关联参考方向的情况下，线性时不变电阻元件的伏安特性曲线如图 1-16（b）所示，该伏安特性曲线的数学描述为

$$u = Ri \tag{1-9A}$$

或

$$i = Gu \tag{1-9B}$$

式中，R 称为电阻，单位为欧[姆]（Ω），它的大小也就是电阻元件伏安特性曲线的斜率；G 称为电导，单位是西[门子]（S）；R 和 G 互为倒数，即 $G=1/R$。R 和 G 都是电阻元件的参数。式（1-9）就是欧姆定律的数学表达式，因此，线性时不变电阻元件是一种满足欧姆定律的电阻元件。为了表述方便，本书把线性时不变电阻元件简称为电阻。

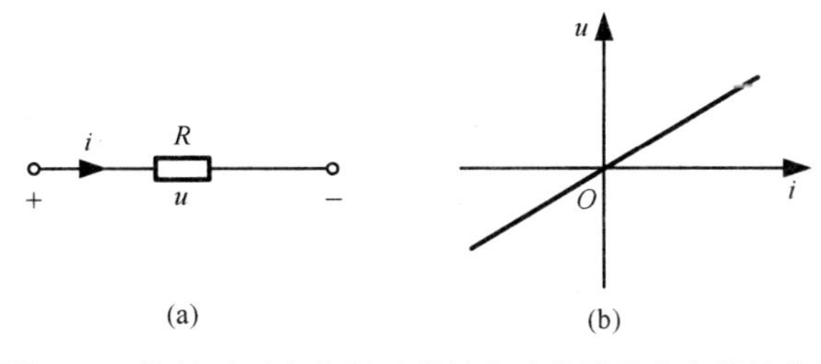

图 1-16　线性时不变电阻元件的电路符号及伏安特性曲线

式（1-9）中的 R 或 G 既可取正值，也可取负值。把 R 或 G 取正值的电阻称为正电阻，把 R 或 G 取负值的电阻称为负电阻。通常，电阻一词指具有正实常数

R 或 G 的线性时不变电阻。本书中，除非特别说明，电阻都是指正电阻。利用电子电路可以实现负电阻，某些电子器件也表现出负电阻特性。

当 $R=0$ 时，由式（1-9）可知，不论流过电阻的电流为多大，其两端的电压恒等于零，此时电阻相当于短路（Short Circuit），短路的伏安特性曲线就是 u-i 平面上与 i 轴重合的直线，如图 1-17（a）所示。当 $G=0$（即 $R=\infty$）时，由式（1-9）可知，不论施加电阻两端的电压为多大，流经电阻的电流恒等于零，此时电阻相当于开路（Open Circuit），开路的伏安特性曲线就是 u-i 平面上与 u 轴重合的直线，如图 1-17（b）所示。如果电路中的一对端子 $1-1'$ 之间呈断开状态，如图 1-17（c）所示，这相当于 $1-1'$ 之间接有 $R=\infty$ 的电阻，此时称 $1-1'$ 处于开路。如果把一对端子 $1-1'$ 用理想导线（电阻为零）连接起来，称这对端子 $1-1'$ 被短路，如图 1-17（d）所示。

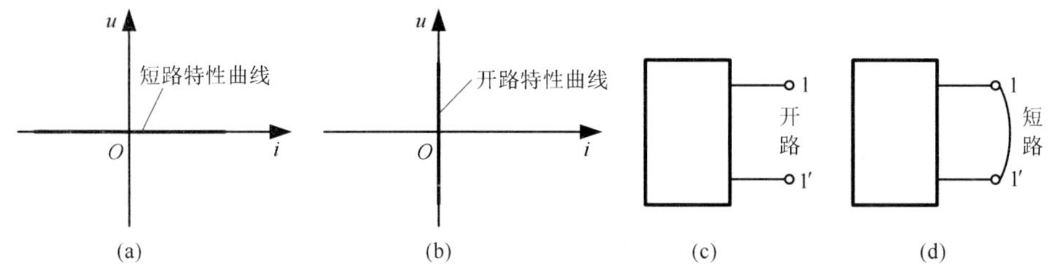

图 1-17　短路、开路的伏安特性曲线及示例

当电阻的电压和电流取关联参考方向，其吸收的功率为

$$p = ui = Ri^2 = \frac{u^2}{R}$$

显然，如果 R 为正值，则 p 非负，电阻吸收功率，即正电阻属于耗能元件和无源元件；如果 R 为负值，则 p 非正，电阻发出功率，即负电阻属于有源元件。

应该指出，式（1-9）是在电阻的电压和电流采用关联参考方向的情况下得到的。若电压和电流采用非关联参考方向，则电阻的电压和电流关系为

$$u = -Ri$$

或

$$i = -Gu$$

作为理想电路元件，电阻元件上的电压和电流可以不受限制，但实际的电阻器件对电压、电流或功率却有一定的限额。因此，在实际使用电阻器件时，不仅要考虑其电阻值，还要考虑其额定功率。

二、非线性时不变电阻元件

由于在电路理论中，电阻元件一词有着如上所述的一般定义，这样便可在一

定条件下，把一些电子、电气器件用电阻元件来表示。任何一个二端元件，只要从端子上看能满足电阻元件的定义，都可以看作电阻元件，不论其内部结构和物理过程如何，如二极管。

半导体二极管的电路符号如图 1-18（a）所示，其中 A 端为阳极，K 端为阴极。当半导体二极管的电压和电流的参考方向如图 1-18（a）所示时，其伏安特性可用函数表示为

$$i = I_S(e^{\frac{qu}{kT}} - 1) \tag{1-10}$$

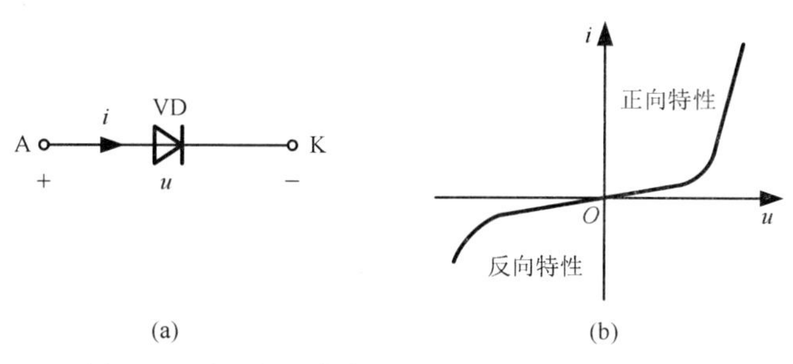

图 1-18　半导体二极管的电路符号及伏安特性曲线

式中，I_S 为一常数，称为反向饱和电流，q 为电子的电荷（1.6×10^{-19}C），k 为波尔兹曼常数（1.38×10^{-23}J/K），T 为热力学温度。当 $u>0$ 时，称半导体二极管加正向电压；当 $u<0$ 时，称半导体二极管加反向电压。由式（1-10）可定性画出半导体二极管的伏安特性曲线，如图 1-18（b）所示，因此半导体二极管可看作一种非线性时不变电阻元件。

有时为了简化包含半导体二极管的电路的分析，常把半导体二极管近似看作理想二极管。理想二极管的特点是：加正向电压时，二极管完全导通，相当于短路；加反向电压时，二极管截止，电流为零，相当于开路。理想二极管的伏安特性曲线如图 1-19 所示。

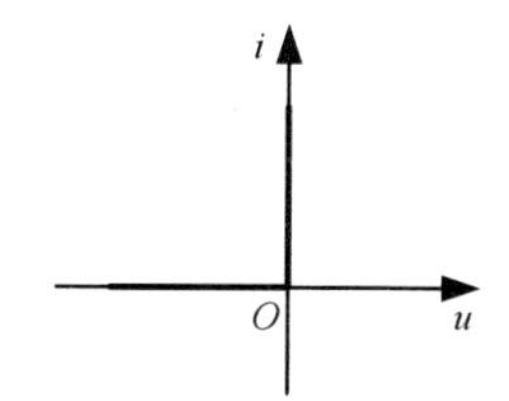

图 1-19　理想二极管的伏安特性曲线

1.4.2　独立电源

独立电源是实际电源的理想化模型，包括电压源和电流源。独立电源在电路中起着“激励”作用，将在电路中产生电压和电流，这些由独立电源引起的电压和电流就是“响应”。

一、电压源

一个二端元件，如果其端电压 u 总能保持为给定的电压 $u_S(t)$，而与通过它的电流 i 无关，则称其为电压源。电压源的电路符号如图 1-20（a）所示，图中 $u_S(t)$ 称为电压源的激励电压。当 $u_S(t)$ 为恒定值时，这种电压源称为直流电压源，其伏安特性曲线如图 1-20（b）所示，图中 U_S 为常数；当 $u_S(t)$ 是时间 t 的函数，这种电压源称为时变电压源，其伏安特性曲线如图 1-20（c）所示。

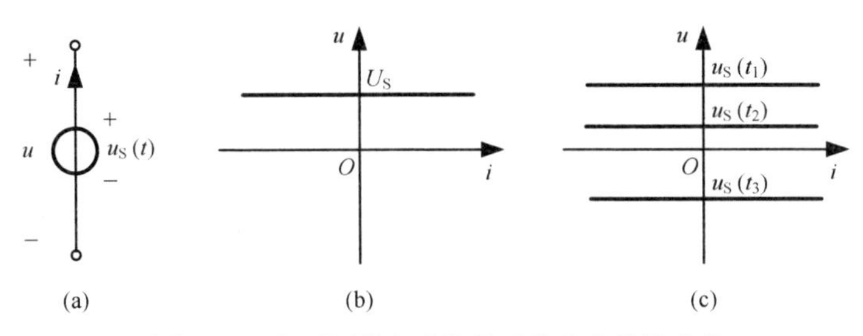

图 1-20　电压源的电路符号及其伏安特性曲线

电压源不接外电路时，电流 i 总为零值，这种情况称为"电压源处于开路"。如果一个电压源的电压 $u_S(t)=0$，则其伏安特性曲线与 i 轴重合，相当于短路。把 $u_S(t)\neq 0$ 的电压源短路是没有意义的，因为短路时端电压 $u=0$，这与电压源的特性不相容。流过电压源的电流由电压源和与它相连的外电路共同决定。例如，电压源 $u_S(t)$ 外接电阻 R，则流过电压源的电流 $i(t)=u_S(t)/R$。

电压源的端电压和电流常取非关联参考方向，如图 1-20（a）所示，此时电压源发出的功率

$$p(t)=u(t)i(t)$$

例 1-4　图 1-21 所示电路中，$U_{S1}=4\text{V}$，$U_{S2}=8\text{V}$，$U_{AB}=20\text{V}$，$R_1=5\Omega$，$R_2=7\Omega$，求电流 I。

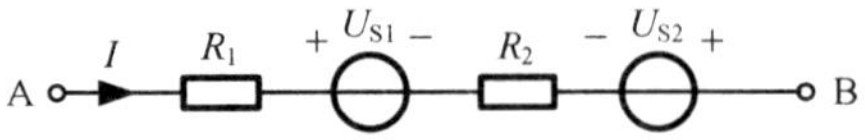

图 1-21　例 1-4 图

解：根据 KVL，得

$$U_{AB}=R_1I+U_{S1}+R_2I-U_{S2}$$

由此可得

$$I=\frac{U_{AB}-U_{S1}+U_{S2}}{R_1+R_2}=\frac{20-4+8}{5+7}=2\text{A}$$

二、电流源

一个二端元件，如果其端电流 i 总能保持为给定的电流 $i_S(t)$，而与它的端电压 u 无关，则称其为电流源。电流源的电路符号如图 1-22（a）所示，图中 $i_S(t)$ 称为电流源的激励电流。当 $i_S(t)$ 为恒定值时，这种电流源称为直流电流源，其伏安特性曲线如图 1-22（b）所示，图中 I_S 为常数；当 $i_S(t)$ 是时间 t 的函数，这种电流源称为时变电流源，其伏安特性曲线如图 1-22（c）所示。

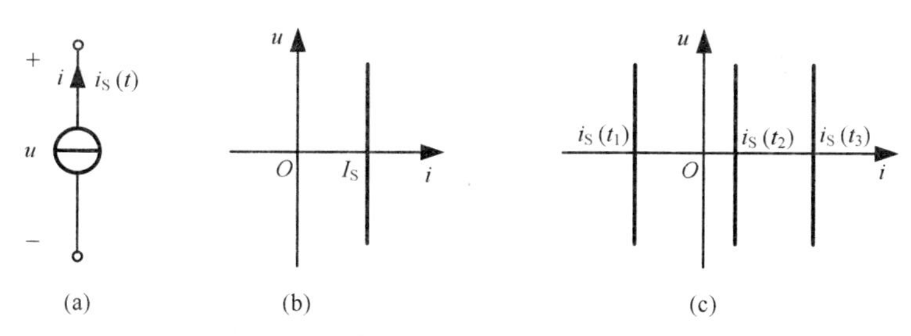

图 1-22　电流源的电路符号及其伏安特性曲线

电流源两端短路时，其端电压 $u=0$，而 $i=i_S(t)$。如果一个电流源的电流 $i_S(t)=0$，则其伏安特性曲线与 u 轴重合，相当于开路。把 $i_S(t)\neq 0$ 的电流源开路是没有意义的，因为开路时的电流 i 必为零，这与电流源的特性不容。电流源的端电压由电流源和与它相连的外电路共同决定。例如，电流源 $i_S(t)$ 外接电阻 R，则电流源的端电压 $u(t)=Ri_S(t)$。

电流源的端电压和电流常取非关联参考方向，如图 1-22（a）所示，此时电流源发出的功率

$$p(t)=u(t)i(t)$$

例 1-5　求图 1-23 中各元件的功率。

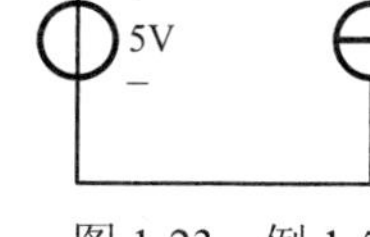

图 1-23　例 1-5 图

解：根据 KVL 可得电流源的端电压

$$U=3\times 1+5=8\text{V}$$

电流源发出的功率

$$p_{1A}=U\times 1=8\times 1=8\text{W}$$

电压源吸收的功率

$$p_{5V}=5\times 1=5\text{W}$$

电阻吸收的功率

$$p_{3\Omega}=3\times 1^2=3\text{W}$$

从该例可以看出，当电路中含有多个独立电源时，在有些情况下，电源也可以吸收功率。充电中的可充电电池就是独立电源吸收功率的一个实例。

1.4.3 受控电源

前面讨论的电阻元件、电压源和电流源均属二端元件，它们对外只有两个端子。下面介绍一种有 4 个端子的元件——受控电源。与独立电源不同，受控电源的输出电压或电流受到电路中其他支路的电压或电流的控制，也称为非独立电源。

受控电源是由电子器件抽象出来的一种模型。一些电子器件，如晶体管、真空管等均具有输入端的电压或电流能控制输出端的电压或电流的特点，随着电子器件的发展，人们提出了受控电源元件。受控电源是一种 4 端元件，它含有两条支路，其一为控制支路，这条支路或为开路或为短路；另一支路为受控支路，这条支路或用一个受控“电压源”表明该支路的电压受控制的性质，或用一个受控的“电流源”表明该支路的电流受控制的性质。这两种“电源”并非严格意义上的电源，只是一种借用。

受控电源可分为四种：电压控制电压源（Voltage Controlled Voltage Source，VCVS）、电压控制电流源（Voltage Controlled Current Source，VCCS）、电流控制电压源（Current Controlled Voltage Source，CCVS）、电流控制电流源（Current Controlled Current Source，CCCS）。这四种受控电源的电路符号如图 1-24 所示。为了与独立电源相区别，用菱形符号表示其电源部分。图 1-24 中 u_1 和 i_1 分别表示控制电压和控制电流，μ、g、r 和 β 分别是有关的控制系数，μ 称为转移电压比，g 称为转移电导，r 称为转移电阻，β 称为转移电流比。这些控制系数为常数时，被控制量与控制量成正比，这种受控电源称为线性时不变受控电源。本书只考虑线性时不变受控电源，使用时简称受控电源。

下面讨论受控电源吸收的功率。如图 1-24 所示，采用关联参考方向，则受控电源吸收的功率为

$$p = u_1 i_1 + u_2 i_2$$

由于控制支路不是开路（$i_1 = 0$）就是短路（$u_1 = 0$），因此上式可写成

$$p = u_2 i_2$$

以 VCCS 为例来计算受控电源吸收的功率。如图 1-25 所示，将 VCCS 的控制支路与电压源 u_S 相连，被控制支路与电阻 R_L 相连。此时由于 $u_2 = -R_L i_2$，$i_2 = g u_1$，因此 VCCS 吸收的功率为

$$p = u_2 i_2 = -R_L i_2^2 = -R_L (g u_1)^2 = -R_L g^2 u_1^2$$

上式表明，受控电源吸收的功率为非正值，即受控电源实际发出功率，因此受控电源是一种有源元件。

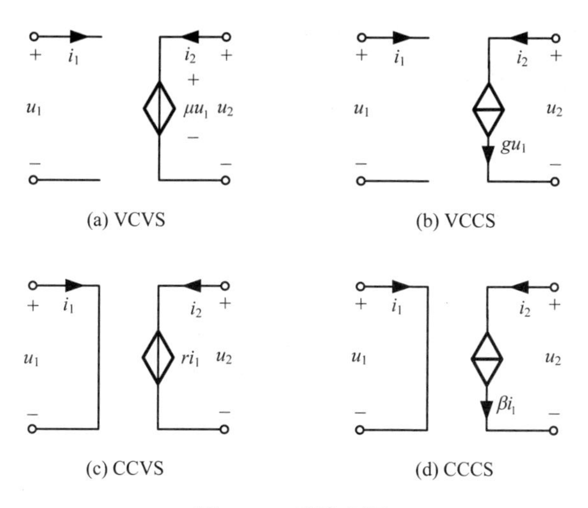

图 1-24　受控电源

受控电源与独立电源都是有源元件，都能对外提供能量，但两者是完全不同的电路元件。独立电源本身能向电路提供能量，而受控电源向电路提供的能量来自于使该受控电源正常工作的外加独立电源，这是两者的本质区别。一个电路中，如果没有独立电源，那么即使有再多的受控电源，该电路中也不会产生任何电压和电流。

例 1-6　电路如图 1-26 所示，已知 $I_S = 1A$，VCCS 的控制系数 $g = 3S$，求电压 U。

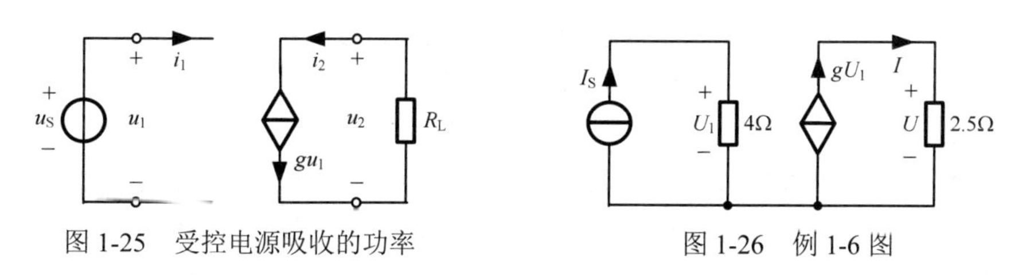

图 1-25　受控电源吸收的功率　　图 1-26　例 1-6 图

解：

$$U_1 = 4I_S = 4\times 1 = 4V$$

$$I = gU_1 = 3\times 4 = 12A$$

$$U = 2.5I = 2.5\times 12 = 30V$$

例 1-7　电路如图 1-27 所示，求受控电流源发出的功率。

解：根据 KCL 可得

$$I = I_1 + 0.5I_1$$

对左边网孔列写 KVL 方程

$$3I_1 + 2I - 18 = 0$$

联立求解以上两式，可得

$$I_1 = 3\text{A}\,,\quad I = 4.5\text{A}$$

因此

$$U = 2I = 2 \times 4.5 = 9\text{V}$$

故受控电流源发出的功率

$$p = U \times 0.5I_1 = 9 \times 0.5 \times 3 = 13.5\text{W}$$

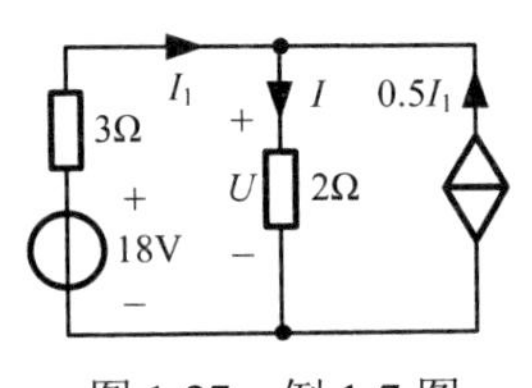

图 1-27　例 1-7 图

由线性时不变电阻、独立电源和线性时不变受控电源组成的电路称为线性时不变电阻电路，简称电阻电路。以下三章将进一步讨论电阻电路的分析和计算。

1.5　应用实例：安全用电与人体电路模型

所谓安全用电，是指在使用各种用电设备时，为防止各种电气事故危及人的生命及设备的正常运行所采取的必要安全措施和规定的用电注意事项。

电作为一种能量形式，在特定的情况下可能导致电伤害。在高压输电线或大型电气设备附近往往可以看到"危险－高压"等类似的警告牌，这说明电能可能是危险的。

电能能否造成人身伤害取决于电流的大小、持续的时间、频率和电流如何通过人体。电流的大小取决于电压和电阻。人体电阻大约为 10～50kΩ，当角质层被破坏时，则降到 800～1000Ω。为了不至于造成人身伤害，有必要给出安全电压值或安全电流值。目前，大多数国家将交流 50V 作为安全电压的极限值。我国规定交流 42V、36V、24V、12V 和 6V 为安全电压的额定值。电气设备安全电压值的选用应根据使用环境、使用方式和工作人员状况等因素选用不同等级的安全电压。目前根据国际电工委员会标准，不论男女老少均采用 10mA 作为安全电流值。

电流对人体能产生综合性的影响。电流通过人体后，使肌肉收缩产生运动，造成机械性损伤。电流产生的生物化学反应将引起人体一系列的病理反应和变化，从而使人体遭受严重的伤害。其中尤为严重的是当电流流经心脏时，微小的电流即可引起心室颤动，甚至导致死亡。表 1-1 给出人体对不同电流的生理反应，这些数据是科学家通过事故原因分析获得的近似结果。

表 1-1　人体对电流的生理反应

电流大小/mA	生理反应
1～5	能感觉到，但无害
10	有害电击，但没有失去肌肉控制
23	严重有害电击，肌肉收缩，呼吸困难
35～50	极端痛苦
50～70	肌肉麻痹
235	心脏颤动，通常在几秒钟内死亡
500	心脏停止跳动

可以通过建立简单的人体电路模型来进一步研究电流流经人体的情况。图 1-28（a）为人体简化电路模型，其中 $R_1 \sim R_4$ 分别表示头颈、臂、胸腹和腿的电阻。一种可能的触电方式为手和单脚接触电气设备电源的两端而遭受电击，如图 1-28（b）所示，其中 R_{P1}、R_{P2} 分别为手部和脚部的接触电阻，u_S 为电源电压。通常我们可以假设 $u_S = 220\text{V}$，$R_1 = 500\Omega$，$R_2 = 350\Omega$，$R_3 = 50\Omega$，$R_4 = 200\Omega$，$R_{P1} = 3\text{k}\Omega$，$R_{P2} = 8\text{k}\Omega$，则流过人体的电流为

$$i = \frac{u_S}{R_{P1} + R_2 + R_3 + R_4 + R_{P2}} = \frac{220}{3000 + 350 + 50 + 200 + 8000} = 18.97\text{mA}$$

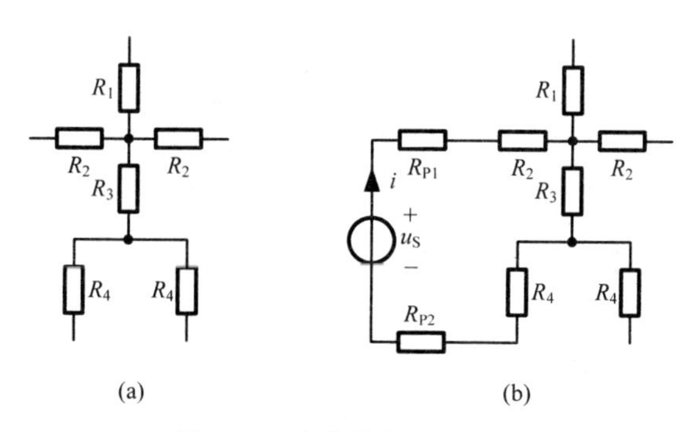

图 1-28　人体简化电路模型

可见，流经人体的电流超过了安全电流值，如果触电将导致电击安全事故。一旦出现触电事故，先要切断电源，再实施其他抢救措施。

（1）电路理论研究的直接对象是电路模型，而不是实际电路。电路模型是对实际电路的科学抽象。电路模型是由电路元件连接而成的整体。

（2）电路理论主要研究电路中发生的电磁现象，用电压、电流和功率等物理量来描述其中发生的过程。

（3）电压和电流的参考方向是电路理论中的一个重要概念。在电路分析和计算前，必须在电路图上标出参考方向。参考方向可以任意指定，但一经指定，在电路分析和计算的过程中则不能更改。

（4）当电压和电流取关联参考方向，$p=ui$表示吸收功率，若$p>0$，实际吸收功率，若$p<0$，实际发出功率；当电压和电流取非关联参考方向，$p=ui$表示发出功率，若$p>0$，实际发出功率，若$p<0$，实际吸收功率。

（5）基尔霍夫定律是集总参数电路的基本定律，包括 KCL 和 KVL，其中 KCL 描述电路中各支路电流之间的约束关系，KVL 描述电路中各支路电压之间的约束关系。

（6）电阻、独立电源和受控电源都是常见的电路元件。电路元件的 VCR 与基尔霍夫定律一起构成集总参数电路分析的基础。

1-1　求图题 1-1 所示电路中每个元件的功率，并说明是吸收还是发出功率。

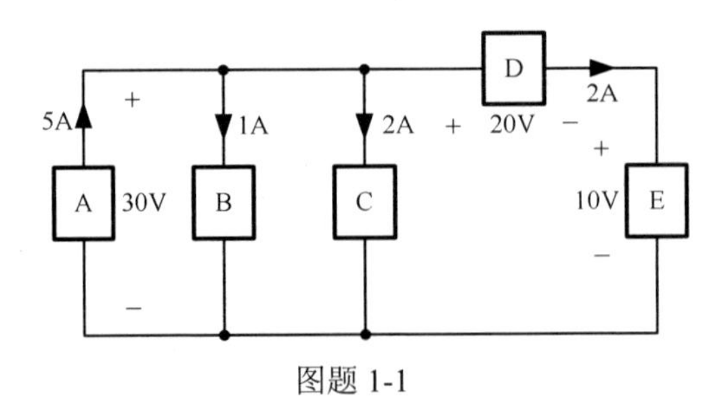

图题 1-1

1-2　求图题 1-2 所示各电路中每个元件的功率，并说明是吸收还是发出功率。

1-3　电路如图题 1-3 所示，试求：（1）图（a）中的i_1和u_{ab}；（2）图（b）中的u_{cb}。

1-4　电路如图题 1-4 所示，试求指定的电压和电流。

1-5　电路如图题 1-5 所示，试求电压 U。

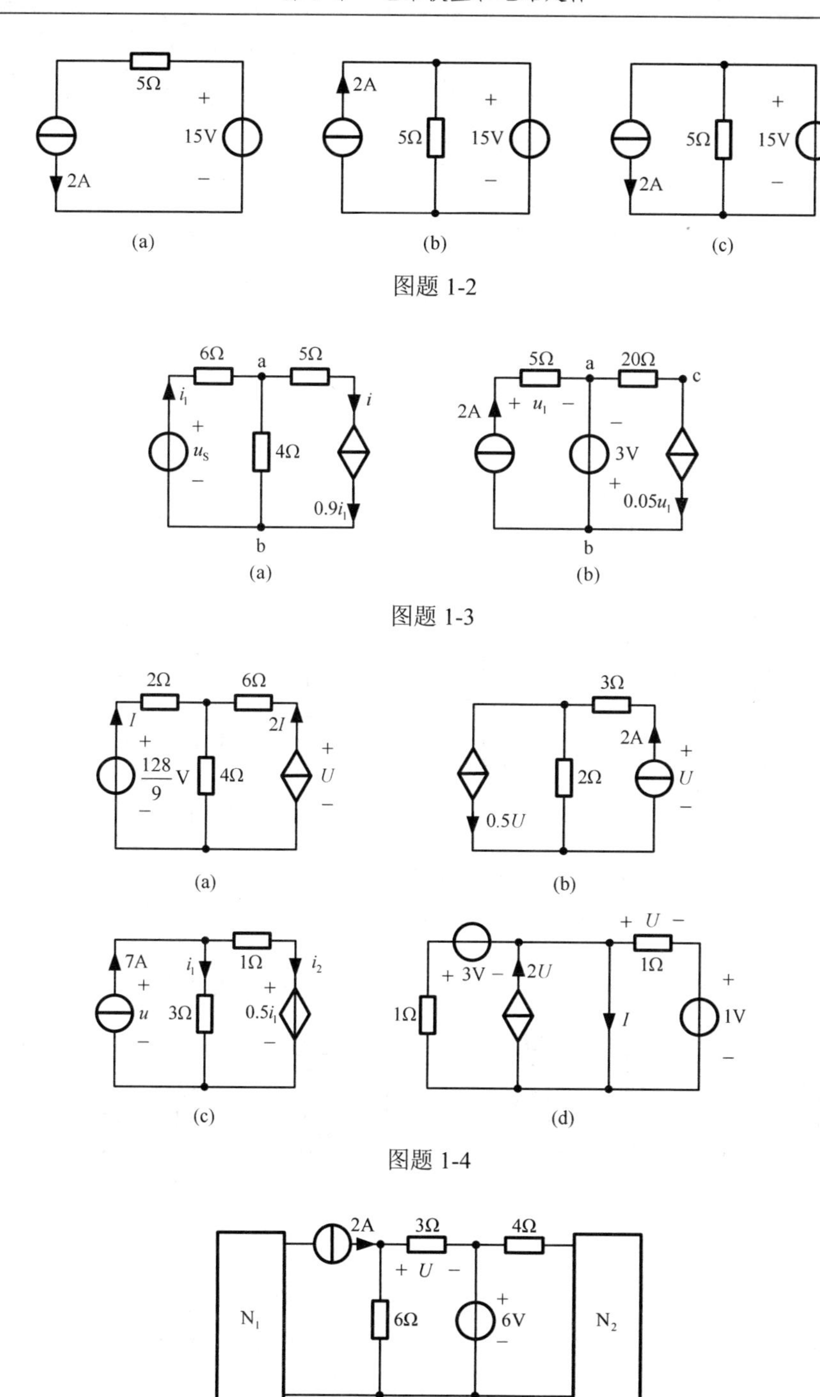

图题 1-2

图题 1-3

图题 1-4

图题 1-5

1-6　电路如图题 1-6 所示，求元件 A 吸收的功率 P_A。

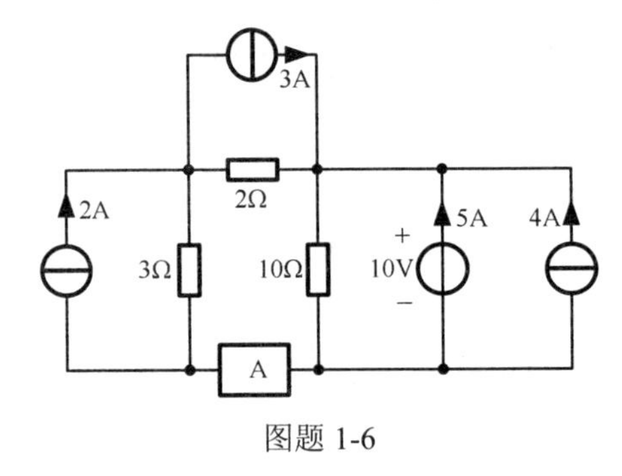

图题 1-6

1-7　电路如图题 1-7 所示，求电阻 R 的值。

1-8　电路如图题 1-8 所示，求电流 i。

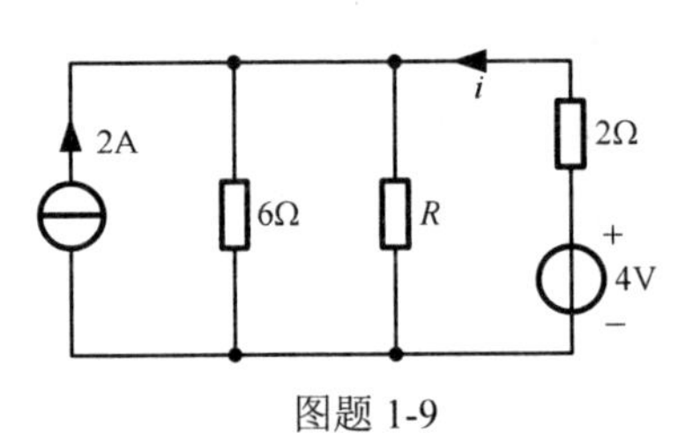

图题 1-7

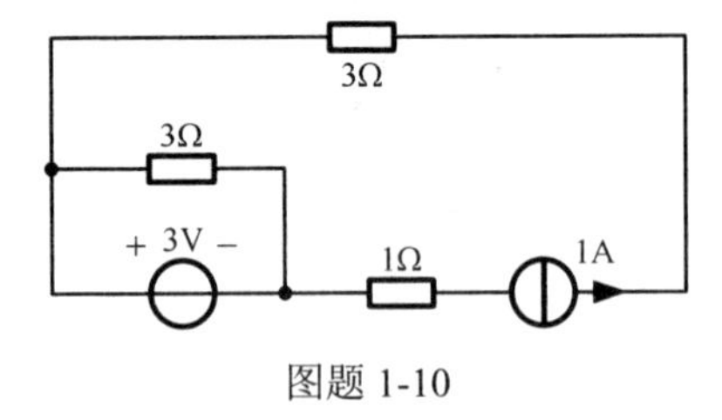

图题 1-8

1-9　电路如图题 1-9 所示，求 R 为何值时电流 i 为零。

1-10　电路如图题 1-10 所示，求两个电源的功率。

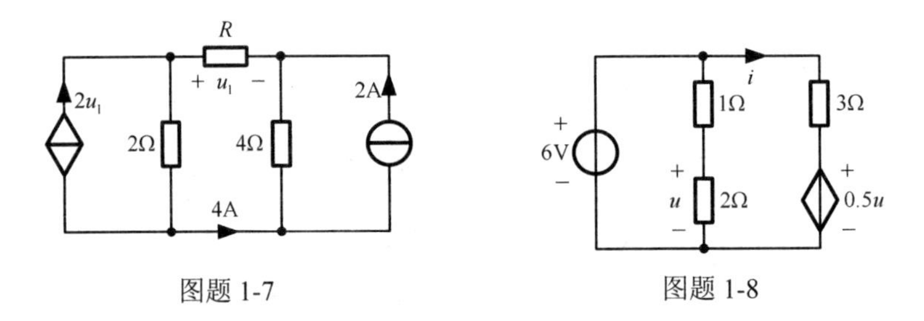

图题 1-9　　图题 1-10

第 2 章　电阻电路的等效变换

本章介绍电阻电路的等效变换方法。主要内容有等效变换的概念；电阻的串联和并联；电阻 Y 形联接和△形联接的等效变换；电源的等效变换；一端口输入电阻的计算。

2.1　电路的等效变换

如果一个电路对外只有两个端子，则称该电路为二端电路；如果一个电路对外的端子多于两个，则称为多端电路。如果一个电路对外的两个端子满足从一个端子流入的电流等于从另一个端子流出的电流，则称这两个端子可构成一个端口。根据 KCL 可知，二端电路对外的两个端子可以构成一个端口，因此，二端电路也称为一端口电路，简称一端口。如果一个多端电路对外的端子能够成对构成多个端口，则此多端电路称为多端口电路。图 2-1 所示电路分别为二端电路、三端电路和 n 端电路。

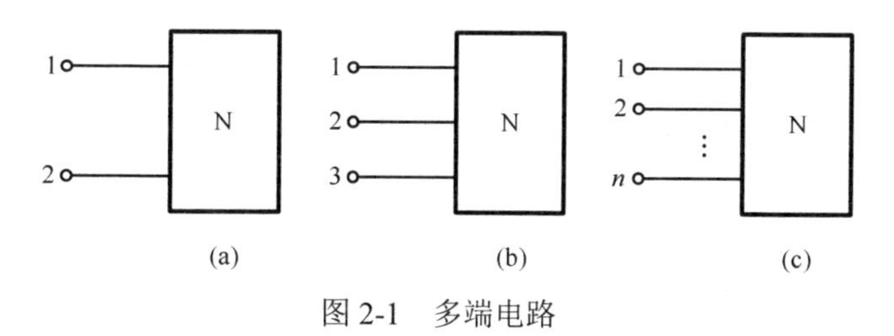

图 2-1　多端电路

如图 2-2 所示，如果一个二端电路 B 在端口处的伏安关系和另一个二端电路 C 在端口处的伏安关系完全相同，则称 B 和 C 是端口等效的，或称 B 和 C 互为等效电路。端口等效的二端电路 B 和 C 在电路中可以相互替代，替代前的电路与替代后的电路对任意外部电路 A 中的电压和电流是等效的，也就是说，用图 2-2（a）所示的电路求 A 中的电压和电流与用图 2-2（b）所示的电路求 A 中的电压和电流具有同等效果。习惯上将这种替代称为等效变换。

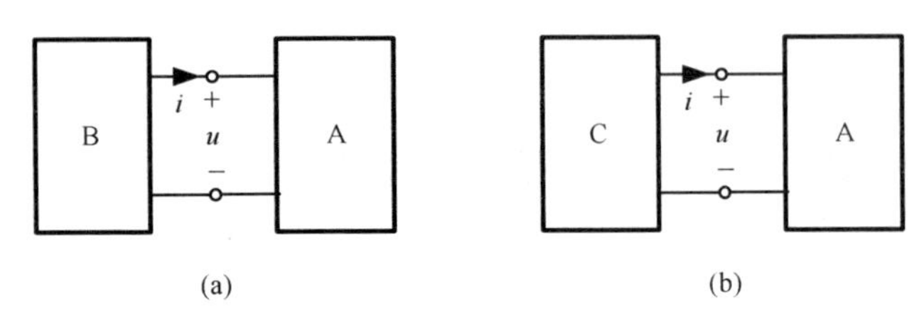

图 2-2　电路的等效变换

上述等效变换的概念可以推广到多端电路的场合，此时两个端子数相同的多端电路 B 和 C，它们端口的伏安关系完全相同，系指 B 和 C 分别接上同一外电路 A 时，它们对应端子间的电压相等，对应端子的电流相等，相应地，对外电路 A 的作用也完全一样。

运用等效变换，可以把一个结构复杂的二端电路（或多端电路）用一个结构简单的二端电路（或多端电路）替代，达到简化电路分析和计算的目的。显然，等效电路和原电路是不同的。如果要求原电路内部支路的电压或电流，就必须回到原电路，再根据已求得的端口处电压和电流求解。因此，等效变换只对外等效，而对内不等效。

2.2　电阻的串联和并联

由 n 个电阻 R_1、R_2、…、R_n 串联组成的二端电路 B 如图 2-3（a）所示。电阻串联时，在任何时刻，流经每个电阻的电流是同一电流。图 2-3（b）是仅由一个电阻 R_{eq} 组成的二端电路 C。对于图 2-3（a）所示的二端电路 B，根据 KVL 可得它的端口伏安关系为

$$u = u_1 + u_2 + \cdots + u_n = (R_1 + R_2 + \cdots + R_n)i$$

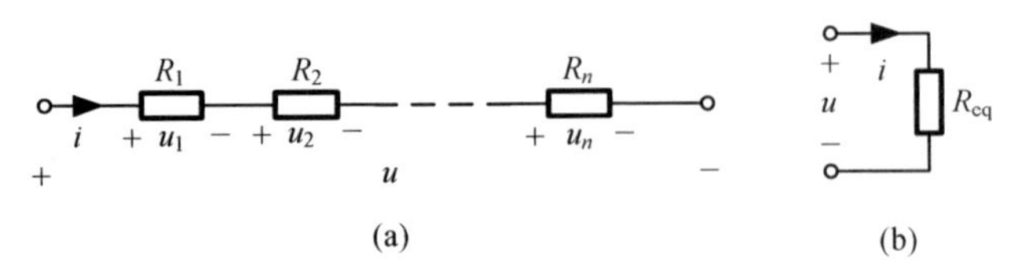

图 2-3　电阻的串联

对于图 2-3（b）所示的二端电路 C，其端口伏安关系为

$$u = R_{eq}i$$

如果

$$R_{eq} = R_1 + R_2 + \cdots + R_n \tag{2-1}$$

则二端电路 B 和 C 的端口伏安关系完全相同，两者是等效的。式（2-1）中的 R_{eq} 称为 n 个电阻 R_1、R_2、…、R_n 串联的等效电阻。

电阻串联时，各电阻的电压

$$u_k = R_k i = \frac{R_k}{R_{eq}} u \qquad k = 1, 2, \cdots, n$$

上式通常称为分压公式。

图 2-4（a）所示电路为由 n 个电阻 R_1、R_2、…、R_n 并联组成的二端电路。电阻并联时，任何时刻每个电阻的电压都是同一个电压。图 2-4（b）所示电路是仅由一个电阻 R_{eq} 组成的二端电路。这两个二端电路端口的伏安关系分别为

$$i = i_1 + i_2 + \cdots + i_n = \left(\frac{1}{R_1} + \frac{1}{R_2} + \cdots + \frac{1}{R_n} \right) u$$

$$i = \frac{u}{R_{eq}}$$

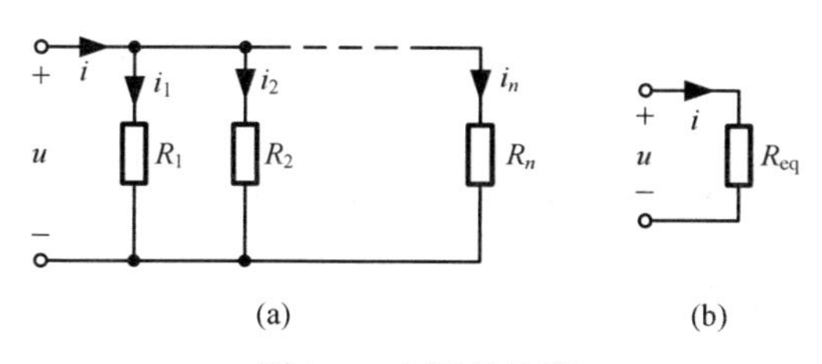

图 2-4　电阻的并联

如果

$$\frac{1}{R_{eq}} = \frac{1}{R_1} + \frac{1}{R_2} + \cdots + \frac{1}{R_n} \tag{2-2A}$$

即

$$G_{eq} = G_1 + G_2 + \cdots + G_n \tag{2-2B}$$

则图 2-4（a）所示电路和图 2-4（b）所示电路有完全相同的端口伏安关系，两者是等效的。R_{eq}（G_{eq}）称为 n 个电阻 R_1、R_2、…、R_n 并联的等效电阻（电导）。

电阻并联时，各电阻上的电流

$$i_k = \frac{1}{R_k} u = \frac{R_{eq}}{R_k} i = \frac{G_k}{G_{eq}} i \qquad k = 1, 2, \cdots, n$$

上式通常称为分流公式。

经常遇到两个电阻并联的情况，如图 2-5 所示，其等效电阻

$$R_{eq}=\frac{R_1R_2}{R_1+R_2}$$

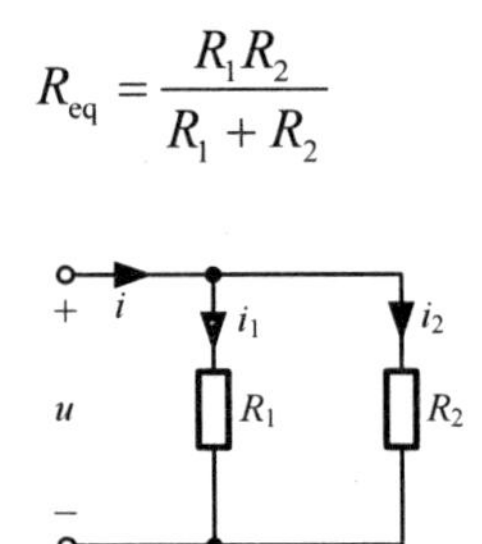

图 2-5 两个电阻的并联

为了简便，常用符号“//”表示两个元件并联，上式可写为

$$R_{eq}=R_1 // R_2=\frac{R_1R_2}{R_1+R_2}$$

两支路电流分别为

$$i_1=\frac{R_2}{R_1+R_2}i\,,\quad i_2=\frac{R_1}{R_1+R_2}i$$

既有电阻串联也有电阻并联的电路称为混联电路。在混联的情况下，应根据电阻串联、并联的特点，仔细判别电阻间的联接方式，然后根据串联、并联公式进行化简和计算。

例 2-1 电路如图 2-6（a）所示，求等效电阻 R_{ab}。

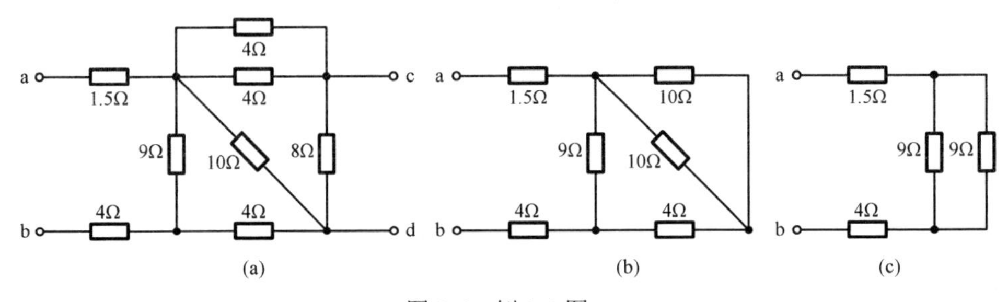

图 2-6 例 2-1 图

解： 在用等效变换法求等效电阻时，可假定在所求端口加一电压，电流从该端口的一个端子流入，从另一个端子流出。凡通过同一电流的元件为串联，施加同一电压的元件为并联，无电流流过的元件可开路，电位相同的结点可短路。

先把原电路等效为图 2-6（b）所示电路，再进一步等效为图 2-6（c）所示电路，并由此电路求得等效电阻

$$R_{ab}=1.5+\frac{9\times 9}{9+9}+4=10\Omega$$

例 2-2　电路如图 2-6（a）所示，求等效电阻 R_{cd}。

解：先把原电路等效为图 2-7（a）所示电路，再进一步等效为图 2-7（b）所示电路，最后等效为图 2-7（c）所示电路，并由此电路求得等效电阻

$$R_{cd}=\frac{\left(2+\frac{130}{23}\right)\times 8}{2+\frac{130}{23}+8}=\frac{176}{45}=3.911\Omega$$

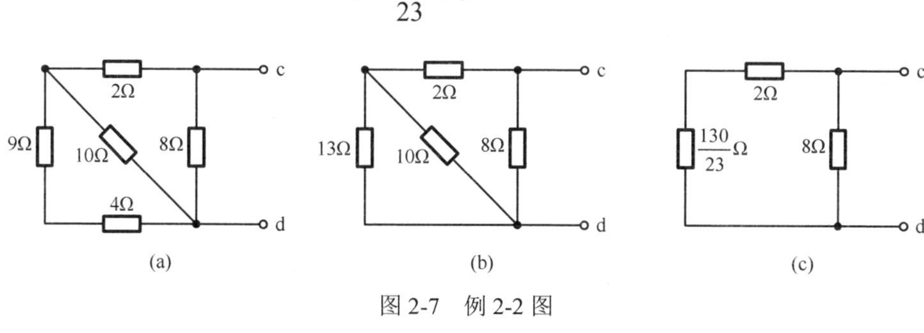

图 2-7　例 2-2 图

2.3　电阻 Y 形联接和△形联接的等效变换

Y 形联接也称为星形联接，△形联接也称为三角形联接。图 2-8（a）所示电路是由电阻 R_1、R_2、R_3 构成的 Y 形联接电路，图 2-8（b）所示电路是由电阻 R_{12}、R_{23}、R_{31} 构成的△形联接电路。为使这两种电路等效，要求它们的端口伏安关系完全相同，即对应端子间的电压相等，对应端子的电流相等。这就要求这两种电路的电阻之间满足一定关系。

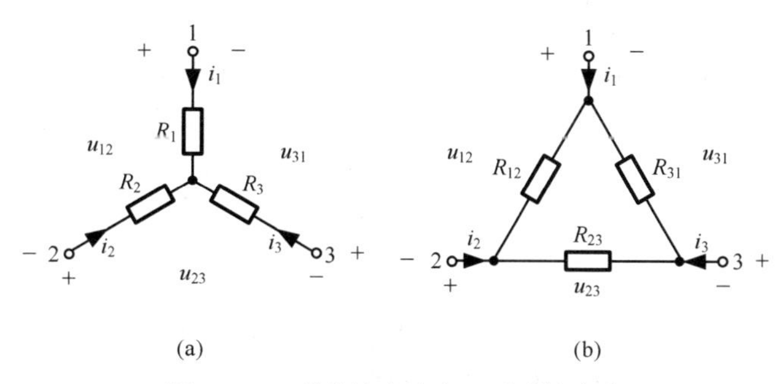

图 2-8　Y 形联接电路和△形联接电路

对于图 2-8 所示的两个电路，根据 KCL 和 KVL，它们都满足下面的两个方程

$$i_1+i_2+i_3=0$$

$$u_{12}+u_{23}+u_{31}=0$$

因此，三个电流变量i_1、i_2、i_3中只有两个是独立的，三个电压变量u_{12}、u_{23}、u_{31}中也只有两个是独立的。

对于图 2-8（a）所示的 Y 形电路，根据 KVL 有

$$\begin{cases} u_{31}=-R_1i_1+R_3i_3=-R_1i_1-R_3(i_1+i_2)=-(R_1+R_3)i_1-R_3i_2 \\ u_{23}=R_2i_2-R_3i_3=R_2i_2+R_3(i_1+i_2)=R_3i_1+(R_2+R_3)i_2 \end{cases}$$

表示为矩阵形式

$$\begin{bmatrix} u_{31} \\ u_{23} \end{bmatrix}=\begin{bmatrix} -(R_1+R_3) & -R_3 \\ R_3 & R_2+R_3 \end{bmatrix}\begin{bmatrix} i_1 \\ i_2 \end{bmatrix} \tag{2-3}$$

对于图 2-8（b）所示的△形电路，根据 KCL 有

$$\begin{cases} i_1=\dfrac{u_{12}}{R_{12}}-\dfrac{u_{31}}{R_{31}}=\dfrac{-u_{31}-u_{23}}{R_{12}}-\dfrac{u_{31}}{R_{31}}=-\left(\dfrac{1}{R_{12}}+\dfrac{1}{R_{31}}\right)u_{31}-\dfrac{1}{R_{12}}u_{23} \\ i_2=\dfrac{u_{23}}{R_{23}}-\dfrac{u_{12}}{R_{12}}=\dfrac{u_{23}}{R_{23}}-\dfrac{-u_{31}-u_{23}}{R_{12}}=\dfrac{1}{R_{12}}u_{31}+\left(\dfrac{1}{R_{12}}+\dfrac{1}{R_{23}}\right)u_{23} \end{cases}$$

表示为矩阵形式

$$\begin{bmatrix} i_1 \\ i_2 \end{bmatrix}=\begin{bmatrix} -\left(\dfrac{1}{R_{12}}+\dfrac{1}{R_{31}}\right) & -\dfrac{1}{R_{12}} \\ \dfrac{1}{R_{12}} & \dfrac{1}{R_{12}}+\dfrac{1}{R_{23}} \end{bmatrix}\begin{bmatrix} u_{31} \\ u_{23} \end{bmatrix} \tag{2-4}$$

显然，为使 Y 形联接电路和△形联接电路等效，则要求式（2-3）和式（2-4）的系数矩阵互为逆矩阵，即

$$\begin{bmatrix} -(R_1+R_3) & -R_3 \\ R_3 & R_2+R_3 \end{bmatrix}^{-1}=\frac{-1}{R_1R_2+R_2R_3+R_3R_1}\begin{bmatrix} R_2+R_3 & R_3 \\ -R_3 & -(R_1+R_3) \end{bmatrix}$$

$$=\begin{bmatrix} -\left(\dfrac{1}{R_{12}}+\dfrac{1}{R_{31}}\right) & -\dfrac{1}{R_{12}} \\ \dfrac{1}{R_{12}} & \dfrac{1}{R_{12}}+\dfrac{1}{R_{23}} \end{bmatrix}$$

比较上式等号两边两个矩阵中的元素，可得

$$\begin{cases} R_{12} = \dfrac{R_1R_2 + R_2R_3 + R_3R_1}{R_3} = R_1 + R_2 + \dfrac{R_1R_2}{R_3} \\ R_{23} = \dfrac{R_1R_2 + R_2R_3 + R_3R_1}{R_1} = R_2 + R_3 + \dfrac{R_2R_3}{R_1} \\ R_{31} = \dfrac{R_1R_2 + R_2R_3 + R_3R_1}{R_2} = R_3 + R_1 + \dfrac{R_3R_1}{R_2} \end{cases} \tag{2-5}$$

上式是根据 Y 形联接电路的电阻计算其等效△形联接电路中各电阻的公式。

将式（2-5）中的 3 个式子相加，并在右方通分可得

$$R_{12} + R_{23} + R_{31} = \frac{(R_1R_2 + R_2R_3 + R_3R_1)^2}{R_1R_2R_3}$$

将上式分别代入式（2-5）中的第 1 个和第 3 个式子，可得

$$R_{12}^2R_3^2 = R_1R_2R_3(R_{12} + R_{23} + R_{31})$$

$$R_{31}^2R_2^2 = R_1R_2R_3(R_{12} + R_{23} + R_{31})$$

根据上面的两个式子可求得 R_1，同理可求得 R_2 和 R_3，公式分别为

$$\begin{cases} R_1 = \dfrac{R_{12}R_{31}}{R_{12} + R_{23} + R_{31}} \\ R_2 = \dfrac{R_{23}R_{12}}{R_{12} + R_{23} + R_{31}} \\ R_3 = \dfrac{R_{31}R_{23}}{R_{12} + R_{23} + R_{31}} \end{cases} \tag{2-6}$$

上式是根据△形联接电路的电阻计算其等效 Y 形联接电路中各电阻的公式。

若 Y 形联接电路中的 3 个电阻相等，即 $R_1 = R_2 = R_3 = R_Y$，则其等效△形联接电路中的 3 个电阻也相等，即 $R_{12} = R_{23} = R_{31} = R_\triangle$，并有

$$R_\triangle = 3R_Y$$

例 2-3　电路如图 2-9（a）所示，试求电流 i。

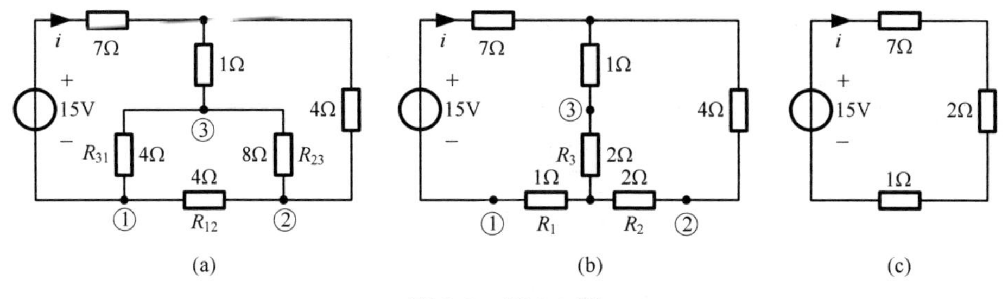

图 2-9　例 2-3 图

解：将图 2-9（a）所示电路中的 3 个电阻R_{12}、R_{23}、R_{31}所接成的△形电路等效变换成 Y 形电路，如图 2-9（b）所示，Y 形电路的 3 个电阻分别为

$$\begin{cases} R_1 = \dfrac{R_{12}R_{31}}{R_{12}+R_{23}+R_{31}} = \dfrac{4\times 4}{4+8+4} = 1\Omega \\ R_2 = \dfrac{R_{23}R_{12}}{R_{12}+R_{23}+R_{31}} = \dfrac{8\times 4}{4+8+4} = 2\Omega \\ R_3 = \dfrac{R_{31}R_{23}}{R_{12}+R_{23}+R_{31}} = \dfrac{4\times 8}{4+8+4} = 2\Omega \end{cases}$$

将图 2-9（b）所示电路进一步简化为图 2-9（c）所示电路，并由此电路求得

$$i = \frac{15}{7+2+1} = 1.5\text{A}$$

例 2-4 电路如图 2-10（a）所示，已知$R_1 = R_2 = R_3 = 2\Omega$，$R_4 = R_5 = 3\Omega$，$R_6 = 12\Omega$，$U_S = 10\text{V}$。试求电流 I。

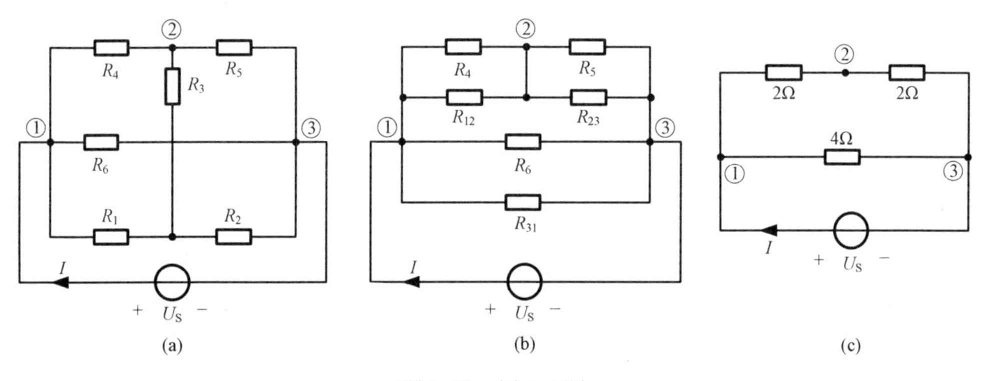

图 2-10 例 2-4 图

解：由于R_1、R_2、R_3三个电阻的阻值相等，且构成星形联接，因此可以很方便地将它们变换为三角形联接，即将图 2-10（a）所示电路等效变换为图 2-10（b）所示电路，其中

$$R_{12} = R_{23} = R_{31} = 3\times 2 = 6\Omega$$

然后将图 2-10（b）所示电路简化为图 2-10（c）所示电路。最后，求出电流

$$I = \frac{10}{\dfrac{(2+2)\times 4}{2+2+4}} = 5\text{A}$$

2.4　电压源、电流源的串联和并联

2.4.1　电压源的串联和并联

图 2-11（a）所示为 n 个电压源的串联，可以用一个电压源等效替代，如图 2-11（b）所示，这个等效电压源的激励电压为

$$u_S = u_{S1} + u_{S2} + \cdots + u_{Sn} = \sum_{k=1}^{n} u_{Sk}$$

如果 u_{Sk} 的参考方向与图 2-11（b）中 u_S 的参考方向一致时，式中 u_{Sk} 取“+”号，不一致时取“–”号。

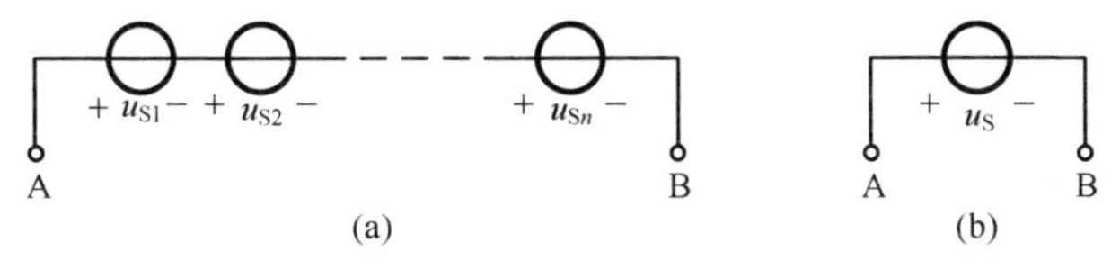

图 2-11　电压源的串联

只有激励电压相等且极性一致的电压源才允许并联，否则违背 KVL。其等效电路为其中任一电压源，但是这个并联组合向外提供的电流在各个电压源之间如何分配则无法确定。

根据电压源的定义，电压源两端的电压有确定的值，并等于电压源的激励电压 u_S 。因此，电压源与二端电路（如电阻、电流源或多个元件组成的二端电路）相并联时，如图 2-12（a）所示，总可等效为一个电压源，等效电压源的激励电压为 u_S ，如图 2-12（b）所示。

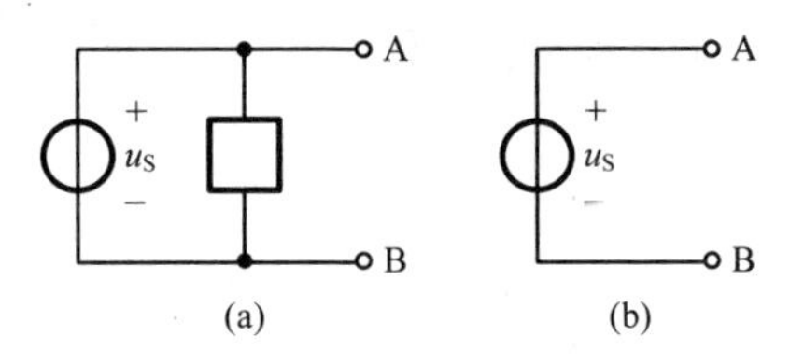

图 2-12　电压源与二端电路并联

2.4.2　电流源的串联和并联

图 2-13（a）所示为 n 个电流源的并联，可以用一个电流源等效替代，如图 2-13（b）所示，这个等效电流源的激励电流为

$$i_S = i_{S1} + i_{S2} + \cdots + i_{Sn} = \sum_{k=1}^{n} i_{Sk}$$

如果i_{Sk}的参考方向与图 2-13（b）中i_S的参考方向一致时，式中i_{Sk}取“+”号，不一致时取“–”号。

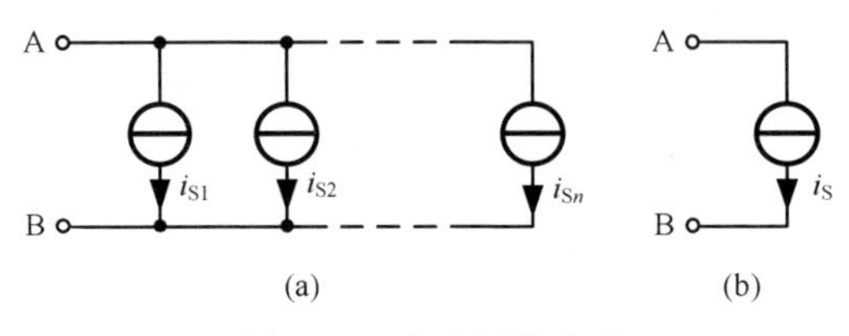

图 2-13 电流源的并联

只有激励电流相等且方向一致的电流源才允许串联，否则违背 KCL。其等效电路为其中任一电流源，但是这个串联组合的总电压在各个电流源之间如何分配则无法确定。

根据电流源的定义，电流源所在支路的电流有确定的值，并等于电流源的激励电流i_S。因此，电流源与二端电路（如电阻、电压源或多个元件组成的二端电路）相串联时，如图 2-14（a）所示，总可等效为电流源，等效电流源的激励电流为i_S，如图 2-14（b）所示。

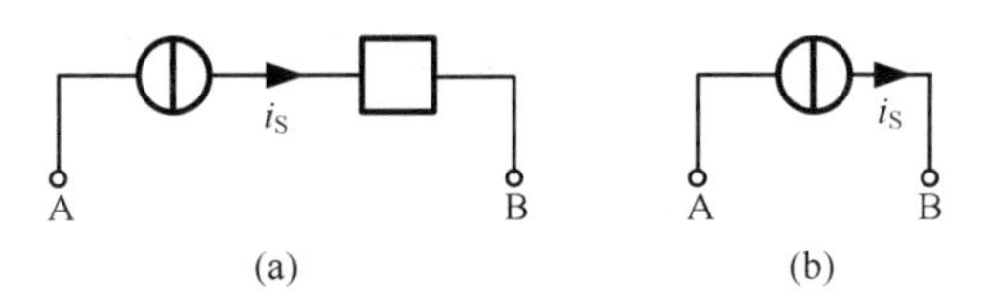

图 2-14 电流源与二端电路串联

2.5 实际电源的两种模型及其等效变换

实际电源总是有内阻的，因此电压源和电流源都不能作为实际电源的电路模型。通常用电压源和电阻的串联组合或电流源与电阻的并联组合作为实际电源的电路模型，且这两种电路模型是等效的，下面推导这两种电路模型等效的条件。

图 2-15（a）所示为电压源和电阻的串联组合，其端口上的伏安关系为

$$u = u_S - R_{S1} i \tag{2-7}$$

图 2-15（b）所示为电流源和电阻的并联组合，其端口上的伏安关系为

$$i = i_S - \frac{u}{R_{S2}}$$

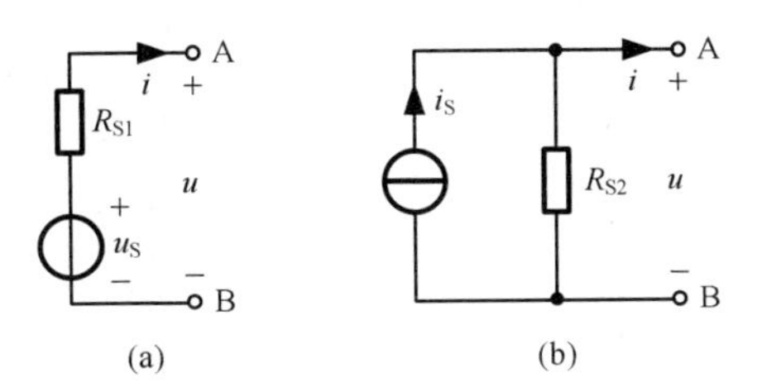

图 2-15　实际电源的两种电路模型

即

$$u = R_{S2}i_S - R_{S2}i \tag{2-8}$$

如果

$$R_{S1} = R_{S2}\text{，}\quad u_S = R_{S2}i_S \tag{2-9}$$

则式（2-7）和式（2-8）所示的两个方程将完全相同，从而图 2-15（a）所示的电路和图 2-15（b）所示的电路是等效的，式（2-9）就是这两个电路等效的条件（注意 u_S 和 i_S 的参考方向，i_S 的参考方向由 u_S 的负极指向正极）。

例 2-5　电路如图 2-16（a）所示，用等效变换法求电流 I 和 I_1。

解：先将三个电压源和电阻的串联组合变换成三个电流源和电阻的并联组合，如图 2-16（b）所示。再根据电流源的并联规则和电阻的并联规则，将图 2-16（b）变换为图 2-16（c）。最后将图 2-16（c）中两个电流源和电阻的并联组合变换成两个电压源和电阻的串联组合，如图 2-16（d）所示，则有

$$I = \frac{6-2}{2+2+4} = 0.5\text{A}$$

$$U_{ab} = 6 - 2I = 5\text{V}$$

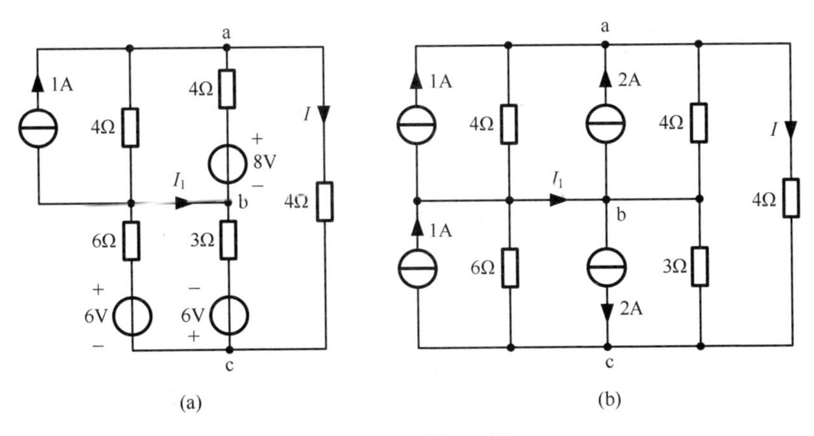

图 2-16　例 2-5 图

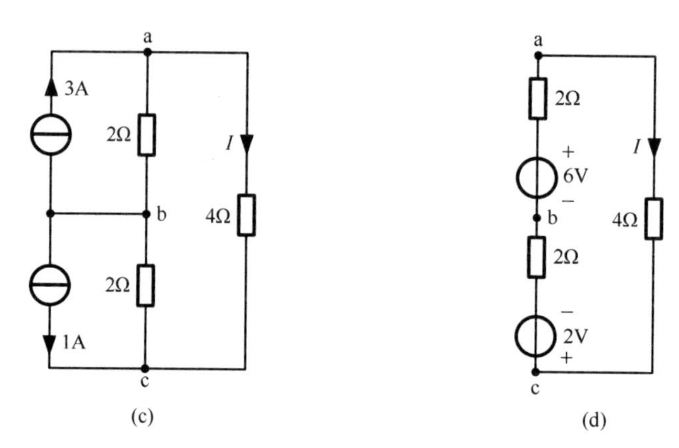

图 2-16　例 2-5 图（续图）

$$U_{bc} = -2 - 2I = -3V$$

由图 2-16（a），根据 KCL 可得

$$I_1 = \frac{U_{ab}}{4} - 1 - \frac{U_{bc} - 6}{6} = \frac{5}{4} - 1 - \frac{-3-6}{6} = 1.75A$$

受控电压源与电阻的串联组合和受控电流源与电阻的并联组合也可以用上述方法进行变换。此时可以把受控电源当作独立电源处理，但应注意在变换过程中保存控制量所在的支路，而不要把它消掉。

例 2-6　电路如图 2-17（a）所示，用等效变换法求电压 U_x。

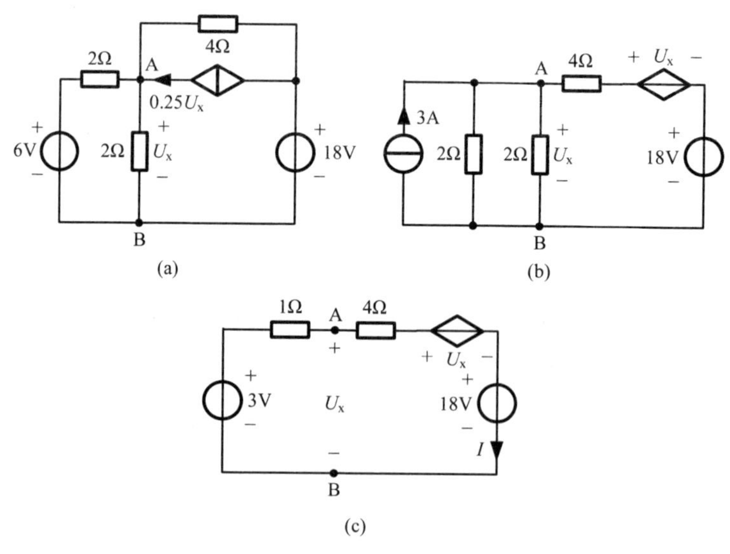

图 2-17　例 2-6 图

解：先将图 2-17（a）中电压源和电阻的串联组合变换成电流源和电阻的并联组合，受控电流源和电阻的并联组合变换成受控电压源和电阻的串联组合，如图 2-17（b）所示；再将图 2-17（b）中电流源和电阻的并联组合变换成电压源和电阻的串联组合，如图 2-17（c）所示，并由此电路可得

$$\begin{cases}(1+4)I+U_{\mathrm{x}}+18-3=0\\U_{\mathrm{x}}=-I+3\end{cases}$$

解得

$$U_{\mathrm{x}}=7.5\mathrm{V}$$

本例电路中含有受控电流源，要求在等效变换的过程中始终保留控制量U_{x}所在的支路。由于U_{x}为 A、B 两结点之间的电压，因此在等效变换的过程中保留 A、B 两结点，也就保留了U_{x}所在的支路。

2.6　输入电阻

如果一端口内部仅含电阻，则应用电阻的串、并联和 Y－△变换等方法，可以求得它的等效电阻。如果一端口内部除电阻外还含有受控电源，但不含任何独立电源，则可以证明，不论内部电路如何复杂，端口电压与端口电流（见图 2-18）成正比，故定义此一端口的输入电阻为

$$R_{\mathrm{i}}=\frac{u}{i}\tag{2-10}$$

求端口输入电阻的一般方法称为外加电源法，即在端口加以电压源u_{S}（或电流源i_{S}），然后求出端口电流i（或端口电压u），最后根据式（2-10），求出端口的输入电阻为$R_{\mathrm{i}}=u_{\mathrm{S}}/i$（或$R_{\mathrm{i}}=u/i_{\mathrm{S}}$）。值得注意的是，当含有受控源时，求出的输入电阻不一定是正值。

显然，端口的输入电阻也就是端口的等效电阻。

例 2-7　求图 2-19 所示一端口的输入电阻。

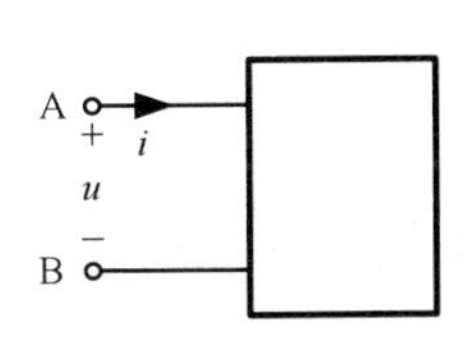

图 2-18　一端口的输入电阻

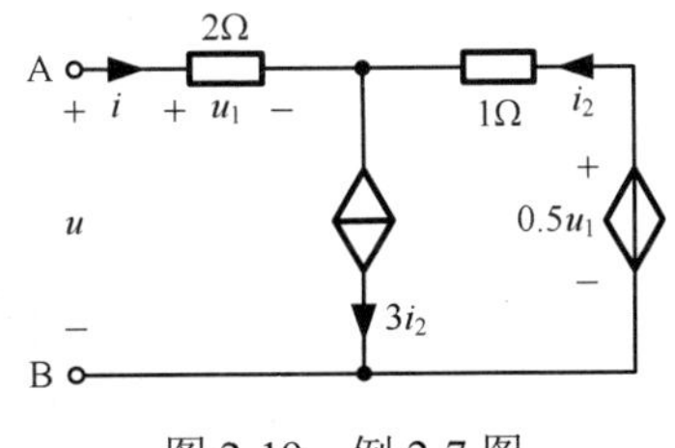

图 2-19　例 2-7 图

解：设一端口的端口电压和端口电流分别为 u 和 i。根据欧姆定律得

$$u_1 = 2i$$

由 KCL 得

$$i = 3i_2 - i_2 \quad \Rightarrow \quad i = 2i_2$$

由 KVL 得

$$u = u_1 - 1\times i_2 + 0.5u_1 = 1.5u_1 - i_2$$

将 $u_1 = 2i$ 和 $i = 2i_2$ 代入上式，得

$$u = 1.5\times 2i - 0.5i = 2.5i$$

故

$$R_i = \frac{u}{i} = 2.5\Omega$$

例 2-8 求图 2-20 所示一端口的输入电阻。

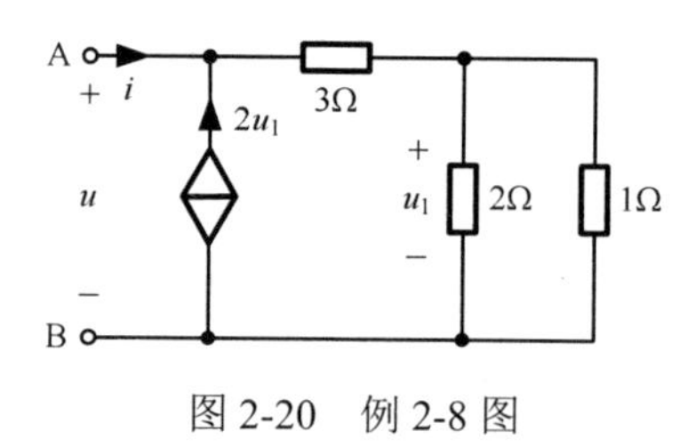

图 2-20 例 2-8 图

解：设一端口的端口电压和端口电流分别为 u 和 i。根据欧姆定律和 KCL 得

$$i + 2u_1 = \frac{u_1}{2} + \frac{u_1}{1} \quad \Rightarrow \quad u_1 = -2i$$

根据欧姆定律和 KVL 得

$$u = (i + 2u_1)\times 3 + u_1 = 3i + 7u_1$$

将 $u_1 = -2i$ 代入上式，得

$$u = 3i + 7\times(-2i) = -11i$$

故

$$R_i = \frac{u}{i} = -11\Omega$$

由此可见，含受控电源的一端口，其输入电阻可能是非正值。

2.7 应用实例：直流电压表和直流电流表

实际中用于测量直流电压、直流电流的多量程直流电压表、直流电流表是由

称为微安计的基本电流表头与一些电阻串并联组成的。微安计是一个很灵敏的测量机构，内部有一个可动的线圈称为动圈，动圈的内阻称为微安计的内阻。动圈中通过电流之后，与永久磁铁互相作用，受到电磁力作用而偏转，所偏转的角度与线圈中通过的电流成比例关系。固定在动圈上的指针随动圈偏转，从而显示线圈所偏转的角度。微安计所能测量的最大电流为该微安计的量程。例如，一个微安计测量的最大电流为50μA，则该微安计的量程为50μA。在测量时通过该微安计的电流不能超过50μA，否则微安计将损坏。内阻及量程是描述微安计特性的两个参数，分别用 R_G 及 I_G 表示。怎样用微安计来构成电压表、电流表呢？

一、直流电压表

将微安计串联一个降压电阻 R_k，就构成最简单的直流电压表，如图 2-21 所示。测量时，将电压表并接在被测电压 U_x 的两端，这时通过微安计的电流为

$$I=\frac{U_x}{R_G+R_k}$$

由于微安计内阻 R_G 及降压电阻 R_k 的值是不变的，因此通过微安计的电流 I 与被测电压 U_x 成正比。只要在标度盘上按电压刻度，则根据指针偏转的位置就能得到被测电压 U_x 的值。

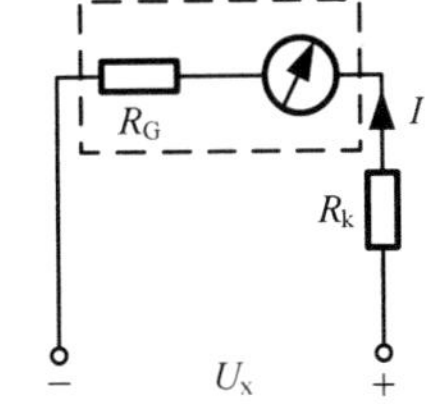

图 2-21　直流电压表原理图

降压电阻 R_k 根据电压表的量程 U_L 确定。当被测电压 $U_x=U_L$ 时，通过表头的电流 $I=I_G$，用欧姆定律可求出降压电阻的值为

$$R_k=\frac{U_L-R_GI_G}{I_G}$$

在多量程直流电压表中，用转换开关分别将不同数值的降压电阻与微安计串联，就能得到几个不同的电压量程。

例 2-9　图 2-22 为多量程电压表的原理图，已知微安计参数 $R_G=3\text{k}\Omega$，$I_G=50\mu\text{A}$，各档分压电阻分别为 $R_1=47\text{k}\Omega$，$R_2=150\text{k}\Omega$，$R_3=800\text{k}\Omega$，$R_4=4\text{M}\Omega$，$R_5=5\text{M}\Omega$。试求该电压表的五个量程 U_1、U_2、U_3、U_4 和 U_5。

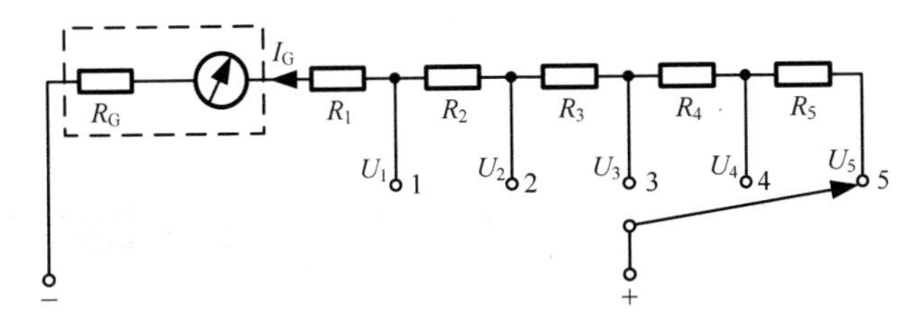

图 2-22　例 2-9 图

解：电压表的 5 个量程分别为

$U_1=(R_G+R_1)I_G=(3+47)\times 50=2.5\text{V}$

$U_2=(R_G+R_1+R_2)I_G=(3+47+150)\times 50=10\text{V}$

$U_3=(R_G+R_1+R_2+R_3)I_G=(3+47+150+800)\times 50=50\text{V}$

$U_4=(R_G+R_1+R_2+R_3+R_4)I_G=(3+47+150+800+4000)\times 50=250\text{V}$

$U_5=(R_G+R_1+R_2+R_3+R_4+R_5)I_G=(3+47+150+800+4000+5000)\times 50$
$=500\text{V}$

显然，这已经构成了可测量低、中电压的多量程电压表。

二、直流电流表

将微安计并联一个分流电阻 R_k，就构成最简单的直流电流表，如图 2-23 所示。测量某一支路的电流 I_x 时，将电流表与该支路串联，使被测电流 I_x 通过电流表，根据并联电路的分流公式，可得通过微安计的电流

$$I=\frac{R_k}{R_G+R_k}I_x$$

上式表明，在一定的分流电阻 R_k 下，通过微安计的电流 I 与被测电流 I_x 成正比关系，所以只要在标度盘上按电流刻度，则根据指针偏转的位置就能得到被测电流 I_x 的值。

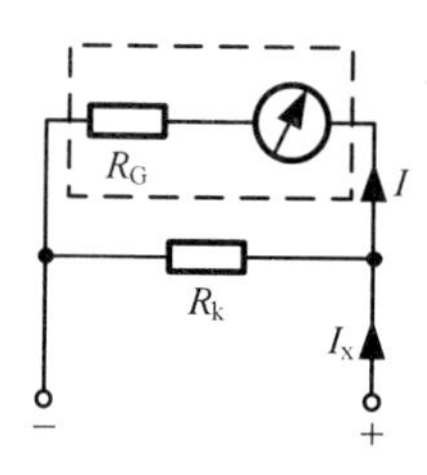

图 2-23 直流电流表原理图

分流电阻 R_k 根据电流表的量程 I_L 确定。当被测电流 $I_x=I_L$ 时，通过微安计的电流 $I=I_G$，因此

$$R_k=\frac{R_G I_G}{I_L-I_G}$$

在多量程直流电流表中，用转换开关分别将不同数值的分流电阻与微安计并联，就能得到几个不同的电流量程。

例 2-10 图 2-24 为多量程电流表的原理图，已知微安计参数 $R_G=3.75\text{k}\Omega$，$I_G=40\mu\text{A}$，电流表的各档量程分别为 $I_1=500\text{mA}$、$I_2=100\text{mA}$、$I_3=10\text{mA}$、$I_4=1\text{mA}$、$I_5=250\mu\text{A}$、$I_6=50\mu\text{A}$。试求各分流电阻的值。

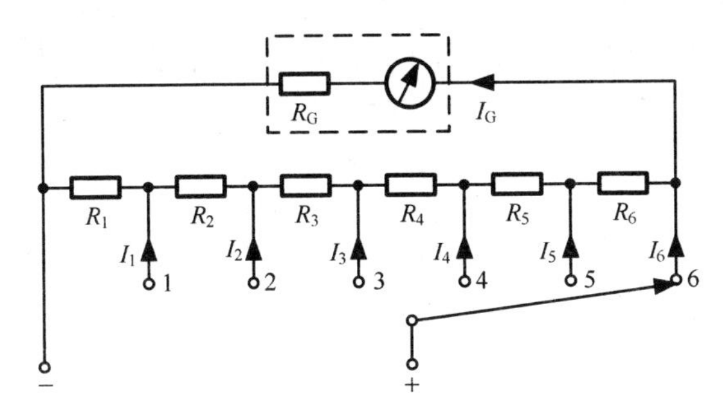

图 2-24　例 2-10 图

解：从图示的电路可以看出：整个电流表有六个分流电阻，当使用最小的量程 I_6 时，全部分流电阻串联起来与微安计并联，令 $R = R_1 + R_2 + R_3 + R_4 + R_5 + R_6$，则

$$R = \frac{R_G I_G}{I_6 - I_G} = \frac{3.75 \times 40}{50 - 40} = 15\text{k}\Omega$$

采用量程 I_1 时，除 R_1 以外的分流电阻与微安计串联之后，再与 R_1 并联，由分流公式

$$I_G = \frac{R_1}{R + R_G} I_1$$

可求出

$$R_1 = \frac{R + R_G}{I_1} I_G = \frac{15 + 3.75}{500} \times 40 = 1.5\Omega$$

同理可求出

$$R_2 = \frac{R + R_G}{I_2} I_G - R_1 = \frac{15 + 3.75}{100} \times 40 - 1.5 = 6\Omega$$

$$R_3 = \frac{R + R_G}{I_3} I_G - (R_1 + R_2) = \frac{15 + 3.75}{10} \times 40 - 7.5 = 67.5\Omega$$

$$R_4 = \frac{R + R_G}{I_4} I_G - (R_1 + R_2 + R_3) = \frac{15 + 3.75}{1} \times 40 - 75 = 675\Omega$$

$$R_5 = \frac{R + R_G}{I_5} I_G - (R_1 + R_2 + R_3 + R_4) = \frac{15 + 3.75}{0.25} \times 40 - 750 = 2250\Omega$$

最后求出

$$R_6 = R - (R_1 + R_2 + R_3 + R_4 + R_5) = 15 - 3 = 12\text{k}\Omega$$

这里给大家提一个实际问题，图 2-25 所示电路似乎也可构成多量程电流表，为什么实际电流表采用图 2-24 所示电路而不采用图 2-25 所示电路呢？可以从转

换开关触点可能接触不良上思考。由此可见，理论联系实际并不容易，一个电路是否实用，是需要从多个方面进行分析的。

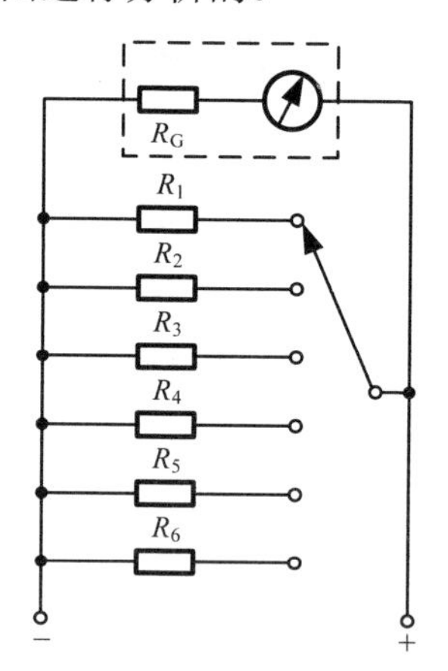

图 2-25　不实用的电流表电路

（1）等效是电路理论中的一个重要概念。为了分析和研究电路的方便，往往需要在保持部分电路外特性（一般指端口的伏安关系）不变的条件下，将其内部电路进行适当的变换，使其变得简单些，从而方便电路的分析与计算。通常将所进行的变换称为等效变换，变换后的电路称为原被变换电路的等效电路。显然，等效电路与原被变换电路互为等效电路。值得注意的是，等效变换是指对外电路来讲变换是等效的，而对所变换的内部则不一定等效。

（2）电阻的联接一般有串联、并联和混联，三个电阻还可联接为 Y 形和△形。利用电阻的串并联和 Y－△等效变换，可求得仅由电阻组成的一端口的等效电阻。

（3）求由电阻和受控源组成的一端口的输入电阻时，常采用外加电源法。

（4）实际电源有两种电路模型，这两种电路模型可进行等效变换。可以利用电源的等效变换来简化电路的分析和计算。

（5）对于结构较为简单的电路，采用等效变换方法来求解通常是有效的。但对于结构较为复杂的电路，采用等效变换方法不太方便，有时反而使问题复杂化。

2-1　电路如图题 2-1 所示，求等效电阻 R_{ab}。

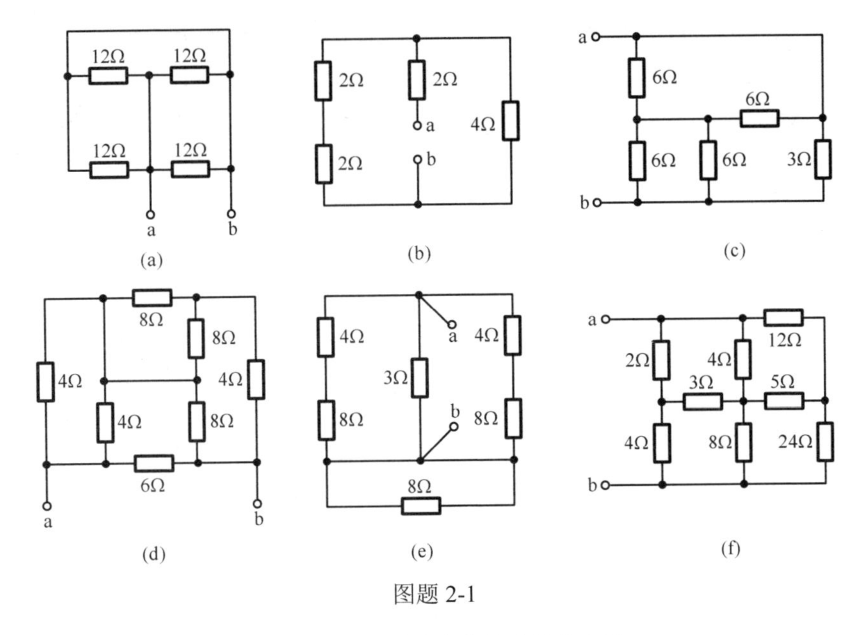

图题 2-1

2-2　电路如图题 2-2 所示，用 Y－△等效变换法求等效电阻 R_{ab}。

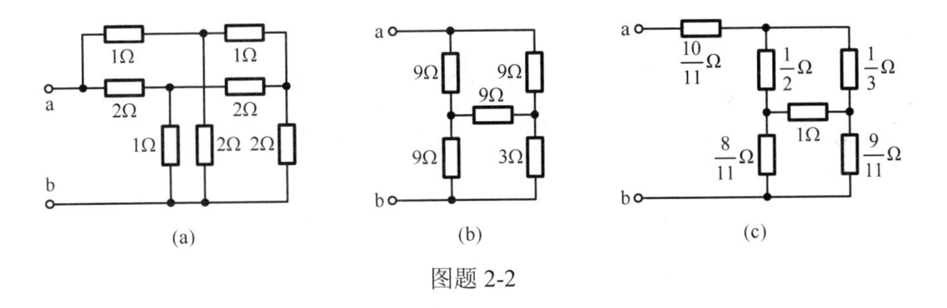

图题 2-2

2-3　电路如图题 2-3 所示，求电流 i。

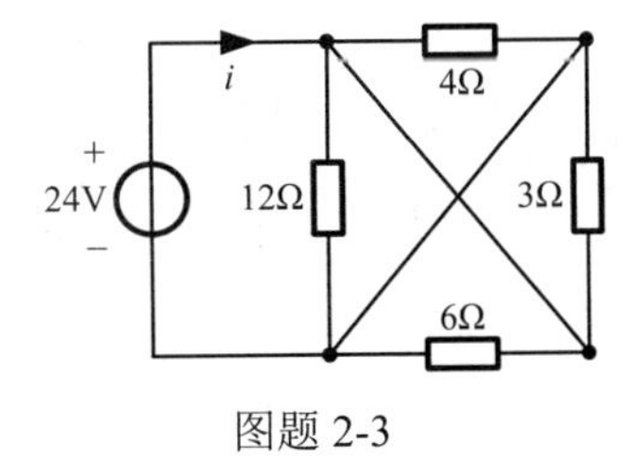

图题 2-3

2-4　电路如图题 2-4 所示，求电压 U。

2-5　电路如图题 2-5 所示，将它们化简为电压源 U 与电阻 R 串联的二端网络。

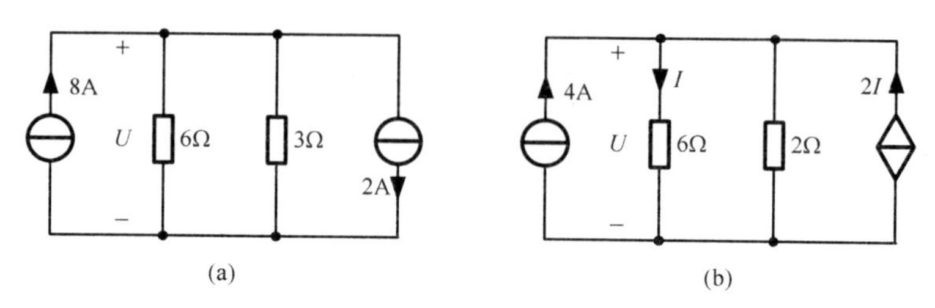

图题 2-4

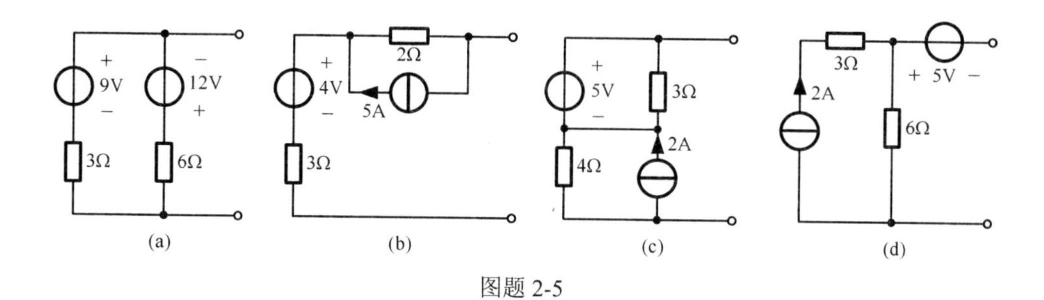

图题 2-5

2-6 电路如图题 2-6 所示，求电流 I。

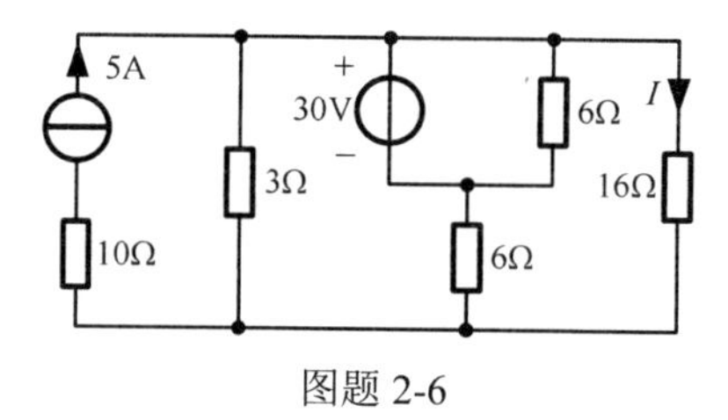

图题 2-6

2-7 电路如图题 2-7 所示，用等效化简的方法求电压 U。

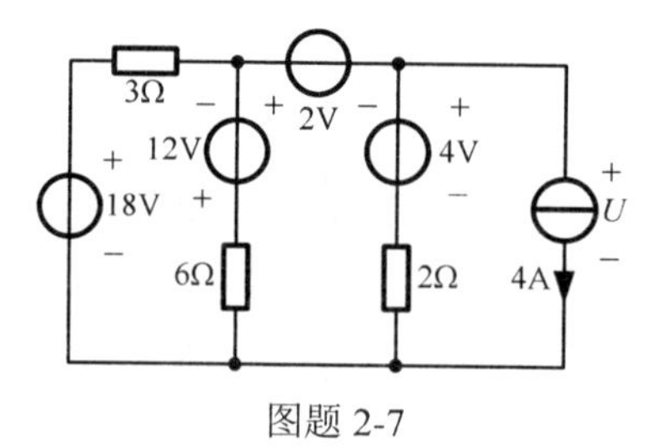

图题 2-7

2-8 电路如图题 2-8 所示，求电压 U。

2-9 电路如图题 2-9 所示，已知 $U=3\text{V}$ ，求电阻 R 的值。

2-10 电路如图题 2-10 所示，求端口的输入电阻 R_{i} 。

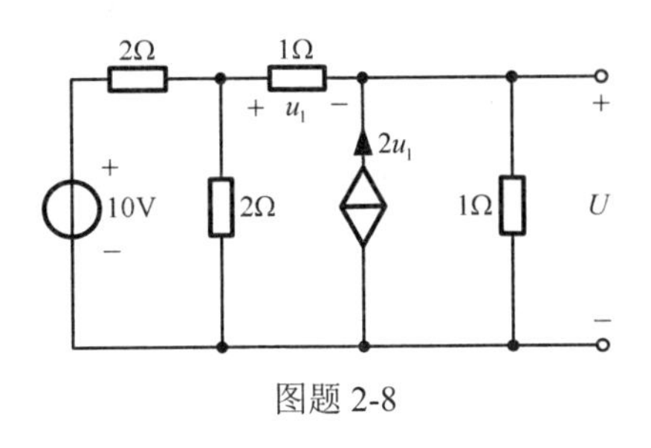

图题 2-8

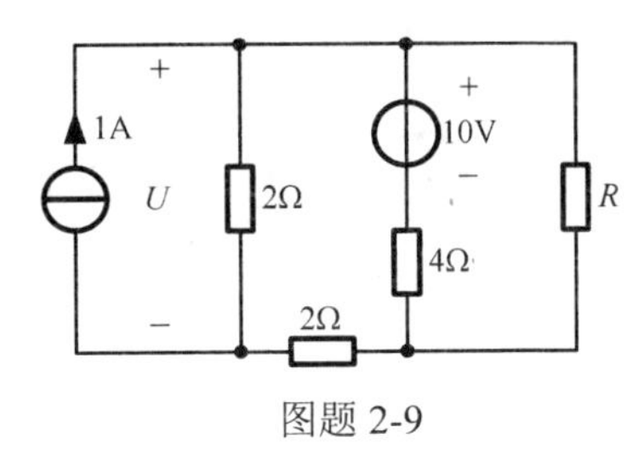

图题 2-9

2-11　电路如图题 2-11 所示，求端口的输入电阻 R_i。

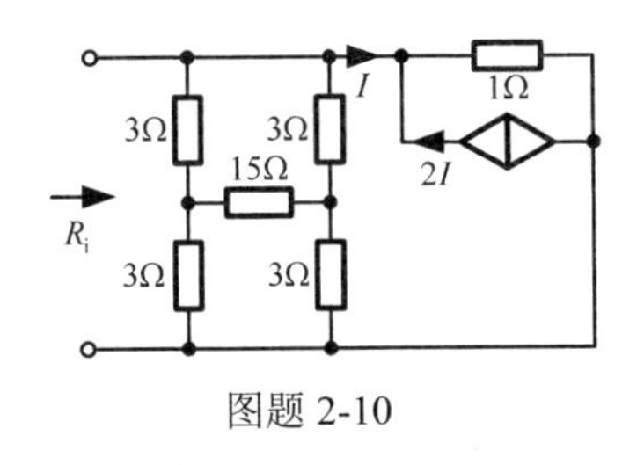

图题 2-10

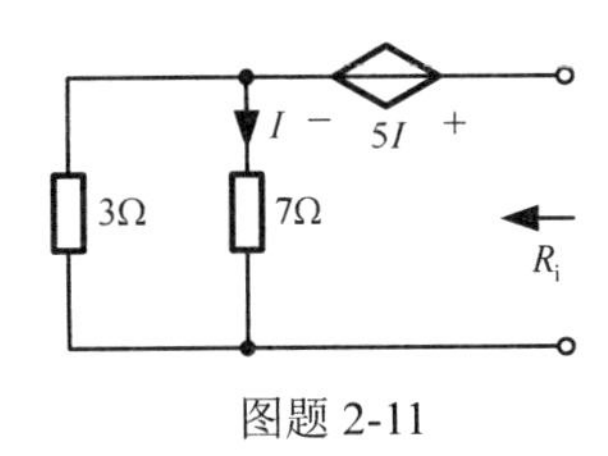

图题 2-11

2-12　电路如图题 2-12 所示，求端口的输入电阻 R_i。

2-13　电路如图题 2-13 所示，求端口的输入电阻 R_i。

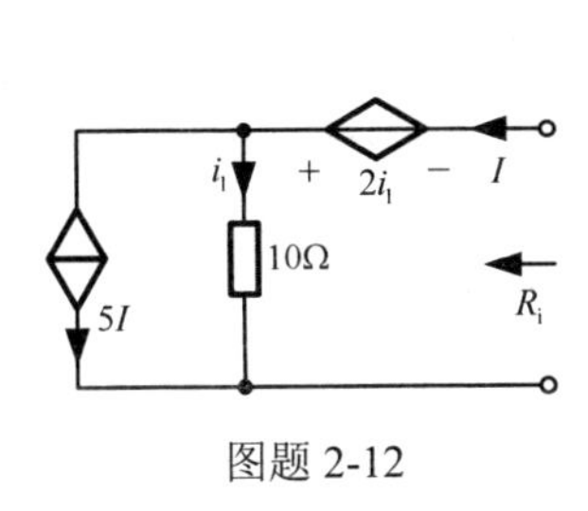

图题 2-12

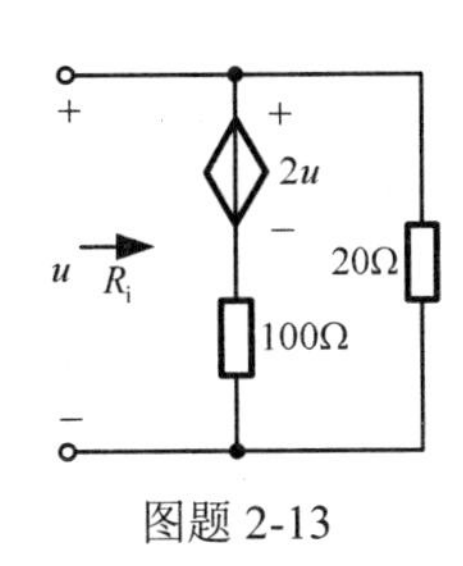

图题 2-13

第 3 章　电阻电路的一般分析方法

本章以线性电阻电路为分析对象，介绍电路的一般分析方法：支路分析法、回路电流法和结点电压法。这些一般分析方法都是首先选择一组合适的电路变量，然后根据 KCL、KVL 和元件的 VCR 建立关于该组变量的独立方程组，最后求解出该组变量。

3.1　支路分析法

确定电路中的各支路电流和支路电压是电路分析的典型问题。如果所分析的电路有 b 条支路和 n 个结点，则共有 $2b$ 个要求解的支路电流和支路电压变量。根据 KCL 可以列出 $n-1$ 个独立的 KCL 方程，根据 KVL 可列出 $b-(n-1)$ 个独立的 KVL 方程，根据元件的 VCR 可列出 b 个方程。三组方程合起来的方程数为 $(n-1)+(b-n+1)+b=2b$，恰好等于所要求的支路电流和支路电压的个数。因此，求解三组联立方程便可求得所有支路的电流和电压。这种方法称为 $2b$ 法。

为了减少求解的方程数，可以利用元件的 VCR 将支路电压用支路电流表示，再代入 KVL 方程，或者将支路电流用支路电压表示，再代入 KCL 方程，这样都将得到 b 个电路方程。这种以支路电流或支路电压为变量列写电路方程来求解电路的方法分别称为支路电流法或支路电压法。支路电流法和支路电压法统称为 $1b$ 法。$1b$ 法和 $2b$ 法统称为支路分析法。

例 3-1　电路如图 3-1 所示，已知 $R_1=R_2=1\Omega$，$R_3=2\Omega$，$u_{S1}=16V$，$u_{S2}=14V$，试用支路电流法求各支路电流和电压。

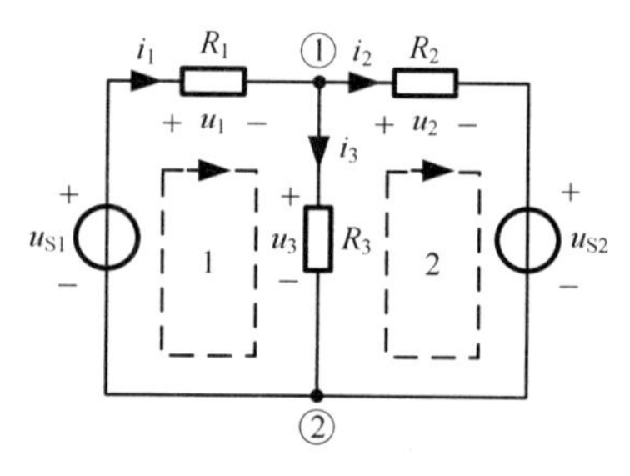

图 3-1　例 3-1 图

解： 图 3-1 所示电路有两个结点①和②，选取结点①为独立结点，列写它的 KCL 方程

$$i_1-i_2-i_3=0$$

选取回路 1 和回路 2 为独立回路，列写它们的 KVL 方程

$$\begin{cases} R_1 i_1 + R_3 i_3 = u_{S1} \\ R_2 i_2 - R_3 i_3 = -u_{S2} \end{cases}$$

将已知条件代入以上两组方程，可得

$$\begin{cases} i_1 - i_2 - i_3 = 0 \\ i_1 + 2i_3 = 16 \\ i_2 - 2i_3 = 14 \end{cases}$$

解得

$$i_1 = 4\text{A}，\quad i_2 = -2\text{A}，\quad i_3 = 6\text{A}$$

因此

$$u_1 = R_1 i_1 = 1\times 4 = 4\text{V}，\quad u_2 = R_2 i_2 = 1\times(-2) = -2\text{V}，\quad u_3 = R_3 i_3 = 2\times 6 = 12\text{V}$$

例 3-2　试用支路电压法求解例 3-1。

解：选取结点①为独立结点，列写它的 KCL 方程

$$\frac{u_1}{R_1} - \frac{u_2}{R_2} - \frac{u_3}{R_3} = 0$$

选取回路 1 和回路 2 为独立回路，列写它们的 KVL 方程

$$\begin{cases} u_1 + u_3 = u_{S1} \\ u_2 - u_3 = -u_{S2} \end{cases}$$

将已知条件代入以上两组方程，可得

$$\begin{cases} u_1 - u_2 - 0.5u_3 = 0 \\ u_1 + u_3 = 16 \\ u_2 - u_3 = -14 \end{cases}$$

解得

$$u_1 = 4\text{V}，\quad u_2 = -2\text{V}，\quad u_3 = 12\text{V}$$

因此

$$i_1 = \frac{u_1}{R_1} = \frac{4}{1} = 4\text{A}，\quad i_2 = \frac{u_2}{R_2} = \frac{-2}{1} = -2\text{A}，\quad i_3 = \frac{u_3}{R_3} = \frac{12}{2} = 6\text{A}$$

支路电流法在一些简单电路中尚有应用，支路电压法现已很少应用。应用支路电流法求解电路的步骤为：

（1）设定各支路电流的参考方向。

（2）选取 $n-1$ 个结点为独立结点，列写它们的 KCL 方程。

（3）选取 $b-(n-1)$ 个回路为独立回路，列写它们的 KVL 方程。

（4）将上述 KCL 方程和 KVL 方程联立求解，得出各支路电流。

3.2 回路电流法

$2b$ 法所需联立方程的数目为 $2b$ 个，$1b$ 法所需联立方程的数目减少到 b 个。能否使所需联立方程的数目再进一步减少呢？这就是本节和下节要说明的问题。

电路中的 b 个支路电流是受 KCL 约束的，因而由个数少于 b 的某一组电流即能确定每一个支路电流。由此可见，求解电路时可分两步进行，先选取一组独立、完备的电流而不是全部支路电流作为第一步求解的电流变量，然后根据求得的这组电流变量再确定每一个支路电流。“独立的”是指这组电流变量线性无关，“完备的”是指每一个支路电流都可由这组电流变量线性表示出。在一个电路中，有许多组独立、完备的电流变量，但每组所含的电流变量数是相同的，且为 $b-(n-1)$ 个，即等于独立回路所包含的回路数。

上述电路分析的思路立足于回路，称为回路电流法。它是以一组独立、完备的回路电流为电路变量，直接列写这些回路电流所在回路的 KVL 方程，然后求出这组回路电流，进而求出各支路电流和电压的一种电路求解方法。回路电流是指在回路中流动的假想电流。组成独立回路的 $b-(n-1)$ 个回路的回路电流，正好构成一组独立、完备的电流变量。下面以图 3-2（a）所示电路为例，介绍回路电流法。

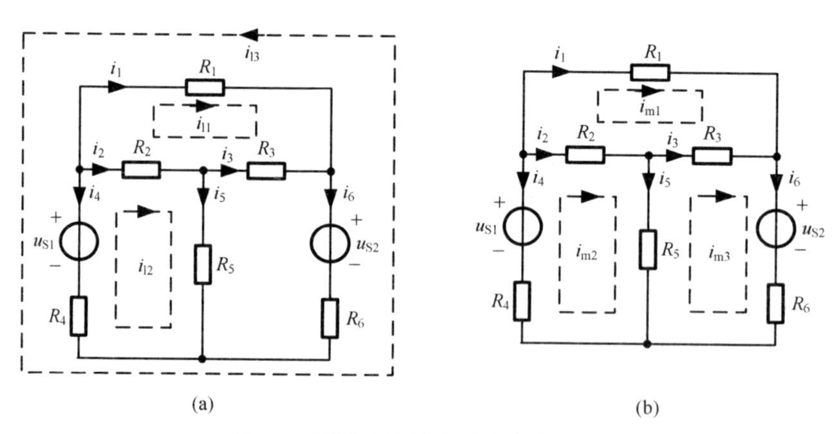

图 3-2　回路电流法和网孔电流法示例

图 3-2（a）所示电路有 6 条支路、4 个结点，因此，该电路的独立回路所包含的回路数为 3。选回路 1、2、3 为独立回路，这 3 个回路的回路电流分别用 i_{l1}、i_{l2}、i_{l3} 表示，则各支路电流与回路电流的关系为

$$\begin{cases} i_1 = i_{l1} - i_{l3} \\ i_2 = -i_{l1} + i_{l2} \\ i_3 = -i_{l1} \\ i_4 = -i_{l2} + i_{l3} \\ i_5 = i_{l2} \\ i_6 = -i_{l3} \end{cases}$$

以回路电流为电路变量，对回路 1、2、3 列写 KVL 方程

$$\begin{cases} R_1(i_{l1} - i_{l3}) - R_3(-i_{l1}) - R_2(-i_{l1} + i_{l2}) = 0 \\ R_2(-i_{l1} + i_{l2}) + R_5 i_{l2} - R_4(-i_{l2} + i_{l3}) - u_{S1} = 0 \\ -R_1(i_{l1} - i_{l3}) + u_{S1} + R_4(-i_{l2} + i_{l3}) - R_6(-i_{l3}) - u_{S2} = 0 \end{cases}$$

整理后可得

$$\begin{cases} (R_1 + R_2 + R_3)i_{l1} - R_2 i_{l2} - R_1 i_{l3} = 0 \\ -R_2 i_{l1} + (R_2 + R_4 + R_5)i_{l2} - R_4 i_{l3} = u_{S1} \\ -R_1 i_{l1} - R_4 i_{l2} + (R_1 + R_4 + R_6)i_{l3} = -u_{S1} + u_{S2} \end{cases}$$

表示成矩阵形式

$$\begin{bmatrix} R_1 + R_2 + R_3 & -R_2 & -R_1 \\ -R_2 & R_2 + R_4 + R_5 & -R_4 \\ -R_1 & -R_4 & R_1 + R_4 + R_6 \end{bmatrix} \begin{bmatrix} i_{l1} \\ i_{l2} \\ i_{l3} \end{bmatrix} = \begin{bmatrix} 0 \\ u_{S1} \\ -u_{S1} + u_{S2} \end{bmatrix} \tag{3-1}$$

式（3-1）就是图 3-2（a）所示电路采用回路电流法所得的方程，常称为回路方程。实际上，回路方程可以根据电路图凭直观直接写出，而不必经过以上步骤。为此，将式（3-1）写成下面的典型形式

$$\begin{bmatrix} R_{11} & R_{12} & R_{13} \\ R_{21} & R_{22} & R_{23} \\ R_{31} & R_{32} & R_{33} \end{bmatrix} \begin{bmatrix} i_{l1} \\ i_{l2} \\ i_{l3} \end{bmatrix} = \begin{bmatrix} u_{S11} \\ u_{S22} \\ u_{S33} \end{bmatrix} \tag{3-2}$$

式中：R_{kk}（$k=1, 2, 3$）称为回路 k 的自电阻，它是回路 k 中所有电阻之和，恒取正号。R_{jk}（$j \neq k$，$j=1, 2, 3$；$k=1, 2, 3$）称为回路 j 与回路 k 的互电阻，它是回路 j 与回路 k 共有支路上所有公共电阻的代数和；如果流过公共电阻的两回路电流方向相同，其前取正号，如果方向相反，其前取负号，如果两个回路无公共电阻，则相应的互电阻为零；当电路不含受控源时，$R_{jk} = R_{kj}$。u_{Skk}（$k=1, 2, 3$）表示回路 k 中所有电压源电压升的代数和。

对于回路方程数超过 3 个的情况，可按式（3-2）进行推广，这里不多赘述。

如果所选独立回路全由网孔组成，则回路电流就是网孔电流，此时回路电流法可称为网孔电流法，回路方程可称为网孔方程。对于图 3-2（a）所示电路，若

选三个网孔为独立回路，网孔电流分别用i_{m1}、i_{m2}和i_{m3}表示，如图3-2（b）所示，则相应的网孔方程为

$$\begin{bmatrix} R_1+R_2+R_3 & -R_2 & -R_3 \\ -R_2 & R_2+R_4+R_5 & -R_5 \\ -R_3 & -R_5 & R_3+R_5+R_6 \end{bmatrix}\begin{bmatrix} i_{m1} \\ i_{m2} \\ i_{m3} \end{bmatrix}=\begin{bmatrix} 0 \\ u_{S1} \\ -u_{S2} \end{bmatrix}$$

下面简单介绍平面电路和非平面电路的概念。可以画在一个平面上而不使任何两条支路交叉的电路为平面电路，否则为非平面电路。图3-3（a）是一个非平面电路，而图3-3（b）是一个平面电路，因为图3-3（b）中支路交叉的情况是可以通过改变作图消除掉的，例如可将图3-3（b）变为图3-3（c）。网孔电流法只适用于平面电路，而回路电流法对平面电路和非平面电路都适用。可以证明，平面电路的网孔数正好等于独立回路所包含的回路数。

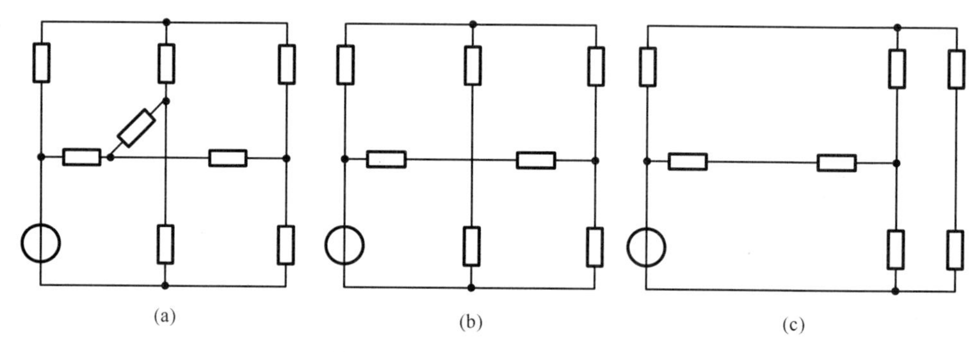

图3-3　平面电路与非平面电路

例3-3　电路如图3-4所示，试用网孔电流法求各支路电流。

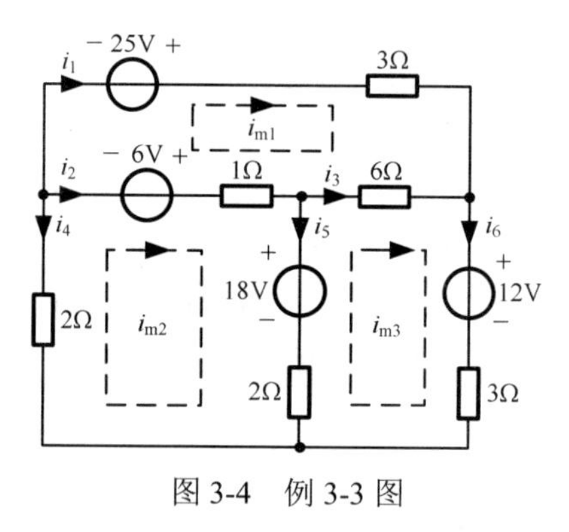

图3-4　例3-3图

解：图3-4所示电路为平面电路，共有3个网孔。选取网孔电流为i_{m1}、i_{m2}、

i_{m3}，如图 3-4 所示，列网孔电流方程

$$\begin{cases}(3+6+1)i_{m1}-1\times i_{m2}-6i_{m3}=25-6\\ -1\times i_{m1}+(1+2+2)i_{m2}-2i_{m3}=6-18\\ -6i_{m1}-2i_{m2}+(6+3+2)i_{m3}=-12+18\end{cases}$$

联立求解得

$$i_{m1}=3\text{A}，\quad i_{m2}=-1\text{A}，\quad i_{m3}=2\text{A}$$

各支路电流为

$$i_1=i_{m1}=3\text{A}，\quad i_2=-i_{m1}+i_{m2}=-4\text{A}，\quad i_3=-i_{m1}+i_{m3}=-1\text{A}$$

$$i_4=-i_{m2}=1\text{A}，\quad i_5=i_{m2}-i_{m3}=-3\text{A}，\quad i_6=i_{m3}=2\text{A}$$

例 3-4　电路如图 3-5 所示，图中 R_A 是测量电表的内阻，当电桥平衡时，通过电表的电流 i_A 为零。试用回路电流法求电桥平衡的条件。

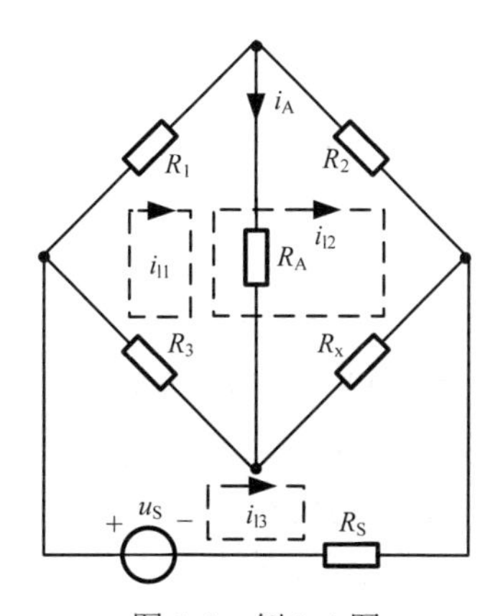

图 3-5　例 3-4 图

解：选取回路电流为 i_{l1}、i_{l2}、i_{l3}，如图 3-5 所示，列回路电流方程

$$\begin{cases}(R_1+R_3+R_A)i_{l1}+(R_1+R_3)i_{l2}-R_3i_{l3}=0\\ (R_1+R_3)i_{l1}+(R_1+R_2+R_3+R_x)i_{l2}-(R_3+R_x)i_{l3}=0\\ -R_3i_{l1}-(R_3+R_x)i_{l2}+(R_3+R_x+R_S)i_{l3}=u_S\end{cases}$$

联立解得

$$i_{l1}=\frac{1}{\Delta}\begin{vmatrix}0 & R_1+R_3 & -R_3\\ 0 & R_1+R_2+R_3+R_x & -(R_3+R_x)\\ u_S & -(R_3+R_x) & R_3+R_x+R_S\end{vmatrix}$$

式中，Δ是方程组的系数行列式，通过计算可知$\Delta\neq 0$。因此，电流 $i_A=i_{l1}=0$ 的条件是

$$u_S(-1)^{3+1}\begin{vmatrix} R_1+R_3 & -R_3 \\ R_1+R_2+R_3+R_x & -(R_3+R_x) \end{vmatrix} = u_S(R_2R_3-R_1R_x)=0$$

由于$u_S \neq 0$，所以$i_{l1}=0$的条件是

$$R_2R_3=R_1R_x$$

上式就是电桥平衡，即$i_A=i_{l1}=0$的条件。

当电路中含有电流源时，尽量做到电流源支路只有一个回路电流流过，从而使计算量减少。

例 3-5 电路如图 3-6 所示，试用回路电流法求支路电流i_1、i_2、i_3和i_4。

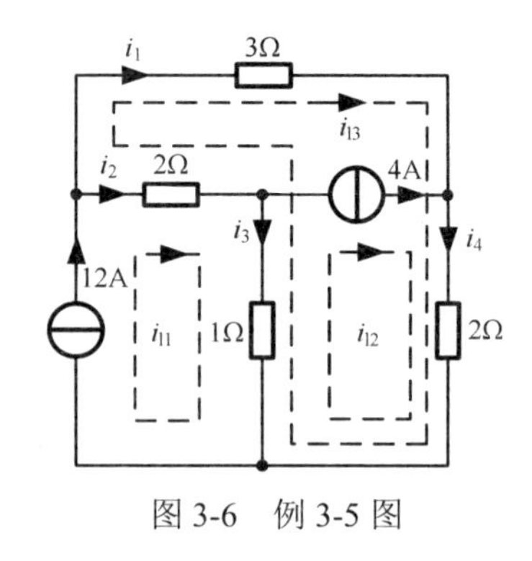

图 3-6 例 3-5 图

解：选取回路电流为i_{l1}、i_{l2}、i_{l3}，如图 3-6 所示，列回路电流方程

$$\begin{cases} i_{l1}=12 \\ i_{l2}=4 \\ -(1+2)i_{l1}+(1+2)i_{l2}+(1+2+3+2)i_{l3}=0 \end{cases}$$

联立解得

$$i_{l1}=12\text{A}，\quad i_{l2}=4\text{A}，\quad i_{l3}=3\text{A}$$

因此

$$i_1=i_{l3}=3\text{A}，\quad i_2=i_{l1}-i_{l3}=9\text{A}，\quad i_3=i_{l1}-i_{l2}-i_{l3}=5\text{A}，\quad i_4=i_{l2}+i_{l3}=7\text{A}$$

本例电路中的 4A 电流源和 12A 电流源都没有与电阻并联，而分别单独构成支路，这样的电流源常称为无伴电流源。

电路中含有受控电源时，可先将受控电源按独立电源对待，列出电路的回路电流方程，然后将受控电源的控制变量用回路电流表示，即列辅助方程，最后联立求解。

例 3-6 电路如图 3-7 所示，试用回路电流法求电压u_1。

解：选取回路电流为i_{l1}、i_{l2}、i_{l3}和i_{l4}，如图 3-7 所示，列回路电流方程

$$\begin{cases} i_{l1}=2 \\ 0\times i_{l1}+(1+0.5)i_{l2}-0.5\times i_{l3}+1\times i_{l4}=1 \\ i_{l3}=0.5u \\ -1\times i_{l1}+1\times i_{l2}+0\times i_{l3}+(1+1+1)i_{l4}=-2u \end{cases}$$

列辅助方程

$$u=1\times(i_{l1}-i_{l4})$$

联立解得

$$i_{l1}=2\text{A}，\quad i_{l2}=16\text{A}，\quad i_{l3}=10\text{A}，\quad i_{l4}=-18\text{A}，\quad u=20\text{V}$$

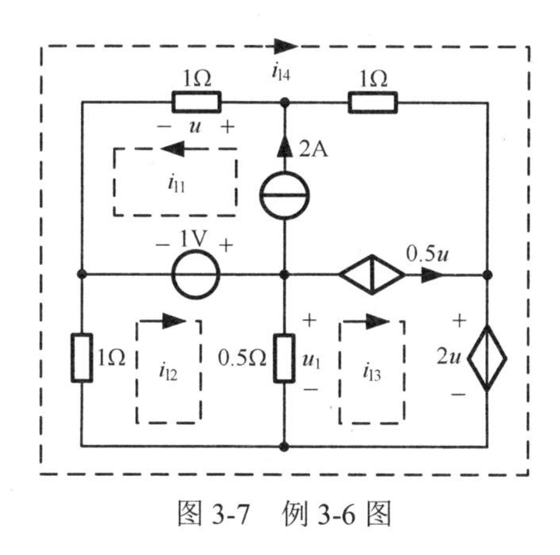

图 3-7　例 3-6 图

因此

$$u_1 = 0.5(i_{l2} - i_{l3}) = 0.5 \times (16 - 10) = 3\text{V}$$

3.3　结点电压法

电路中的 b 个支路电压是受 KVL 约束的，因而由个数少于 b 的某一组电压即能确定每一个支路电压。与回路电流法的导出类似，也可先选取一组独立、完备的电压而不是全部支路电压作为第一步求解的电压变量，然后根据求得的这组电压变量再确定每一个支路电压。在一个电路中，有许多组独立、完备的电压变量，但每组所含的电压变量数是相同的，且为 $n-1$，即等于独立结点所包含的结点数。

立足于结点的电路分析，体现了上述思路，称为结点电压法。它是以一组独立、完备的结点电压为电路变量，直接列写这些结点电压所对应的结点的 KCL 方程，然后求出这组结点电压，进而求出各支路电压和电流的一种电路求解方法。在电路中任选一个结点为参考结点，其余的每一个结点到参考结点的电压降，就称为这个结点的结点电压。一个具有 n 个结点的电路有 $n-1$ 个结点电压，这 $n-1$ 个结点电压可构成一组独立、完备的电压变量。下面以图 3-8 所示电路为例，介绍结点电压法。

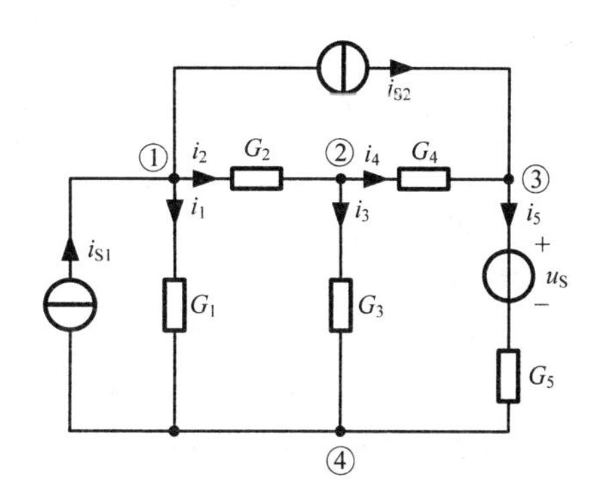

图 3-8　结点电压法示例

图 3-8 所示电路有 4 个结点，现选结点④为参考结点，结点①、②、③的结点电压分别用 u_{n1}、u_{n2}、u_{n3} 表示，则各

支路电流与结点电压的关系为

$$\begin{cases} i_1 = G_1 u_{n1} \\ i_2 = G_2(u_{n1} - u_{n2}) \\ i_3 = G_3 u_{n2} \\ i_4 = G_4(u_{n2} - u_{n3}) \\ i_5 = G_5(u_{n3} - u_S) \end{cases}$$

以结点电压为电路变量，对结点①、②、③列写 KCL 方程

$$\begin{cases} G_1 u_{n1} + G_2(u_{n1} - u_{n2}) - i_{S1} + i_{S2} = 0 \\ G_2(u_{n1} - u_{n2}) - G_3 u_{n2} - G_4(u_{n2} - u_{n3}) = 0 \\ G_4(u_{n2} - u_{n3}) - G_5(u_{n3} - u_S) + i_{S2} = 0 \end{cases}$$

整理并写成矩阵形式

$$\begin{bmatrix} G_1 + G_2 & -G_2 & 0 \\ -G_2 & G_2 + G_3 + G_4 & -G_4 \\ 0 & -G_4 & G_4 + G_5 \end{bmatrix} \begin{bmatrix} u_{n1} \\ u_{n2} \\ u_{n3} \end{bmatrix} = \begin{bmatrix} i_{S1} - i_{S2} \\ 0 \\ i_{S2} + G_5 u_S \end{bmatrix} \tag{3-3}$$

式（3-3）就是图 3-8 所示电路采用结点电压法所得的方程，常称为结点方程。实际上，结点方程可以根据电路图凭直观直接写出，而不必经过以上步骤。为此，将式（3-3）写成下面的典型形式

$$\begin{bmatrix} G_{11} & G_{12} & G_{13} \\ G_{21} & G_{22} & G_{23} \\ G_{31} & G_{32} & G_{33} \end{bmatrix} \begin{bmatrix} u_{n1} \\ u_{n2} \\ u_{n3} \end{bmatrix} = \begin{bmatrix} i_{S11} \\ i_{S22} \\ i_{S33} \end{bmatrix} \tag{3-4}$$

式中：G_{kk} $(k = 1, 2, 3)$ 称为结点 k 的自电导，它是连接到结点 k 的所有支路电导之和，恒取正号。G_{jk} $(j \neq k,\ j = 1, 2, 3,\ k = 1, 2, 3)$ 称为结点 j 与结点 k 的互电导，它是结点 j 与结点 k 之间共有支路电导之和，恒取负号；如果两个结点无共有支路电导，则相应的互电导为零；当电路不含受控源时，$G_{jk} = G_{kj}$。i_{Skk} $(k = 1, 2, 3)$ 表示流入结点 k 的所有电流源电流的代数和，其中流入结点的电流取正，流出结点的电流取负；注意此处的电流源还应包括由电压源和电阻的串联组合经等效变换形成的电流源。

对于结点方程数超过 3 个的情况，可按式（3-4）进行推广，这里不多赘述。

例 3-7　电路如图 3-9 所示，试用结点电压法求各支路电流。

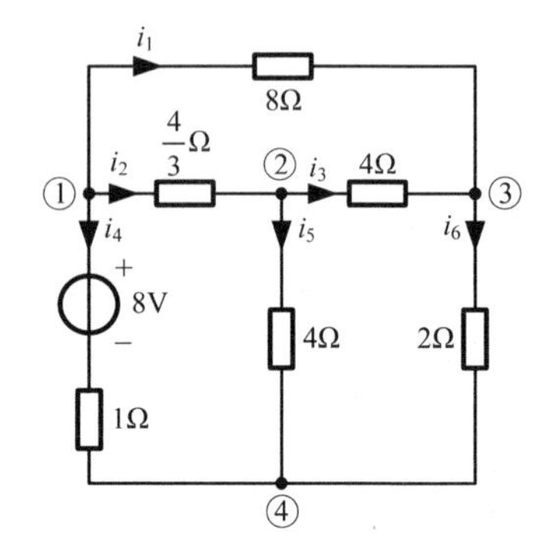

图 3-9　例 3-7 图

解：选结点④为参考结点，结点①、②、③的结点电压分别用 u_{n1}、u_{n2}、u_{n3} 表示，列写结点电压方程

$$\begin{cases}(\frac{1}{1}+\frac{3}{4}+\frac{1}{8})u_{n1}-\frac{3}{4}u_{n2}-\frac{1}{8}u_{n3}=\frac{8}{1}\\-\frac{3}{4}u_{n1}+(\frac{3}{4}+\frac{1}{4}+\frac{1}{4})u_{n2}-\frac{1}{4}u_{n3}=0\\-\frac{1}{8}u_{n1}-\frac{1}{4}u_{n2}+(\frac{1}{4}+\frac{1}{2}+\frac{1}{8})u_{n3}=0\end{cases}$$

联立解得

$$u_{n1}=6\text{V}，\quad u_{n2}=4\text{V}，\quad u_{n3}=2\text{V}$$

因此

$$i_1=\frac{u_{n1}-u_{n3}}{8}=\frac{6-2}{8}=0.5\text{A}$$

$$i_2=(u_{n1}-u_{n2})\times\frac{3}{4}=(6-4)\times\frac{3}{4}=1.5\text{A}$$

$$i_3=\frac{u_{n2}-u_{n3}}{4}=\frac{4-2}{4}=0.5\text{A}$$

$$i_4=\frac{u_{n1}-8}{1}=\frac{6-8}{1}=-2\text{A}$$

$$i_5=\frac{u_{n2}}{4}=\frac{4}{4}=1\text{A}$$

$$i_6=\frac{u_{n3}}{2}=\frac{2}{2}=1\text{A}$$

例 3-8 电路如图 3-10 所示，试用结点电压法求电压 u。

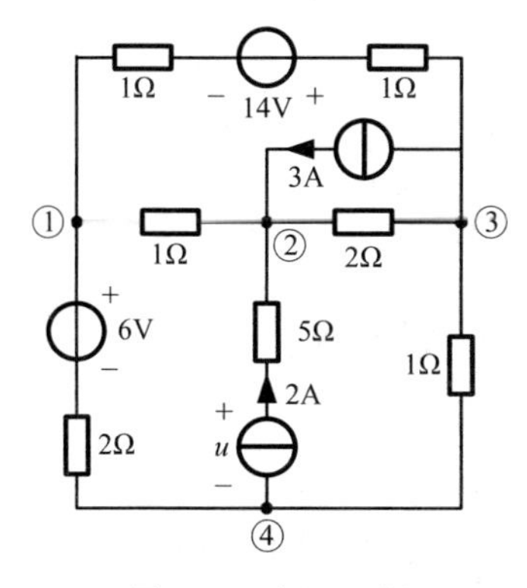

图 3-10 例 3-8 图

解：选结点④为参考结点，结点①、②、③的结点电压分别用 u_{n1}、u_{n2}、u_{n3}

表示，列写结点电压方程

$$\begin{cases}\left(\dfrac{1}{2}+\dfrac{1}{1}+\dfrac{1}{1+1}\right)u_{n1}-\dfrac{1}{1}u_{n2}-\dfrac{1}{1+1}u_{n3}=\dfrac{6}{2}-\dfrac{14}{1+1}\\-\dfrac{1}{1}u_{n1}+\left(\dfrac{1}{1}+\dfrac{1}{2}\right)u_{n2}-\dfrac{1}{2}u_{n3}=3+2\\-\dfrac{1}{1+1}u_{n1}-\dfrac{1}{2}u_{n2}+\left(\dfrac{1}{2}+\dfrac{1}{1}+\dfrac{1}{1+1}\right)u_{n3}=-3+\dfrac{14}{1+1}\end{cases}$$

整理得

$$\begin{cases}4u_{n1}-2u_{n2}-u_{n3}=-8\\-2u_{n1}+3u_{n2}-u_{n3}=10\\-u_{n1}-u_{n2}+4u_{n3}=8\end{cases}$$

联立解得

$$u_{n1}=2\text{V}，\quad u_{n2}=6\text{V}，\quad u_{n3}=4\text{V}$$

因此

$$u=u_{n2}+5\times2=6+10=16\text{V}$$

本例电路中的2A电流源与5Ω电阻相串联的支路，按电流源与电阻相串联的规则可等效为2A电流源，因此5Ω电阻不要写入结点电压方程式中，但计算电压u时要考虑5Ω电阻。此外，要注意与14V电压源串联的电导为$\dfrac{1}{1+1}=0.5\text{S}$，而不是$\dfrac{1}{1}+\dfrac{1}{1}=2\text{S}$。

例3-9 电路如图3-11所示，试用结点电压法求电流i_1和i_2。

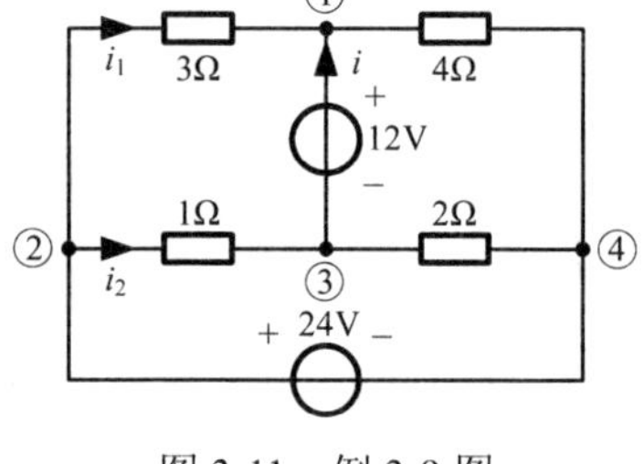

图3-11 例3-9图

解： 设流过12V电压源的电流为i。选结点④为参考结点，结点①、②、③的结点电压分别用u_{n1}、u_{n2}、u_{n3}表示，列写结点电压方程

$$\begin{cases}\left(\dfrac{1}{3}+\dfrac{1}{4}\right)u_{n1}-\dfrac{1}{3}u_{n2}-0\times u_{n3}=i\\u_{n2}=24\\-0\times u_{n1}-\dfrac{1}{1}u_{n2}+\left(\dfrac{1}{1}+\dfrac{1}{2}\right)u_{n3}=-i\end{cases}$$

列辅助方程

$$u_{n1}-u_{n3}=12$$

联立解得

$$u_{n1}=24\text{V}，\ u_{n2}=24\text{V}，\ u_{n3}=12\text{V}$$

因此

$$i_1=\frac{u_{n2}-u_{n1}}{3}=\frac{24-24}{3}=0$$

$$i_2=\frac{u_{n2}-u_{n3}}{1}=\frac{24-12}{1}=12\text{A}$$

本例电路中的 12V 电压源和 24V 电压源都没有与电阻串联，而分别单独构成支路，这样的电压源常称为无伴电压源。若电路中只有一个无伴电压源，可选该电压源的一端为参考结点，则另一端的结点电压就为已知的。若电路有多个无伴电压源，可选其中一个无伴电压源的一端为参考结点，而将剩余的无伴电压源的电流作为变量。由于未知量增加，必须增加相应的有关结点电压与无伴电压源之间关系的辅助方程。

电路中含有受控电源时，可先将受控电源按独立电源对待，列出电路的结点电压方程，然后将受控电源的控制变量用结点电压表示，即列辅助方程，最后联立求解。

例 3-10　电路如图 3-12 所示，试用结点电压法求电压 u_x 和电流 i_x。

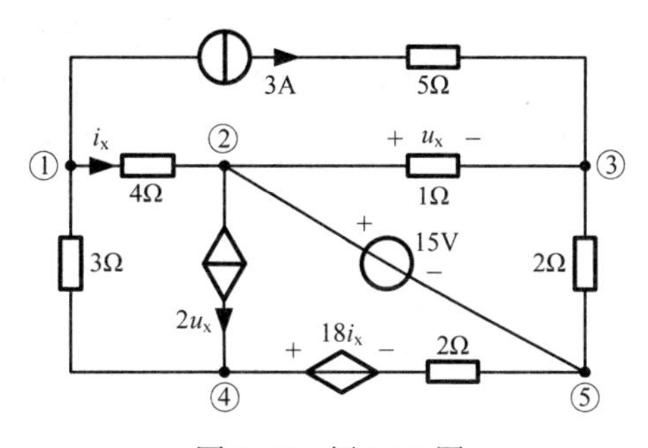

图 3-12　例 3-10 图

解：选结点⑤为参考结点，对结点①、②、③、④列写结点电压方程

$$\begin{cases}\left(\dfrac{1}{3}+\dfrac{1}{4}\right)u_{n1}-\dfrac{1}{4}u_{n2}-\dfrac{1}{3}u_{n4}=-3\\ u_{n2}=15\\ -\dfrac{1}{1}u_{n2}+\left(\dfrac{1}{1}+\dfrac{1}{2}\right)u_{n3}=3\\ -\dfrac{1}{3}u_{n1}+\left(\dfrac{1}{3}+\dfrac{1}{2}\right)u_{n4}=\dfrac{18i_x}{2}+2u_x\end{cases}$$

列辅助方程

$$\begin{cases} u_{x} = u_{n2} - u_{n3} \\ i_{x} = \dfrac{u_{n1} - u_{n2}}{4} \end{cases}$$

联立解得

$$u_{n1} = 23V，\ u_{n2} = 15V，\ u_{n3} = 12V，\ u_{n4} = 38V，\ u_{x} = 3V，\ i_{x} = 2A$$

3.4 应用实例：力的电测法

在工业上除了需要测量电压、电流之类的电量外，还需要测量很多的非电量，如重力、拉力、压力、应变、加速度、位移、转速、振动、力矩、厚度、物位、温度、流量、水分、湿度、密度、浓度等。通常采用电测法测量非电量，即先用传感器把被测的非电量转换为与之有确定关系且便于处理的电量，再由检测电路对该电量进行处理，最后通过一定的换算得到被测非电量的值。下面以力的电测法为例，介绍电阻应变片和电桥的应用。

电阻应变片是一种具备力敏效应的电阻，广泛应用于重力、拉力、压力、应变、加速度、位移等物理量的测量中。目前常用的电阻应变片有金属箔式和金属薄膜式两种。在进行力的测量时，通常将电阻应变片用高强度粘合剂粘贴在试件表面上，当试件承受载荷后该粘贴表面会产生微小的变形，这时电阻应变片也随之变形，致使其电阻发生变化。

如图 3-13 所示的电桥电路是一种基本的测量电路，电桥的四个桥臂分别由电阻 R_1、R_2、R_3、R_4 构成，这 4 个电阻的阻值关系通常为以下两种：① $R_1 = R_2 = R_3 = R_4$；② $R_1 = R_2$，$R_3 = R_4$。设 R_4 为粘贴在被测试件上的电阻应变片，当试件受到力 F 作用时，它将产生形变，从而使电阻应变片的电阻由 R_4 变为 $R_4 + \Delta R$，此时电桥的输出电压为

$$U_{o} = U_{AD} - U_{BD} = \frac{R_4 + \Delta R}{R_1 + R_4 + \Delta R} U_{S} - \frac{R_3}{R_2 + R_3} U_{S}$$

通常取 $R_1 = R_2 = R_3 = R_4 = R$，保证被测试件没有受力（$F = 0$，$\Delta R = 0$）时，电桥是平衡的，即输出电压 $U_{o} = 0$。因此，上式可简化为

$$U_{o} = \frac{R + \Delta R}{2R + \Delta R} U_{S} - \frac{1}{2} U_{S} = \frac{\Delta R}{2(2R + \Delta R)} U_{S}$$

一般情况下，ΔR 与 R 相比是一个微小的值，若忽略上式分母中的 ΔR，则

$$U_{o} = \frac{\Delta R}{4R} U_{S}$$

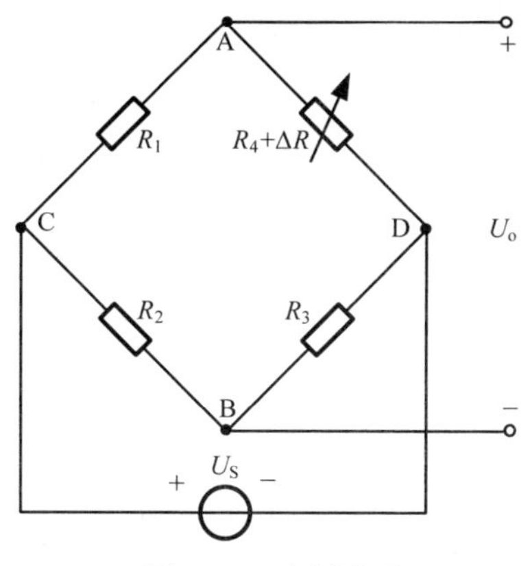

图 3-13　电桥电路

当电阻应变片电阻的变化率 $\Delta R/R$ 与试件所受到的力 F 成正比，即 $\Delta R/R=kF$，k 为比例系数，则输出电压

$$U_o=\frac{kU_S}{4}F$$

测量输出电压 U_o 的值，即可根据上式换算出力 F 的值。

如何粘贴电阻应变片呢？有兴趣的同学，可进一步阅读有关传感器与测试技术方面的书籍，从中找到答案。

本章小结

（1）支路分析法是以 KCL、KVL 和元件的 VCR 为基本依据求解电路的分析方法，根据所选待求电路变量的差异可分为三种：$2b$ 法、支路电流法和支路电压法。支路分析法虽然方程数目多，计算量大，但基本变量的物理意义明确，容易理解。

（2）回路电流法是以 KVL 和元件的 VCR 为基本依据求解电路的分析方法。结点电压法是以 KCL 和元件的 VCR 为基本依据求解电路的分析方法。回路电流法和结点电压法的方程数都比支路分析法的方程数少，而且可通过观察电路直接列出回路方程和结点方程，因此这两种方法应用更广泛。尤其是结点电压法，它便于计算机编程，是分析大规模复杂电路的首选方法。

（3）如果电路含有受控电源，则可先将受控电源当作独立电源列写电路方程，然后再将受控电源的控制量用所选电路变量表示出来，最后再整理化简方程并求出所选电路变量。

（4）采用支路分析法、回路电流法和结点电压法求解电路时，都无需改变电路的结构，而且可以求出所有支路的电压和电流。

3-1　电路如图题 3-1 所示，试用支路电流法求各支路电流。

3-2　电路如图题 3-2 所示，试用支路电流法求各支路电流。

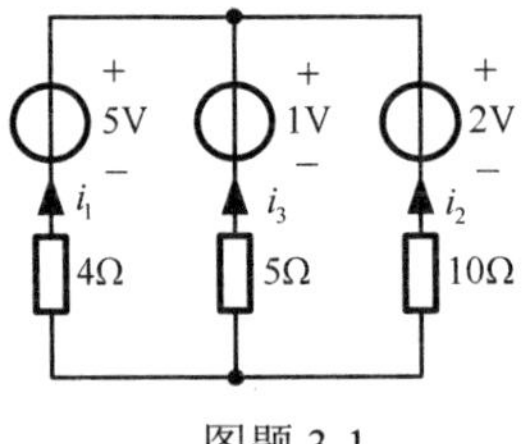

图题 3-1

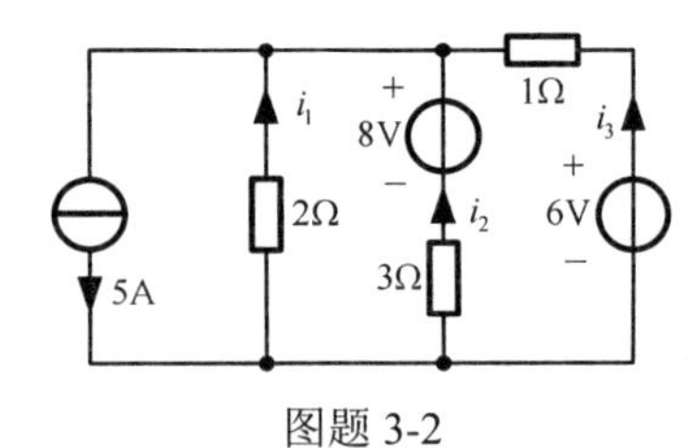

图题 3-2

3-3　电路如图题 3-3 所示，试用回路电流法求各支路电流。

3-4　电路如图题 3-4 所示，试用回路电流法求电流 i_3 。

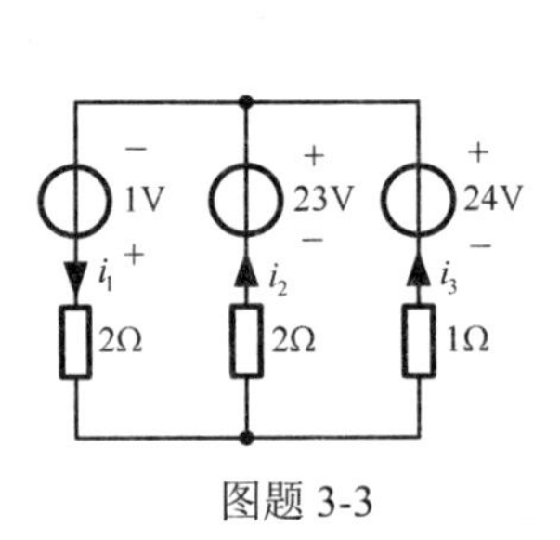

图题 3-3

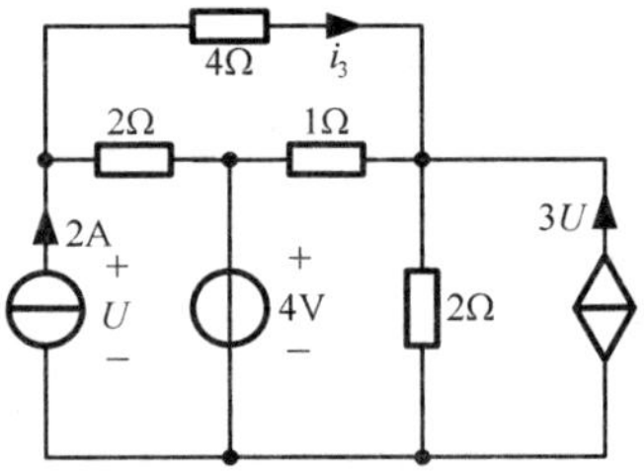

图题 3-4

3-5　电路如图题 3-5 所示，试用回路电流法求各支路电流。

3-6　电路如图题 3-6 所示，试用回路电流法求电流 I。

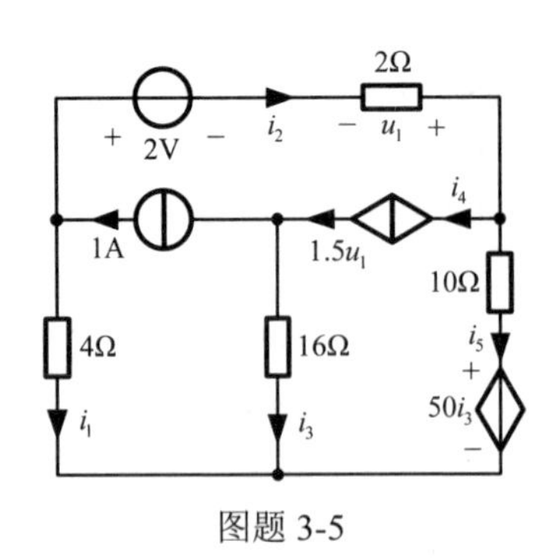

图题 3-5

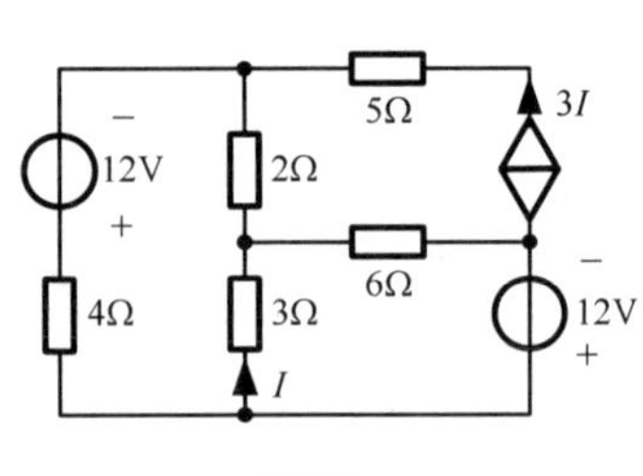

图题 3-6

3-7　电路如图题 3-7 所示，求受控电流源发出的功率 P。

3-8　电路如图题 3-8 所示，试用结点电压法求电压 u。

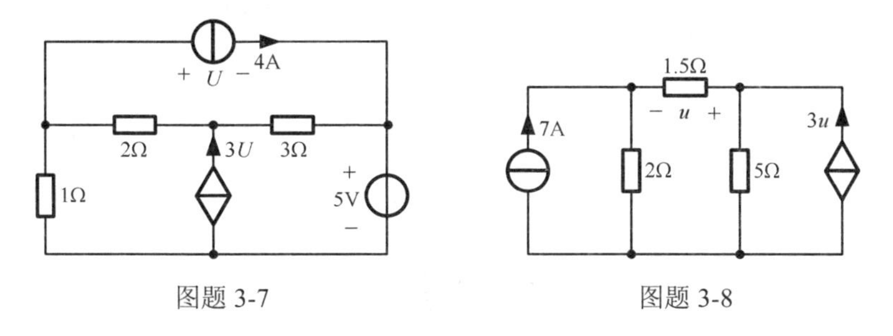

图题 3-7　　图题 3-8

3-9　电路如图题 3-9 所示，试用结点电压法求电压 u。

3-10　电路如图题 3-10 所示，试用结点电压法求电压 u。

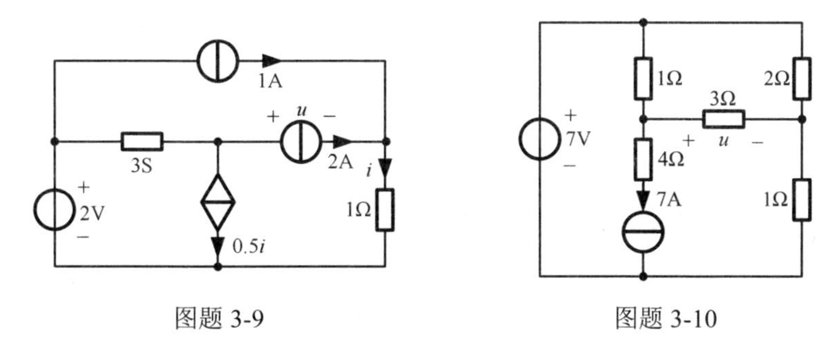

图题 3-9　　图题 3-10

3-11　电路如图题 3-11 所示，求电流 I_1、I_2 和 I_3。

3-12　电路如图题 3-12 所示，求 6A 的电流源发出的功率 P。

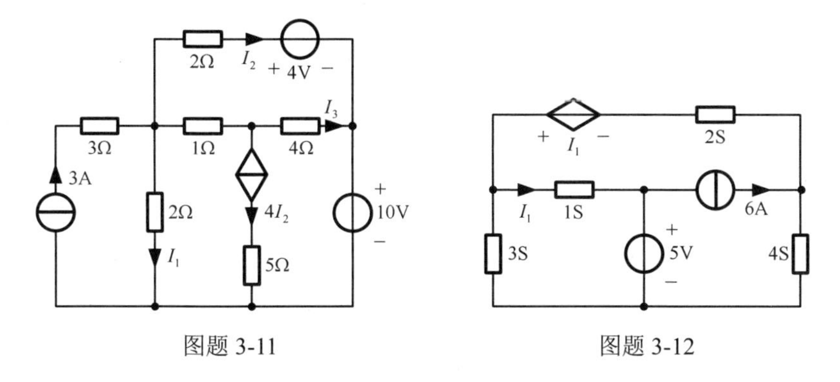

图题 3-11　　图题 3-12

3-13　电路如图题 3-13 所示，求 $U=0$ 时的 I_S。

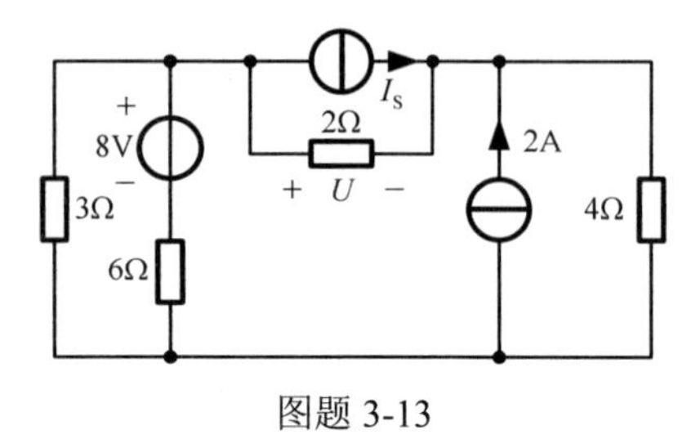

图题 3-13

3-14　电路如图题 3-14 所示，求 0.5U 受控电压源吸收的功率 P。

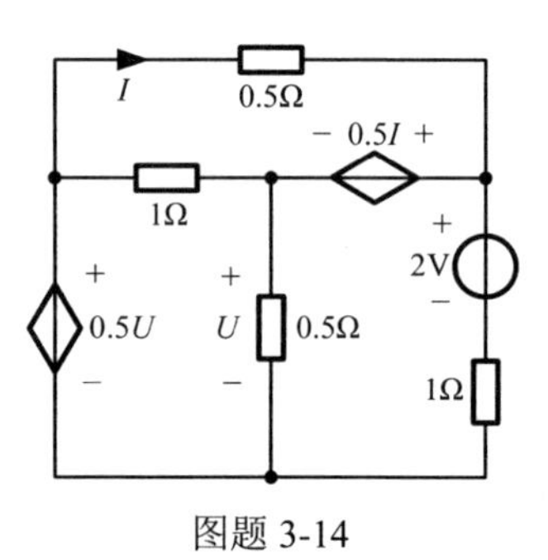

图题 3-14

第 4 章　电路定理

本章介绍一些重要的电路定理，包括叠加定理、替代定理、戴维宁定理、诺顿定理和最大功率传输定理。

4.1　叠加定理

线性性质是线性电路的基本性质，包括齐次性和可加性。叠加定理就是可加性的反映，它是线性电路的一个重要性质。

图 4-1（a）所示电路中有三个独立电源，它们为电路的激励，现在要求解作为电路中响应的电压 u_1 和电流 i_2。

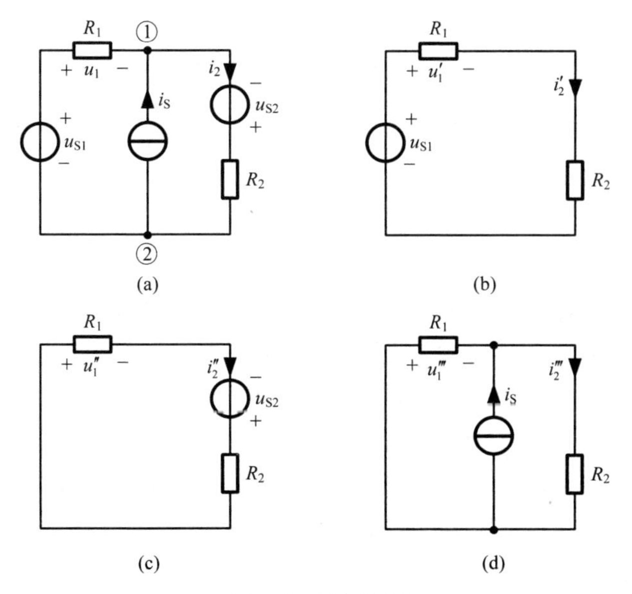

图 4-1　叠加定理

图 4-1（a）所示电路有两个结点，现选结点②为参考结点，应用结点电压法，有

$$\left(\frac{1}{R_1}+\frac{1}{R_2}\right)u_{n1}=\frac{u_{S1}}{R_1}-\frac{u_{S2}}{R_2}+i_S$$

解得

$$u_{n1}=\frac{R_2}{R_1+R_2}u_{S1}-\frac{R_1}{R_1+R_2}u_{S2}+\frac{R_1R_2}{R_1+R_2}i_S$$

因此

$$\begin{cases}u_1=u_{S1}-u_{n1}=\dfrac{R_1}{R_1+R_2}u_{S1}+\dfrac{R_1}{R_1+R_2}u_{S2}-\dfrac{R_1R_2}{R_1+R_2}i_S\\ i_2=\dfrac{u_{n1}+u_{S2}}{R_2}=\dfrac{1}{R_1+R_2}u_{S1}+\dfrac{1}{R_1+R_2}u_{S2}+\dfrac{R_1}{R_1+R_2}i_S\end{cases}\tag{4-1}$$

式（4-1）中，u_1和i_2都分别是u_{S1}、u_{S2}和i_S的线性组合，可将式（4-1）改写为

$$\begin{cases}u_1=u_1'+u_1''+u_1'''\\ i_2=i_2'+i_2''+i_2'''\end{cases}\tag{4-2}$$

其中

$$u_1'=\frac{R_1}{R_1+R_2}u_{S1}=u_1\big|_{u_{S2}=0,i_S=0}，\quad u_1''=\frac{R_1}{R_1+R_2}u_{S2}=u_1\big|_{u_{S1}=0,i_S=0}，$$

$$u_1'''=-\frac{R_1R_2}{R_1+R_2}i_S=u_1\big|_{u_{S1}=0,u_{S2}=0}$$

$$i_2'=\frac{1}{R_1+R_2}u_{S1}=i_2\big|_{u_{S2}=0,i_S=0}，\quad i_2''=\frac{1}{R_1+R_2}u_{S2}=i_2\big|_{u_{S1}=0,i_S=0}，$$

$$i_2'''=\frac{R_1}{R_1+R_2}i_S=i_2\big|_{u_{S1}=0,u_{S2}=0}$$

式中：u_1'和i_2'为将原电路（即图 4-1（a）所示电路）中电压源u_{S2}和电流源i_S置零时的响应，即由电压源u_{S1}单独作用时产生的响应，如图 4-1（b）所示。u_1''和i_2''为将原电路中电压源u_{S1}和电流源i_S置零时的响应，即由电压源u_{S2}单独作用时产生的响应，如图 4-1（c）所示。u_1'''和i_2'''为将原电路中电压源u_{S1}和u_{S2}置零时的响应，即由电流源i_S单独作用时产生的响应，如图 4-1（d）所示。图 4-1（b）、（c）、（d）分别称为u_{S1}、u_{S2}和i_S单独作用时的分电路。各分电路中的响应称为相应激励所产生的响应分量，原电路中的响应则为各分电路中响应分量之和。这就是叠加定理。可以证明如下：

对于一个具有 b 条支路、n 个结点的电路，可以以回路电流或结点电压为变量列写电路方程，此种方程具有如下形式：

$$\begin{bmatrix} a_{11} & a_{12} & \cdots & a_{1N} \\ a_{21} & a_{22} & \cdots & a_{2N} \\ \vdots & \vdots & & \vdots \\ a_{N1} & a_{N2} & \cdots & a_{NN} \end{bmatrix} \begin{bmatrix} x_1 \\ x_2 \\ \vdots \\ x_N \end{bmatrix} = \begin{bmatrix} b_{11} \\ b_{22} \\ \vdots \\ b_{NN} \end{bmatrix} \tag{4-3}$$

式中，x_k（$k=1, 2, \cdots, N$）表示待求的变量，b_{kk}（$k=1, 2, \cdots, N$）是电路中激励的线性组合。当此方程是回路方程时，x_k 是回路电流 i_{nk}，a_{jk}（$j=1, 2, \cdots, N$; $k=1, 2, \cdots, N$）是自电阻或互电阻，b_{kk} 是回路 k 中电压源电压和由电流源等效变换所得电压源电压的线性组合。当此方程是结点方程时，x_k 是结点电压 u_{nk}，a_{jk} 是自电导或互电导，b_{kk} 则是流入结点 k 的电流源电流和由电压源等效变换所得电流源电流的线性组合。式（4-3）的解的一般形式为

$$x_k = \frac{\Delta_k}{\Delta} \qquad k=1, 2, \cdots, N$$

其中

$$\Delta_k = \begin{vmatrix} a_{11} & \cdots & a_{1,k-1} & b_{11} & a_{1,k+1} & \cdots & a_{1N} \\ a_{21} & \cdots & a_{2,k-1} & b_{22} & a_{2,k+1} & \cdots & a_{2N} \\ \vdots & & \vdots & \vdots & \vdots & & \vdots \\ a_{N1} & \cdots & a_{N,k-1} & b_{NN} & a_{N,k+1} & \cdots & a_{NN} \end{vmatrix}, \quad \Delta = \begin{vmatrix} a_{11} & a_{12} & \cdots & a_{1N} \\ a_{21} & a_{22} & \cdots & a_{2N} \\ \vdots & \vdots & & \vdots \\ a_{N1} & a_{N2} & \cdots & a_{NN} \end{vmatrix}$$

由于 b_{11}、b_{22}、…、b_{NN} 都是电路中激励的线性组合，而每个解 x_k 又是 b_{11}、b_{22}、…、b_{NN} 的线性组合，故每个解 x_k 都是电路中所有激励的线性组合。当电路中有 g 个电压源和 h 个电流源时，任意一处的电压和电流都可以写成如下的形式

$$\begin{cases} u_k = A_{k1}u_{S1} + A_{k2}u_{S2} + \cdots + A_{kg}u_{Sg} + a_{k1}i_{S1} + a_{k2}i_{S2} + \cdots + a_{kh}i_{Sh} \\ i_k = B_{k1}u_{S1} + B_{k2}u_{S2} + \cdots + B_{kg}u_{Sg} + b_{k1}i_{S1} + b_{k2}i_{S2} + \cdots + b_{kh}i_{Sh} \end{cases} \tag{4-4}$$

式中，所有独立电源前的系数为与电路结构和元件参数有关的常数。式（4-4）表明：线性电路中任意一处的电压或电流都是电路中所有激励的线性组合，每一项为对应独立电源单独作用时所产生的响应分量。

叠加定理可表述为：在线性电路中，任意一处的电压或电流都是电路中各个独立电源单独作用时，在该处所产生的响应的叠加。

使用叠加定理时应注意以下几点：

（1）叠加定理必须在电路具有唯一解的条件下才能成立。

（2）应用叠加定理时，可以分别计算各个独立电压源和电流源单独作用时所产生的电压和电流，然后把它们相叠加；也可以将电路中的所有独立电源分成几组，计算每组独立电源所产生的电压和电流，然后把它们相叠加。

（3）当一个或一组独立电源作用时，其他独立电源均置零，即将其他独立电

压源短路、独立电流源开路，而电路的结构及所有电阻和受控源均不得改动。

（4）叠加定理仅适用于线性电路，不能用于非线性电路。

（5）叠加定理只适用于计算电压和电流，而不能直接用于计算功率，因为功率是电压和电流的乘积，而不是电压或电流的线性函数，不满足可加性。

（6）各响应分量的参考方向可以取为与原电路中的相同，也可以相反。叠加时，方向相同的响应分量前取“＋”，方向相反的响应分量前取“－”。

例 4-1 电路如图 4-2（a）所示，试用叠加定理求 i 和 u。

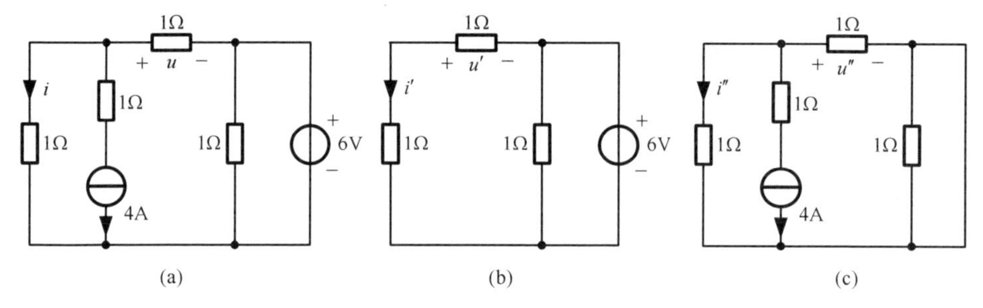

图 4-2 例 4-1 图

解：当 6V 电压源单独作用时，4A 电流源置零，如图 4-2（b）所示，可求得

$$i' = \frac{6}{1+1} = 3\text{A}\,,\quad u' = -3\times 1 = -3\text{V}$$

当 4A 电流源单独作用时，6V 电压源置零，如图 4-2（c）所示，可求得

$$i'' = -4\times\frac{1}{2} = -2\text{A}\,,\quad u'' = -4\times\frac{1}{2}\times 1 = -2\text{V}$$

由叠加定理可知，当两个电源共同作用时

$$i = i' + i'' = 1\text{A}\,,\quad u = u' + u'' = -5\text{V}$$

例 4-2 电路如图 4-3（a）所示，试用叠加定理求 i 和 u。

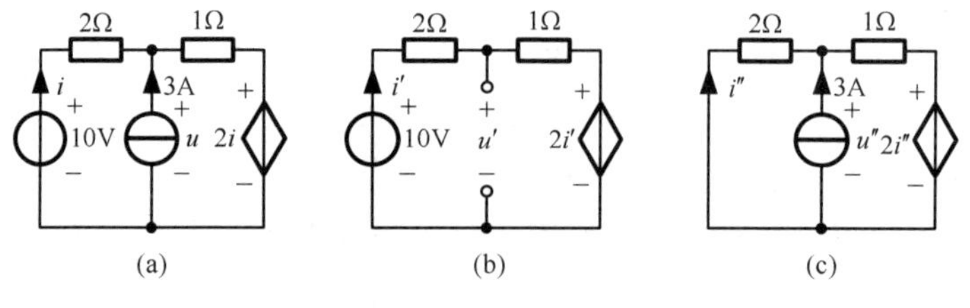

图 4-3 例 4-2 图

解：当 10V 电压源单独作用时，3A 电流源置零，如图 4-3（b）所示，可求得

$$i' = \frac{10-2i'}{2+1} \quad \Rightarrow \quad i' = 2\text{A}$$

$$u' = 10 - 2i' = 6\text{V}$$

当3A电流源单独作用时，10V电压源置零，如图4-3（c）所示，可求得

$$2i'' + 1\times(i''+3) + 2i'' = 0 \quad \Rightarrow \quad i'' = -0.6\text{A}$$

$$u'' = -2i'' = 1.2\text{V}$$

由叠加定理可知，当两个电源共同作用时

$$i = i' + i'' = 1.4\text{A}\,,\quad u = u' + u'' = 7.2\text{V}$$

本例电路中含有受控电源，在应用叠加定理时要注意始终保留受控电源。

例 4-3 电路如图4-4所示，N为含有独立电源的线性电阻电路。已知：当 $u_S = 6\text{V}$，$i_S = 0$ 时，开路电压 $u_x = 4\text{V}$；当 $u_S = 0$，$i_S = 4\text{A}$ 时，$u_x = 0$；当 $u_S = -3\text{V}$，$i_S = -2\text{A}$ 时，$u_x = 2\text{V}$。求当 $u_S = 9\text{V}$，$i_S = 4\text{A}$ 时的 u_x。

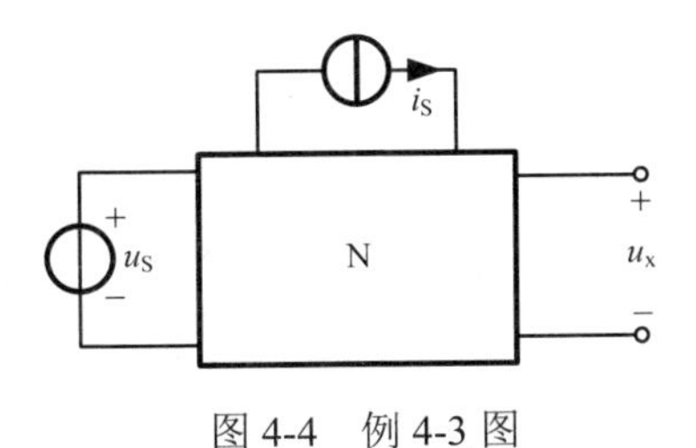

图4-4 例4-3图

解：将全部独立电源分成三组：电压源 u_S、电流源 i_S、N内的全部独立电源。根据叠加定理可得

$$u_x = k_1 u_S + k_2 i_S + k_3$$

将已知条件代入上式可得

$$\begin{cases} k_1\times 6 + k_2\times 0 + k_3 = 4 \\ k_1\times 0 + k_2\times 4 + k_3 = 0 \\ k_1\times(-3) + k_2\times(-2) + k_3 = 2 \end{cases}$$

联立解得

$$k_1 = \frac{1}{3}\,,\quad k_2 = -\frac{1}{2}\,,\quad k_3 = 2$$

因此，当 $u_S = 9\text{V}$，$i_S = 4\text{A}$ 时

$$u_x = \frac{1}{3}u_S - \frac{1}{2}i_S + 2 = \frac{1}{3}\times 9 - \frac{1}{2}\times 4 + 2 = 3\text{V}$$

由式（4-4）不难得出：当所有激励（电压源和电流源）都同时增大或缩小 K 倍（K 为实常数）时，响应（电压和电流）也将同样增大或缩小 K 倍，这就是线

性电路的齐性定理。显然，当电路只有一个激励时，响应必与该激励成正比。

用齐性定理分析梯形电路特别有效。

例 4-4 电路如图 4-5 所示，已知$U_S = 68V$，求各支路电流。

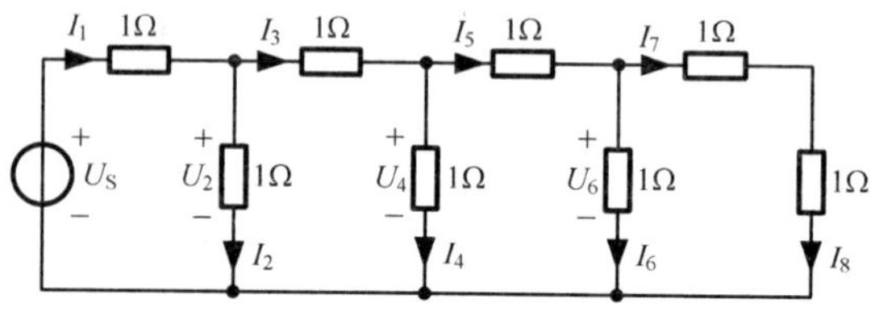

图 4-5 例 4-4 图

解：利用齐性定理来求解。设$I_8' = 1A$，则

$$I_7' = I_8' = 1A，\ U_6' = (1+1)\times 1 = 2V，\ I_6' = 2A$$

$$I_5' = I_6' + I_7' = 3A，\ U_4' = 1\times 3 + 2 = 5V，\ I_4' = 5A$$

$$I_3' = I_4' + I_5' = 8A，\ U_2' = 1\times 8 + 5 = 13V，\ I_2' = 13A$$

$$I_1' = I_2' + I_3' = 21A，\ U_S' = 1\times 21 + 13 = 34V$$

现给定$U_S = 68V$，相当于将以上激励U_S'增至$\frac{68}{34}$倍，即$K = \frac{68}{34} = 2$，故各支路电流应同时增至 2 倍，即

$$I_1 = KI_1' = 2\times 21 = 42A，\ I_2 = KI_2' = 2\times 13 = 26A$$

$$I_3 = KI_3' = 2\times 8 = 16A，\ I_4 = KI_4' = 2\times 5 = 10A$$

$$I_5 = KI_5' = 2\times 3 = 6A，\ I_6 = KI_6' = 2\times 2 = 4A$$

$$I_7 = KI_7' = 2\times 1 = 2A，\ I_8 = KI_8' = 2\times 1 = 2A$$

本例是先从梯形电路最远离电源的一端开始计算，递推至激励处。这种方法称为“递推法”。本例电路若利用电阻的串、并联来求解，将非常繁琐。

叠加方法是分析线性电路的一个重要的基本方法，可使复杂激励问题简化为单一激励问题。

4.2 替代定理

替代定理也称置换定理，可以表述为：设一个具有唯一解的任意电路 N 由两个二端电路 N_1 和 N_2 连接组成，端口电压和端口电流分别为u_p和i_p，如图 4-6（a）所示，则 N_2（或 N_1）可以用电压为u_p的电压源[如图 4-6（b）所示]，或电流为i_p的电流源[如图 4-6（c）所示]，或阻值为$R_p = u_p / i_p$的电阻[如图 4-6（d）所示]替代，而不影响N_1（或N_2）中各支路电压、支路电流的原有值，只要替代后的电路仍有唯一解。

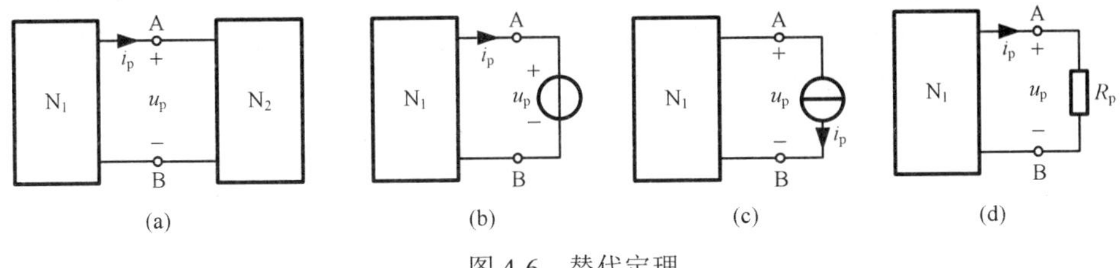

图4-6　替代定理

下面给出替代定理的证明。

设已解出图4-6（a）所示电路的各支路电压和电流，例如N_1内某条支路k的电压和电流分别为u_k和i_k，端口电压和电流分别为u_p和i_p。

若用一个电压为u_p的电压源替代N_2，如图4-6（b）所示，需要论证支路k的电压u_k'和电流i_k'的解答为

$$u_k' = u_k\text{，}\quad i_k' = i_k$$

而端口电流的解答i_p'为

$$i_p' = i_p$$

判断一组给定的电压和电流是否为电路的解答在于它们是否能满足KCL、KVL和元件的VCR。

先考虑KCL。对于图4-6（b），KCL方程为

$$\sum i_k' = 0$$

该方程是根据某一包含支路k的结点n写出的。如以假定的解答$i_k' = i_k$代入，需要论证

$$\sum i_k = 0$$

成立。显然，这一式子是成立的，因为同样的结点n也存在于图4-6（a）的电路之中，而电流i_k等正是该网络唯一的一组解答。类似地，也可论证所设的解答也满足KVL以及N_1内部所有元件的VCR。剩下的工作是论证所设的解答是否满足用以替代N_2的电压源的VCR。回答是肯定的，因为流过电压源的电流可以为任意值。

至于用电流源或电阻来替代，也可作类似的论证。

在应用替代定理时，应注意以下几点：

（1）替代定理要求替代前后的电路都必须有唯一解。

（2）替代定理对线性电路和非线性电路都适用。

（3）被替代电路可以是由一个二端元件构成的二端电路，也可以是由复杂电路构成的二端电路。

（4）被替代电路 N_2 与 N_1 之间只能通过端口处的电压、电流来相互联系，而不应有其他耦合（如 N_2 中的受控电源受 N_1 中的电压或电流控制，或者 N_1 中的受控电源受 N_2 中的电压或电流控制，等等）。

（5）应注意“替代”与“等效变换”是两个不同的概念。“替代”是指用电压源（或电流源，或电阻）替代已知端口电压和/或电流的二端电路，在替代前后，被替代电路以外电路的拓扑结构和元件参数不能改变，因为一旦改变，替代电路的电压和电流也将发生变化；而等效变换是两个具有相同伏安关系的电路之间的相互转换，与变换以外电路的拓扑结构和元件参数无关。

例 4-5 电路如图 4-7（a）所示，已知 $u_{ab}=0$，试求电阻 R 的值。

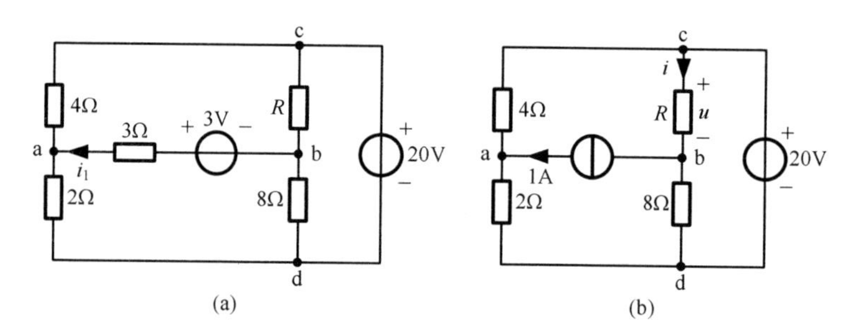

图 4-7 例 4-5 图

解： 由于 $u_{ab}=0$，所以 3V 电压源与 3Ω 电阻串联支路的电流

$$i_1=-\frac{u_{ab}-3}{3}=-\frac{0-3}{3}=1\text{A}$$

根据替代定理，可以用一个 1A 电流源替代该支路，如图 4-7（b）所示。

选图 4-7（b）中的结点 d 为参考结点，对结点 a 列写结点电压方程

$$\left(\frac{1}{2}+\frac{1}{4}\right)u_a-\frac{1}{4}\times 20=1$$

解得

$$u_a=8\text{V}$$

由 $u_{ab}=0$ 可得

$$u_b=8\text{V}$$

$$u=20-u_b=20-8=12\text{V}$$

$$i=1+\frac{u_b}{8}=1+\frac{8}{8}=2\text{A}$$

由欧姆定律可得

$$R=\frac{u}{i}=\frac{12}{2}=6\Omega$$

例 4-6　电路如图 4-8（a）所示，N 为不含独立电源的线性电阻电路，当 $u_S=10V$，$i_S=4A$ 时，$i_1=4A$，$i_2=2.8A$；当 $u_S=0$，$i_S=2A$ 时，$i_1=-0.5A$，$i_2=0.4A$。若将图 4-8(a)中的电压源换为 8Ω 的电阻，如图 4-8(b)所示，求 $i_S=10A$ 时，i_1 和 i_2 的大小。

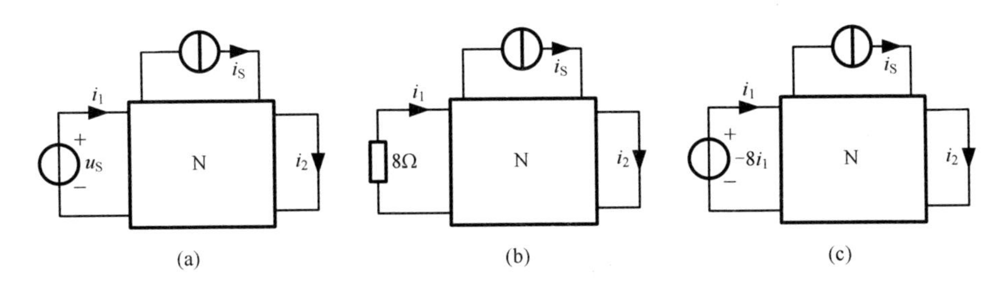

图 4-8　例 4-6 图

解：对于图 4-8（a）所示电路，应用叠加定理可得

$$i_1=k_1u_S+k_2i_S,\quad i_2=k_3u_S+k_4i_S$$

将已知条件代入上式可得

$$\begin{cases}k_1\times10+k_2\times4=4\\k_1\times0+k_2\times2=-0.5\end{cases}\qquad\begin{cases}k_3\times10+k_4\times4=2.8\\k_3\times0+k_4\times2=0.4\end{cases}$$

解得

$$k_1=0.5,\quad k_2=-0.25,\quad k_3=0.2,\quad k_4=0.2$$

因此

$$i_1=0.5u_S-0.25i_S,\quad i_2=0.2u_S+0.2i_S$$

根据替代定理，可将图 4-8（b）中的 8Ω 电阻用 $-8i_1$ 电压源替代，如图 4-8（c）所示，则当 $u_S=-8i_1$，$i_S=10A$ 时，有

$$\begin{cases}i_1=0.5\times(-8i_1)-0.25\times10\\i_2=0.2\times(-8i_1)+0.2\times10\end{cases}$$

解得

$$i_1=-0.5A,\quad i_2=2.8A$$

4.3 戴维宁定理和诺顿定理

对于一个不含独立电源，仅含线性电阻和受控电源的一端口电路，其端口电压和端口电流的比值是一个常量，可以用一个电阻来等效。对于一个既含有线性电阻和受控电源又含有独立电源的一端口电路，它的等效电路是什么？本节介绍的戴维宁定理和诺顿定理将回答这个问题。为了叙述方便，将上述这类一端口电路简称为“线性含源一端口电路”，这里的“含源”是指含有独立电源。

4.3.1 戴维宁定理

戴维宁定理可表述为：任何线性含源一端口电路 N[如图 4-9（a）所示]，对外电路来说，可以用一个电压源u_{OC}和电阻R_{eq}的串联组合[如图 4-9（b）所示]来等效。该电压源的电压u_{OC}等于电路 N 的开路电压[如图 4-9（c）所示]，电阻R_{eq}等于将 N 内全部独立电源置零后所得电路N_0的等效电阻[如图 4-9（d）所示]。

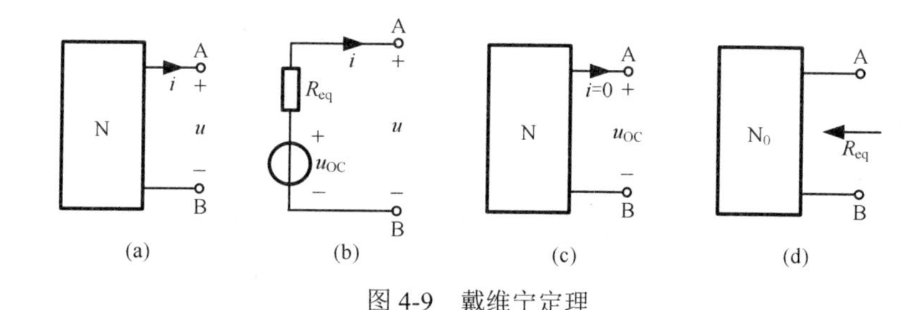

图 4-9 戴维宁定理

上述电压源和电阻的串联组合称为戴维宁等效电路，R_{eq}称为戴维宁等效电阻。

下面给出戴维宁定理的完整证明：设一线性含源一端口电路 N 接外电路 M 后，端口电压为 u、端口电流为 i，如图 4-10（a）所示。根据替代定理，可用电流源 i 替代外电路 M，替代后的电路如图 4-10（b）所示。应用叠加定理，所得分电路如图 4-10（c）和图 4-10（d）所示。在图 4-10（c）中，电流源 i 不作用而 N 中全部独立电源作用，则$u'=u_{OC}$；在图 4-10（d）中，电流源 i 作用而 N 中全部独立电源置零，N 成为N_0，设N_0的等效电阻为R_{eq}，则$u''=-R_{eq}i$。根据叠加定理可得，端口 AB 间的电压 u 为

$$u=u'+u''=u_{OC}-R_{eq}i \tag{4-5}$$

故线性含源一端口电路 N 的等效电路如图 4-10（e）所示，戴维宁定理得证。

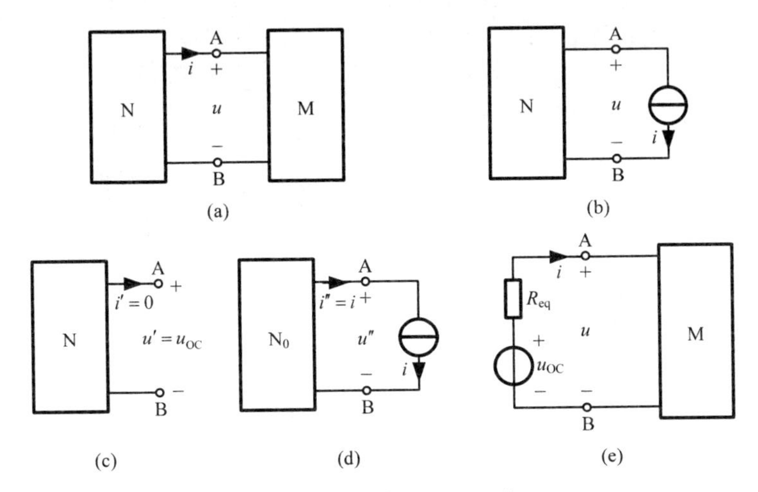

图 4-10　戴维宁定理证明

在式（4-5）中，如果令 $u=0$，则端口被短路，此时 i 为端口短路电流 i_{SC}，于是可得

$$R_{eq}=\frac{u_{OC}}{i_{SC}} \tag{4-6}$$

在保留独立电源的条件下求得线性含源一端口电路的开路电压 u_{OC} 和短路电流 i_{SC}，再按式（4-6）求等效电阻的方法称为开路电压、短路电流法，也称实验法。

应用戴维宁定理时，应注意以下几点：

（1）戴维宁定理只适用于线性电路，不适用于非线性电路。

（2）线性含源一端口电路 N 与外电路 M 之间只能通过端口处的电压和电流来相互联系，而不应有其他耦合（如 N 中的受控电源受 M 中的电压或电流控制，或者 M 中的受控电源受 N 中的电压或电流控制）。

（3）应该特别注意等效电路中电压源的参考方向。

例 4-7　电路如图 4-11（a）所示，求当 R_L 分别为 2Ω、4Ω 及 16Ω 时，该电阻上的电流 i。

解： 将 AB 端以左的电路看成是一线性含源一端口电路，根据戴维宁定理，该一端口电路可以等效为电压源和电阻的串联组合，如图 4-11（b）所示。

首先求开路电压 u_{OC}。由图 4-11（c）可得

$$\begin{cases} u_{OC}=4\times 0.5+12i_1 \\ 12=6(i_1-0.5)+12i_1 \end{cases}$$

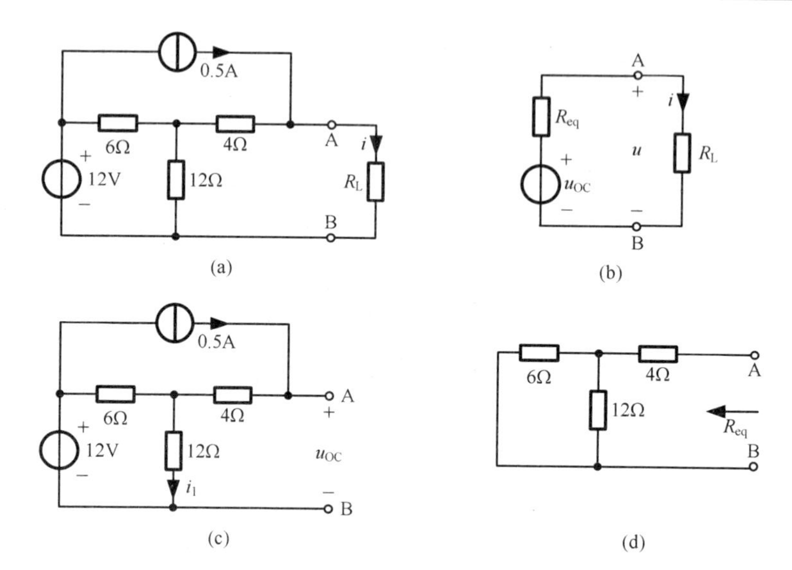

图 4-11 例 4-7 图

解得

$$u_{OC} = 12\text{V}$$

其次求等效电阻 R_{eq}。由图 4-11（d）可得

$$R_{eq} = \frac{6 \times 12}{6 + 12} + 4 = 8\Omega$$

由图 4-11（b）可求得电流

$$i = \frac{u_{OC}}{R_{eq} + R_L} = \frac{12}{8 + R_L}$$

所以，当电阻 R_L 分别为 2Ω、4Ω 和 16Ω 时，代入上式可得该电阻上的电流 i 分别为 1.2A 、1A 和 0.5A 。

例 4-8 求图 4-12（a）所示一端口电路的戴维宁等效电路。

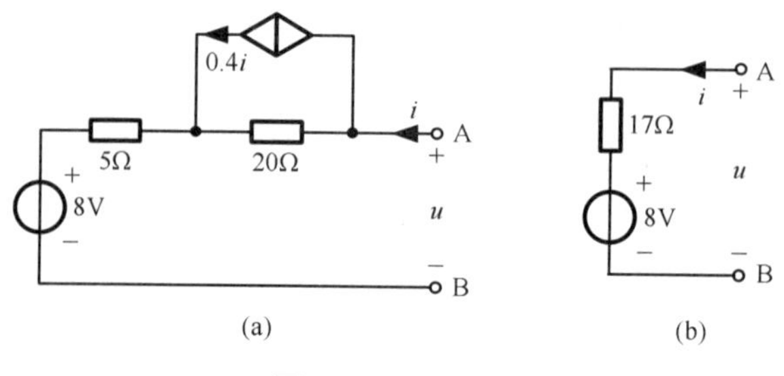

图 4-12 例 4-8 图

解：图 4-12（a）所示一端口电路的端口电压 u 与端口电流 i 之间的关系为

$$u = 8 + 5i + 20(i - 0.4i)$$

即

$$u = 8 + 17i$$

根据上式即可画出图 4-12（a）所示一端口电路的戴维宁等效电路，如图 4-12（b）所示。

由本例可知，若能求得线性含源一端口电路的端口伏安关系，也就求得了该一端口电路的戴维宁等效电路。

例 4-9　试根据图 4-13（a）和（b）中的数据，求出图 4-13（c）中的电压 u。已知 N 为线性电阻电路。

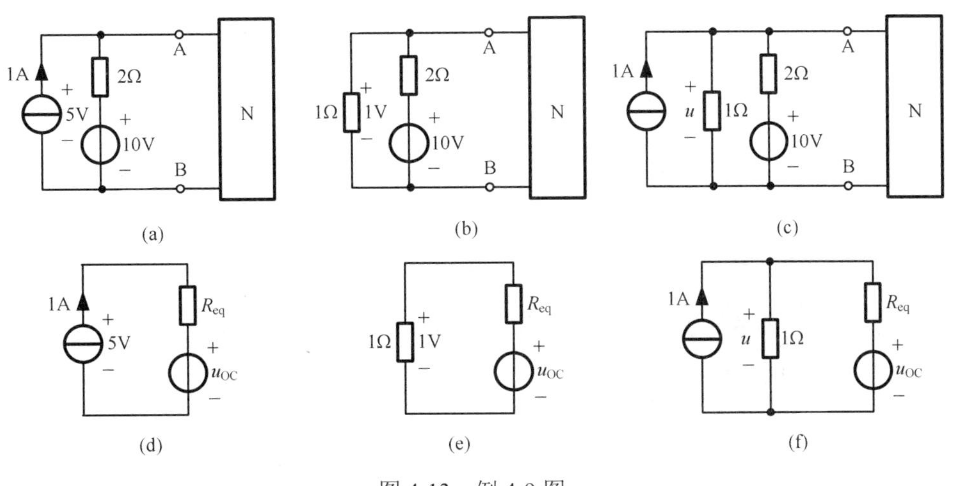

图 4-13　例 4-9 图

解：用戴维宁等效电路替换图 4-13（a）、（b）、（c）中 10V 电压源和 2Ω 电阻的串联支路及 N，则图 4-13（a）、（b）、（c）分别变为图 4-13（d）、（e）、（f）。

由图 4-13（d）、（e）可得

$$\begin{cases} u_{OC} + 1 \times R_{eq} = 5 \\ 1 = \dfrac{u_{OC}}{1 + R_{eq}} \times 1 \end{cases}$$

解得

$$u_{OC} = 3\text{V}, \quad R_{eq} = 2\Omega$$

由图 4-13（f）可得

$$u = 1\times\frac{1\times R_{eq}}{1+R_{eq}}+\frac{1}{1+R_{eq}}u_{OC} = 1\times\frac{1\times 2}{1+2}+\frac{1}{1+2}\times 3 = \frac{5}{3}\text{V}$$

例 4-10 电路如图 4-14（a）所示，非线性电阻 R 的伏安特性曲线如图 4-14（b）所示，试求非线性电阻 R 两端的电压 u 和流过的电流 i。

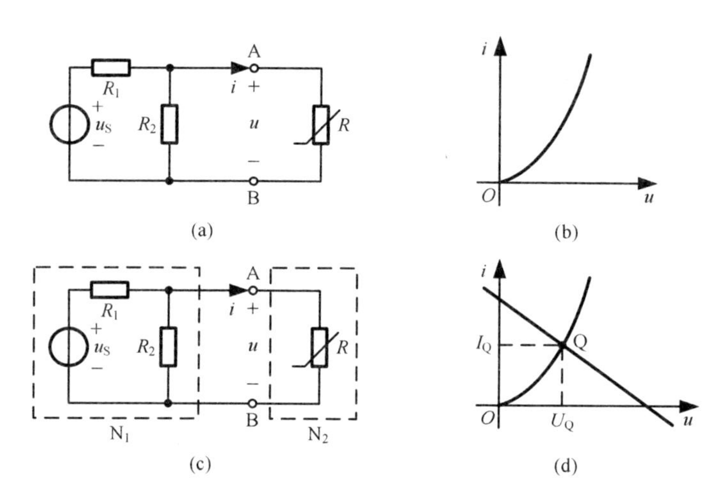

图 4-14 例 4-10 图

解： 将电路划分为线性部分 N_1 和非线性部分 N_2，N_1 和 N_2 均为二端网络，如图 4-14（c）所示。

线性二端网络 N_1 的端口伏安关系为

$$u = \frac{R_2}{R_1+R_2}u_S - \frac{R_1R_2}{R_1+R_2}i$$

非线性二端网络 N_2 仅含一个非线性电阻元件，其伏安关系已给定，如图 4-14（b）所示。

将 N_1 和 N_2 的伏安关系画在同一个 $u-i$ 平面上，两曲线的交点 Q（U_Q，I_Q）便是解答，即非线性电阻 R 两端的电压 u 和流过的电流 i 分别为

$$u = U_Q\text{，}\quad i = I_Q$$

本例运用分解方法将电路分解为两个二端网络，并对其中的线性二端网络进行化简（即求出它的端口伏安关系，或求出它的戴维宁等效电路），从而使结构复杂电路的求解问题化为结构较简单电路的求解问题。分解方法是一种重要的电路分析方法，它既适用于线性电路，也适用于非线性电路。在本书第 6 章中还将遇到运用分解方法求解动态电路的问题。

4.3.2　诺顿定理

诺顿定理可表述为：任何线性含源一端口电路 N[如图 4-15（a）所示]，对外电路来说，可以用一个电流源 i_{SC} 和电阻 R_{eq} 的并联组合[如图 4-15（b）所示]来等效。该电流源的电流 i_{SC} 等于电路 N 的短路电流[如图 4-15（c）所示]，并联电阻 R_{eq} 等于将 N 内全部独立电源置零后所得电路 N_0 的等效电阻[如图 4-15（d）所示]。

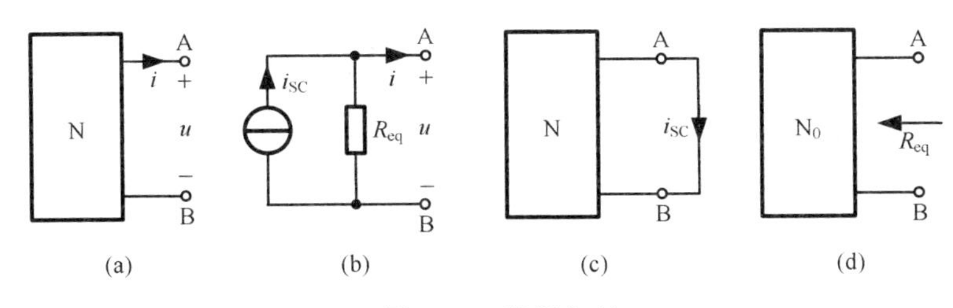

图 4-15　诺顿定理

上述电流源和电阻的并联组合称为诺顿等效电路。

可以采用与证明戴维宁定理类似的方法证明诺顿定理。由于戴维宁等效电路和诺顿等效电路互为等效电路，因此戴维宁定理和诺顿定理可以互相推出。

应用诺顿定理时，应注意以下几点：

（1）诺顿定理只适用于线性电路，不适用于非线性电路。

（2）线性含源一端口电路 N 与外电路 M 之间只能通过端口处的电压和电流来相互联系，而不应有其他耦合（如 N 中的受控电源受 M 中的电压或电流控制，或者 M 中的受控电源受 N 中的电压或电流控制，等等）。

（3）应特别注意等效电路中电流源的参考方向。

例 4-11　求图 4-16（a）所示一端口电路的诺顿等效电路。

解：先由图 4-16（b）求得一端口电路的短路电流

$$i_{SC}=2+\frac{\left(\frac{15}{20}+\frac{5}{20}\right)\times\frac{20}{2}}{\frac{20}{2}+10}=2.5\text{A}$$

然后由图 4-16（c）求得将一端口电路中的所有独立电源置零后所得一端口电路的等效电阻

$$R_{eq}=\frac{20}{2}+10=20\Omega$$

因此，图 4-16（a）所示一端口电路的诺顿等效电路如图 4-16（d）所示。

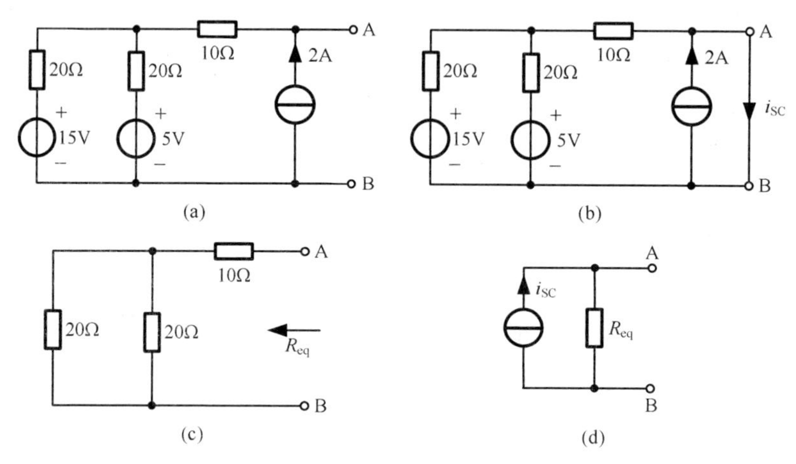

图 4-16 例 4-11 图

值得指出的是，并非所有的线性含源一端口电路都有戴维宁等效电路和诺顿等效电路。如果计算得到的等效电阻为零，则只有戴维宁等效电路；如果计算得到的等效电阻为无穷大，则只有诺顿等效电路。例如，图 4-17（a）所示电路只有戴维宁等效电路，如图 4-17（b）所示；图 4-17（c）所示电路只有诺顿等效电路，如图 4-17（d）所示。

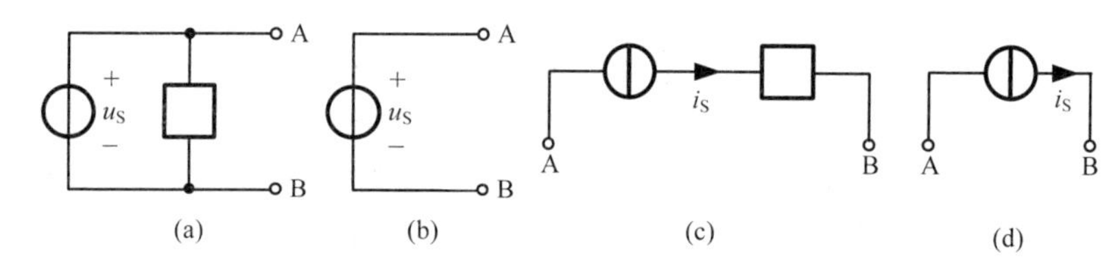

图 4-17 只有戴维宁等效电路和只有诺顿等效电路的电路示例

戴维宁定理和诺顿定理提供了求解线性含源一端口网络等效电路的方法。

4.4 最大功率传输定理

给定线性含源一端口电路，接在它两端的负载电阻不同，从该一端口传递给负载电阻的功率就不同。在什么条件下，负载电阻能得到的功率为最大呢？本节介绍的最大功率传输定理将回答这个问题。

不管线性含源一端口电路 N 的内部结构如何复杂，通常可以将其简化为戴维宁等效电路，如图 4-18 所示，设 N 所接负载电阻为 R_L，则流经负载电阻 R_L 的电流为

$$i=\frac{u_{\text{OC}}}{R_{\text{eq}}+R_{\text{L}}}$$

负载电阻 R_{L} 吸收的功率为

$$p=R_{\text{L}}i^2=\frac{R_{\text{L}}u_{\text{OC}}^2}{(R_{\text{eq}}+R_{\text{L}})^2}=f(R_{\text{L}})$$

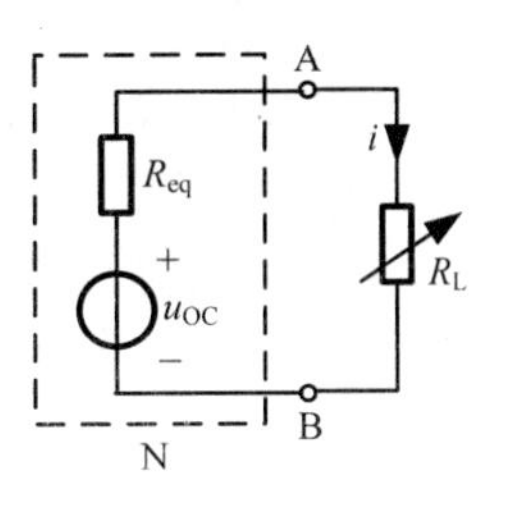

图 4-18　最大功率传输定理

由于 N 已给定，其戴维宁等效电路的参数 u_{OC} 和 R_{eq} 为定值，可变负载电阻 R_{L} 吸收的功率将随 R_{L} 值的变化而变化。要使负载电阻 R_{L} 吸收的功率为最大，应使 $\mathrm{d}p/\mathrm{d}R_{\text{L}}=0$，由此可解得 p 为最大值时的 R_{L} 值。

即

$$\frac{\mathrm{d}p}{\mathrm{d}R_{\text{L}}}=\frac{(R_{\text{eq}}+R_{\text{L}})^2-2(R_{\text{eq}}+R_{\text{L}})R_{\text{L}}}{(R_{\text{eq}}+R_{\text{L}})^4}u_{\text{OC}}^2=0$$

由此可得

$$R_{\text{L}}=R_{\text{eq}} \tag{4-7}$$

由于

$$\left.\frac{\mathrm{d}^2p}{\mathrm{d}R_{\text{L}}^2}\right|_{R_{\text{L}}=R_{\text{eq}}}=-\frac{u_{\text{OC}}^2}{8R_{\text{eq}}^3}<0$$

所以，式（4-7）即为使 p 为最大的条件。因此，由线性含源一端口电路传递给可变负载电阻 R_{L} 的功率为最大的条件是 $R_{\text{L}}=R_{\text{eq}}$，即负载电阻应与戴维宁等效电阻相等，此即为最大功率传输定理。满足 $R_{\text{L}}=R_{\text{eq}}$ 时，称为最大功率匹配，此时负载电阻 R_{L} 得到的最大功率为

$$p_{\max}=\frac{u_{\text{OC}}^2}{4R_{\text{eq}}} \tag{4-8}$$

值得注意的是：若线性含源一端口电路本身就是由电压源和电阻串联而成的，则负载电阻获得最大功率时的功率传输效率为 50%；而在其他情况下，功率传输效率将低于 50%。

例 4-12　电路如图 4-19（a）所示。试求当 R_{L} 为何值时它可获得最大功率，最大功率为多少？

解：先化简图 4-19（a）中 AB 左边的线性含源二端网络，设该二端网络的戴维宁等效电路如图 4-19（b）所示。

由图 4-19（c）求开路电压。根据 KVL 得

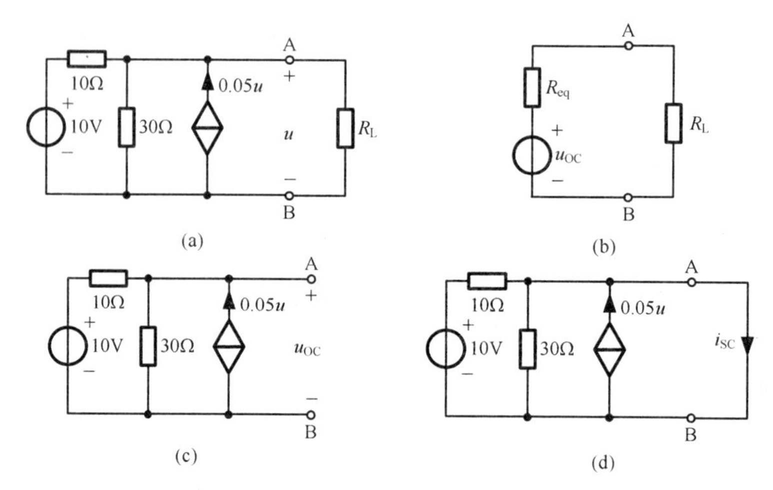

图 4-19 例 4-12 图

$$u_{OC}=10+10\times\left(0.05u_{OC}-\frac{u_{OC}}{30}\right)$$

解得

$$u_{OC}=12\text{V}$$

用开路电压、短路电流法求等效电阻，如图 4-19（d）所示，则

$$i_{SC}=\frac{10}{10}=1\text{A}$$

因此

$$R_{eq}=\frac{u_{OC}}{i_{SC}}=\frac{12}{1}=12\Omega$$

当 $R_L=R_{eq}=12\Omega$ 时，R_L 获得最大功率，且最大功率为

$$p_{max}=\frac{u_{OC}^2}{4R_{eq}}=\frac{12^2}{4\times 12}=3\text{W}$$

4.5 应用实例：实际电压表的负载效应

由于实际的电压表存在内阻，使得它所测量的电压存在误差，这种现象称为负载效应。通常情况下，将测量误差率定义为

$$\varepsilon=\left|\frac{\text{测量值}-\text{实际值}}{\text{实际值}}\right|\times 100\%$$

例 4-13　若用内阻 $R_M = 1\text{M}\Omega$ 的直流电压表测量图 4-20（a）所示电路的端口电压 U_{AB}，求测量误差率。

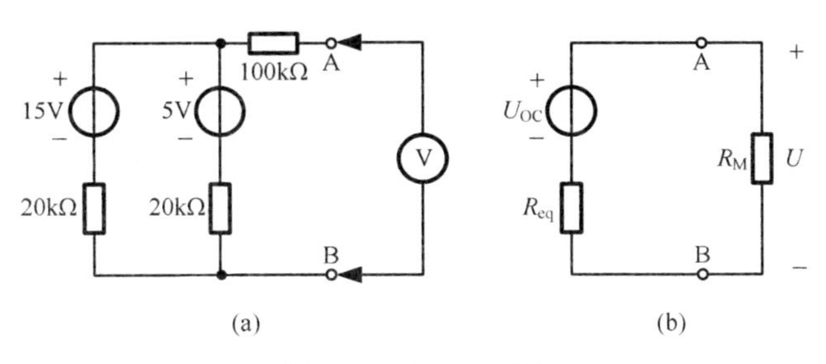

图 4-20　例 4-13 图

解：先求端口 AB 的开路电压

$$U_{OC} = \frac{15-5}{20+20} \times 20 + 5 = 10\text{V}$$

再求端口 AB 的等效电阻

$$R_{eq} = \frac{20 \times 20}{20+20} + 100 = 110\text{k}\Omega$$

最后将直流电压表用电阻 R_M 等效，可得到图 4-20（a）的等效电路，如图 4-20（b）所示，对其用分压公式，有

$$U = \frac{R_M}{R_{eq} + R_M} U_{OC}$$

测量误差率为

$$\varepsilon = \left| \frac{U - U_{OC}}{U_{OC}} \right| \times 100\% = \frac{R_{eq}}{R_{eq} + R_M} \times 100\% = \frac{110}{110 + 1000} \times 100\% = 9.9\%$$

根据上式可知，电压表的内阻越大，测量误差率就越小。数字电压表的内阻比模拟电压表的内阻高很多，普通数字电压表的内阻为 10MΩ，高档数字电压表的内阻可达 10000MΩ。当对电压的测量精度有较高要求时，应尽量选用数字电压表。

（1）叠加定理是线性电路的基本定理，它在线性电路的分析中起着重要的作用。叠加定理指出：在线性电路中，由多个（组）独立电源共同作用产生的响应等于每个（组）独立电源单独作用时产生的响应分量之和。

（2）替代定理指出：若已知某二端电路的端口电压 u_k 和（或）端口电流 i_k，

则该二端电路可以用一个电压为 u_k 的电压源，或电流为 i_k 的电流源，或阻值为 $R_k = u_k / i_k$ 的电阻替代，只要替代前后电路都有唯一解。替代定理既适用于线性电路，也适用于非线性电路，应用非常广泛。

（3）戴维宁定理和诺顿定理指出：一个线性含源一端口电路可以等效为电压源与电阻的串联组合或电流源与电阻的并联组合，并且指出了等效电路参数的确定方法，即电压源的电压等于该一端口电路的开路电压，电流源的电流等于该一端口电路的短路电流，等效电阻为该一端口电路中所有独立电源置零时的等效电阻。开路电压、短路电流法也是求等效电阻的常用方法。

（4）最大功率传输定理指出：对于一个给定的线性含源一端口电路N，设其戴维宁等效电路中的参数为 u_{OC} 和 R_{eq}，若N接上可变负载电阻 R_L，则当 $R_L = R_{eq}$ 时，负载电阻 R_L 从N获得最大功率。

4-1 电路如图题 4-1 所示，试用叠加定理求 u 和 i。

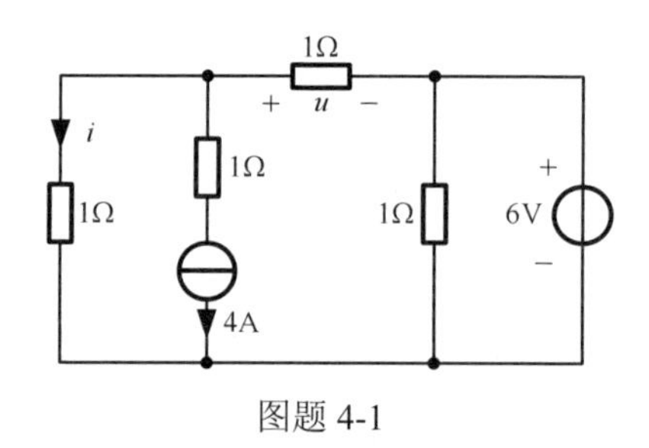

图题 4-1

4-2 电路如图题 4-2 所示，试用叠加定理求电压 u。

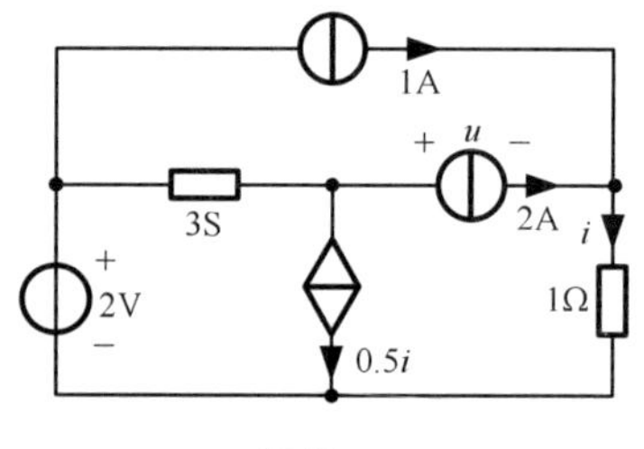

图题 4-2

4-3 电路如图题 4-3 所示，其中 N 为含有独立源的电阻电路，已知 $u_S = 0$ 时，$i = 2\text{mA}$；$u_S = 20\text{V}$ 时，$i = -2\text{mA}$。求 $u_S = -10\text{V}$ 时的电流 i。

4-4　电路如图题 4-4 所示，其中 N 为含有独立源的电阻电路，已知 $U_1=1\text{V}$ 时，$I_2=2\text{A}$，开路电压 $U_3=4\text{V}$；$U_1=2\text{V}$ 时，$I_2=6\text{A}$。试求：（1）R 的值；（2）$U_1=3\text{V}$ 时的 I_2 和 U_3。

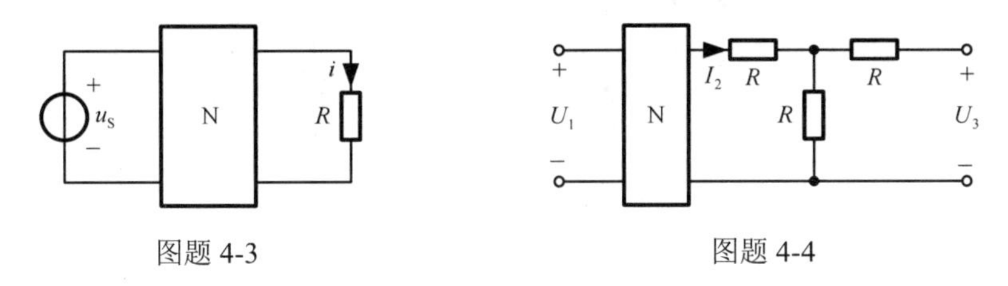

图题 4-3　　　　图题 4-4

4-5　电路如图题 4-5 所示，当 $I_S=0$ 时，$I_1=2\text{A}$。求 $I_S=8\text{A}$ 时的电流 I_1。

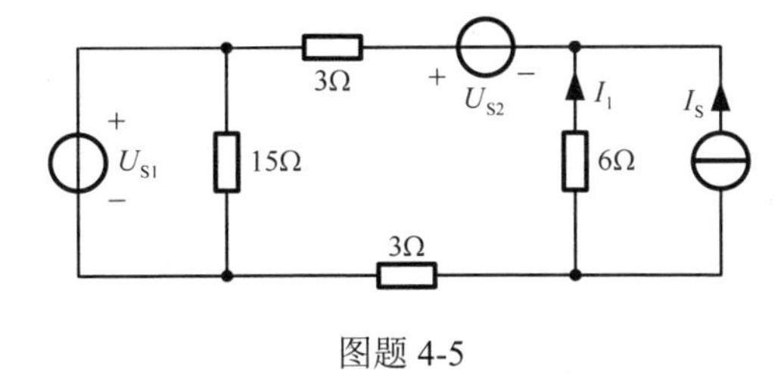

图题 4-5

4-6　电路如图题 4-6 所示，若要使 U_o 不受 U_S 的影响，求 α 的值。

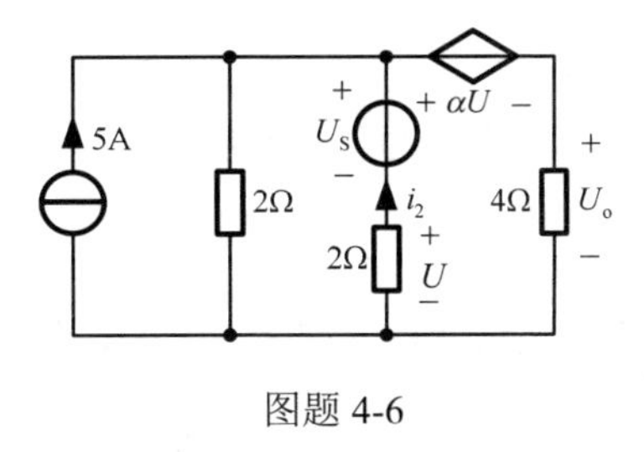

图题 4-6

4-7　电路如图题 4-7 所示，试用替代定理求电流 i。

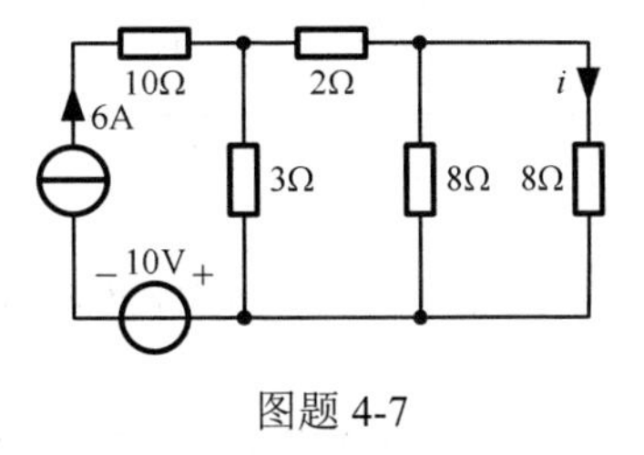

图题 4-7

4-8　电路如图题 4-8 所示，试用替代定理求电流 i。

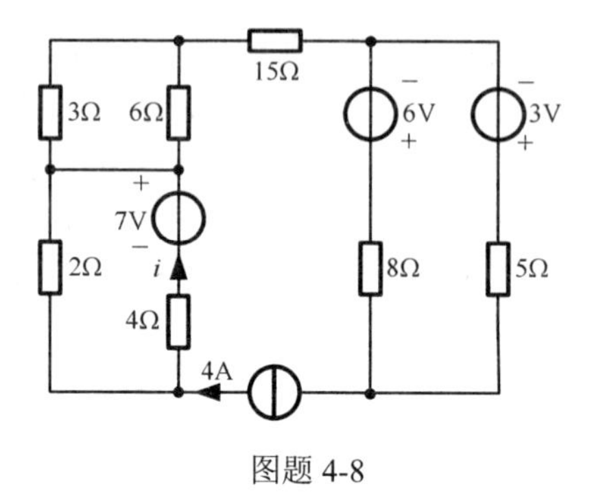

图题 4-8

4-9 电路如图题 4-9 所示，试用替代定理求电压 u。

4-10 电路如图题 4-10 所示，当 $i=1\text{A}$ 时，$u=20\text{V}$；当 $i=2\text{A}$ 时，$u=30\text{V}$。求 $i=4\text{A}$ 时 u 的值。

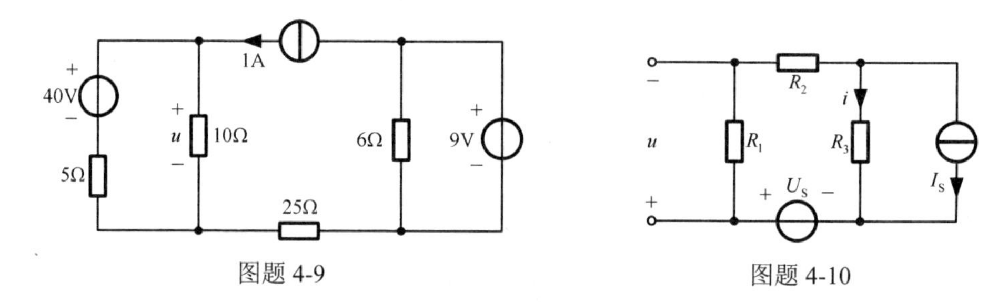

图题 4-9 图题 4-10

4-11 电路如图题 4-11 所示，欲使 $i=0$，求 R 的值。

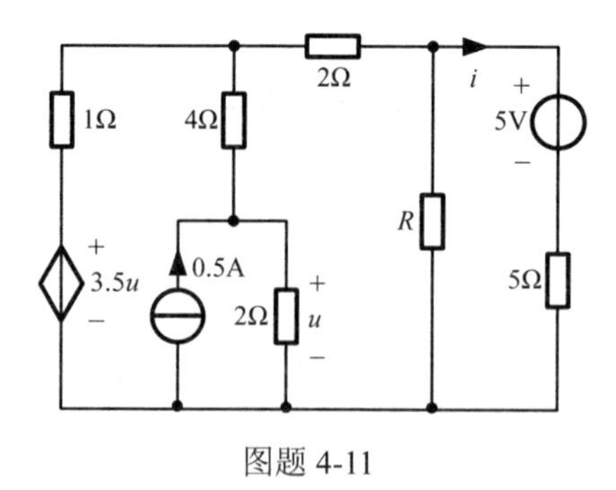

图题 4-11

4-12 电路如图题 4-12 所示，改变 R，当 $I=1\text{A}$ 时，$U=8\text{V}$；当 $I=2\text{A}$ 时，$U=10\text{V}$。求 $U=18\text{V}$ 时，I 的值为多少？

4-13 电路如图题 4-13 所示，求端口 ab 的戴维宁等效电路和诺顿等效电路。

4-14 电路如图题 4-14 所示，求 N 吸收的功率 P。

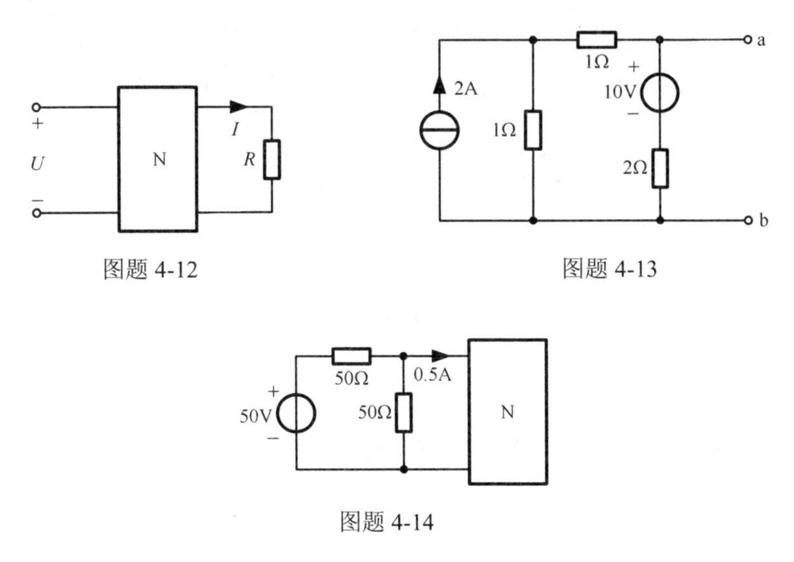

图题 4-12　　图题 4-13

图题 4-14

4-15　电路如图题 4-15 所示，求 R 为何值时，它能获得最大功率 P_{max} ，P_{max} 的值为多少？

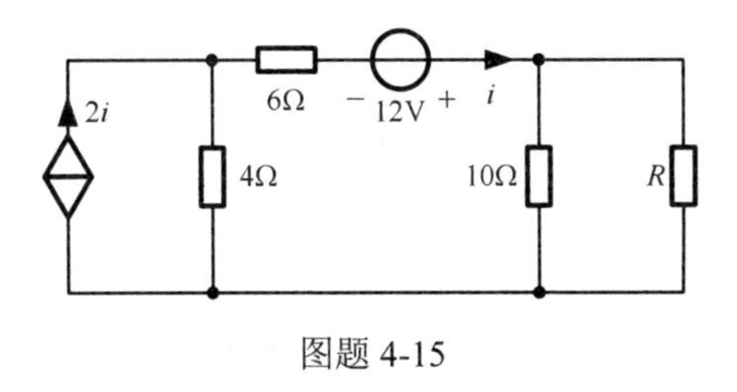

图题 4-15

4-16　电路如图题 4-16 所示，求 R 为何值时，它能获得最大功率 P_{max} ，P_{max} 的值为多少？

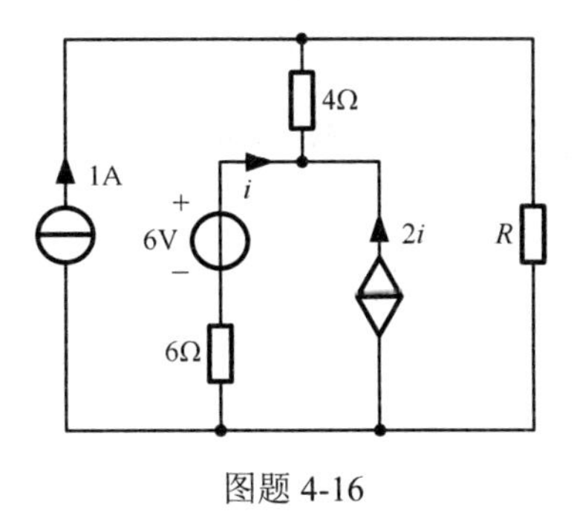

图题 4-16

4-17　电路如图题 4-17 所示，已知 $R=10\Omega$ 时可获得最大功率 $P_{max}=10\text{W}$ ，求 U_{S1} 和参数 g 的值。

4-18　电路如图题 4-18 所示，求 R 为何值时，它能获得最大功率 P_{max} ，P_{max} 的值为多少？

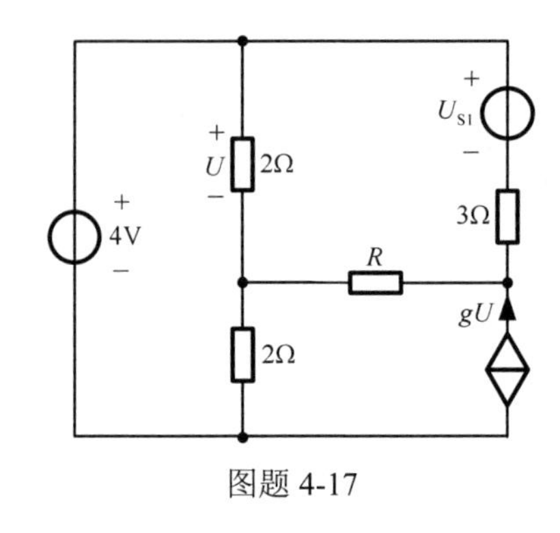

图题 4-17

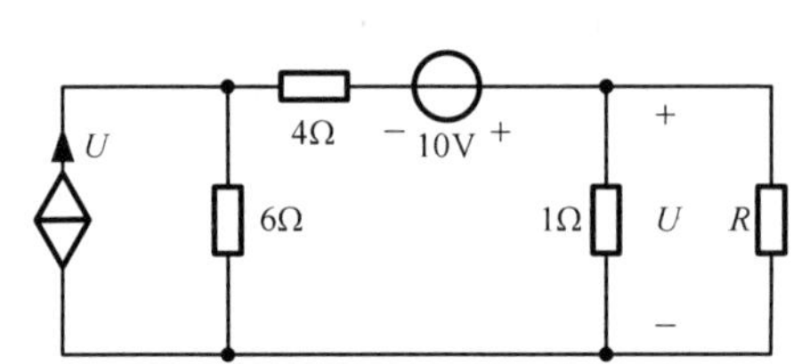

图题 4-18

4-19　电路如图题 4-19 所示，求 R 为何值时，它能获得最大功率 P_{max} ，P_{max} 的值为多少？

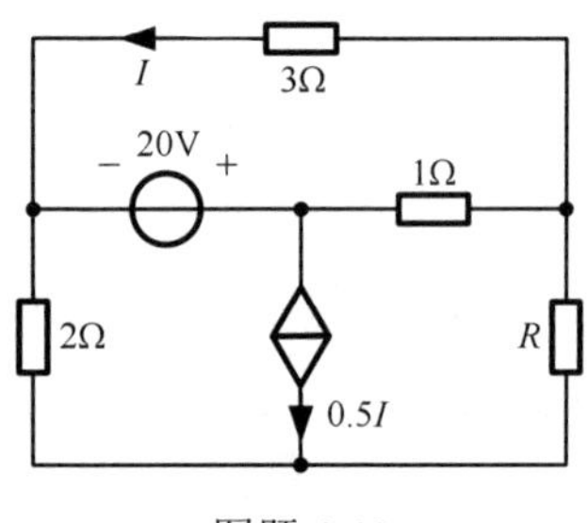

图题 4-19

第 5 章　动态电路的时域分析

本章首先介绍电容、电感两种动态元件，然后介绍动态电路的方程，最后介绍一阶电路的动态响应。本章介绍了零输入响应、零状态响应、全响应、瞬态分量、稳态分量和时间常数等重要概念。

5.1　电容元件

电容元件是一种存储电荷的器件，是实际电容器的理想化模型。

5.1.1　电容元件的定义

电容器是由以不同介质（如云母、绝缘纸、空气等）间隔开的两块金属板组成的，当在两极板上加上电压后，两极板上分别聚集起等量的异号电荷，并在介质中形成电场而具有电场能量。将电压移去后，正负电荷依靠电场力的作用相互吸引，而又被绝缘介质分开，因此两极板上的电荷可以继续存储。由于绝缘能力的相对性，一般定义的电容元件，是实际电容器的理想化模型，理想电容器是电荷与电压相约束的器件。

可以这样定义电容元件：一个二端元件，如果在任意时刻，它的电荷 q 同它两端的电压 u 之间的关系可以用 $u-q$ 平面上的一条曲线来确定，则将此二端元件称为电容元件。曲线称为库－伏特性曲线，如果电容元件的库－伏特性曲线是一条不随时间变化且通过原点的直线，如图 5-1（b）所示，那么该电容元件就称为线性时不变电容元件。对于线性时不变电容元件，其电荷 q 与电压 u 的关系为

$$q=Cu \tag{5-1}$$

式中，C 为正值常数，用来度量特性曲线的斜率，称为电容。在国际单位制中，C 的单位为法[拉]（F）。线性时不变电容元件常简称为电容，本书中如无特别说明，电容都是指线性时不变电容。

常用电容器的电容量约自几皮法至几千微法，常用的瓷片电容一般为几百皮法，电解电容一般为几微法到上百微法，近代采用碳纳米管制作的超级电容器，电容量可达数百法。

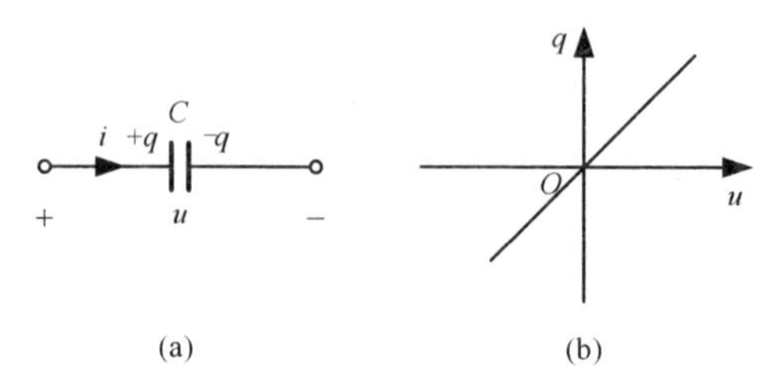

图 5-1　线性时不变电容元件

实际电容器还是有一些漏电的，这是由于介质不可能是完全绝缘的，多少有点导电的缘故。因此，实际电容器的模型中除了上述的电容元件外，还应增加电阻元件。显然，电容元件和电阻元件应是并联关系。

一个电容器，除了标明它的电容量外，还需要标明它的额定工作电压。当电容器承受的电压超过其额定工作电压时，介质就有可能被击穿，电容器就损坏了。

5.1.2　电容的电压电流关系

电容是根据库—伏关系来定义的，但在电路分析中我们感兴趣的往往是元件的电压电流关系，下面推导电容的电压电流关系。

如果电容的电压 u 和电流 i 取关联的参考方向，如图 5-1（a）所示，则电容的电压电流关系为

$$i=\frac{\mathrm{d}q}{\mathrm{d}t}=\frac{\mathrm{d}(Cu)}{\mathrm{d}t}=C\frac{\mathrm{d}u}{\mathrm{d}t} \tag{5-2}$$

式（5-2）表明电容的电流与其电压的变化率成正比，电容元件是一种动态元件。如果电压不随时间变化，即使数值很大，电流也为零，因此电容有隔断直流的作用。如果电压发生剧变，电流会很大，在电子电路中，常将电容的这种性质概括为“隔直通交”。

也可以把电容的电压 u 表示为电流 i 的函数。由式（5-2）可得

$$u(t)=\frac{1}{C}\int_{-\infty}^{t}i(\xi)\mathrm{d}\xi \tag{5-3}$$

如果只需了解在某一选定的初始时刻 t_0 以后电容电压的情况，可以把式（5-3）写为

$$u(t)=\frac{1}{C}\int_{-\infty}^{t_0}i(\xi)\mathrm{d}\xi+\frac{1}{C}\int_{t_0}^{t}i(\xi)\mathrm{d}\xi$$

亦即

$$u(t)=u(t_0)+\frac{1}{C}\int_{t_0}^{t}i(\xi)\mathrm{d}\xi \qquad t\geqslant t_0 \tag{5-4}$$

式（5-3）表明，电容的电压值与电容电流的历史有关，可通过电容电流在时刻 t 以前的全部历史来反映。因此，电容是一种有“记忆”特性的元件。

5.1.3　电容的储能

在电压和电流取关联参考方向的情况下，电容吸收的功率为

$$p = ui = Cu\frac{\mathrm{d}u}{\mathrm{d}t}$$

从 $-\infty$ 到 t 时刻，电容吸收的能量为

$$W_C(t) = \int_{-\infty}^{t} u(\xi)i(\xi)\mathrm{d}\xi = \int_{-\infty}^{t} Cu(\xi)\frac{\mathrm{d}u(\xi)}{\mathrm{d}\xi}\mathrm{d}\xi = C\int_{u(-\infty)}^{u(t)} u(\xi)\mathrm{d}u(\xi)$$

$$= \frac{1}{2}Cu^2(t) - \frac{1}{2}Cu^2(-\infty)$$

电容元件吸收的能量以电场能量的形式储存在元件的电场中。可以认为在 $t \to -\infty$ 时，$u(-\infty) = 0$。这样，电容元件在时刻 t 储存的电场能量将等于它吸收的能量，即

$$W_C(t) = \frac{1}{2}Cu^2(t) \qquad (5\text{-}5)$$

根据式（5-5）可得，从时间 t_1 到 t_2，电容元件能量的变化为

$$W_C(t_1,t_2) = \frac{1}{2}Cu^2(t_2) - \frac{1}{2}Cu^2(t_1) = W_C(t_2) - W_C(t_1) \qquad (5\text{-}6)$$

电容元件充电时，$W_C(t_2) > W_C(t_1)$，在此段时间内元件吸收能量；电容元件放电时，$W_C(t_2) < W_C(t_1)$，在此段时间内元件释放能量。电容元件在充电时吸收并储存能量，在放电时释放储存的能量，它并不消耗能量，而是一种储能元件。

5.1.4　电容电压的连续性质

在动态电路的分析中，常常要用到电容电压的连续性质。为了强调电容的这种属性，将电容的电压和电流分别记为 u_C 和 i_C，式（5-4）所示的电容的电压电流关系可写为

$$u_C(t) = u_C(t_0) + \frac{1}{C}\int_{t_0}^{t} i_C(\xi)\mathrm{d}\xi \qquad t \geqslant t_0 \qquad (5\text{-}7)$$

若用 $f(t_-)$ 和 $f(t_+)$ 分别表示函数 $f(t)$ 在 t 点的左极限和右极限，则电容电压的连续性质可陈述如下：

若电容电流 $i_C(t)$ 在闭区间 $[t_1,t_2]$ 内有界，则电容电压 $u_C(t)$ 在开区间 (t_1,t_2) 内是连续的。特别地，对任何 $t \in (t_1,t_2)$，有

$$u_C(t_+) = u_C(t_-) \qquad (5\text{-}8)$$

证明如下：

在区间上每一点都连续的函数，称为在该区间连续的函数。任取一点 t，以 $t+\mathrm{d}t$ 和 t 分别作为式（5-7）中积分的上、下限，且 $t\in(t_1,t_2)$、$(t+\mathrm{d}t)\in(t_1,t_2)$，则

$$u_{\mathrm{C}}(t+\mathrm{d}t)=u_{\mathrm{C}}(t)+\frac{1}{C}\int_{t}^{t+\mathrm{d}t}i_{\mathrm{C}}(\xi)\mathrm{d}\xi$$

即

$$u_{\mathrm{C}}(t+\mathrm{d}t)-u_{\mathrm{C}}(t)=\frac{1}{C}\int_{t}^{t+\mathrm{d}t}i_{\mathrm{C}}(\xi)\mathrm{d}\xi \qquad (5\text{-}9)$$

由于 $i_{\mathrm{C}}(t)$ 在 $[t_1,t_2]$ 内为有界的，则当 $t\in(t_1,t_2)$，存在一个有限正常数 M，使 $|i_{\mathrm{C}}(t)|<M$。因此，式（5-9）中的积分项小于 $\frac{M}{C}\mathrm{d}t$，且当 $\mathrm{d}t\to 0$ 时，必有 $\frac{M}{C}\mathrm{d}t\to 0$，这就意味着当 $\mathrm{d}t\to 0$ 时，$u_{\mathrm{C}}(t+\mathrm{d}t)\to u_{\mathrm{C}}(t)$，亦即在 t 处，u_{C} 是连续的。

式（5-8）常表述为“电容电压不能跃变”。但要注意的是，只有当电容电流有界的前提存在时，该结论才成立，否则就不能运用该结论。

5.1.5 电容的串联与并联

为了提高电容承受的电压，可以将若干个电容串联使用，如图 5-2（a）所示。根据电容的电压电流关系得

$$u_1=u_1(t_0)+\frac{1}{C_1}\int_{t_0}^{t}i\mathrm{d}\xi$$

$$u_2=u_2(t_0)+\frac{1}{C_2}\int_{t_0}^{t}i\mathrm{d}\xi$$

$$\vdots$$

$$u_n=u_n(t_0)+\frac{1}{C_n}\int_{t_0}^{t}i\mathrm{d}\xi$$

根据 KVL，总电压

$$\begin{aligned}u&=u_1+u_2+\cdots+u_n=u_1(t_0)+\frac{1}{C_1}\int_{t_0}^{t}i\mathrm{d}\xi+\cdots+u_n(t_0)+\frac{1}{C_n}\int_{t_0}^{t}i\mathrm{d}\xi\\&=u_1(t_0)+u_2(t_0)+\cdots+u_n(t_0)+\left(\frac{1}{C_1}+\frac{1}{C_2}+\cdots+\frac{1}{C_n}\right)\int_{t_0}^{t}i\mathrm{d}\xi\\&=u(t_0)+\frac{1}{C_{\mathrm{eq}}}\int_{t_0}^{t}i\mathrm{d}\xi\end{aligned}$$

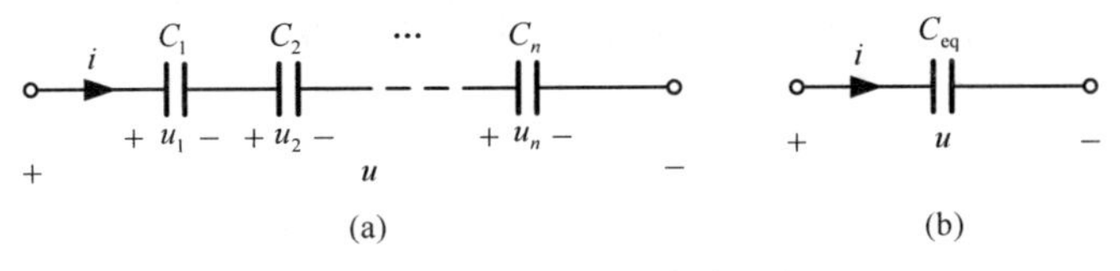

图 5-2　串联电容的等效电容

式中，C_{eq} 为串联的等效电容，如图 5-2（b）所示，其值为

$$C_{eq}=\frac{1}{\frac{1}{C_1}+\frac{1}{C_2}+\cdots+\frac{1}{C_n}} \tag{5-10}$$

$u(t_0)$ 为 n 个串联电容的等效初始条件，其值为

$$u(t_0)=u_1(t_0)+u_2(t_0)+\cdots+u_n(t_0)$$

如果 t_0 取 $-\infty$，则各初始电压均为零，此时 $u(t_0)=0$。

为了得到较大的电容，可以将若干个电容并联使用。图 5-3（a）所示为 n 个电容并联的情况，并且 $u_1(t_0)=u_2(t_0)=\cdots=u_n(t_0)=u(t_0)$。根据 KCL，有

$$i=i_1+i_2+\cdots+i_n=C_1\frac{\mathrm{d}u}{\mathrm{d}t}+C_2\frac{\mathrm{d}u}{\mathrm{d}t}+\cdots+C_n\frac{\mathrm{d}u}{\mathrm{d}t}=C_{eq}\frac{\mathrm{d}u}{\mathrm{d}t}$$

式中，C_{eq} 为并联的等效电容，如图 5-3（b）所示，其值为

$$C_{eq}=C_1+C_2+\cdots+C_n \tag{5-11}$$

且具有初值 $u(t_0)$。

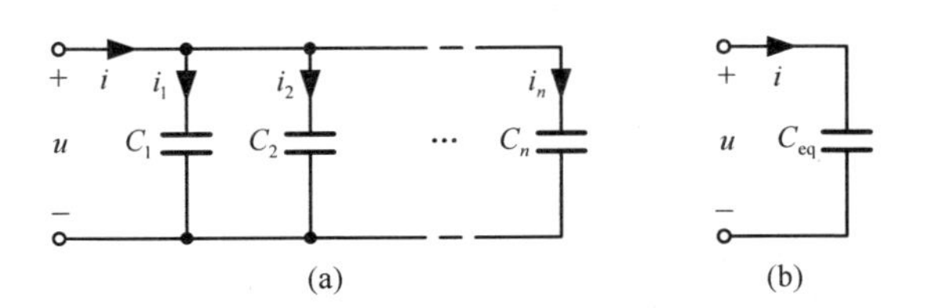

图 5-3　并联电容的等效电容

5.2　电感元件

电感元件又称自感元件，能储存磁场能，是实际电感器的理想化模型。

5.2.1　电感元件的定义

图 5-4 所示为导线绕制在铁心而成的线圈，称为电感器或电感线圈。当有电

流 i 流过线圈时，电流 i 产生的磁通 Φ 将与 N 匝线圈交链，则磁链 $\Psi = N\Phi$。一般说的电感元件，是实际电感器或电感线圈的理想化模型，即理想电感器，理想电感器是电流与磁链相约束的器件，只具有产生磁通的作用。

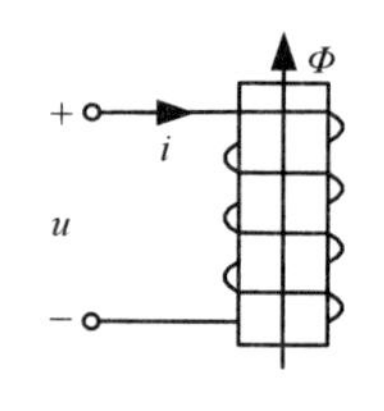

图 5-4　电感线圈

可以这样定义电感元件：一个二端元件，如果在任意时刻，它的电流 i 同它的磁链 Ψ 之间的关系可以用 $i-\Psi$ 平面上的一条曲线来确定，则此二端元件称为电感元件，这条曲线称为韦－安特性曲线。如果电感元件的韦－安特性曲线是一条不随时间变化且通过原点的直线，如图 5-5（b）所示，那么该电感元件就称为线性时不变电感元件。对于线性时不变电感元件，其磁链 Ψ 与电流 i 的关系为

$$\Psi = Li \tag{5-12}$$

式中，电感元件的电流与磁链的参考方向应符合右手螺旋法则。L 为正值常数，它是用来度量特性曲线斜率的，称为电感。在国际单位制中，磁链 Ψ 的单位为韦伯（Wb），L 的单位为亨[利]（H）。线性时不变电感元件常简称为电感，本书中如无特别说明，电感都是指线性时不变电感。

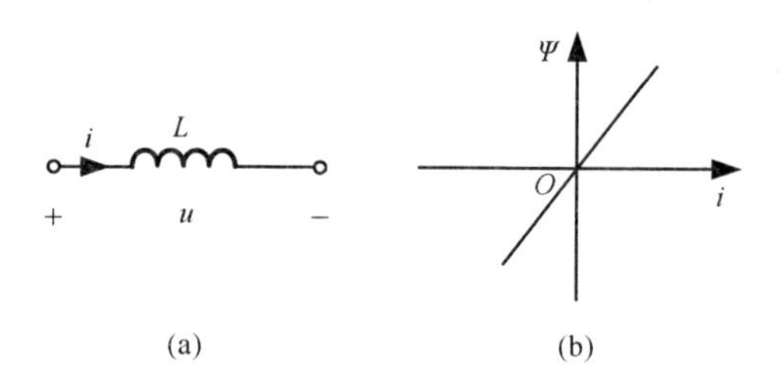

图 5-5　线性时不变电感元件

实际电感器除了具备储存磁能的主要性质外，还有一些能量损耗。这是由于构成电感的导线有电阻的缘故。因此，实际电感器的模型中除了上述电感元件外，还应增加电阻元件，此时电感元件和电阻元件是串联关系。

一个电感器，除了标明它的电感量外，还需要标明它的额定工作电流。当电感器承受的电流超过其额定工作电流，会使线圈过热或使线圈受到过大电磁力的作用而发生机械变形，甚至烧毁线圈。

5.2.2　电感的电压电流关系

如图 5-5（a）所示，电感的电流 i 和电压 u 取关联的参考方向，根据电磁感应定律和楞次定律可得电感的电压电流关系为

$$u=\frac{\mathrm{d}\Psi}{\mathrm{d}t}=\frac{\mathrm{d}(Li)}{\mathrm{d}t}=L\frac{\mathrm{d}i}{\mathrm{d}t} \tag{5-13}$$

式（5-13）表明电感的电压与其电流的变化率成正比，电感元件是动态元件，如果电流不随时间变化，那么其两端电压为零，即电感在直流电路中相当于短路；如果电流发生剧变，那么电压就会很大。突然切断电感的电流，将产生较高的感应电压，从而产生火花或电弧，给电器或者触点带来损害，因此在使用电感器的电路中必须采取保护措施，防止这种现象带来的破坏。

也可以把电感的电流 i 表示为电压 u 的函数，由式（5-13）可得

$$i(t)=\frac{1}{L}\int_{-\infty}^{t}u(\xi)\mathrm{d}\xi \tag{5-14}$$

如果只需了解在某一选定的初始时刻 t_0 以后电感电压的情况，可以把式（5-14）写为

$$i(t)=\frac{1}{L}\int_{-\infty}^{t_0}u(\xi)\mathrm{d}\xi+\frac{1}{L}\int_{t_0}^{t}u(\xi)\mathrm{d}\xi$$

亦即

$$i(t)=i(t_0)+\frac{1}{L}\int_{t_0}^{t}u(\xi)\mathrm{d}\xi \qquad t\geqslant t_0 \tag{5-15}$$

式（5-15）表明，电感的电流值与电感电压的历史有关，可通过电感电压在时刻 t 以前的全部历史来反映，即电感也是一种有“记忆”特性的元件。

5.2.3　电感的储能

在电压和电流取关联参考方向的情况下，电感吸收的功率为

$$p=ui=Li\frac{\mathrm{d}i}{\mathrm{d}t}$$

从 $-\infty$ 到 t 时刻，电感吸收的能量为

$$W_{\mathrm{L}}(t)=\int_{-\infty}^{t}u(\xi)i(\xi)\mathrm{d}\xi=\int_{-\infty}^{t}Li(\xi)\frac{\mathrm{d}i(\xi)}{\mathrm{d}\xi}\mathrm{d}\xi=L\int_{i(-\infty)}^{i(t)}i(\xi)\mathrm{d}i(\xi)$$

$$=\frac{1}{2}Li^2(t)-\frac{1}{2}Li^2(-\infty)$$

如果在 $t\to-\infty$ 时，$i(-\infty)=0$，电感元件无磁场能量，则电感元件在时刻 t 储存的磁场能量将等于它吸收的能量，即

$$W_{\mathrm{L}}(t)=\frac{1}{2}Li^2(t) \tag{5-16}$$

根据式（5-16）可得，从时间 t_1 到 t_2，电感元件能量的变化为

$$W_{\mathrm{L}}(t_1,t_2)=\frac{1}{2}Li^2(t_2)-\frac{1}{2}Li^2(t_1)=W_{\mathrm{L}}(t_2)-W_{\mathrm{L}}(t_1) \tag{5-17}$$

当电流$|i|$增加时，电感元件吸收并储存能量；当电流$|i|$减小时，电感元件释放能量。

5.2.4　电感电流的连续性质

在动态电路的分析中，常常要用到电感电流的连续性质。为了强调电感的这种属性，将电感的电压和电流分别记为u_L和i_L，式（5-15）中电感的电压电流关系写为

$$i_L(t)=i_L(t_0)+\frac{1}{L}\int_{t_0}^{t}u_L(\xi)\mathrm{d}\xi \qquad t\geqslant t_0 \tag{5-18}$$

电感电流的连续性质可陈述如下：

若电感电压$u_L(t)$在闭区间$[t_1,t_2]$内有界，则电感电流$i_L(t)$在开区间(t_1,t_2)内是连续的。特别地，对任何$t\in(t_1,t_2)$，有

$$i_L(t_+)=i_L(t_-) \tag{5-19}$$

式（5-19）常表述为“电感电流不能跃变”。但要注意的是，当电感电压无界时该结论不再成立。

5.2.5　电感的串联与并联

图 5-6（a）为 n 个具有相同初始电流的电感的串联，即$i_1(t_0)=i_2(t_0)=\cdots=i_n(t_0)=i(t_0)$。根据 KVL，有

$$\begin{aligned}u&=u_1+u_2+\cdots+u_n=L_1\frac{\mathrm{d}i}{\mathrm{d}t}+L_2\frac{\mathrm{d}i}{\mathrm{d}t}+\cdots+L_n\frac{\mathrm{d}i}{\mathrm{d}t}\\&=(L_1+L_2+\cdots+L_n)\frac{\mathrm{d}i}{\mathrm{d}t}=L_{eq}\frac{\mathrm{d}i}{\mathrm{d}t}\end{aligned}$$

式中，L_{eq}为串联的等效电感，如图 5-6（b）所示，其值为

$$L_{eq}=L_1+L_2+\cdots+L_n \tag{5-20}$$

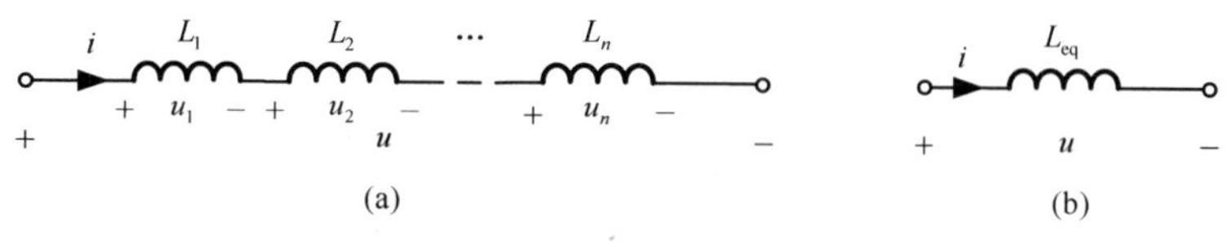

图 5-6　串联电感的等效电感

将初始电流分别为$i_1(t_0)$、$i_2(t_0)$、…、$i_n(t_0)$的 n 个电感L_1、L_2、…、L_n作并联，如图 5-7（a）所示，根据 KCL 不难证得并联后的等效电感L_{eq}[如图 5-7（b）所示]和初始电流$i(t_0)$分别为

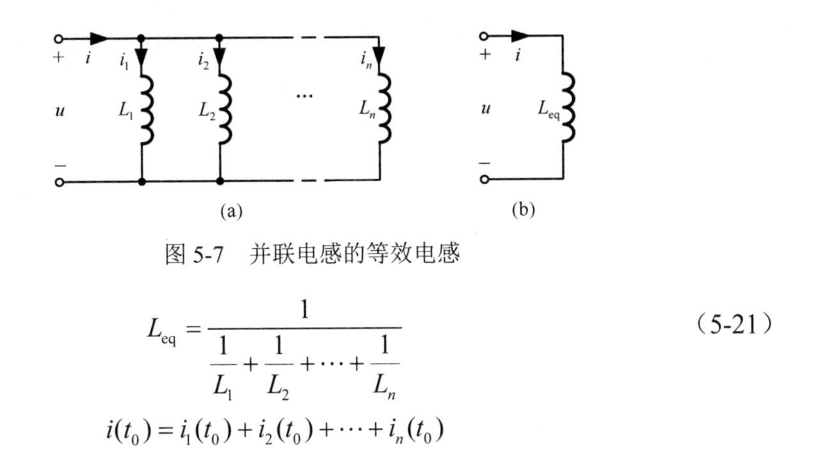

图 5-7　并联电感的等效电感

$$L_{eq}=\frac{1}{\frac{1}{L_1}+\frac{1}{L_2}+\cdots+\frac{1}{L_n}} \tag{5-21}$$

$$i(t_0)=i_1(t_0)+i_2(t_0)+\cdots+i_n(t_0)$$

5.3　动态电路方程

含有动态元件电容或（和）电感的电路称为动态电路。由于动态元件的电压电流关系为微分关系或积分关系，所以描述动态电路输入输出关系的方程通常为微分方程。

5.3.1　动态电路方程的列写

在电路分析中，作为输出的待求变量可以是支路电压、支路电流。这些待求变量称为电路的响应（或输出），而独立电源称为激励（或输入）。电路的响应可以是由独立电源引起的，也可以是由电路中储能元件的初始储能引起的，还可以是由独立电源和储能元件的初始储能共同引起的。

动态电路方程的列写依然是根据 KCL、KVL 和元件的电压电流约束关系。一般情况下，对于线性非时变动态电路，只含单一响应变量的动态电路方程通常为常系数线性微分方程。

由于用电容电压 u_C 或电感电流 i_L 作为响应变量建立的动态电路方程，其初始条件比较容易求得，一旦得到电容电压 u_C 或电感电流 i_L 的解，再求电路中的其他变量就很方便，所以习惯上都是取电容电压 u_C 或电感电流 i_L 为响应变量。

如果动态电路的方程为一阶常微分方程，则称该电路为一阶电路；如果动态电路的方程为 n 阶常微分方程，则称该电路为 n 阶电路。

图 5-8 所示为含有一个电容元件的动态电路。根据 KVL 得

$$u_R+u_C=u_S$$

再将电阻元件和电容元件的电压电流关系式$u_{\mathrm{R}}=Ri$和$i=C\dfrac{\mathrm{d}u_{\mathrm{C}}}{\mathrm{d}t}$代入上式，可得

$$RC\frac{\mathrm{d}u_{\mathrm{C}}}{\mathrm{d}t}+u_{\mathrm{C}}=u_{\mathrm{S}} \tag{5-22}$$

这是一个以电容电压u_{C}为输出，以电压源u_{S}为输入的一阶常微分方程，即图 5-8 所示的电路为一阶 RC 电路。

图 5-9 所示为含有一个电感元件的动态电路。根据 KVL 得

$$u_{\mathrm{R}}+u_{\mathrm{L}}=u_{\mathrm{S}}$$

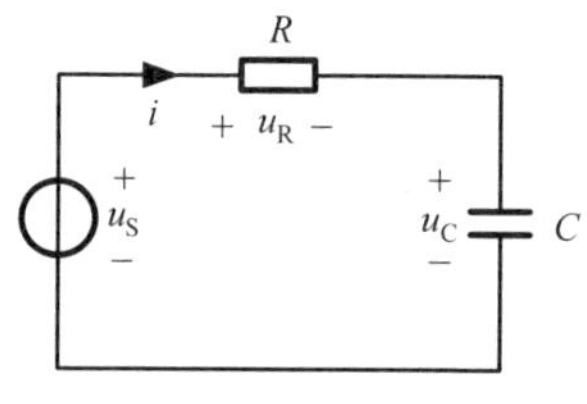

图 5-8 一阶 RC 电路

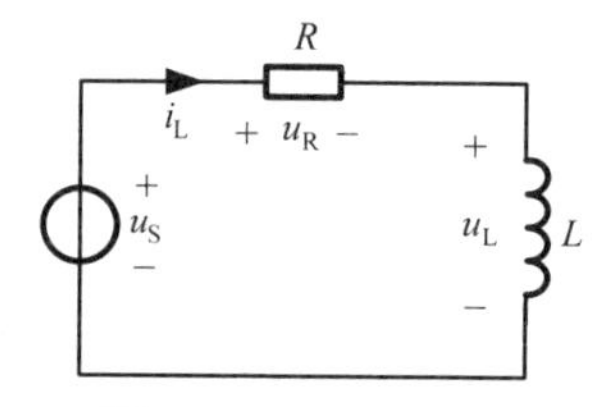

图 5-9 一阶 RL 电路

再将电阻元件和电感元件的电压电流关系式$u_{\mathrm{R}}=Ri_{\mathrm{L}}$和$u_{\mathrm{L}}=L\dfrac{\mathrm{d}i_{\mathrm{L}}}{\mathrm{d}t}$代入上式，可得

$$\frac{L}{R}\frac{\mathrm{d}i_{\mathrm{L}}}{\mathrm{d}t}+i_{\mathrm{L}}=\frac{u_{\mathrm{S}}}{R} \tag{5-23}$$

这是一个以电感电流i_L为输出，以电压源u_{S}为输入的一阶常微分方程，即图 5-9 所示的电路为一阶 RL 电路。

图 5-10 所示为含有两个动态元件的 RLC 串联电路。根据 KVL 可得

$$u_{\mathrm{L}}+u_{\mathrm{R}}+u_{\mathrm{C}}=u_{\mathrm{S}}$$

将电感、电容、电阻元件的电压电流关系$u_{\mathrm{L}}=L\dfrac{\mathrm{d}i}{\mathrm{d}t}$、$i=C\dfrac{\mathrm{d}u_{\mathrm{C}}}{\mathrm{d}t}$、$u_{\mathrm{R}}=Ri$代入上式，可得该电路的方程为

$$LC\frac{\mathrm{d}^2u_{\mathrm{C}}}{\mathrm{d}t^2}+RC\frac{\mathrm{d}u_{\mathrm{C}}}{\mathrm{d}t}+u_{\mathrm{C}}=u_{\mathrm{S}} \tag{5-24}$$

图 5-11 为含有两个动态元件的 RLC 并联电路。根据 KCL 可得

$$i_{\mathrm{C}}+i_{\mathrm{R}}+i_{\mathrm{L}}=i_{\mathrm{S}}$$

将电感、电容、电阻元件的电压电流关系$u_{\mathrm{L}}=L\dfrac{\mathrm{d}i_{\mathrm{L}}}{\mathrm{d}t}$、$i_{\mathrm{C}}=C\dfrac{\mathrm{d}u_{\mathrm{L}}}{\mathrm{d}t}$、$i_{\mathrm{R}}=\dfrac{u_{\mathrm{L}}}{R}$代入上式，可得该电路的方程为

$$LC\frac{\mathrm{d}^2i_{\mathrm{L}}}{\mathrm{d}t^2}+\frac{L}{R}\frac{\mathrm{d}i_{\mathrm{L}}}{\mathrm{d}t}+i_{\mathrm{L}}=i_{\mathrm{S}} \tag{5-25}$$

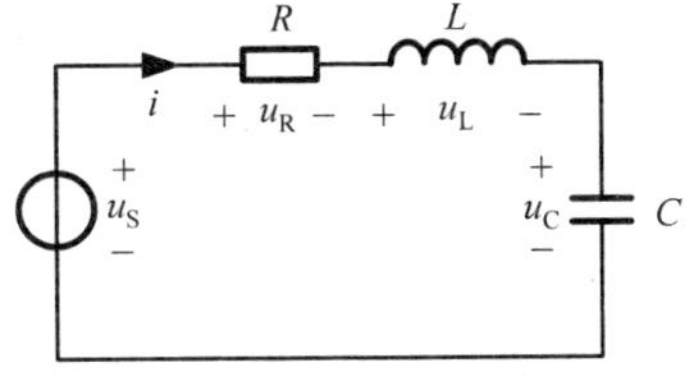

图 5-10　二阶 RLC 串联电路

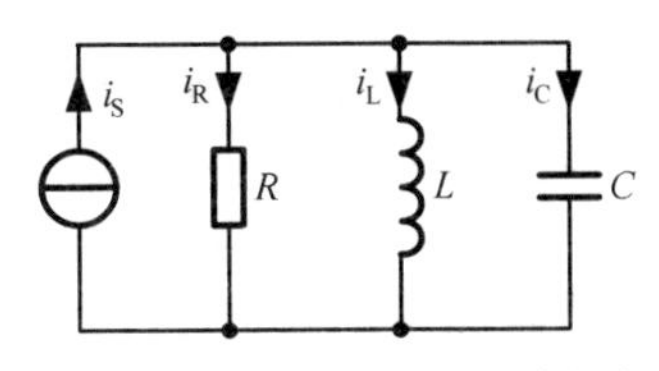

图 5-11　二阶 RLC 并联电路

式（5-24）和式（5-25）均为二阶常微分方程，因此图 5-10 和图 5-11 所示的电路均为二阶电路。

对于高阶电路，列写电路的高阶微分方程和对高阶微分方程求解都比较繁琐，一般采用状态变量法分析高阶电路的响应。根据状态变量法列写的状态方程为一阶微分方程组，在此基础上就能分析电路在任意时刻的全部响应。状态变量法在电路理论和控制理论中都得到了广泛应用，本书对状态变量法不作详细介绍。

5.3.2　一阶微分方程的求解

高等数学中有求解微分方程的经典法，用经典法求解一阶、二阶常微分方程还是很方便的。本章中主要介绍用一阶常微分方程描述的一阶电路，下面介绍用经典法求解一阶常微分方程的一般过程。

设一阶微分方程

$$a\frac{\mathrm{d}x}{\mathrm{d}t}+x=f(t) \tag{5-26}$$

初始条件为

$$x(t_0)=D \tag{5-27}$$

式（5-26）所示的非齐次微分方程，其通解由两部分组成，即

$$x(t)=x_\mathrm{h}(t)+x_\mathrm{p}(t) \tag{5-28}$$

其中 $x_\mathrm{h}(t)$ 为与式（5-26）对应的齐次微分方程，即

$$a\frac{\mathrm{d}x}{\mathrm{d}t}+x=0 \tag{5-29}$$

的通解；$x_\mathrm{p}(t)$ 为非齐次微分方程的一个特解。

设齐次微分方程的通解为

$$x_\mathrm{h}(t)=k\mathrm{e}^{pt} \tag{5-30}$$

代入式（5-29），得

$$apk\mathrm{e}^{pt}+k\mathrm{e}^{pt}=0$$

每项被除以 $k\mathrm{e}^{pt}$，得

$$ap+1=0 \tag{5-31}$$

式（5-31）称为特征方程，其解为

$$p=-\frac{1}{a} \tag{5-32}$$

p 称为特征方程的特征根。因此

$$x_{\mathrm{h}}(t)=k\mathrm{e}^{-\frac{t}{a}} \tag{5-33}$$

根据输入函数 $f(t)$ 的形式假定特解 $x_{\mathrm{p}}(t)$ 的形式，常见函数对应的特解形式如表 5-1 所示。

表 5-1　非齐次微分方程 $a\frac{\mathrm{d}x}{\mathrm{d}t}+x=f(t)$ 特解的形式

输入函数 $f(t)$ 的形式	特解 $x_{\mathrm{p}}(t)$ 的形式
b	b
bt	d_0+d_1t
b_0+b_1t	d_0+d_1t
$b_0+b_1t+b_2t^2$	$d_0+d_1t+d_2t^2$
$A\sin(\omega t+\theta)$	$B\sin(\omega t+\phi)$
$A\cos(\omega t+\theta)$	$B\cos(\omega t+\phi)$

以特解代入式(5-26)，用待定系数法确定特解中的常数 b、d_0、d_1、d_2、B、ϕ。

将求得的 $x_{\mathrm{h}}(t)$ 和 $x_{\mathrm{p}}(t)$ 代入式（5-28），求得非齐次微分方程的通解

$$x(t)=k\mathrm{e}^{-\frac{t}{a}}+x_{\mathrm{p}}(t)$$

由初始条件可得

$$x(t_0)=k\mathrm{e}^{-\frac{t_0}{a}}+x_{\mathrm{p}}(t_0)=D$$

由此可确定待定常数 k，即

$$k=\frac{D-x_{\mathrm{p}}(t_0)}{\mathrm{e}^{-\frac{t_0}{a}}} \tag{5-34}$$

从而求得非齐次微分方程的通解。

例 5-1　求解微分方程

$$6\frac{\mathrm{d}x}{\mathrm{d}t}+x=10 \qquad x(0)=3$$

解：（1）根据式（5-33），得对应齐次微分方程的通解

$$x_{\mathrm{h}}(t)=k\mathrm{e}^{-\frac{t}{6}}$$

（2）查表 5-1，可得非齐次微分方程的特解

$$x_{\mathrm{p}}(t)=10$$

（3）非齐次微分方程的通解

$$x(t)=x_{\mathrm{h}}(t)+x_{\mathrm{p}}(t)=k\mathrm{e}^{-\frac{t}{6}}+10$$

由初始条件得

$$x(0)=k+10=3\Rightarrow k=-7$$

则得到非齐次微分方程的通解

$$x(t)=-7\mathrm{e}^{-\frac{t}{6}}+10$$

例 5-2　求解微分方程

$$0.01\frac{\mathrm{d}x}{\mathrm{d}t}+x=20\cos(100t+30^\circ)\qquad x(0)=5$$

解：（1）根据式（5-33），得对应齐次微分方程的通解

$$x_{\mathrm{h}}(t)=k\mathrm{e}^{-\frac{t}{0.01}}=k\mathrm{e}^{-100t}$$

（2）查表 5-1，可设非齐次微分方程的特解

$$x_{\mathrm{p}}(t)=B\cos(100t+\phi)$$

将其代入非齐次微分方程

$$0.01\times(-100B)\sin(100t+\phi)+B\cos(100t+\phi)=20\cos(100t+30^\circ)$$

即

$$B\cos(100t+\phi)-B\sin(100t+\phi)=20\cos(100t+30^\circ)$$

化简得

$$\sqrt{2}B\cos(100t+\phi+45^\circ)=20\cos(100t+30^\circ)$$

则

$$\sqrt{2}B=20\Rightarrow B=10\sqrt{2}$$
$$\phi+45^\circ=30^\circ\Rightarrow\phi=-15^\circ$$

故

$$x_{\mathrm{p}}(t)=10\sqrt{2}\cos(100t-15^\circ)$$

（3）非齐次微分方程的通解

$$x(t)=x_{\mathrm{h}}(t)+x_{\mathrm{p}}(t)=k\mathrm{e}^{-100t}+10\sqrt{2}\cos(100t-15^\circ)$$

由初始条件得

$$x(0)=k+10\sqrt{2}\cos(-15^\circ)=5\Rightarrow k=-8.66$$

故非齐次微分方程的通解

$$x(t)=x_{\mathrm{h}}(t)+x_{\mathrm{p}}(t)=-8.66\mathrm{e}^{-100t}+10\sqrt{2}\cos(100t-15°)$$

在对动态电路进行时域分析时，要用到暂态、稳态等概念。下面简单介绍这些概念。

从上面的讨论，我们知道非齐次微分方程的通解由对应齐次微分方程的通解和非齐次微分方程的特解两部分组成。对应齐次微分方程的通解与输入函数无关，所以称为自由分量，自由分量按指数规律衰减到零，所以又称为暂态分量。非齐次微分方程的特解与输入函数的变化规律有关，即受输入函数的强制，按相同规律变化，所以称为强制分量。例 5-1 中的强制分量为常量，例 5-2 中的强制分量为余弦函数。当$t\to\infty$时，对应齐次微分方程的通解等于零，此时非齐次微分方程的通解等于非齐次微分方程的特解，该微分方程描述的系统进入了稳定状态（简称稳态），所以强制分量又称为稳态分量。也就是说，经过无限长的时间，暂态分量等于零，该微分方程描述的系统进入了稳态。工程上认为，经过$(3\sim5)\tau$，暂态分量就等于零了，系统就进入了稳态。τ为电路的时间常数，在下一节将详细介绍。系统不处于稳态时就称系统处于暂态。

5.3.3 初始条件的确定

在动态电路中，将开关的接通和断开、线路的短接或断开、元件参数值的改变等，能引起电路工作状态变化的情况统称为换路。在电路分析中，认为换路是在瞬间完成的。为了叙述方便，通常把换路前的最终时刻记为$t=0_-$，把换路后的最初时刻记为$t=0_+$。

动态电路的一个特征是：换路后电路可能改变原来的工作状态，转变到另一个工作状态，这种转变往往要经历一个过程，在工程上称为过渡过程。这里的工作状态特指稳定状态。

动态电路需要用微分方程来描述，用经典法求解微分方程需要用初始条件确定解答中的待定系数。设描述动态电路的微分方程为n阶，所谓初始条件就是所求变量及其 1 阶至$(n-1)$阶导数在$t=0_+$时的值，也称初始值。电容电压$u_C(0_+)$和电感电流$i_{\mathrm{L}}(0_+)$由初始储能决定，称为独立初始值，其余各变量（如i_{C}、u_{L}、u_{R}、i_{R}等）的初始值称为非独立初始值，它们将由激励（电压源或电流源）以及独立初始值$u_{\mathrm{C}}(0_+)$和$i_{\mathrm{L}}(0_+)$来确定。

根据 5.1 节介绍的电容电压的连续性质和 5.2 节介绍的电感电流的连续性质，有

$$u_{\mathrm{C}}(0_+)=u_{\mathrm{C}}(0_-) \quad (5\text{-}35)$$

$$i_{\mathrm{L}}(0_+)=i_{\mathrm{L}}(0_-) \quad (5\text{-}36)$$

式（5-35）和式（5-36）分别说明在换路前后电容电流和电感电压为有限值的条件下，换路前后瞬间电容电压和电感电流不能跃变，上述关系又称为换路定则。

一般来说，独立初始条件 $u_C(0_+)$ 和 $i_L(0_+)$ 可根据 $t=0_-$ 时的等效电路和换路定则求得。但非独立初始条件，则需根据 $t=0_+$ 时的等效电路求得，下面举例说明。

例 5-3　图 5-12（a）所示电路在开关 S 闭合前已处于稳定状态，$t=0$ 时开关 S 闭合，求 $i(0_+)$。

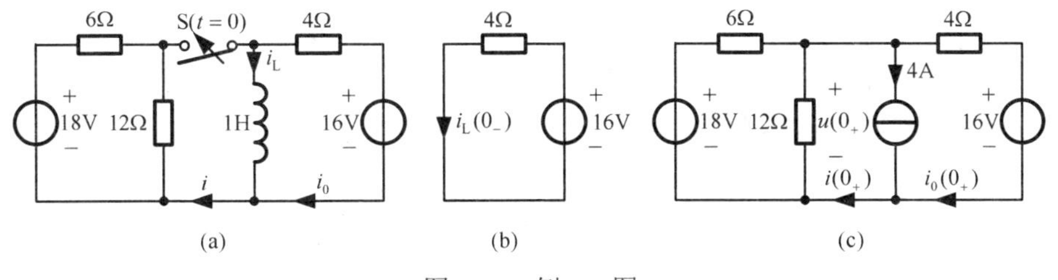

图 5-12　例 5-3 图

解：（1）换路前电路已处于稳定状态，开关 S 处于断开，电感相当于短路，所以 $t=0_-$ 时电感所在电路的等效电路如图 5-12（b）所示，因而得

$$i_L(0_-)=\frac{16}{4}=4\text{A}$$

（2）由换路定则得

$$i_L(0_+)=i_L(0_-)=4\text{A}$$

（3）将电感用电流为 4A 的电流源替代，可得如图 5-12（c）所示的 $t=0_+$ 时的等效电路。可以求得

$$\left(\frac{1}{6}+\frac{1}{12}+\frac{1}{4}\right)u(0_+)=\frac{18}{6}+\frac{16}{4}-4\Rightarrow u(0_+)=6\text{V}$$

$$i_0(0_+)=\frac{u(0_+)-16}{4}=\frac{6-16}{4}=-2.5\text{A}$$

$$i(0_+)=4+i_0(0_+)=4-2.5=1.5\text{A}$$

例 5-4　图 5-13（a）所示电路在开关 S 断开前已处于稳定状态。试求 $\left.\dfrac{\mathrm{d}i_L}{\mathrm{d}t}\right|_{t=0_+}$、$\left.\dfrac{\mathrm{d}u_C}{\mathrm{d}t}\right|_{t=0_+}$、$i_L(0_+)$ 和 $u_C(0_+)$。

解：（1）换路前电路已处于稳定状态，开关 S 闭合，电容相当于开路，电感相当于短路，所以 $t=0_-$ 时的等效电路如图 5-13（b）所示，因而得

$$u_C(0_-)=10\times 4-\frac{20}{2+3}\times 2=32\text{V}$$
$$i_L(0_-)=10\text{A}$$

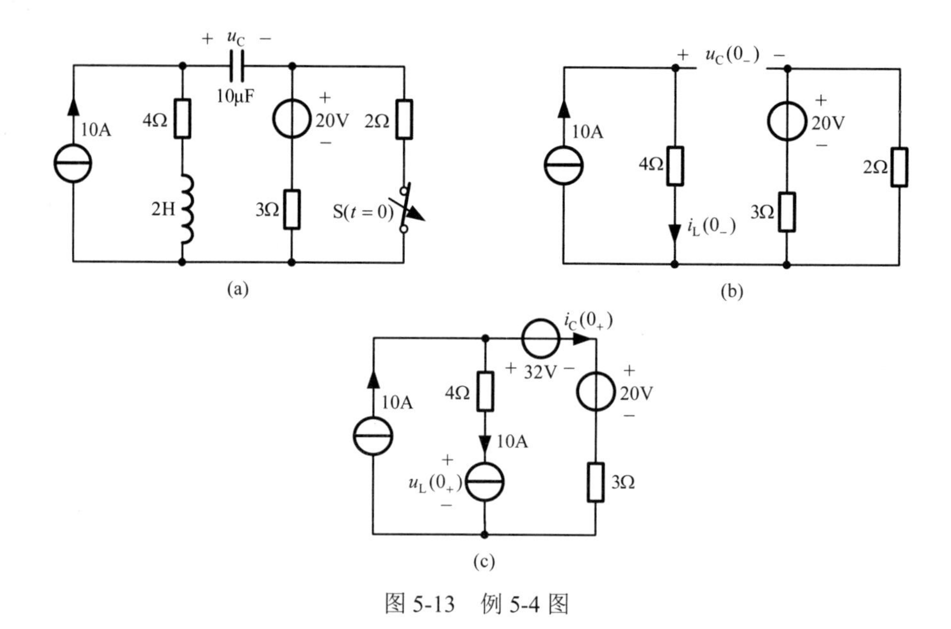

图 5-13　例 5-4 图

（2）由换路定则得

$$u_C(0_+)=u_C(0_-)=32\text{V}$$
$$i_L(0_+)=i_L(0_-)=10\text{A}$$

（3）将电容用电压等于 32V 的电压源替代，电感用电流为10A 的电流源替代，可得如图 5-13（c）所示的 $t=0_+$ 时的等效电路。可以求得

$$i_C(0_+)=10-10=0$$
$$\left.\frac{\mathrm{d}u_C}{\mathrm{d}t}\right|_{t=0_+}=\frac{1}{C}i_C(0_+)=0$$
$$u_L(0_+)=-4\times 10+32+20+0\times 3=12\text{V}$$
$$\left.\frac{\mathrm{d}i_L}{\mathrm{d}t}\right|_{t=0_+}=\frac{1}{L}u_L(0_+)=\frac{12}{2}=6\text{A/s}$$

由上面的两个例子可以看出，确定初始条件的步骤为：

（1）根据 $t=0_-$ 时的等效电路，确定 $u_C(0_-)$ 、 $i_L(0_-)$ 。

（2）根据换路定则，确定 $u_C(0_+)$ 、 $i_L(0_+)$ 。

（3）根据替代定理，将电容用电压等于 $u_C(0_+)$ 的电压源替代，电感用电流等

于 $i_L(0_+)$ 的电流源替代，然后画出 $t=0_+$ 时的等效电路。$t=0_+$ 时的等效电路是一个直流电阻网络，可以确定其他非独立初始条件。

如果换路前电容和电感没有初始储能，即 $u_C(0_+)=0$、$i_L(0_+)=0$，则换路后的瞬间，即 $t=0_+$ 时，电容相当于短路，电感相当于开路。

5.4　一阶电路的零输入响应

动态电路中无外施激励电源，仅由动态元件的初始储能所产生的响应，称为动态电路的零输入响应。

5.4.1　一阶 RC 电路的零输入响应

在图 5-14（a）所示 RC 电路中，开关 S 切换前，电容已充电到 U_0，即 $u_C(0_-)=U_0$。开关切换后，电容储存的能量将通过电阻以热能的形式释放出来。在放电过程中，电容电压从它的初始值 U_0 开始下降，随时间的增加逐渐减少并最终趋于零，此时电容电压按怎样的变化规律进行衰减呢？下面来通过微分方程推导电容电压的变化规律。

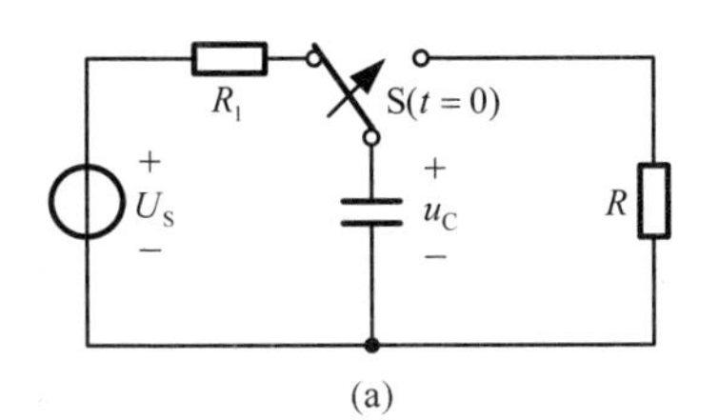

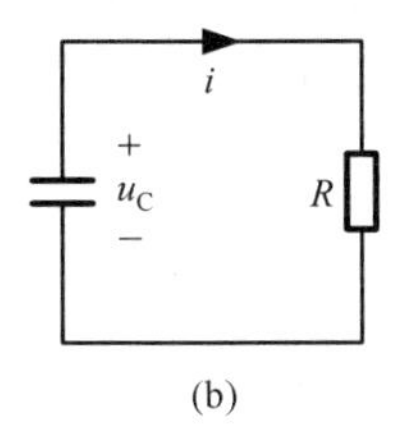

图 5-14　一阶 RC 电路的零输入响应

开关切换后的等效电路如图 5-14（b）所示。根据 KVL 和元件的电压电流关系可得该电路的微分方程

$$RC\frac{\mathrm{d}u_C}{\mathrm{d}t}+u_C=0 \qquad t>0$$

这是一个齐次微分方程。根据 5.3 节介绍的一阶微分方程的求解方法，可得该方程的通解为

$$u_C(t)=k\mathrm{e}^{-\frac{t}{RC}} \qquad t>0$$

再根据初始条件 $u_C(0_+)=u_C(0_-)=U_0$，可得

$$k = U_0$$

因此

$$u_C(t) = U_0 e^{-\frac{t}{RC}} \qquad t > 0 \tag{5-37}$$

由式（5-37）可求得电容电流为

$$i(t) = \frac{u_C(t)}{R} = \frac{U_0}{R} e^{-\frac{t}{RC}} \qquad t > 0 \tag{5-38}$$

根据式（5-37）和式（5-38）可以画出 u_C 和 i 随时间变化的波形，如图 5-15 所示。

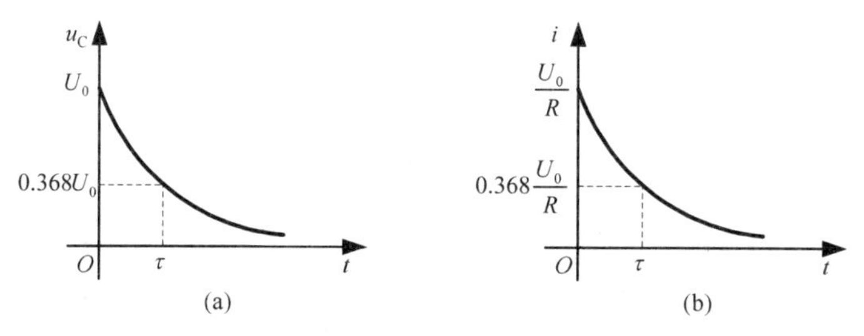

图 5-15 一阶 RC 电路的零输入响应波形

式（5-37）和式（5-38）表明，电容电压 u_C 和电容电流 i 衰减的快慢取决于电路参数 R 和 C 的乘积。这个乘积对一个已经确定的电路来说是一个常数，当 R 的单位为 Ω，C 的单位为 F 时，乘积 RC 的单位为 s，因此称

$$\tau = RC$$

为电路的时间常数。引入时间常数 τ 以后，可将式（5-37）和式（5-38）写为

$$u_C(t) = U_0 e^{-\frac{t}{\tau}} \qquad t > 0$$

$$i(t) = \frac{u_C(t)}{R} = \frac{U_0}{R} e^{-\frac{t}{\tau}} \qquad t > 0$$

根据式（5-37），当 $t = \tau$ 时，有

$$u_C(\tau) = U_0 e^{-\frac{t}{\tau}} = U_0 e^{-1} \approx 0.368U_0$$

这表明 RC 电路从 $t = 0$ 时开始放电，经过时间 τ，电容电压已近似降到初始值的 36.8%，所以时间常数 τ 又是电容电压衰减到初始值的 36.8% 所需的时间。表 5-2 为 $t = \tau$、2τ、$3\tau\cdots$ 时刻的电容电压值。

理论上要经过无限长的时间 u_C 才能衰减到零值，但从表 5-2 可以看出，经过 $3\tau \sim 5\tau$ 后，u_C 已经衰减到初始值的 5% 以下，此时已可认为暂态过程结束，放电完毕。

表 5-2　$t=\tau$、2τ、$3\tau\cdots$时刻的电容电压值

t	0	τ	2τ	3τ	4τ	5τ	$\cdots$	∞
$u_C(t)$	U_0	$0.368U_0$	$0.135U_0$	$0.050U_0$	$0.018U_0$	$0.007U_0$	$\cdots$	0

在放电过程中，电容不断放出能量并为电阻所消耗；过渡过程结束后，原先储存在电场中的电场能量全部为电阻吸收而转换为热能，即

$$W_R=\int_0^\infty \frac{u_C^2}{R}\mathrm{d}t=\int_0^\infty \frac{U_0^2}{R}\mathrm{e}^{-\frac{2t}{RC}}\mathrm{d}t=\frac{1}{2}CU_0^2$$

5.4.2　一阶 RL 电路的零输入响应

图 5-16（a）所示 RL 电路在 $t=0$ 时发生换路，换路前电路已处于稳定状态，电感电流 $i_L(0_-)=I_0$。换路后，电感储存的能量将通过电阻以热能的形式释放出来。在放电过程中，电感电流从它的初始值 I_0 开始下降，随时间的增加逐渐减少并最终趋于零，下面推导电感电流的变化规律。

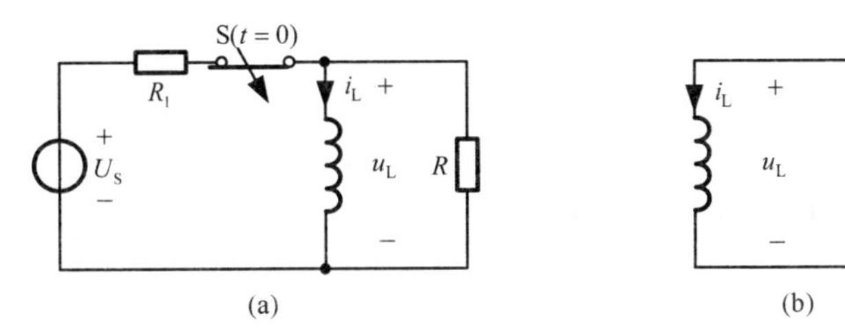

图 5-16　一阶 RL 电路的零输入响应波形

开关切换后的等效电路如图 5-16（b）所示，根据 KVL 和元件的电压电流关系可得该电路的微分方程

$$\frac{L}{R}\frac{\mathrm{d}i_L}{\mathrm{d}t}+i_L=0 \qquad t>0$$

这是一个齐次微分方程。根据 5.3 节介绍的一阶微分方程的求解方法，可得该方程的通解为

$$i_L(t)=k\mathrm{e}^{-\frac{t}{L/R}} \qquad t>0$$

再根据初始条件 $i_L(0_+)=i_L(0_-)=I_0$，可得

$$k=I_0$$

因此

$$i_L(t)=I_0\mathrm{e}^{-\frac{t}{L/R}} \qquad t>0 \tag{5-39}$$

由式（5-39）可求得电感电压为

$$u_L(t) = -Ri_L(t) = -RI_0 e^{-\frac{t}{L/R}} \qquad t > 0 \tag{5-40}$$

根据式（5-39）和式（5-40），可以画出 i_L 和 u_L 随时间变化的波形，如图 5-17 所示。

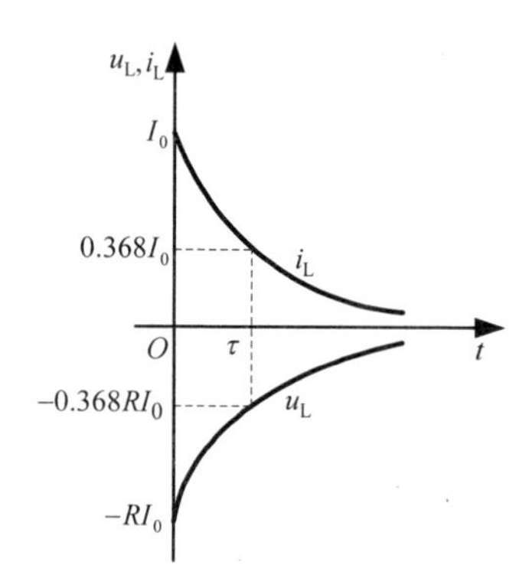

图 5-17　一阶 RL 电路的零输入响应波形

与一阶 RC 电路类似，令 $\tau = L/R$，称为一阶 RL 电路的时间常数。引入时间常数后，式（5-39）和式（5-40）可写为

$$i_L(t) = I_0 e^{-\frac{t}{\tau}} \qquad t > 0$$

$$u_L(t) = -Ri_L(t) = -RI_0 e^{-\frac{t}{\tau}} \qquad t > 0$$

在放电过程中，电感不断放出能量并为电阻所消耗；过渡过程结束后，原先储存在磁场中的磁场能量全部为电阻吸收而转换为热能，即

$$W_R = \int_0^{\infty} Ri_L^2 dt = \int_0^{\infty} RI_0^2 e^{-\frac{2t}{L/R}} dt = \frac{1}{2} LI_0^2$$

例 5-5　设图 5-18（a）所示电路中，开关 S 断开前电路已处于稳定状态，$t = 0$ 时开关 S 断开。求换路后开关两端的电压 $u_K(t)$ 和 $u_K(0_+)$。

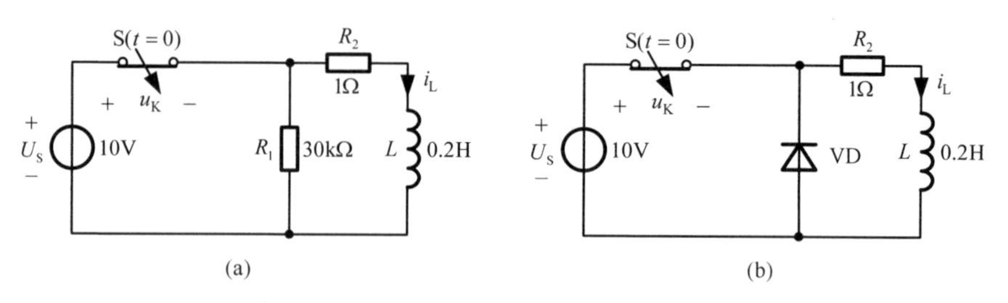

图 5-18　例 5-5 图

解：开关断开前，电路已处于稳态状态，则有

$$i_L(0_+)=i_L(0_-)=\frac{U_S}{R_2}=\frac{10}{1}=10\text{A}$$

根据 KVL 和元件的电压电流关系可得换路后电路的方程为

$$L\frac{\mathrm{d}i_L}{\mathrm{d}t}+(R_1+R_2)i_L=0 \qquad t>0$$

即

$$\frac{L}{R_1+R_2}\frac{\mathrm{d}i_L}{\mathrm{d}t}+i_L=0 \qquad t>0$$

其解为

$$i_L(t)=10\mathrm{e}^{-\frac{t}{L/(R_1+R_2)}}=10\mathrm{e}^{-\frac{t}{0.2/(1+30000)}}=10\mathrm{e}^{-150005t}\text{A} \qquad t>0$$

则可求得

$$u_K(t)=U_S+R_1i_L(t)=10+30\times10^3\times10\mathrm{e}^{-150005t}=10+3\times10^5\mathrm{e}^{-150005t}\text{V} \qquad t>0$$

$$u_K(0_+)=10+3\times10^5=300010\text{V}$$

$u_K(0_+)$是一个很高的电压，会引起电弧。这是由于电感电流不能跃变，从而在开关 S 断开的瞬间在电阻 R_1 两端产生高电压。由此可见，在切断电感电流时必须考虑磁场能量的释放。例如，可以用二极管代替电阻 R_1，如图 5-18（b）所示。二极管的正向电阻很小，反向电阻很大，开关 S 闭合时，二极管承受反向电压，不导通；开关 S 断开时，二极管正向导通，为电感电流提供通路，从而防止电弧产生。根据该二极管在电路中的作用，将其称为续流二极管。在电力电子电路中，续流二极管很常见。

5.5　一阶电路的零状态响应

零状态响应就是动态元件的初始储能为零、仅由外施激励引起的响应。

5.5.1　一阶 RC 电路的零状态响应

图 5-19(a)所示的 RC 电路，在开关切换前电路已处于稳定状态，即 $u_C(0_-)=0$。开关切换后，电路直接接入直流电压源 U_S，如图 5-19（b）所示。换路后该电路的微分方程为

$$RC\frac{\mathrm{d}u_C}{\mathrm{d}t}+u_C=U_S \qquad t>0$$

这是一个非齐次微分方程。根据 5.3 节介绍的一阶微分方程的求解方法，可得该方程的通解为

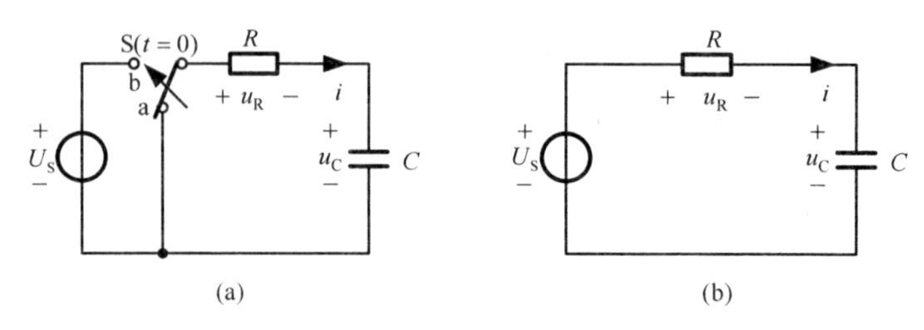

图 5-19 一阶 RC 电路的零状态响应

$$u_C(t)=u_{Cp}(t)+u_{Ch}(t)=U_S+ke^{-\frac{t}{RC}} \qquad t>0$$

式中，$u_{Cp}(t)$ 为非齐次微分方程的特解，$u_{Cp}(t)=U_S$；$u_{Ch}(t)$ 为对应齐次微分方程的通解，$u_{Ch}(t)=ke^{-\frac{t}{RC}}$。再根据初始条件 $u_C(0_+)=u_C(0_-)=U_0$，可得

$$0=U_S+k \Rightarrow k=-U_S$$

得到非齐次微分方程的通解

$$u_C(t)=U_S-U_Se^{-\frac{t}{RC}}=U_S(1-e^{-\frac{t}{RC}}) \qquad t>0 \tag{5-41}$$

由式（5-41）可求得

$$i(t)=C\frac{du_C}{dt}=\frac{U_S}{R}e^{-\frac{t}{RC}} \qquad t>0 \tag{5-42}$$

$u_C(t)$ 和 $i(t)$ 的波形如图 5-20 所示。

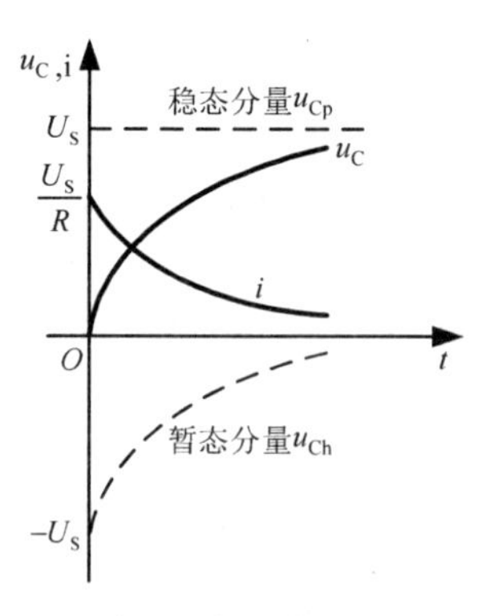

图 5-20 一阶 RC 电路的零状态响应波形

电容电压上升到 U_S 时，其储能为

$$W_C=\frac{1}{2}Cu_C^2(t)=\frac{1}{2}CU_S^2$$

在充电过程中电阻消耗的总能量为

$$W_R=\int_0^{\infty}Ri^2\mathrm{d}t=\int_0^{\infty}\frac{U_S^2}{R}\mathrm{e}^{-\frac{2t}{RC}}\mathrm{d}t=\frac{1}{2}CU_S^2$$

所以，在充电过程中电阻消耗的总能量与电容器最后所储存的能量是相等的。电源提供的总能量为

$$W_S=W_C+W_R=CU_S^2$$

5.5.2　一阶 RL 电路的零状态响应

图 5-21 所示 RL 电路中，在开关切换前电路已处于稳定状态，即 $i_L(0_-)=0$。开关切换后，电路接入直流电压源U_S。换路后该电路的微分方程为

$$\frac{L}{(R_1+R_2)}\frac{\mathrm{d}i_L}{\mathrm{d}t}+i_L=\frac{U_S}{R_1+R_2}\qquad t>0$$

其通解为

$$i_L(t)=\frac{U_S}{R_1+R_2}-\frac{U_S}{R_1+R_2}\mathrm{e}^{-\frac{t}{L/(R_1+R_2)}}\qquad t>0$$

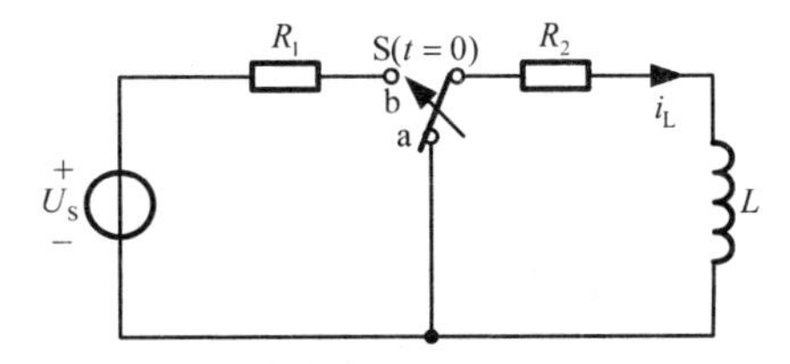

图 5-21　一阶 RL 电路的零状态响应

5.6　一阶电路的全响应及三要素法

由动态元件的初始储能和外施激励共同产生的响应，称为动态电路的全响应。

5.6.1　一阶 RC 电路的全响应

图 5-22 所示的一阶 RC 电路，在开关切换前已处于稳态，即 $u_C(0_-)=U_0$，$t=0$ 时开关由 a 投向 b。换路后电路的方程为

$$RC\frac{\mathrm{d}u_C}{\mathrm{d}t}+u_C=U_S\qquad t>0$$

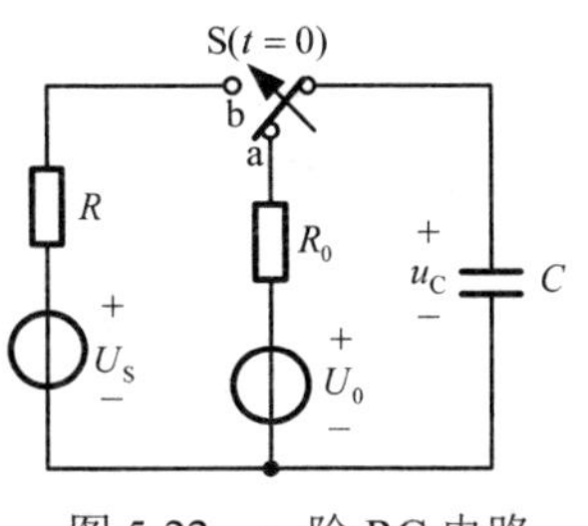

图 5-22　一阶 RC 电路

即

$$\tau \frac{\mathrm{d}u_{\mathrm{C}}}{\mathrm{d}t} + u_{\mathrm{C}} = U_{\mathrm{S}} \qquad t > 0$$

式中，$\tau = RC$。方程的通解为

$$u_{\mathrm{C}}(t) = U_{\mathrm{S}} + k\mathrm{e}^{-\frac{t}{\tau}} \qquad t > 0$$

由初始条件得

$$U_{\mathrm{S}} + k = U_0 \Rightarrow k = U_0 - U_{\mathrm{S}}$$

故

$$u_{\mathrm{C}}(t) = U_{\mathrm{S}} + (U_0 - U_{\mathrm{S}})\mathrm{e}^{-\frac{t}{\tau}} \qquad t > 0 \tag{5-43}$$

式（5-43）右边第一项为强制分量（即稳态分量），第二项为自由分量（即暂态分量）。因此，全响应可表示为

全响应=强制分量+自由分量

全响应=稳态分量+暂态分量

把式（5-43）改写为

$$u_{\mathrm{C}}(t) = U_0\mathrm{e}^{-\frac{t}{\tau}} + U_{\mathrm{S}}(1 - \mathrm{e}^{-\frac{t}{\tau}}) \qquad t > 0 \tag{5-44}$$

式（5-44）右边第一项为零输入响应，第二项为零状态响应。因此，全响应又可表示为

全响应=零输入响应+零状态响应

这就是线性一阶电路的叠加原理。

无论是把全响应分解为稳态分量和暂态分量，还是分解为零输入响应和零状态响应，仅仅是从不同的角度去分析电路的全响应。

例 5-6 图 5-23（a）所示电路，$t = 0$ 时开关由 a 投向 b，求 u_{C}。假定换路前电路处于稳态。

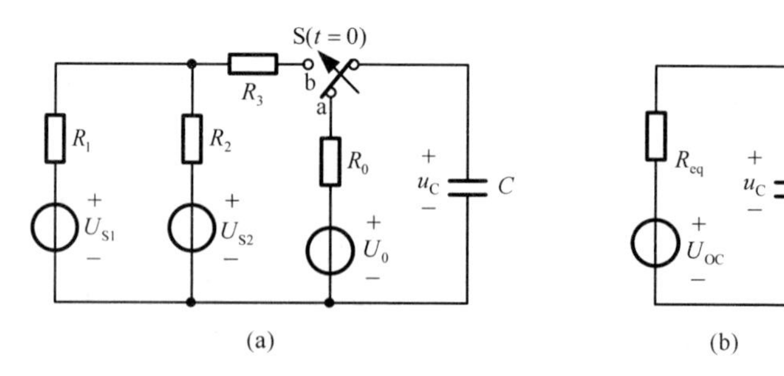

图 5-23 例 5-6 图

解：（1）换路前电路处于稳态，则

$$u_{\mathrm{C}}(0_+) = u_{\mathrm{C}}(0_-) = U_0$$

（2）根据换路后的电路直接列写电路方程是不容易的，因此需要先将换路后的电路进行化简。根据戴维宁定理求把电容断开后的二端网络的等效电路，如图 5-23（b）所示。图 5-23（b）中的开路电压U_{OC}和等效电阻R_{eq}分别为

$$U_{OC}=\frac{R_2}{R_1+R_2}(U_{S1}-U_{S2})+U_{S2}$$

$$R_{eq}=R_1//R_2+R_3$$

根据图 5-23（b），列出换路后电路的微分方程

$$R_{eq}C\frac{du_C}{dt}+u_C=U_{OC}\qquad t>0$$

即

$$\tau\frac{du_C}{dt}+u_C=U_{OC}\qquad t>0$$

式中，$\tau=R_{eq}C$。方程的通解为

$$u_C(t)=U_{OC}+(U_0-U_{OC})e^{-\frac{t}{\tau}}\qquad t>0$$

5.6.2　一阶 RL 电路的全响应

图 5-24 所示的一阶 RL 电路，在开关切换前已处于稳态，即$i_L(0_-)=I_0$。$t=0$时开关由 a 投向 b。换路后电路的微分方程为

$$\frac{L}{R}\frac{di_L}{dt}+i_L=I_S\qquad t>0$$

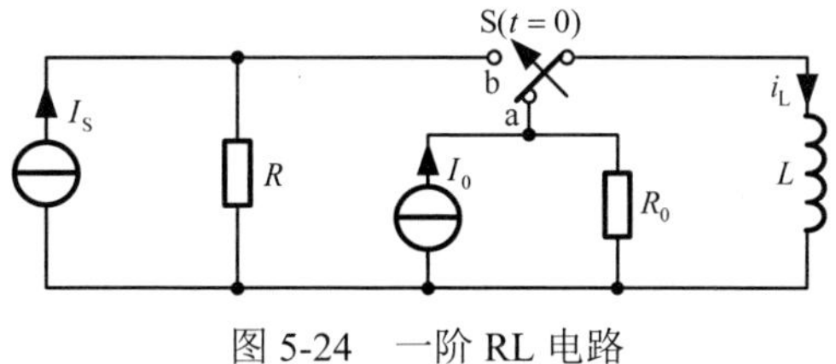

图 5-24　一阶 RL 电路

即

$$\tau\frac{di_L}{dt}+i_L=I_S\qquad t>0$$

式中，$\tau=\frac{L}{R}$。方程的通解为

$$i_L(t)=I_S+ke^{-\frac{t}{\tau}}\qquad t>0$$

由初始条件得

$$I_S + k = I_0 \Rightarrow k = I_0 - I_S$$

故

$$i_L(t) = I_S + (I_0 - I_S)e^{-\frac{t}{\tau}} \qquad t > 0 \qquad (5\text{-}45)$$

例 5-7 图 5-25（a）所示电路，$t=0$ 时开关由 a 投向 b，求 i_L。假定换路前电路处于稳态。

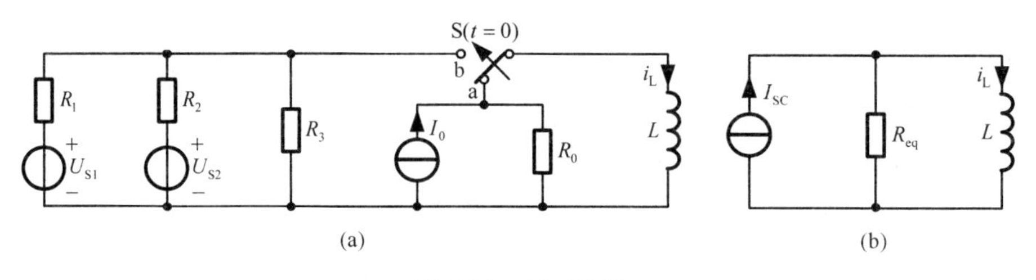

图 5-25 例 5-7 图

解：（1）换路前电路处于稳态，则

$$i_L(0_+) = i_L(0_-) = I_0$$

（2）根据换路后的电路直接列写电路方程是不容易的，因此需要先将换路后的电路进行化简。根据诺顿定理求把电感断开后的二端网络的等效电路，如图 5-25（b）所示。图 5-25（b）中的短路电流 I_{SC} 和等效电阻 R_{eq} 分别为

$$I_{SC} = \frac{U_{S1}}{R_1} + \frac{U_{S2}}{R_2}$$

$$R_{eq} = R_1 // R_2 // R_3$$

根据图 5-25（b），列出换路后电路的微分方程

$$\frac{L}{R_{eq}}\frac{di_L}{dt} + i_L = I_{SC} \qquad t > 0$$

即

$$\tau\frac{di_L}{dt} + i_L = I_{SC} \qquad t > 0$$

式中，$\tau = L/R_{eq}$。方程的通解为

$$i_L(t) = I_{SC} + (I_0 - I_{SC})e^{-\frac{t}{\tau}} \qquad t > 0$$

5.6.3 一阶电路的三要素法

三要素法是跳过建立电路方程，直接由给定的一阶电路求解动态响应的方法。这种方法是在总结一阶电路全响应表达式结构规律的基础上得出的。三要素法简

单、方便，因此得到了广泛应用。但要注意三要素法仅仅适用于一阶电路。

直流电源激励下的一阶电路，其微分方程可写成如下形式

$$\tau\frac{\mathrm{d}y}{\mathrm{d}t}+y=b \qquad t>0$$

其通解为

$$y(t)=b+k\mathrm{e}^{-\frac{t}{\tau}} \qquad t>0$$

显然

$$y(\infty)=b$$

$$y(0_+)=b+k$$

因此

$$y(t)=y(\infty)+[y(0_+)-y(\infty)]\mathrm{e}^{-\frac{t}{\tau}} \qquad t>0 \qquad (5\text{-}46)$$

只要知道 $y(0_+)$、$y(\infty)$ 和 τ 这三个要素，就可以根据式（5-46）直接写出直流激励下一阶电路的全响应，这种方法称为三要素法。初始值 $y(0_+)$ 可根据 $t=0_+$ 时的等效电路求得，稳态值 $y(\infty)$ 可根据 $t\to\infty$ 时的等效电路求得，时间常数 τ 为 $R_{\mathrm{eq}}C$ 或者 L/R_{eq}，其中 R_{eq} 为从电容或电感元件两端看进去的等效电阻。变量可以是任意支路的电压或电流，但通常是先求电容电压或电感电流，再求其他变量。

正弦电源激励下的一阶电路，也可以用三要素法求解。正弦电源激励下的一阶电路，其微分方程可写成如下的形式

$$\tau\frac{\mathrm{d}y}{\mathrm{d}t}+y=A\cos(\omega t+\theta) \qquad t>0$$

其通解为

$$y(t)=y_{\mathrm{p}}(t)+y_{\mathrm{h}}(t)=B\cos(\omega t+\phi)+k\mathrm{e}^{-\frac{t}{\tau}} \qquad t>0$$

显然

$$y(0_+)=y_{\mathrm{p}}(0_+)+k$$

因此

$$y(t)=y_{\mathrm{p}}(t)+[y(0_+)-y_{\mathrm{p}}(0_+)]\mathrm{e}^{-\frac{t}{\tau}} \qquad t>0$$

特解（即稳态解）$y_{\mathrm{p}}(t)$ 可按照 5.3 节介绍的方法求解，但在电路分析中通常采用相量法求解正弦电源激励下电路的稳态解，相量法将在第 6 章介绍。

用三要素法求解直流电源激励下的一阶电路不需要求解微分方程，简单、方便，是最常用的方法。三要素法也适用初始状态为零或零输入状态下的响应。下面举例说明用三要素法求响应的过程。

例 5-8　电路如图 5-26 所示，$t=0$ 时开关 S 闭合，开关 S 闭合前电路已达稳态。求换路后的 u_C、i_C 和 i。

解：（1）求初始值 $u_C(0_+)$

$$u_C(0_+)=u_C(0_-)=10\text{V}$$

（2）求稳态值 $u_C(\infty)$

$$u_C(\infty)=10\times\frac{20}{20+20}=5\text{V}$$

（3）求时间常数 τ

$$\tau=R_{eq}C=(20//20+10)\times0.001=0.02\text{s}$$

（4）应用三要素公式，有

$$u_C(t)=5+(10-5)e^{-\frac{t}{0.02}}=(5+5e^{-50t})\text{V}\qquad t>0$$

$$i_C(t)=C\frac{du_C}{dt}=1\times10^{-3}\times5\times(-50)e^{-50t}=-0.25e^{-50t}\text{A}\qquad t>0$$

$$i(t)=i_C(t)+\frac{10\times i_C(t)+u_C(t)}{20}=1.5i_C(t)+0.05u_C(t)=(0.25-0.125e^{-50t})\text{A}\quad t>0$$

例 5-9　电路如图 5-27 所示，$t=0$ 时开关 S 打开，开关 S 打开前电路已达稳态。求换路后的 i_L 和 u_L。

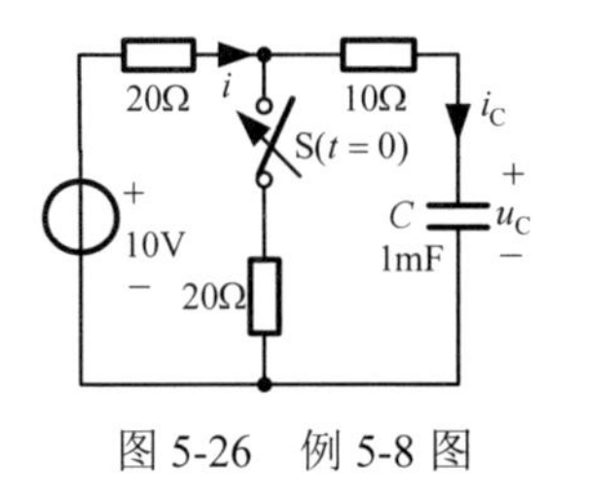

图 5-26　例 5-8 图

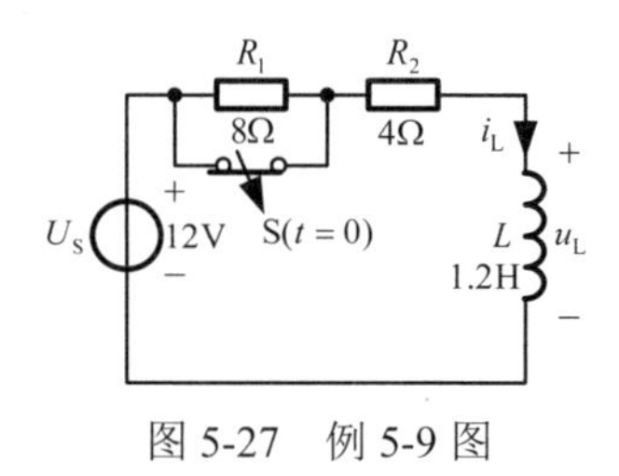

图 5-27　例 5-9 图

解：（1）求初始值 $i_L(0_+)$

$$i_L(0_+)=i_L(0_-)=\frac{U_S}{R_2}=\frac{12}{4}=3\text{A}$$

（2）求稳态值 $i_L(\infty)$

$$i_L(\infty)=\frac{U_S}{R_1+R_2}=\frac{12}{8+4}=1\text{A}$$

（3）求时间常数 τ

$$\tau=\frac{L}{R_{eq}}=\frac{L}{R_1+R_2}=\frac{1.2}{8+4}=0.1\text{s}$$

（4）应用三要素公式，有

$$i_L(t)=1+(3-1)\mathrm{e}^{-\frac{t}{0.1}}=(1+2\mathrm{e}^{-10t})\mathrm{A}\qquad t>0$$

$$u_{\mathrm{L}}(t)=L\frac{\mathrm{d}i_{\mathrm{L}}}{\mathrm{d}t}=1.2\times2\times(-10)\mathrm{e}^{-10t}=-24\mathrm{e}^{-10t}\mathrm{V}\qquad t>0$$

例 5-10　图 5-28（a）所示电路，开关 S 合在位置 a 时已达稳态，$t=0$ 时开关 S 由位置 a 投向位置 b。求换路后的 i_{L} 和 u_{L}。

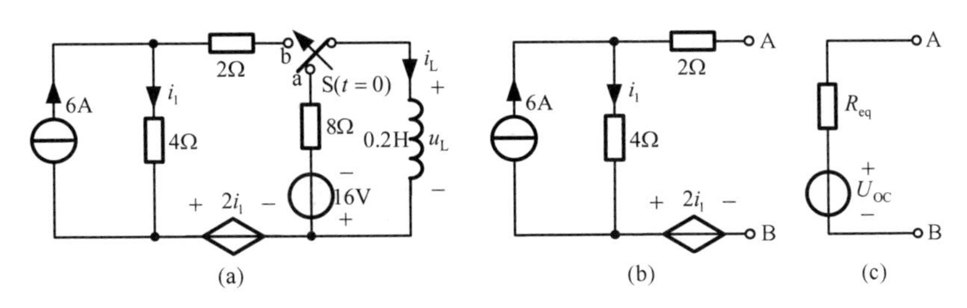

图 5-28　例 5-10 图

解：（1）求初始值 $i_{\mathrm{L}}(0_+)$

$$i_{\mathrm{L}}(0_+)=i_{\mathrm{L}}(0_-)=\frac{-16}{8}=-2\mathrm{A}$$

（2）求换路后电感以外电路[如图 5-28（b）所示]的戴维宁等效电路[如图 5-28（c）所示]，其中开路电压 U_{OC} 和等效电阻 R_{eq} 分别为

$$U_{\mathrm{OC}}=4i_1+2i_1=4\times6+2\times6=36\mathrm{V}$$

$$R_{\mathrm{eq}}=2+4+2=8\Omega$$

（3）求稳态值 $i_{\mathrm{L}}(\infty)$

$$i_{\mathrm{L}}(\infty)=\frac{U_{\mathrm{OC}}}{R_{\mathrm{eq}}}=\frac{36}{8}=4.5\mathrm{A}$$

（4）求时间常数 τ

$$\tau=\frac{L}{R_{\mathrm{eq}}}=\frac{0.2}{8}=0.025\mathrm{s}$$

（5）应用三要素公式，有

$$i_{\mathrm{L}}(t)=4.5+(-2-4.5)\mathrm{e}^{-\frac{t}{0.025}}=(4.5-6.5\mathrm{e}^{-40t})\mathrm{A}\qquad t>0$$

$$u_{\mathrm{L}}(t)=L\frac{\mathrm{d}i_{\mathrm{L}}}{\mathrm{d}t}=0.2\times(-6.5)\times(-40)\mathrm{e}^{-40t}=52\mathrm{e}^{-40t}\mathrm{V}\qquad t>0$$

例 5-11　图 5-29 所示电路，开关 S_1 和 S_2 均断开时已达稳态，$t=0$ 时开关 S_1 闭合，$t=0.8\mathrm{s}$ 时开关 S_2 闭合。求 i_{L}。

解：由于有两次换路，因此电路有两个过渡过程。

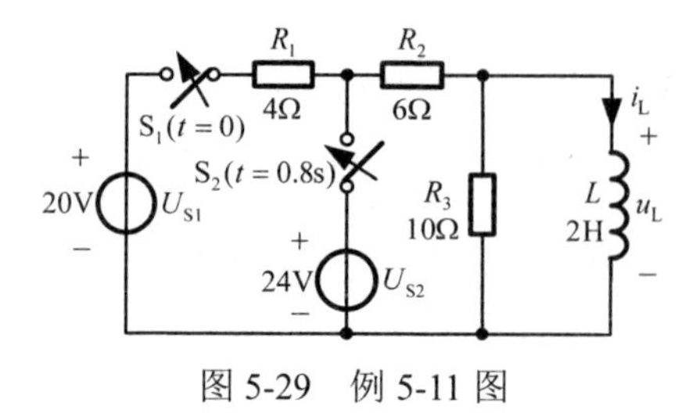

图 5-29 例 5-11 图

（1） $0 \leqslant t \leqslant 0.8s$

$$i_L(0_+) = i_L(0_-) = 0$$

$$i_L(\infty) = \frac{U_{S1}}{R_1 + R_2} = \frac{20}{4+6} = 2A$$

$$\tau = \frac{L}{R_{eq}} = \frac{L}{(R_1+R_2)//R_3} = \frac{2}{\dfrac{(4+6)\times 10}{4+6+10}} = 0.4s$$

$$i_L(t) = 2 + (0-2)e^{-\frac{t}{0.4}} = (2-2e^{-2.5t})A \qquad 0 \leqslant t \leqslant 0.8s$$

（2） $t \geqslant 0.8s$

$$i_L(0.8) = 2 - 2e^{-2.5\times 0.8} \approx 1.729A$$

$$i'_L(\infty) = \frac{U_{S2}}{R_2} = \frac{24}{6} = 4A$$

$$\tau' = \frac{L}{R'_{eq}} = \frac{L}{R_2 // R_3} = \frac{2}{\dfrac{6\times 10}{6+10}} \approx 0.533s$$

$$i_L(t) = 4 + (1.729-4)e^{-\frac{t-0.8}{0.533}} = (4 - 2.271e^{-1.875(t-0.8)})A \qquad t \geqslant 0.8s$$

例 5-12 图 5-30（a）所示电路，开关 S 闭合前已达稳态，$t=0$ 时开关 S 闭合。求换路后的 u_C 和 i_L。

解：换路后，电路可分成两个独立的一阶电路，如图 5-30（b）和（c）所示。

（1）求 u_C

$$u_C(0_+) = u_C(0_-) = \frac{30+10}{20+30+10} \times 60 = 40V$$

$$u_C(\infty) = 60 \times \frac{30}{30+20} = 36V$$

$$\tau = \frac{20\times 30}{20+30} \times 0.25 = 3s$$

$$u_C(t) = 36 + (40-36)e^{-\frac{t}{3}} = (36+4e^{-\frac{t}{3}})V \qquad t > 0$$

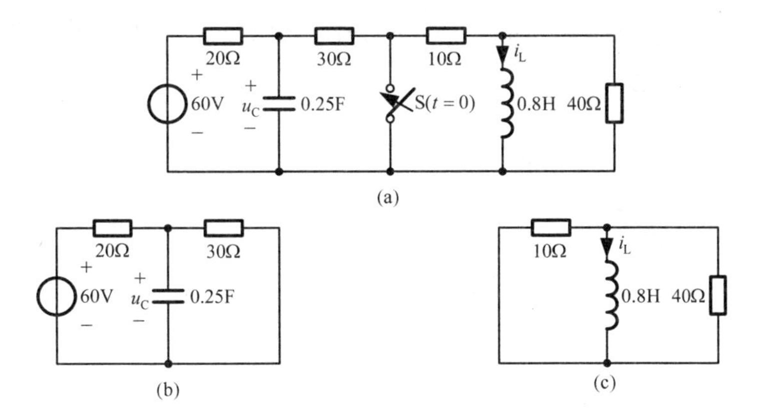

图 5-30 例 5-12 图

（2）求 i_L

$$i_L(0_+) = i_L(0_-) = \frac{60}{20+30+10} = 1\text{A}$$

$$i_L(\infty) = 0$$

$$\tau = \frac{0.8}{\dfrac{10\times 40}{10+40}} = 0.1\text{s}$$

$$i_L(t) = \mathrm{e}^{-\frac{t}{0.1}} = \mathrm{e}^{-10t}\text{A} \qquad t > 0$$

5.7 应用实例

5.7.1 电梯接近开关

日常生活中使用的电器包含许多开关，其中多数开关是机械式的，只有少数开关是电子式的。有些电梯和台灯使用电容式接近开关，这种开关就属于电子式的，当触摸这类接近开关时，电容量发生变化，从而引起电压的变化，形成开关。

电梯接近开关的外形如图 5-31（a）所示，每一开关都由金属杯状环和圆形金属平板构成电容的两极。电极由绝缘膜覆盖，防止人与金属直接接触，模型如图 5-31（b）所示。当手指轻触开关时，由于手指比绝缘膜导电性好，形成另一接地的电极，模型如图 5-31（c）所示。

图 5-32（a）为电梯接近开关电路，C 是一个固定电容。图 5-31 和图 5-32 中电容的实际值范围是 $10\sim 50\text{pF}$，具体值的大小取决于手指如何接触、是否带手套

等。为了分析方便，设$C=C_1=C_2=C_3=25\text{pF}$。手指接触前，其等效电路如图 5-32（b）所示，输出电压

$$u=\frac{C_1}{C_1+C}u_S=\frac{1}{2}u_S$$

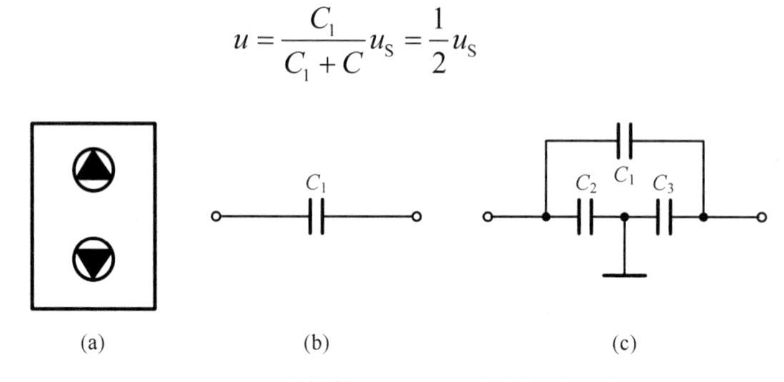

图 5-31　电梯接近开关外形及等效电路

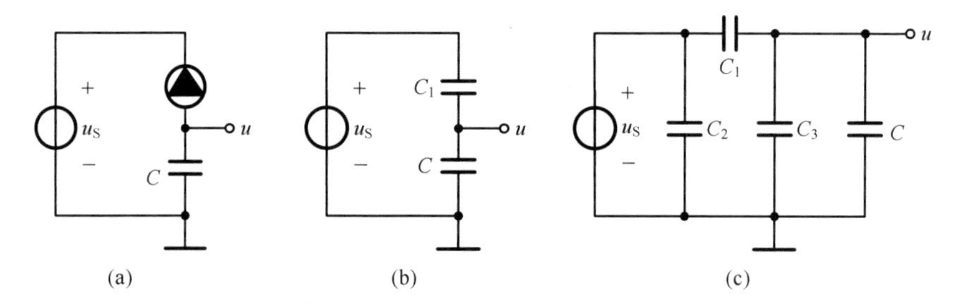

图 5-32　电梯接近开关电路

手指触摸时，其等效电路如图 5-32（c）所示，输出电压

$$u=\frac{C_1}{C_1+C_3+C}u_S=\frac{1}{3}u_S$$

可见，当触摸开关时输出电压将降低，一旦电梯的控制计算机检测到输出电压下降，就会发出相应的指令给相关电机，从而把你送到相应的楼层。

5.7.2　闪光灯电路

电子闪光灯电路是一阶 RC 电路应用的一个实例，它利用了电容电压的连续性质。图 5-33 给出了一个简化的闪光灯电路，它由一个直流电压源、一个限流的大电阻 R 和一个与闪光灯并联的电容 C 等组成，闪光灯可用一个小电阻 r 等效。开关 S 处于位置 1 时，电容已充满电。当开关 S 由位置 1 切换到位置 2 时，闪光灯开始工作，其小电阻 r 使电容在很短的时间内放电完毕，从而达到闪光的效果。电容放电时将会产生短时间的大电流脉冲。

例 5-13　电路如图 5-33 所示，已知闪光灯的电阻$r=10\Omega$，电容$C=2\text{mF}$，

电压源的电压$U_S = 80V$，换路前电路已处于稳态，闪光灯的截止电压为 20V。求闪光灯的闪光时间和流经闪光灯的平均电流。

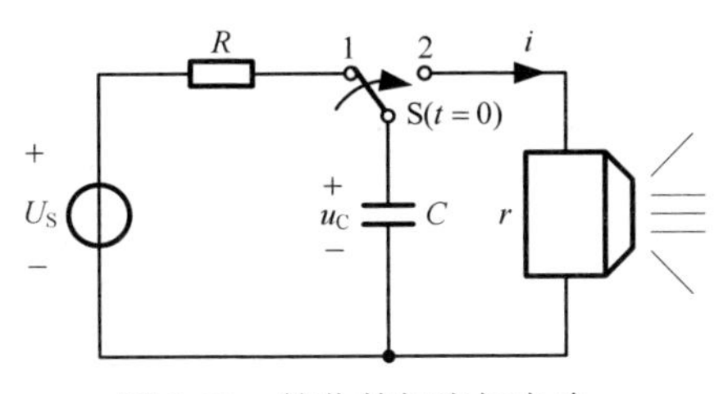

图 5-33　简化的闪光灯电路

解：根据三要素法求解电容电压

$$u_C(0_+) = u_C(0_-) = 80V$$

$$u_C(\infty) = 0$$

$$\tau = rC = 10 \times 2 \times 10^{-3} = 0.02s$$

$$u_C(t) = 0 + (80 - 0)e^{-\frac{t}{0.02}} = 80e^{-50t}V$$

$$i(t) = -C\frac{du_C(t)}{dt} = -2 \times 10^{-3} \times 80 \times (-50)e^{-50t} = 8e^{-50t}A$$

由于闪光灯的截止电压为 20V，因此电压$u_C(t)$降至 20V 所需的时间 T 就是闪光灯的闪光时间，有

$$u_C(T) = 20 = 80e^{-50T}$$

解得

$$T = 0.0277s$$

流经闪光灯的平均电流

$$I = \frac{1}{T}\int_0^T i(t)dt = \frac{1}{0.0277}\int_0^{0.0277} 8e^{-50t}dt = 6A$$

由于简单的 RC 电路能产生短时间的大电流脉冲，因而这一类电路还可用于电子电焊机、电火花加工机和雷达发射管等装置中。

5.7.3　延时电路

一阶 RC 电路可以用来延时，如图 5-34 所示为一个延时电路。110V 的电压源可提供足够高的电压使氖灯点亮。开关 S 闭合时，电容器上的电压逐渐升高，升高的速率取决于电路的时间常数[$\tau = (R_1 + R_2)C$]。初始状态氖灯不亮，相当于开路，直到电容器上的电压超过某个电压（如 70V）后才点亮发光。氖灯点亮后，电容器就通过它放电，由于氖灯亮后其电阻很小，电容器上的电压很快就降低到使氖灯熄灭的电压值。熄灭后的氖灯又相当于开路，电容器再次充电，氖灯又点亮，电容器再次放电，氖灯又熄灭，如此周而复始。调节电阻 R_2 可以改变电路的延时时间。

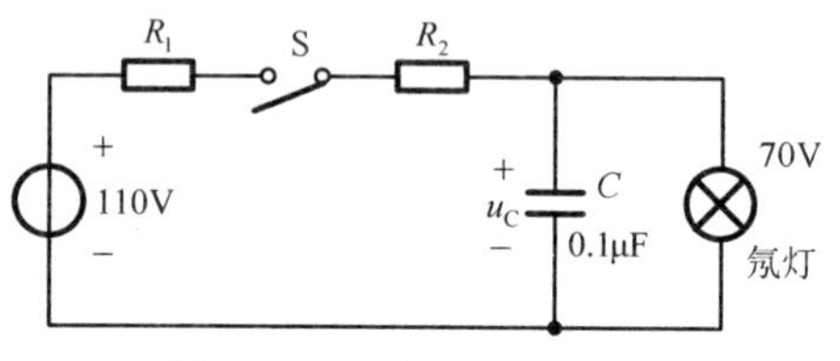

图 5-34 一阶 RC 延时电路

在道路施工处常见的闪烁警示灯就是这种一阶 RC 延时电路的应用实例。

（1）电容和电感为动态元件。当电压和电流为关联的参考方向，电容和电感的电压电流关系分别为

$$i_C(t)=C\frac{du_C(t)}{dt} \qquad u_C(t)=u_C(0_-)+\frac{1}{C}\int_{0_-}^{t} i_C(\xi)d\xi$$

$$u_L(t)=L\frac{di_L(t)}{dt} \qquad i_L(t)=i_L(0_-)+\frac{1}{L}\int_{0_-}^{t} u_L(\xi)d\xi$$

（2）含有动态元件的电路称为动态电路。动态电路在开关切换或参数突变时，由一个稳态到另一个稳态一般要经历中间过渡过程。

（3）在换路瞬间，若电容电流和电感电压为有限值，则有

$$u_C(0_+)=u_C(0_-) \qquad i_L(0_+)=i_L(0_-)$$

这就是换路定则。

（4）用一阶常微分方程描述的动态电路称为一阶动态电路，简称一阶电路。

（5）动态电路的响应分为零输入响应、零状态响应和全响应三类。

（6）用经典法求解动态电路的响应，具有物理概念清晰的优点，但需要列写电路方程。

（7）一般采用三要素法求解一阶动态电路的响应。当激励为直流电源时，三要素公式为

$$y(t)=y(\infty)+[y(0_+)-y(\infty)]e^{-\frac{t}{\tau}}$$

其中初始值 $y(0_+)$ 根据 $t=0_+$ 时刻的等效电路求解。稳态值 $y(\infty)$ 根据 $t\to\infty$ 时刻的等效电路求解。时间常数 τ 根据动态电路的类型计算，若为一阶 RC 电路，则

$\tau = RC$；若为一阶 RL 电路，则 $\tau = L/R$。时间常数计算公式中的 R 为把动态元件看作开路后所剩二端网络的等效电阻。

（8）一阶电路的全响应可以分解为

一阶电路的全响应=零输入响应+零状态响应

一阶电路的全响应=稳态分量+暂态分量

一阶电路的全响应=强制分量+自由分量

（9）过渡过程变化的快慢取决于时间常数 τ。

（10）工程上认为，经过 $(3\sim5)\tau$，过渡过程就结束了。

5-1　图题 5-1（a）所示电路，已知电压 $u(t)$ 的波形如图题 5-1（b）所示。（1）求电流 $i(t)$ 和电容吸收的功率 $p(t)$，并画出它们的曲线；（2）求 $t = 1\text{s}$ 时的功率值和电场能量值。

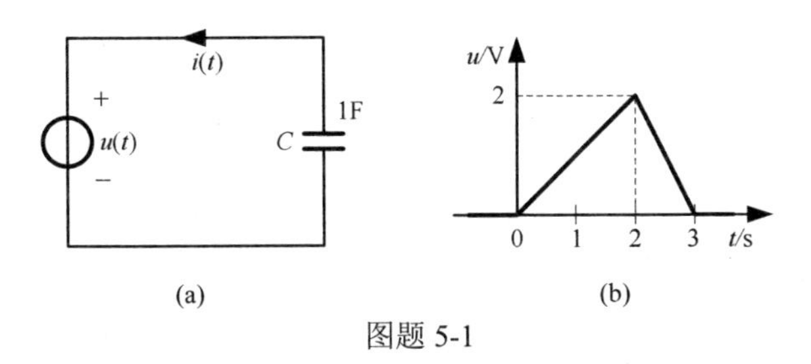

图题 5-1

5-2　图题 5-2（a）所示电路，已知电流 $i(t)$ 的波形如图题 5-2（b）所示。（1）求电压 $u(t)$ 和电感吸收的功率 $p(t)$，并画出它们的曲线；（2）求 $t = 1.5\text{s}$ 时的功率值和磁场能量值。

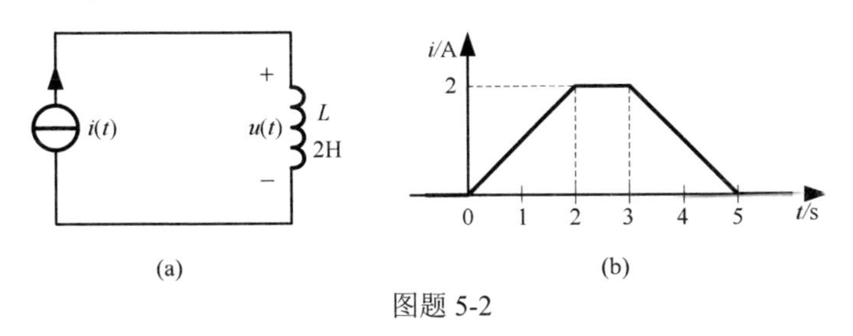

图题 5-2

5-3　图题 5-3 所示电路，开关 S 闭合前电路已处于稳态。求 $u_C(0_+)$ 和 $i_C(0_+)$。

5-4　图题 5-4 所示电路，开关 S 闭合前电路已处于稳态。求 $i(0_+)$、$i_C(0_+)$、$u_L(0_+)$ 和 $\left.\dfrac{du_C}{dt}\right|_{t=0_+}$。

5-5　图题 5-5 所示电路，求开关 S 闭合后电路的时间常数。

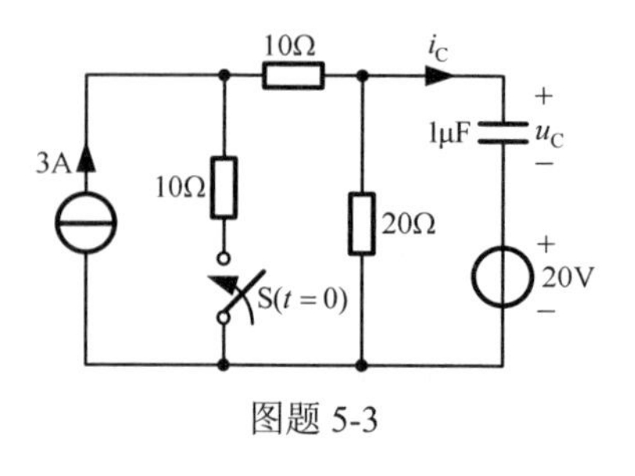

图题 5-3

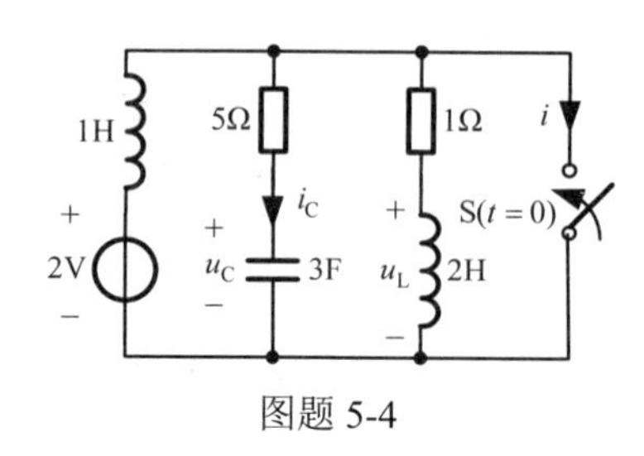

图题 5-4

5-6 求图题 5-6 所示电路的时间常数。

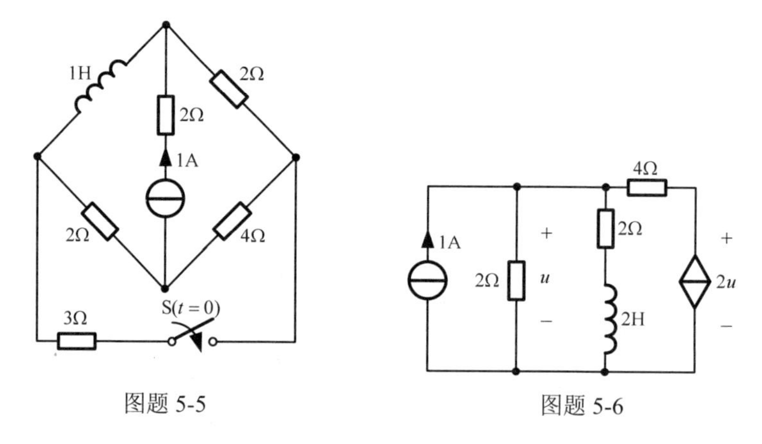

图题 5-5　　图题 5-6

5-7 图题 5-7 所示电路，开关 S 闭合前电路已处于稳态。求换路后的 $u_C(t)$ 和 $i(t)$ ，并画出它们的曲线。

5-8 图题 5-8 所示电路，开关 S 断开前电路已处于稳态。求换路后的 $u_C(t)$ 和 $u(t)$ ，并画出它们的曲线。

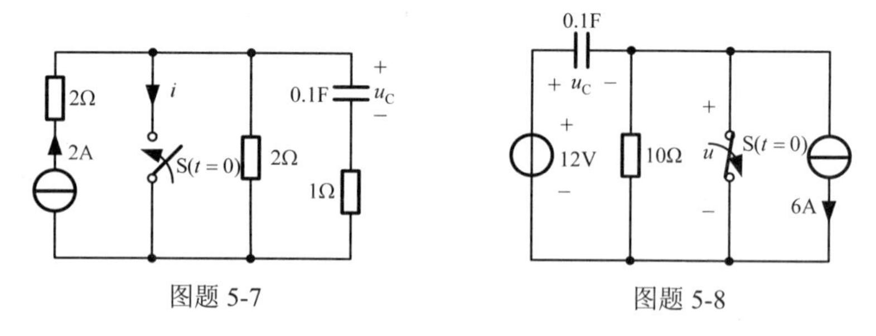

图题 5-7　　图题 5-8

5-9 图题 5-9 所示电路，开关 S 闭合前电路已处于稳态。求换路后的 $i_L(t)$ 和 $u(t)$ ，并画出它们的曲线。

5-10 图题 5-10 所示电路，开关 S 打开前电路已处于稳态。求换路后的 $i_L(t)$ 和 $u_L(t)$ ，并画出它们的曲线。

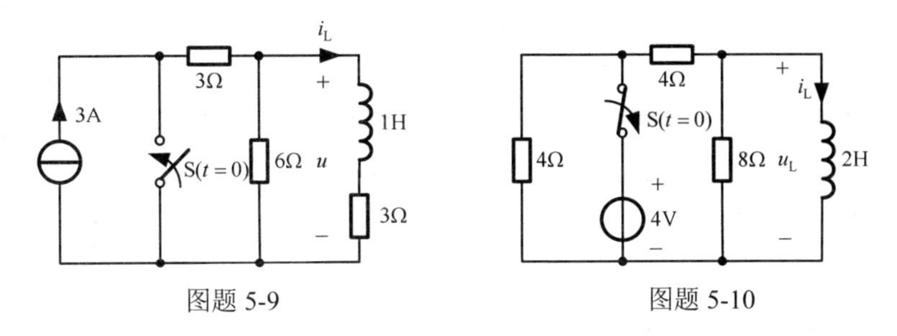

图题 5-9　　　　图题 5-10

5-11　图题 5-11 所示电路，开关 S 打开前电路已处于稳态。求换路后的 $u_C(t)$ 和 $u(t)$ 。

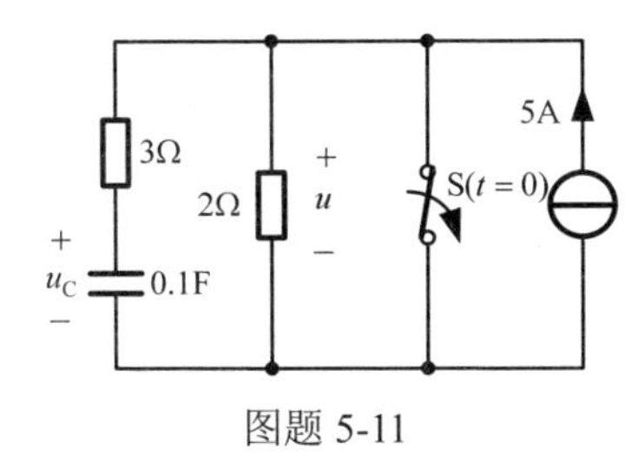

图题 5-11

5-12　图题 5-12 所示电路，开关 S 闭合前电路已处于稳态。求换路后的 $u_C(t)$ 和 $i(t)$ 。

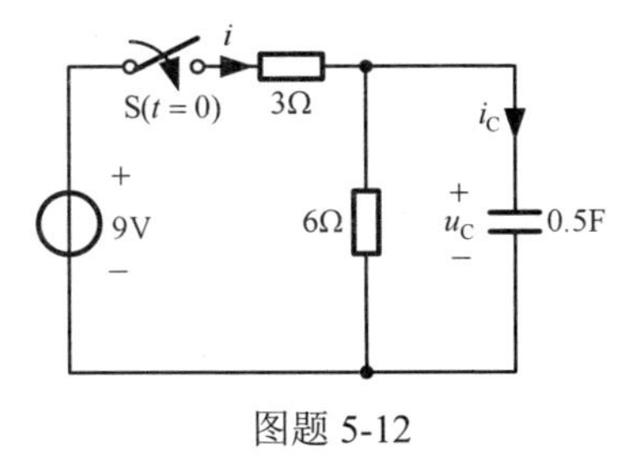

图题 5-12

5-13　图题 5-13 所示电路，两个开关同时闭合前电路已处于稳态。求换路后的 $i_1(t)$ 和 $i_2(t)$ 。

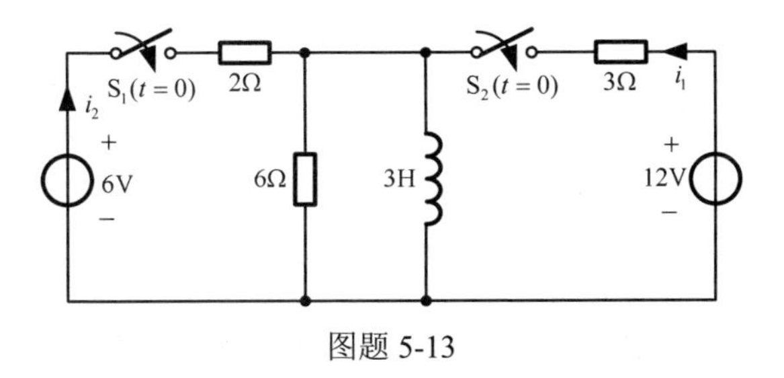

图题 5-13

5-14　图题 5-14 所示电路，开关 S 打开前电路已处于稳态。求换路后的 $u_C(t)$。

5-15　图题 5-15 所示电路，开关 S 闭合前电路已处于稳态。求换路后的 $i_L(t)$、$u_C(t)$ 和 $i(t)$。

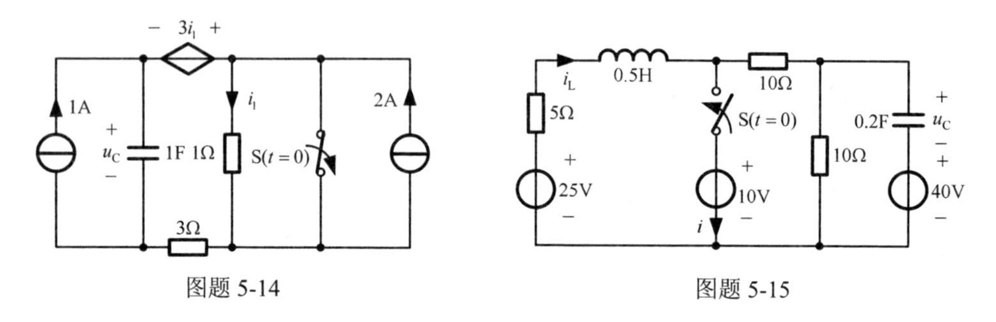

图题 5-14　　　　图题 5-15

5-16　图题 5-16 所示电路，开关 S 由位置 1 切换到位置 2 前电路已处于稳态。求换路后的 $i_L(t)$ 和 $u(t)$。

5-17　图题 5-17 所示电路，开关 S 闭合前电路已处于稳态。求换路后的 $u(t)$。

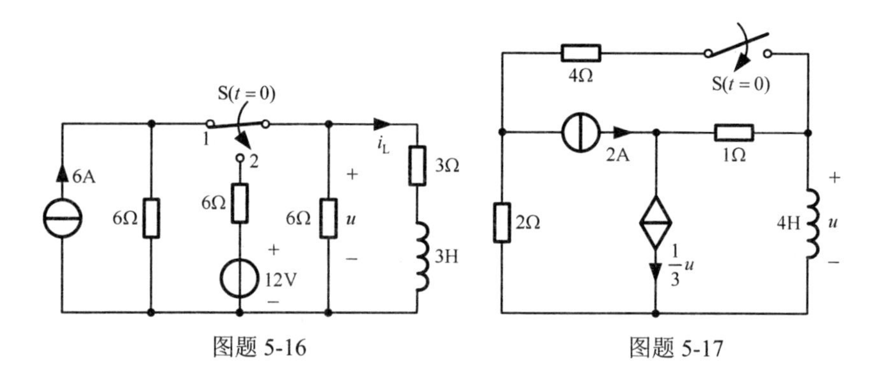

图题 5-16　　　　图题 5-17

第 6 章　相量法

本章介绍相量法。相量法利用复数来进行正弦量的计算，是分析计算正弦稳态电路的一种很重要的方法，应熟练掌握。主要内容有：正弦量、相量法的基础、电路定律和电路元件的相量形式。

6.1　正弦量

正弦波形是最常见的波形之一，而且一般周期性变化的非正弦波形常常可以分解成许多正弦波形的叠加，从而使得正弦波形成为电力和电子工程中传递能量或信息的主要形式。

一、正弦量

按正弦或余弦规律随时间作周期性变化的电压、电流称为正弦电压、电流，统称为正弦量。对正弦量的数学描述，可以采用正弦函数，也可以采用余弦函数。本书采用余弦函数。

正弦量的大小和方向是随时间变化的，其在任一时刻的值称为瞬时值。正弦电流的函数表达式为

$$i(t)=I_{\mathrm{m}}\cos(\omega t+\phi_{\mathrm{i}})$$

式中，I_{m} 称为该电流的振幅（最大值），ω 称为该电流的角频率，$\omega t+\phi_{\mathrm{i}}$ 称为相位角，$t=0$ 时的相位 ϕ_{i} 称为初相位，简称初相。通常，最大值，角频率和初相称为正弦量的三要素。角频率是衡量正弦量变化快慢的物理量，由于正弦量每重复一次要变化 2π 弧度，所以角频率 ω、频率 f 和周期 T 之间的关系为

$$f=\frac{1}{T}\qquad \omega=2\pi f=\frac{2\pi}{T}$$

其中，角频率 ω 的单位为弧度/秒，记为 rad/s；频率 f 的单位为赫兹，记为 Hz。

我国和大多数国家都采用 50Hz 作为电力标准频率，另有些国家（如美国、日本等）采用 60Hz。这种频率在工业上应用广泛，习惯上称为工频。工程中还常

以频率作为区分电路的重要参数，如音频电路、高频电路、甚高频电路等。

初相ϕ_i决定了正弦量$i(t)$在$t=0$时电流的大小，即$i(0)=I_m\cos\phi_i$。在图形上，当以ωt为横坐标时，初相ϕ_i就是正弦量最大值点与$t=0$点之间的弧度数。通常规定：当正弦量的最大值点与坐标原点之间的弧度数ϕ_i满足$|\phi_i|\leqslant\pi$时，则称此ϕ_i为初相位（主值范围）。当满足上述规定的最大值点在$t=0$左侧，则初相$\phi_i>0$；当满足上述规定的最大值点在$t=0$右侧，则初相$\phi_i<0$。图 6-1 所示电流i_1、i_2、i_3的初相分别为0°、60°、$-30°$。注意ϕ_i正负的正确表示方法。

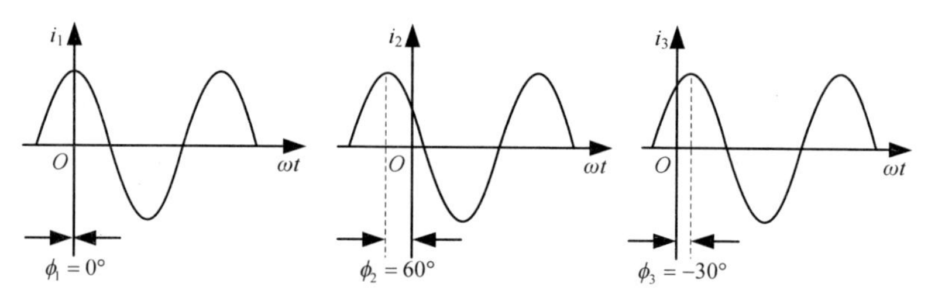

图 6-1　正弦电流的初相

与正弦电流类似，正弦电压的函数表达式为

$$u(t)=U_m\cos(\omega t+\phi_u)$$

正弦量乘以常数，正弦量的微分、积分，同频率正弦量的代数和等运算，其结果仍为同频率的正弦量。正弦量的这个性质很重要，是利用复数来表示正弦量的基础。

二、正弦量的相位差

两个同频率正弦量的相位之差称为两者的相位差，相位差用φ表示。通常规定相位差的取值范围为$-\pi\leqslant\varphi\leqslant\pi$。判断超前、滞后的相位关系是分析电路性质的重点之一。

设有两个同频率的正弦电流

$$i_1(t)=I_{m1}\cos(\omega t+\phi_1)$$

$$i_2(t)=I_{m2}\cos(\omega t+\phi_2)$$

则$i_1(t)$和$i_2(t)$的相位差为

$$\varphi=(\omega t+\phi_1)-(\omega t+\phi_2)=\phi_1-\phi_2$$

当$\varphi>0$时，称i_1超前于i_2，或称i_2滞后于i_1；当$\varphi<0$时，称i_1滞后于i_2；当$\varphi=\pm\pi$时，称i_1与i_2反相；当$\varphi=0$时，称i_1与i_2同相。图 6-2 为两个同频率正弦电流i_1和i_2的四种相位关系。

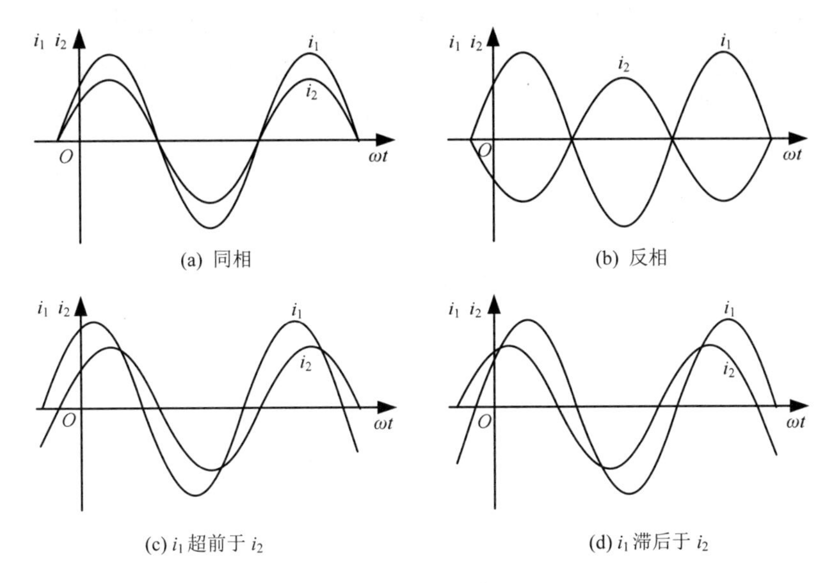

图 6-2 i_1 和 i_2 之间的相位关系

例 6-1 已知正弦电压 u 和正弦电流 i_1、i_2 分别为 $u(t)=100\cos(100t+45°)\text{V}$，$i_1(t)=200\sin(100t-15°)\text{A}$，$i_2(t)=50\cos(100t-150°)\text{A}$。试求电压 u 与电流 i_1、i_2 的相位差。

解：欲求两个同频率正弦量的相位差，必须将它们用同一种函数表示，所以应将 i_1 写成余弦形式，即

$$i_1(t)=200\sin(100t-15°)\text{A}=200\cos(100t-105°)\text{A}$$

电压 u 与电流 i_1 的相位差为

$$\varphi_1=45°-(-105°)=150°$$

电压 u 与电流 i_2 的相位差为

$$45°-(-150°)=195°$$

$$\varphi_2=195°-360°=-165°$$

φ_2 为 $-165°$，表示电流 i_2 超前电压 u，超前量为 $165°$。

三、正弦量的有效值

工程中常将周期电流或电压在一个周期内产生的平均效应换算为等效的直流量，以衡量和比较周期电流或电压的效果，这一等效的直流量称为周期量的有效值，用相应的大写字母表示。如周期电流 i 的有效值 I 定义如下：

$$I=\sqrt{\frac{1}{T}\int_0^T i^2 dt}$$

上式表示：周期量的有效值等于其瞬时值的平方在一个周期内积分的平均值的平方根，因此有效值又称为均方根值。上式的定义是周期量普遍适用的公式，并不局限于正弦量。当电流 i 是正弦量时，可以推出正弦量的有效值与正弦量的振幅之间的特殊关系。此时有

$$I=\sqrt{\frac{1}{T}\int_0^T {I_m}^2\cos^2(\omega t+\phi_i)\mathrm{d}t}=\frac{I_m}{\sqrt{2}}=0.707I_m$$

根据这一关系常将正弦量 i 改写成如下形式

$$i(t)=\sqrt{2}I\cos(\omega t+\phi_i)$$

上式中的 I、ω、ϕ_i 也可用来表示正弦量的三要素。工程中使用的交流电气设备铭牌上标出的额定电压、电流的数值，交流电压表、电流表显示的数字都是有效值，但各种器件和电气设备的耐压值则应按最大值考虑。

例 6-2 已知某正弦电压 u 在 $t=0$ 时为 $190\sqrt{2}\text{V}$，初相为 $60°$，求其有效值。

解：设此正弦电压的瞬时值表达式为

$$u=U_m\cos(\omega t+60°)\text{V}$$

当 $t=0$ 时，有

$$U_m\cos 60°=190\sqrt{2}\text{V}$$

所以

$$U_m=\frac{190\sqrt{2}}{\frac{1}{2}}=380\sqrt{2}\text{V}$$

其有效值为

$$U=\frac{380\sqrt{2}}{\sqrt{2}}=380\text{V}$$

6.2 复数和复指数函数

在介绍相量法之前，先复习复数和复指数函数。

一、复数

复数及其运算是应用相量法的基础，本节复习复数的基本概念。

1. 复数的概念

形如

$$z=x+\mathrm{j}y$$

的数称为复数，其中 x 和 y 是任意的实数。实数单位为 1，j 满足 $\mathrm{j}^2=-1$，称为虚数单位。实数 x 和 y 分别称为复数 z 的实部和虚部，常记为

$$x=\mathrm{Re}[z] \qquad y=\mathrm{Im}[z]$$

Re 是 real part（实部）的两个首字母，Im 是 imaginary part（虚部）的两个首字母，Re[ ]和 Im[ ]可以理解为一种算子。

两复数 $z_1=x_1+\mathrm{j}y_1$ 与 $z_2=x_2+\mathrm{j}y_2$ 相等，是指它们的实部与实部相等、虚部与虚部相等，即

$$x_1+\mathrm{j}y_1=x_2+\mathrm{j}y_2$$

必须且只需

$$x_1=x_2 \qquad y_1=y_2$$

称复数 $x+\mathrm{j}y$ 与 $x-\mathrm{j}y$ 互为共轭复数，复数 z 的共轭复数常记为 z^*。

2. 复数的代数运算

复数有加法、减法、乘法和除法四种代数运算。复数 $z_1=x_1+\mathrm{j}y_1$ 与 $z_2=x_2+\mathrm{j}y_2$ 相加、减、乘、除的法则分别是

$$z_1\pm z_2=(x_1\pm x_2)+\mathrm{j}(y_1\pm y_2)$$

$$z_1z_2=(x_1x_2-y_1y_2)+\mathrm{j}(x_1y_2+y_1x_2)$$

$$\frac{z_1}{z_2}=\frac{x_1x_2+y_1y_2}{x_2^2+y_2^2}+\mathrm{j}\frac{y_1x_2-x_1y_2}{x_2^2+y_2^2} \qquad (z_2\neq 0)$$

3. 复数的几何表示

我们可以借助于横坐标为 x、纵坐标为 y 的点来表示复数 $z=x+\mathrm{j}y$，如图 6-3 所示。由于 x 轴上的点对应实数，故 x 轴也称为实轴（常标记为“+1”）；y 轴上非原点的点对应纯虚数，故 y 轴也称为虚轴（常标记为“+j”）。这样表示复数 z 的平面称为复平面。在复平面上，从原点到点 $z=x+\mathrm{j}y$ 所引的向量与这个复数 z 构成一一对应关系，这种对应关系使复数的加（减）法与向量的加（减）法保持一致，如图 6-4 所示。

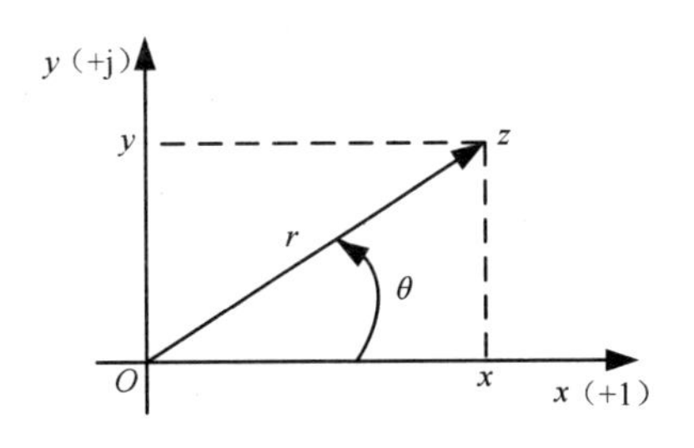

图 6-3　复数的表示

表示复数 z 的位置，也可以借助于点 z 的极坐标 r 和 θ 来确定，如图 6-3 所示。这里使原点与直角坐标的原点重合，极轴与正实轴重合。

上面我们用向量 $\overrightarrow{Oz}$ 来表示复数 $z=x+\mathrm{j}y$，其中 x、y 依次等于 $\overrightarrow{Oz}$ 沿 x 轴与 y 轴的分量。向量 $\overrightarrow{Oz}$ 的长度称为复数 z 的模，以符号 $|z|$ 或 r 表示，因而有

$$r=|z|=\sqrt{x^2+y^2}$$

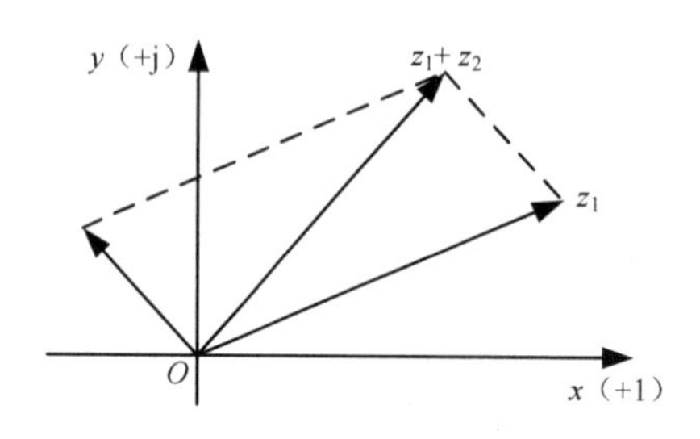

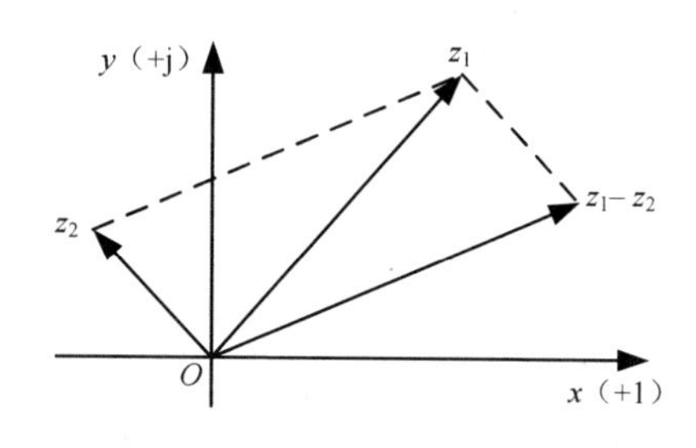

图 6-4　复数代数和的图解法

实轴正向沿逆时针方向与非零向量 $\overrightarrow{Oz}$ 的夹角 θ

$$\tan\theta=\frac{y}{x}$$

称为复数 z 的辐角，记为

$$\theta=\mathrm{Arg}\,z$$

显然有

$$x=r\cos\theta \qquad y=r\sin\theta$$

我们知道，任意非零复数 z 有无穷多个辐角，今以 $\arg z$ 表示其中的一个特定值，并称符合条件

$$-\pi\leqslant\arg z\leqslant\pi$$

的一个为 $\mathrm{Arg}\,z$ 的主值，或称为 z 的主辐角。

当 $z=0$ 时，辐角无意义。

当 $\arg z$ $(z\neq0)$ 表 z 的主辐角时，它与反正切 $\mathrm{Arctan}\left(\frac{y}{x}\right)$ 的主值 $\arctan\left(\frac{y}{x}\right)$ 有如下关系（注意 $-\pi\leqslant\arg z\leqslant\pi$，$-\frac{\pi}{2}<\arctan\left(\frac{y}{x}\right)<\frac{\pi}{2}$）

$$\arg z=\begin{cases}\arctan\frac{y}{x}，当 x>0\\ \frac{\pi}{2}，当 x=0，y>0\\ \arctan\frac{y}{x}+\pi，当 x<0，y\geqslant0\\ \arctan\frac{y}{x}-\pi，当 x<0，y<0\\ -\frac{\pi}{2}，当 x=0，y<0\end{cases}$$

4. 复数的四种表示形式

根据直角坐标与极坐标的关系，可以用复数的模与辐角来表示非零复数 z，即

$$z = x + \mathrm{j}y = r(\cos\theta + \mathrm{j}\sin\theta)$$

引用欧拉公式

$$\mathrm{e}^{\mathrm{j}\theta} = \cos\theta + \mathrm{j}\sin\theta$$

复数 z 又可改写成

$$z = x + \mathrm{j}y = r\cos\theta + \mathrm{j}r\sin\theta = r\mathrm{e}^{\mathrm{j}\theta} = r\ \underline{\angle\theta}$$

至此我们就得到了复数的四种表示形式，即代数形式、三角形式、指数形式和极坐标形式。复数的这四种表示法，可以相互转换，以适用讨论不同问题的需要，且使用起来各有优势。利用复数的指数形式作乘除法较简单，设 $z_1 = r_1\mathrm{e}^{\mathrm{j}\theta_1}$，$z_2 = r_2\mathrm{e}^{\mathrm{j}\theta_2}$，则

$$z_1 z_2 = r_1\mathrm{e}^{\mathrm{j}\theta_1} r_2\mathrm{e}^{\mathrm{j}\theta_2} = r_1 r_2\mathrm{e}^{\mathrm{j}(\theta_1+\theta_2)} = r_1 r_2\ \underline{\angle\theta_1+\theta_2}$$

即复数相乘时，模相乘，辐角相加。

$$\frac{z_1}{z_2} = \frac{r_1\mathrm{e}^{\mathrm{j}\theta_1}}{r_2\mathrm{e}^{\mathrm{j}\theta_2}} = \frac{r_1}{r_2}\mathrm{e}^{\mathrm{j}(\theta_1-\theta_2)} = \frac{r_1}{r_2}\ \underline{\angle\theta_1-\theta_2}\quad (z_2 \neq 0)$$

即复数相除时，模相除，辐角相减。

5. 旋转因子

复数 $\mathrm{e}^{\mathrm{j}\theta} = 1\ \underline{\angle\theta}$ 是一个模等于 1，辐角为 θ 的复数，任意复数 z 乘以 $\mathrm{e}^{\mathrm{j}\theta}$ 等于把复数 z 沿逆时针方向旋转一个角度 θ，而模不变，所以 $\mathrm{e}^{\mathrm{j}\theta}$ 称为旋转因子。当 θ 等于 $90°$、$-90°$、$\pm180°$ 时，$\mathrm{e}^{\mathrm{j}\theta}$ 等于 j、$-$j、-1，因此 j、$-$j、-1 也是旋转因子。如图 6-5 所示为旋转因子的作用示意图。

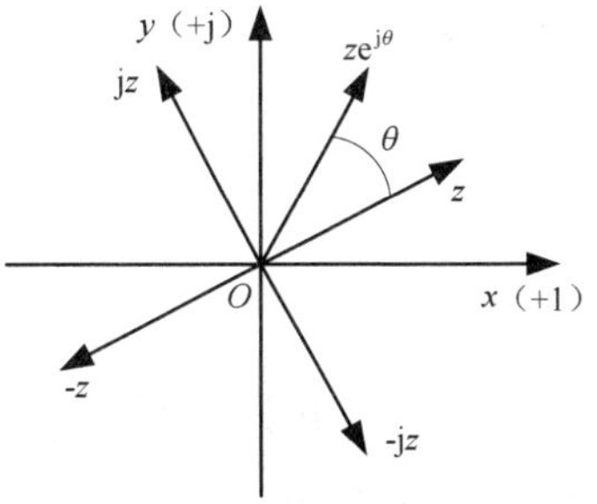

图 6-5　旋转因子的作用示意图

例　6-3　设 $z_1 = 6 + \mathrm{j}8 = 10\ \underline{\angle 53.1°}$，$z_2 = -4.33 + \mathrm{j}2.5 = 5\ \underline{\angle 150°}$。试计算 $z_1 + z_2$、$z_1 - z_2$、$z_1 z_2$ 和 $\dfrac{z_1}{z_2}$。

解：

$$z_1 + z_2 = 6 + \mathrm{j}8 - 4.33 + \mathrm{j}2.5 = 1.67 + \mathrm{j}10.5$$

$$z_1 - z_2 = 6 + \mathrm{j}8 + 4.33 - \mathrm{j}2.5 = 10.33 + \mathrm{j}5.5$$

$$z_1 z_2 = (10\ \underline{\angle 53.1°})(5\ \underline{\angle 150°}) = 50\ \underline{\angle -156.9°}$$

$$\frac{z_1}{z_2} = \frac{10\ \underline{\angle 53.1°}}{5\ \underline{\angle 150°}} = 2\ \underline{\angle -96.9°}$$

二、复指数函数

复指数函数的有关结论是证明相量变换性质的重要工具。

由复数 $z_1 = r_1 e^{j\theta_1}$ 、 $z_2 = r_2 e^{j\theta_2}$ 分别构造如下的复指数函数

$$F_1(t) = z_1 e^{j\omega t} = r_1 \cos(\omega t + \theta_1) + jr_1 \sin(\omega t + \theta_1)$$

$$F_2(t) = z_2 e^{j\omega t} = r_2 \cos(\omega t + \theta_2) + jr_2 \sin(\omega t + \theta_2)$$

根据算子 Re[ ]的定义，不难证明下面的结论（证明过程略）。

（1）乘以实常数 k

如有实数 k，则

$$\mathrm{Re}[kF_1(t)] = k\,\mathrm{Re}[F_1(t)]$$

（2）相等

若

$$\mathrm{Re}[F_1(t)] = \mathrm{Re}[F_2(t)] \qquad \forall t$$

则

$$z_1 = z_2$$

（3）相加减

$$\mathrm{Re}[z_1 e^{j\omega t} \pm z_2 e^{j\omega t}] = \mathrm{Re}[z_1 e^{j\omega t}] \pm \mathrm{Re}[z_2 e^{j\omega t}]$$

（4）导数

$$\frac{d}{dt}\mathrm{Re}[z_1 e^{j\omega t}] = \mathrm{Re}\left[\frac{d}{dt}(z_1 e^{j\omega t})\right] = \mathrm{Re}[j\omega z_1 e^{j\omega t}]$$

6.3 相量法的基础

线性非时变电路在正弦电源激励下，各支路电压、支路电流的特解都是与激励同频率的正弦量。当电路中存在多个同频率的正弦激励时，该结论也成立。工程上将电路的这一特解状态称为正弦电流电路的正弦稳定状态，简称正弦稳态。

不论在实际应用中还是在理论分析中，正弦稳态分析都是极其重要的。1893年斯台麦兹首先把复数理论应用于电路，从而为分析电路的正弦稳态响应提供了最有力的工具。表示正弦量的复数，称为相量。运用复数分析电路的方法称为相量法。

一、正弦量的相量表示

根据欧拉公式，正弦量可以写为

$$f(t) = F_m \cos(\omega t + \phi) = \mathrm{Re}[F_m e^{j(\omega t + \phi)}] = \mathrm{Re}[F_m e^{j\phi} e^{j\omega t}] = \mathrm{Re}[\dot{F}_m e^{j\omega t}]$$

其中

$$\dot{F}_{\mathrm{m}} = F_{\mathrm{m}}\mathrm{e}^{\mathrm{j}\phi} = F_{\mathrm{m}}\angle\phi$$

式中，$\dot{F}_{\mathrm{m}}$ 是一个复数，其模 F_{m} 和辐角 ϕ 分别为正弦量 $f(t)$ 的振幅和初相。把这个含有正弦量 $f(t)$ 三要素中的振幅和初相信息的复数称为振幅相量。相量只是一个复数，但它具有特殊的意义，它代表一个正弦波，为了与一般复数有所区别，在该相量的字母上端需加一点，如上所示。

由于正弦量的有效值是振幅的 $1/\sqrt{2}$，因此有

$$\dot{F}_{\mathrm{m}} = F_{\mathrm{m}}\mathrm{e}^{\mathrm{j}\phi} = \sqrt{2}F\mathrm{e}^{\mathrm{j}\phi} = \sqrt{2}F\angle\phi$$

在正弦稳态电路的分析中，有时关心的是正弦量的有效值，因此，把上式中的 $F\angle\phi$ 称为有效值相量，记为 $\dot{F}$，即

$$\dot{F} = F\angle\phi$$

由前面的分析可知，当已知正弦量时，可以写出对应的相量，反之亦然。正弦量与相量的对应关系为

$$f(t) = \sqrt{2}F\cos(\omega t + \phi) \Leftrightarrow \dot{F} = F\angle\phi$$

这里在表示相量与正弦量关系时，采用了符号“$\Leftrightarrow$”，是为了表明相量与相应正弦量之间的一一对应关系，应该注意，相量并不等于正弦量。将一个正弦量转换为相量或将一个相量转换为正弦量，称为相量变换。将正弦量转换成相量，称为相量正变换；将相量转换成正弦量，称为相量反变换。

相量和复数一样，可以在复平面上用矢量表示，如图 6-6 所示。这种表示相量的图称为相量图。有时为了简单醒目，常省去坐标轴。

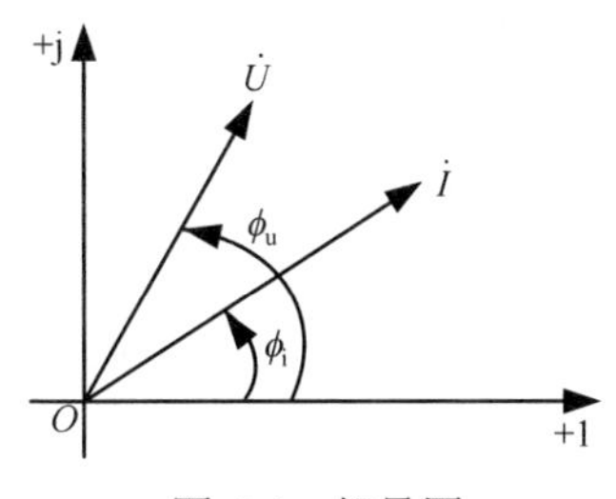

图 6-6　相量图

例 6-4　试将 $i_1 = 10\sqrt{2}\sin(\omega t + 120°)\mathrm{A}$，$i_2 = 20\sqrt{2}\cos(\omega t - 30°)\mathrm{A}$ 变换成相量，并画出相量图。

解：

$$i_1 = 10\sqrt{2}\sin(\omega t + 120°)\mathrm{A} = 10\sqrt{2}\cos(\omega t + 30°)\mathrm{A}$$

按照相量与正弦量的对应关系有

$$i_1 = 10\sqrt{2}\cos(\omega t + 30°)\mathrm{A} \Leftrightarrow \dot{I}_1 = 10\angle 30°\ \mathrm{A}$$

$$i_2 = 20\sqrt{2}\cos(\omega t - 30°)\text{A} \Leftrightarrow \dot{I}_2 = 20 \angle{-30°}\ \text{A}$$

相量图如图 6-7 所示，从图中可以看出这两个电流的相位关系，i_1 超前 i_2 60°。

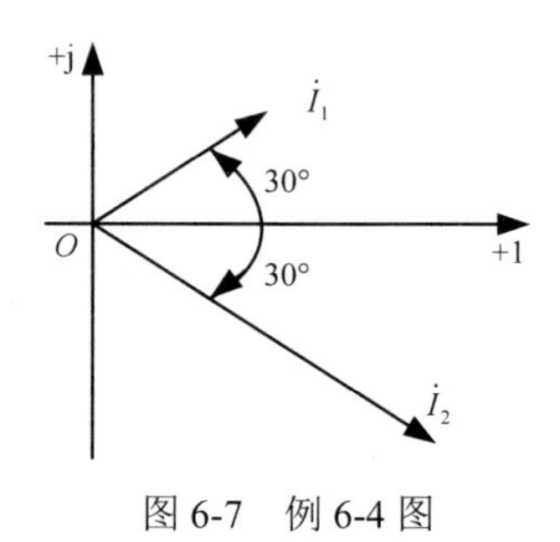

图 6-7 例 6-4 图

例 6-5 试将 $\dot{U} = 30 \angle 60°$ V 变换成正弦量 u，假设角频率为 ω。

解：由题意可知电压 u 的有效值为 30V，角频率为 ω，初相为60°，从而可以写出 u 的瞬时值表达式，即

$$u = 30\sqrt{2}\cos(\omega t + 60°)\text{V}$$

二、相量变换的性质

在正弦稳态电路的分析中，把正弦量变换为相量的好处可以从下述相量变换的两个性质得到初步的了解。

（1）线性性质：令 k_1 和 k_2 是实常量，已知正弦量 $f_1(t)$ 和 $f_2(t)$ 对应的相量分别是 $\dot{F}_1$ 和 $\dot{F}_2$，则正弦量 $k_1 f_1(t) \pm k_2 f_2(t)$ 对应的相量为 $k_1\dot{F}_1 \pm k_2\dot{F}_2$。

证明：根据 6.1 节中复指数函数的有关结论，有

$$k_1 f_1(t) \pm k_2 f_2(t) = \text{Re}[\sqrt{2}k_1\dot{F}_1\text{e}^{\text{j}\omega t}] \pm \text{Re}[\sqrt{2}k_2\dot{F}_2\text{e}^{\text{j}\omega t}] = \text{Re}[\sqrt{2}(k_1\dot{F}_1 \pm k_2\dot{F}_2)\text{e}^{\text{j}\omega t}]$$

亦即正弦量 $k_1 f_1(t) \pm k_2 f_2(t)$ 对应的相量为 $k_1\dot{F}_1 \pm k_2\dot{F}_2$。

例 6-6 已知 $i_1 = 4\sqrt{2}\cos(\omega t + 60°)\text{A}$，$i_2 = 3\sqrt{2}\cos(\omega t + 150°)\text{A}$，试求 $i_1 + i_2$。

解：应用相量的正变换，得

$$\dot{I}_1 = 4 \angle 60°\ \text{A} \qquad \dot{I}_2 = 3 \angle 150°\ \text{A}$$

由相量变换的线性性质，$i_1 + i_2$ 对应的相量为

$$\dot{I}_1 + \dot{I}_2 = 4 \angle 60° + 3 \angle 150° = 5 \angle 96.87°\ \text{A}$$

应用相量反变换，得

$$i_1 + i_2 = 5\sqrt{2}\cos(\omega t + 96.87°)\text{A}$$

本例也可以采用三角函数方法求解，但很繁琐。而采用相量变换进行计算则简单得多。

（2）微分性质：令正弦量 $f(t)$ 对应的相量是 $\dot{F}$，则 $\dfrac{\text{d}f(t)}{\text{d}t}$ 对应的相量为 $\text{j}\omega\dot{F}$。

证明：根据 6.1 节中复指数函数的有关结论，有

$$\frac{\text{d}f(t)}{\text{d}t} = \frac{\text{d}}{\text{d}t}(\text{Re}[\sqrt{2}\dot{F}\text{e}^{\text{j}\omega t}] = \text{Re}\left[\frac{\text{d}}{\text{d}t}(\sqrt{2}\dot{F}\text{e}^{\text{j}\omega t})\right] = \text{Re}[\sqrt{2}(\text{j}\omega\dot{F})\text{e}^{\text{j}\omega t}]$$

上述结果可推广到 n 阶微分的情况，即如果正弦量 $f(t)$ 对应的相量是 $\dot{F}$，则

$\frac{d^n f(t)}{dt^n}$ 对应的相量为 $(j\omega)^n \dot{F}$ 。

相量的微分性质表明，正弦量对时间的求导运算对应于相量与 $j\omega$ 的乘法运算。对应的正弦量则是幅值乘以 ω ，而相位超前 90° 。

三、相量变换在微分方程求解中的应用

运用相量变换的微分性质和线性性质可使求解常系数线性微分方程在正弦激励下的特解问题转化为复数方程的求解问题。下面举一个二阶微分方程的例子。

例 6-7　在图 6-8 所示电路中，已知 $R=2\Omega$ 、 $L=4\text{H}$ 、 $C=1\text{F}$ 、 $u_S(t)=220\sqrt{2}\cos(3t)\text{V}$ 。求 $u_C(t)$ 的特解。

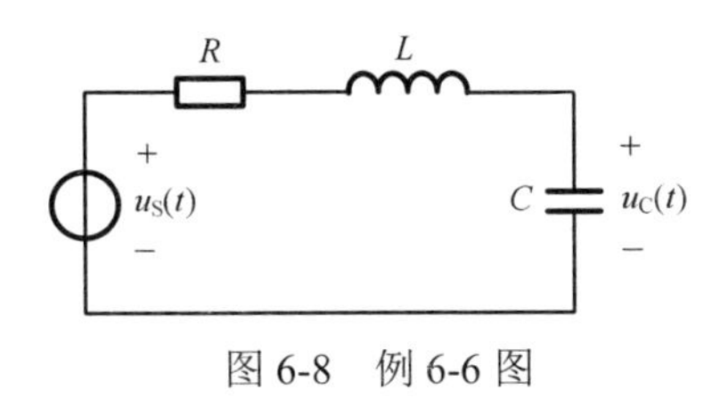

图 6-8　例 6-6 图

解：根据图 6-8，可得 KVL 方程为

$$LC\frac{d^2u_C}{dt^2}+RC\frac{du_C}{dt}+u_C=u_S$$

对上式两边作相量正变换，得

$$(j\omega)^2 LC\dot{U}_C+(j\omega)RC\dot{U}_C+\dot{U}_C=\dot{U}_S$$

代入数据，得

$$\dot{U}_C=\frac{\dot{U}_S}{(j\omega)^2 LC+(j\omega)RC+1}=\frac{220\angle 0^\circ}{(j3)^2\times 4\times 1+j3\times 2\times 1+1}=6.20\angle -170.27^\circ\ \text{V}$$

故

$$u_C(t)=6.20\sqrt{2}\cos(3t-170.27^\circ)\text{V}$$

由此可见，微分方程的特解可以运用相量变换从对应的复数方程求得。一般说来，可以直接从正弦稳态列出复数方程。

6.4　电路定律和电路元件的相量形式

一、基尔霍夫定律的相量形式

正弦稳态电路中的各支路电流和各支路电压都是同频率的正弦量，可以用相量变换将 KCL 和 KVL 方程的时域形式变换为相对应的相量形式。

已知 KCL 为

$$\sum i_k = 0 \tag{6-1}$$

对式（6-1）两边作相量正变换，得

$$\sum \dot{I}_k = 0 \tag{6-2}$$

式（6-2）称为 KCL 的相量形式。用类似的方法可以得到 KVL 的相量形式

$$\sum \dot{U}_k = 0 \tag{6-3}$$

二、电路元件电压、电流关系的相量形式

设电阻、电感和电容元件的电压、电流均取关联参考方向，并且电压、电流正弦量及其对应的相量分别为

$$u(t) = \sqrt{2}U\cos(\omega t + \phi_{\mathrm{u}}) \Leftrightarrow \dot{U} = U\angle\phi_{\mathrm{u}}$$

$$i(t) = \sqrt{2}I\cos(\omega t + \phi_{\mathrm{i}}) \Leftrightarrow \dot{I} = I\angle\phi_{\mathrm{i}}$$

1. 电阻元件

电阻的电压、电流关系为

$$u = Ri \tag{6-4}$$

式（6-4）两边作相量正变换，得

$$\dot{U} = R\dot{I}$$

根据两个复数相等的定义，可得电阻的电压与电流的有效值及相位关系为

$$U = RI \qquad \phi_{\mathrm{u}} = \phi_{\mathrm{i}}$$

因此，电阻元件电压有效值与电流有效值仍符合欧姆定律，且辐角相等，即电压与电流同相。用来表示电路元件相量关系的模型，称为电路元件的相量模型。电阻元件的正弦稳态关系如图 6-9 所示。

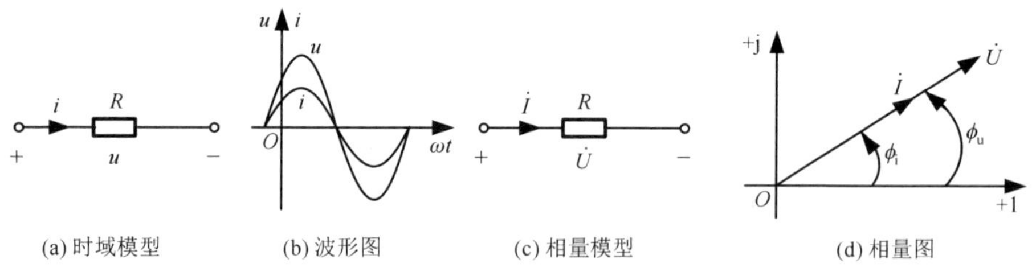

图 6-9 电阻元件的正弦稳态关系

2. 电感元件

电感的电压、电流关系为

$$u = L\frac{\mathrm{d}i}{\mathrm{d}t} \tag{6-5}$$

式（6-5）两边作相量的正变换，得

$$\dot{U} = \mathrm{j}\omega L\dot{I}$$

根据两个复数相等的定义，可得电感的电压与电流的有效值及相位关系为

$$U = \omega LI \qquad \phi_{\mathrm{u}} = \phi_{\mathrm{i}} + 90°$$

电感元件电压有效值与电流有效值之间的关系类似于欧姆定律，在相位上电压超前电流 90°。电感元件的正弦稳态关系如图 6-10 所示。

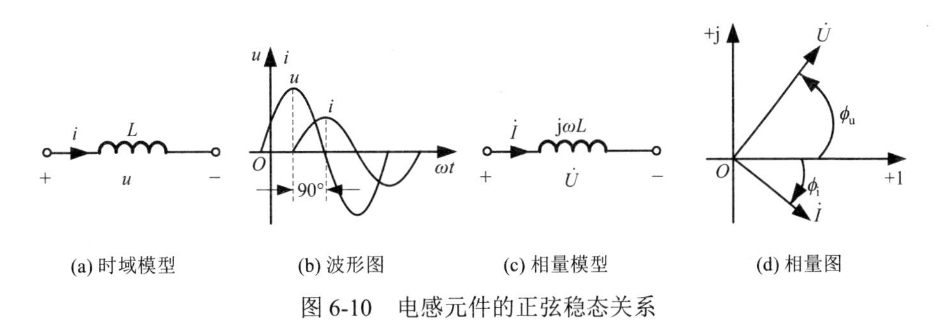

(a) 时域模型　(b) 波形图　(c) 相量模型　(d) 相量图

图 6-10　电感元件的正弦稳态关系

3. 电容元件

电容的电压、电流关系为

$$i = C\frac{\mathrm{d}u}{\mathrm{d}t} \tag{6-6}$$

式（6-6）两边作相量正变换，得

$$\dot{I} = \mathrm{j}\omega C\dot{U}$$

即

$$\dot{U} = \frac{1}{\mathrm{j}\omega C}\dot{I}$$

根据两个复数相等的定义，可得电容的电压与电流的有效值及相位关系为

$$U = \frac{1}{\omega C}I \qquad \phi_{\mathrm{u}} = \phi_{\mathrm{i}} - 90°$$

电容元件电压有效值与电流有效值之间的关系也类似于欧姆定律，在相位上电流超前电压 90°。电容元件的正弦稳态关系如图 6-11 所示。

以上电阻、电感和电容元件电压、电流关系的相量形式，均为复数代数方程。既要注意它们的数值关系，也要注意它们的相位关系。

例 6-8　经过 0.25F 电容的电流为 $i(t) = 220\sqrt{2}\cos(80t - 30°)\mathrm{A}$。试求电容的电压 $u(t)$，并绘相量图。

解：写出正弦量 $i(t)$ 的相量

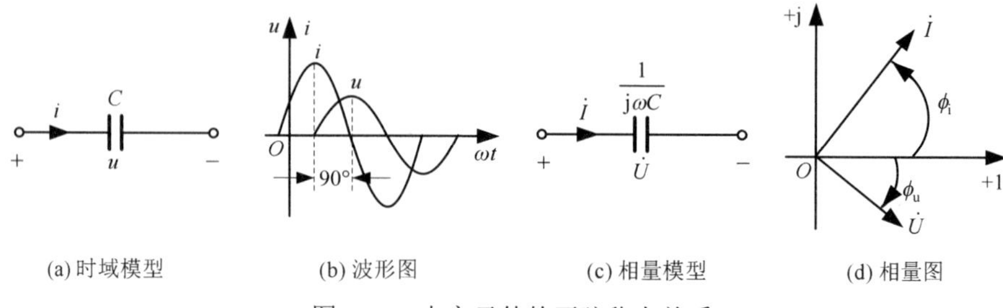

图 6-11 电容元件的正弦稳态关系

$$\dot{I} = 220\angle -30^\circ \text{ A}$$

利用电容的相量关系式进行运算

$$\dot{U} = \frac{1}{\mathrm{j}\omega C}\dot{I} = \frac{1}{\mathrm{j}\times 80\times 0.25}\times 220\angle -30^\circ$$

$$= 11\angle -120^\circ \text{ V}$$

根据相量写出对应的正弦量

$$u(t) = 11\sqrt{2}\cos(80t - 120^\circ)\text{V}$$

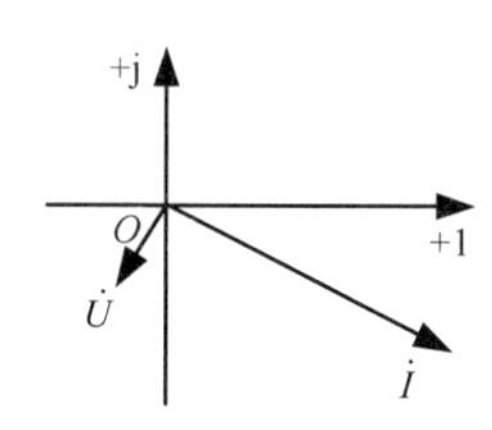

图 6-12 例 6-7 图

相量图如图 6-12 所示，表明电流超前电压 90°。

6.5 应用实例：电容分压的可调照明电路

在交流电路中，可将电容与负载电阻串联，通过电容的分压作用，将负载电阻的电压变小，从而实现对负载电阻的调压控制，其原理图如图 6-13（a）所示。

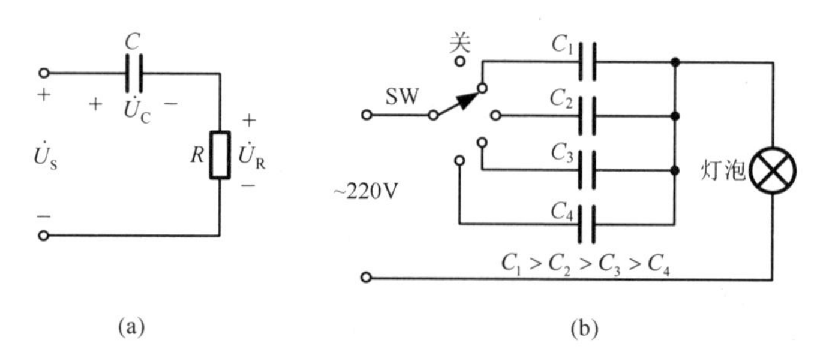

图 6-13 电容分压电路

对于图 6-13（a）所示电路，根据基尔霍夫定律和元件的电压电流关系，可求得

$$\dot{U}_{\mathrm{C}}=\frac{\frac{1}{\mathrm{j}\omega C}}{R+\frac{1}{\mathrm{j}\omega C}}\dot{U}_{\mathrm{S}}=\frac{1}{1+\mathrm{j}\omega RC}\dot{U}_{\mathrm{S}}$$

$$\dot{U}_{\mathrm{R}}=\frac{R}{R+\frac{1}{\mathrm{j}\omega C}}\dot{U}_{\mathrm{S}}$$

从以上两式可知，电容 C 越小，则电容的电压 U_{C} 就越大，负载电阻的电压 U_{R} 就越小。

图 6-13（b）所示为一种利用电容的分压作用实现调压控制的实用性可调照明电路。当波段开关 SW 依次选择电容 C_1、C_2、C_3、C_4 时，由于 $C_1>C_2>C_3>C_4$，故 $U_{\mathrm{C1}}<U_{\mathrm{C2}}<U_{\mathrm{C3}}<U_{\mathrm{C4}}$，灯的亮度相应地由亮变暗。

（1）按正弦规律随时间作周期性变化的电压、电流称为正弦量。有效值、角频率和初相为正弦量的三要素。它们分别表示正弦量的变化大小范围、变化快慢程度和变化进程的先后。

（2）相位关系反映两个同频正弦量在相位上的超前和滞后关系，用相位差的大小和正负来衡量。相位差是两个同频正弦量的初相位之差。

（3）表示正弦量的复数称为相量。正弦量与相量存在一一对应关系，即

$$u(t)=\sqrt{2}U\cos(\omega t+\phi_{\mathrm{u}})\Leftrightarrow\dot{U}=U\angle\phi_{\mathrm{u}}$$

$$i(t)=\sqrt{2}I\cos(\omega t+\phi_{\mathrm{i}})\Leftrightarrow\dot{I}=I\angle\phi_{\mathrm{i}}$$

将一个正弦量转换为相量或将一个相量转换为正弦量，称为相量变换。

（4）基尔霍夫定律的相量形式为

$$\sum\dot{I}_k=0\qquad\sum\dot{U}_k=0$$

电阻、电感和电容元件电压、电流关系的相量形式分别为

$$\dot{U}_{\mathrm{R}}=R\dot{I}_{\mathrm{R}}\qquad\dot{U}_{\mathrm{L}}=\mathrm{j}\omega L\dot{I}_{\mathrm{L}}\qquad\dot{U}_{\mathrm{C}}=\frac{1}{\mathrm{j}\omega C}\dot{I}_{\mathrm{C}}$$

基尔霍夫定律的相量形式和元件的相量形式是相量法的基础。

6-1 计算下列各式：

（1）$6\angle 15^\circ - 4\angle 40^\circ + 7\angle -60^\circ$；

（2）$(10+\mathrm{j}33)(4+\mathrm{j}5)(6-\mathrm{j}4)/(7+\mathrm{j}3)$；

（3）$(2+3\angle 60^\circ)(3\angle 150^\circ + 3\angle 30^\circ)$；

（4）$(-\mathrm{j}17-4\mathrm{j}+5\angle 90^\circ)/(2.5\angle 45^\circ + 2.1\angle -30^\circ)$。

6-2 若$100\angle 0^\circ + A\angle 60^\circ = 173\angle \theta$，试求$A$和$\theta$。

6-3 求下列正弦量对应的相量：

（1）$4\cos(2t)+3\sin(2t)$；（2）$-6\sin(5t-75^\circ)$。

6-4 求下列相量对应的正弦量，设角频率为ω。

（1）$6-\mathrm{j}8$；（2）$-8+\mathrm{j}6$；（3）$\mathrm{j}10$。

6-5 若$100\cos(\omega t) = f(t) + 30\sin(\omega t) + 150\sin(\omega t - 210^\circ)$，试利用相量法求解$f(t)$。

6-6 若$f_1(t) = 6\cos(\omega t - 72^\circ)$，$f_2(t) = 12\sin(\omega t + 150^\circ)$，求$f_1(t)+f_2(t)$及$f_1(t)-f_2(t)$的最大值。

6-7 已知电路有结点1、2、3、4，$\dot{U}_{12} = (20+\mathrm{j}50)\mathrm{V}$、$\dot{U}_{32} = (-40+\mathrm{j}30)\mathrm{V}$、$\dot{U}_{34} = 30\angle 45^\circ \mathrm{V}$，各相量均为有效值相量，求在$\omega t = 30^\circ$时，$u_{14}$为多少？

6-8 已知元件A为电阻或电感或电容，若其两端电压、电流各如下列情况所示，试确定元件的参数R、L、C。

（1）$u(t) = 1600\cos(628t + 20^\circ)\mathrm{V}$，$i(t) = 4\cos(628t - 70^\circ)\mathrm{A}$；

（2）$u(t) = 70\cos(314t + 30^\circ)\mathrm{V}$，$i(t) = 7\sin(314t + 120^\circ)\mathrm{A}$；

（3）$u(t) = 300\cos(1000t + 45^\circ)\mathrm{V}$，$i(t) = 60\cos(1000t + 45^\circ)\mathrm{A}$；

（4）$u(t) = 250\cos(200t + 50^\circ)\mathrm{V}$，$i(t) = 0.5\cos(200t + 140^\circ)\mathrm{A}$；

（5）$u(t) = 3800\sin(400t + 60^\circ)\mathrm{V}$，$i(t) = 4\cos(400t + 60^\circ)\mathrm{A}$。

第 7 章　正弦稳态电路的分析

本章用相量法分析线性电路的正弦稳态响应。首先引入阻抗、导纳的概念；然后介绍用相量法求解正弦稳态电路；再介绍正弦稳态电路的瞬时功率、平均功率、无功功率、视在功率和复功率，以及最大功率传输问题；最后介绍正弦稳态网络函数、RLC 谐振电路和非正弦周期电流电路的分析。

7.1　阻抗和导纳

一、阻抗

图 7-1（a）所示为一个不含独立源的二端无源线性网络 N_0，当它在角频率为 ω 的正弦电源激励下处于正弦稳态时，端口的电流、电压都是同频率的正弦量。设端口电压 u 和端口电流 i 对应的相量分别为$\dot{U}$ 和 $\dot{I}$，且电压和电流取关联参考方向，则该二端网络的阻抗定义为

$$Z = \frac{\dot{U}}{\dot{I}}$$

阻抗 Z 就是二端网络的等效阻抗，如图 7-1（b）所示。阻抗 Z 的单位为欧姆（Ω）。

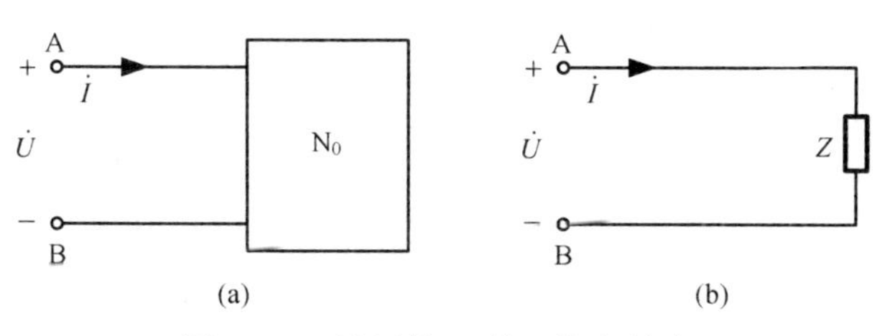

图 7-1　二端网络 N_0 的阻抗和导纳

阻抗是一个随频率变化的复数，它用大写字母 Z 表示，因为它不表示正弦量，所以不能在字母上加点。由于端口电压$\dot{U}$ 、端口电流 $\dot{I}$ 都是在确定频率 ω 下的相量，因此阻抗就是在该频率 ω 下的一个复数。如果频率发生变化，阻抗也随之改变。

由阻抗的定义，可以得出电阻、电感和电容元件的阻抗分别为

$$Z_{\mathrm{R}} = R$$

$$Z_{\mathrm{L}} = \mathrm{j}\omega L$$

$$Z_{\mathrm{C}} = \frac{1}{\mathrm{j}\omega C}$$

三种基本电路元件电压、电流的相量关系可以统一为

$$\dot{U} = Z\dot{I} \tag{7-1}$$

式（7-1）称为欧姆定律的相量形式。

阻抗又可表示为

$$Z = \frac{\dot{U}}{\dot{I}} = \frac{U\angle\phi_{\mathrm{u}}}{I\angle\phi_{\mathrm{i}}} = \frac{U}{I}\angle\phi_{\mathrm{u}} - \phi_{\mathrm{i}} = |Z|\angle\varphi_{Z} = R + \mathrm{j}X$$

式中：$|Z|$称为阻抗 Z 的模，φ_Z 称为阻抗 Z 的阻抗角，R 称为阻抗 Z 的电阻分量，X 称为阻抗 Z 的电抗分量。显然有以下关系式

$$R = |Z|\cos\varphi_Z \qquad X = |Z|\sin\varphi_Z \qquad |Z| = \frac{U}{I}$$

$$|Z| = \sqrt{R^2 + X^2} \qquad \varphi_Z = \phi_{\mathrm{u}} - \phi_{\mathrm{i}}$$

当阻抗的电阻分量不为负时，阻抗角的主值范围为$|\varphi_Z| \leqslant 90°$。当阻抗的电抗分量 X 等于零时，称阻抗呈电阻性；当阻抗的电抗分量 X 大于零时，称阻抗呈电感性，X 为感性电抗；当阻抗的电抗分量 X 小于零时，称阻抗呈电容性，X 为容性电抗。当阻抗的电阻分量不为负，阻抗呈电阻性、电感性、电容性时对应的阻抗角范围分别为$\varphi_Z = 0°$、$0° < \varphi_Z \leqslant 90°$、$-90° \leqslant \varphi_Z < 0°$。

对感性电抗 X，可由等效电感 L_{eq} 的感抗替代，即

$$\omega L_{\mathrm{eq}} = X \qquad L_{\mathrm{eq}} = \frac{X}{\omega}$$

对容性电抗 X，可由等效电容 C_{eq} 的容抗替代，即

$$\frac{1}{\omega C_{\mathrm{eq}}} = |X| \qquad C_{\mathrm{eq}} = \frac{1}{\omega|X|}$$

求出一个不含独立源二端网络的等效阻抗 $Z = R + \mathrm{j}X$ 以后，该二端网络就可以用 R 和 $\mathrm{j}X$ 的串联等效电路来替代；串联等效电路将端电压 $\dot{U}$ 分解为两个分量，$\dot{U}_{\mathrm{R}} = R\dot{I}$ 和 $\dot{U}_{\mathrm{X}} = \mathrm{j}X\dot{I}$。$R$、$\mathrm{j}X$ 和 Z 在复平面上可以构成一个直角三角形，称为阻抗三角形。$\dot{U}_{\mathrm{R}}$、$\dot{U}_{\mathrm{X}}$ 和 $\dot{U}$ 在复平面上可以构成一个与阻抗三角形相似的直角三角形，称为电压三角形。图 7-2 和图 7-3 分别为感性阻抗和容性阻抗的阻抗三角形、串联等效电路和电压三角形。从这些三角形中，可以得到一些常用的结论，如

$U=\sqrt{U_R^2+U_X^2}$ 、 $\varphi_Z=\arctan(U_X/U_R)=\arctan(X/R)$ 等。

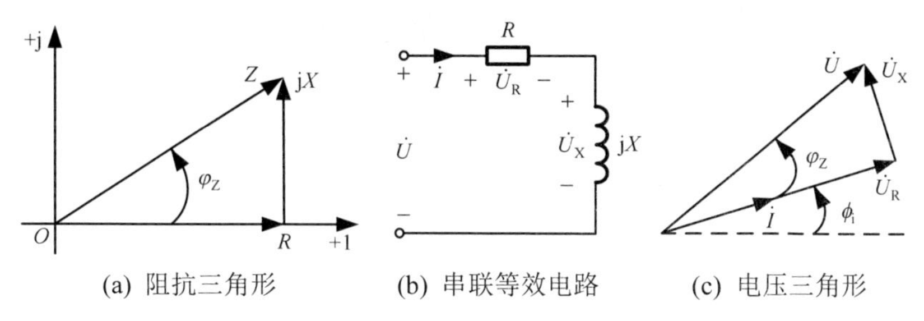

图 7-2　感性阻抗的阻抗三角形、串联等效电路和电压三角形

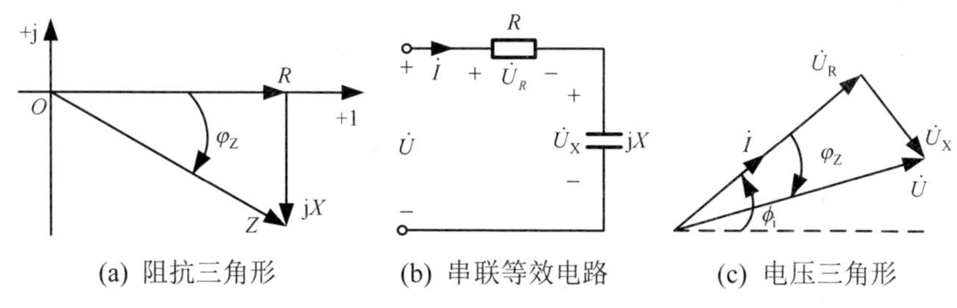

图 7-3　容性阻抗的阻抗三角形、串联等效电路和电压三角形

电感、电容的阻抗均为纯虚数，即只存在电抗分量。

对电感而言

$$X_L=\mathrm{Im}[Z_L]=\omega L$$

称为电感的电抗，简称感抗。当 L 一定时，感抗与频率 ω 成正比，由此可见电感具有通直阻交的性质。

对电容而言

$$X_C=\mathrm{Im}[Z_C]=-\frac{1}{\omega C}$$

称为电容的电抗，简称容抗。请注意容抗为负值，意味着在电路中，它和感抗起相互抵消的作用。当 C 一定时，容抗与频率 ω 成反比，由此可见电容具有隔直通交的性质。

二、导纳

二端网络 N_0 的端口电流 $\dot{I}$ 与端口电压 $\dot{U}$ 之比定义为导纳 Y，即

$$Y=\frac{\dot{I}}{\dot{U}}=\frac{I\angle\phi_i}{U\angle\phi_u}=\frac{I}{U}\angle\phi_i-\phi_u=|Y|\angle\varphi_Y$$

二端网络的导纳也称为等效导纳，其单位为西门子（S）。

导纳和阻抗一样，也是一个复数，用大写字母表示。

由导纳的定义，可以得出电阻、电感和电容的导纳分别为

$$Y_{\mathrm{R}}=\frac{1}{R}$$

$$Y_{\mathrm{L}}=\frac{1}{\mathrm{j}\omega L}$$

$$Y_{\mathrm{C}}=\mathrm{j}\omega C$$

于是，三种基本电路元件电压、电流的相量关系也可统一为

$$\dot{I}=Y\dot{U} \tag{7-2}$$

式（7-2）也称为欧姆定律的相量形式。

导纳 Y 的代数形式为

$$Y=\frac{\dot{I}}{\dot{U}}=G+\mathrm{j}B$$

式中，G 称为导纳 Y 的电导分量，B 称为导纳 Y 的电纳分量。$B>0$ 时 Y 称为容性导纳，$B<0$ 时 Y 称为感性导纳。注意电纳的正负对电路性质的作用恰与电抗相反。

求出一个二端网络的等效导纳 $Y=G+\mathrm{j}B$ 以后，该二端网络就可以用 G 和 $\mathrm{j}B$ 的并联来替代，即 G 和 $\mathrm{j}B$ 的并联为该二端网络的并联等效电路；并联等效电路将电流 $\dot{I}$ 分解为两个分量，$\dot{I}_{\mathrm{G}}=G\dot{U}$ 和 $\dot{I}_{\mathrm{B}}=\mathrm{j}B\dot{U}$。$G$、$\mathrm{j}B$ 和 Y 在复平面上可以构成一个直角三角形，称为导纳三角形。$\dot{I}_{\mathrm{G}}$、$\dot{I}_{\mathrm{B}}$ 和 $\dot{I}$ 在复平面上可以构成一个与导纳三角形相似的电流三角形。图 7-4 所示为感性导纳的导纳三角形、并联等效电路和电流三角形。

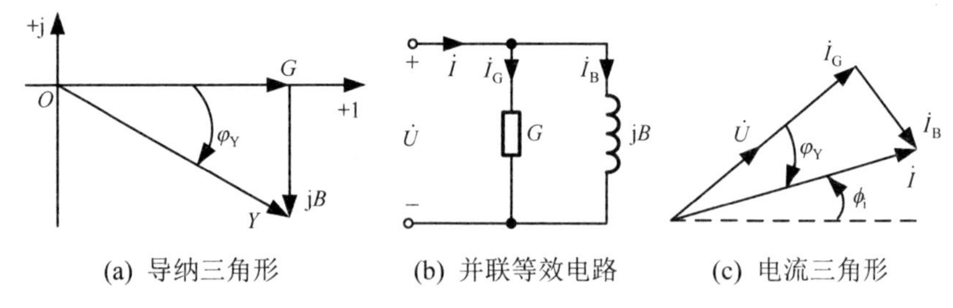

(a) 导纳三角形　(b) 并联等效电路　(c) 电流三角形

图 7-4　感性导纳的导纳三角形、并联等效电路和电流三角形

三、阻抗与导纳的等效变换

对同一个二端网络，其阻抗与导纳有如下的关系式

$$|Y| = \frac{1}{|Z|} \qquad \varphi_{\mathrm{Y}} = -\varphi_{\mathrm{Z}}$$

如果同一个二端网络的阻抗和导纳均采用代数形式，则它们之间的关系为

$$Y = \frac{1}{Z} = \frac{1}{R + \mathrm{j}X} = \frac{R}{R^2 + X^2} + \mathrm{j}\frac{-X}{R^2 + X^2} = G + \mathrm{j}B \tag{7-3}$$

或

$$Z = \frac{1}{Y} = \frac{1}{G + \mathrm{j}B} = \frac{G}{G^2 + B^2} + \mathrm{j}\frac{-B}{G^2 + B^2} = R + \mathrm{j}X \tag{7-4}$$

根据式（7-3）和式（7-4）可以得出 R、X 与 G、B 之间的关系为

$$G = \frac{R}{R^2 + X^2} \qquad B = \frac{-X}{R^2 + X^2}$$

$$R = \frac{G}{G^2 + B^2} \qquad X = \frac{-B}{G^2 + B^2}$$

对二端网络，既可以用串联等效电路（R 和 $\mathrm{j}X$ 串联）替代，也可以用并联等效电路（G 和 $\mathrm{j}B$ 并联）替代。

四、无源网络的等效变换

阻抗（导纳）类似于电阻性电路中的等效电阻（等效电导），阻抗的串并联完全与电阻性电路中电阻的串并联一样，仅是复数运算而已。

n 个阻抗串联的等效阻抗为

$$Z = \sum_{k=1}^{n} Z_k = \sum_{k=1}^{n} (R_k + \mathrm{j}X_k)$$

n 个导纳并联的等效导纳为

$$Y = \sum_{k=1}^{n} Y_k = \sum_{k=1}^{n} (G_k + \mathrm{j}B_k)$$

阻抗的三角形联接和星形联接之间的等效变换公式与电阻性电路中的形式一样，将电阻换成阻抗即可。

五、相量模型

运用相量并引入阻抗及导纳，正弦稳态电路的分析就可以仿照电阻电路的处理方式来进行。为便于正确仿照，有必要引入相量模型。

将正弦稳态电路时域模型中的各电压、电流用相应的电压、电流相量表示，各电路元件都用相量模型表示，所得到的电路模型称为电路的相量模型。根据电路的相量模型，可以直接列写复数代数方程（如 KCL 方程、KVL 方程、元件的 VCR 方程），与列写电阻性电路的方程完全类似，只不过一个是列写复数代数方程，一个是列写实数代数方程罢了。

例 7-1 RLC 串联电路如图 7-5（a）所示，其中 $R=4\Omega$，$L=5\text{H}$，$C=0.5\text{F}$。输入为 $i=10\sqrt{2}\cos(t+30°)\text{A}$。试求此电路的阻抗 Z 和端口电压 u。

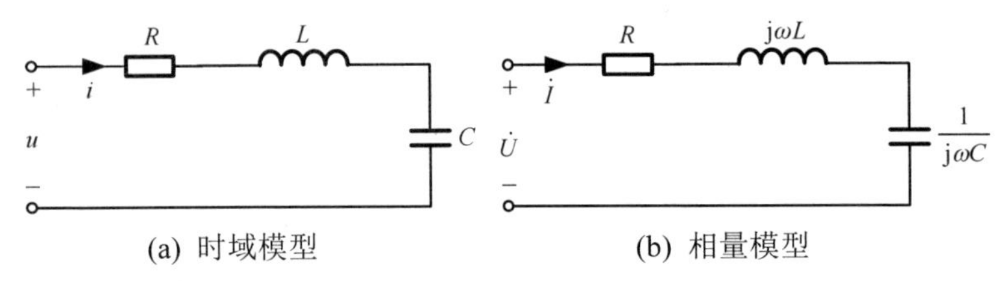

(a) 时域模型 (b) 相量模型

图 7-5 RLC 串联电路

解：图 7-5（a）所示 RLC 串联电路的相量模型如图 7-5（b）所示，其阻抗为

$$Z=R+\text{j}\omega L+\frac{1}{\text{j}\omega C}=4+\text{j}5+\frac{1}{\text{j}0.5}=4+\text{j}3=5\angle 36.87°\ \Omega$$

由欧姆定律得

$$\dot{U}=Z\dot{I}=5\angle 36.87°\times 10\angle 30°=50\angle 66.87°\ \text{V}$$

由相量反变换，有

$$u=50\sqrt{2}\cos(t+66.87°)\text{V}$$

例 7-2 在图 7-6 所示正弦电路中，正弦电流源 $i_S=5\sqrt{2}\cos(\omega t+30°)\text{A}$，$Z_1=-\text{j}10\Omega$，$Z_2=8\Omega$，$Z_3=(2+\text{j}10)\Omega$。试求 u_1 和 u_3。

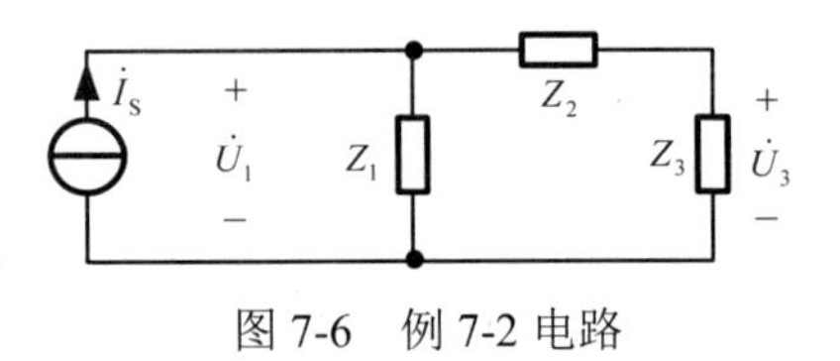

图 7-6 例 7-2 电路

解：Z_2 与 Z_3 串联，有

$$Z_{23}=Z_2+Z_3=8+2+\text{j}10=(10+\text{j}10)\Omega$$

Z_{23} 与 Z_1 并联，所以总的等效阻抗为

$$Z=Z_1 /\!/ Z_{23}=\frac{Z_1Z_{23}}{Z_1+Z_{23}}=\frac{-\text{j}10(10+\text{j}10)}{-\text{j}10+10+\text{j}10}=10\sqrt{2}\angle -45°\ \Omega$$

由欧姆定律得

$$\dot{U}_1=Z\dot{I}_S=10\sqrt{2}\angle -45°\times 5\angle 30°=50\sqrt{2}\angle -15°\ \text{V}$$

由分压公式得

$$\dot{U}_3=\frac{Z_3}{Z_2+Z_3}\dot{U}_1=\frac{2+\text{j}10}{8+2+\text{j}10}\times 50\sqrt{2}\angle -15°=51\angle 18.69°\ \text{V}$$

由相量反变换，有

$$u_1 = 100\cos(\omega t - 15°)\text{V}$$

$$u_3 = 51\sqrt{2}\cos(\omega t + 18.69°)\text{V}$$

7.2　正弦稳态电路的相量法求解

用相量法分析正弦稳态电路时，线性电阻电路的分析方法、定理和公式可推广用于线性电路的正弦稳态分析，差别仅仅在于所得电路方程为以相量表示的代数方程以及用相量形式描述的电路定理，而计算则为复数运算。

相量图能够清晰直观地反映电路中各电压、电流之间的大小关系和相位关系，并可用来辅助电路的分析计算。对于某些单电源电路，借助相量图分析，可避免繁琐的复数运算，使计算得到简化。这种借助相量图分析正弦稳态电路的方法称为相量图法。相应地，把根据相量方程求解问题的方法称为相量解析法。相量图法和相量解析法均属相量法的范畴，两者都是依据两类约束的相量形式。有时要把两者结合起来使用。

一、相量图法

相量图法是求解简单正弦稳态电路的重要方法。相量图法一般分为三步：

第一步：选择参考相量。

在一个电路中，可以选择一个相量为参考相量，一般假设参考相量的初相为 0°，如对某电路选定 $\dot{U}_1$ 为参考相量，则 $\dot{U}_1 = U_1\angle 0°\text{V}$。如果能适当地选好参考相量，用相量图法求解电路就会顺利进行，否则将造成很大困难。参考相量的一般选择方法为：

（1）对于串联电路，选电流为参考相量。

（2）对于并联电路，选电压为参考相量。

（3）对于混联电路，参考相量的选择比较灵活，一般根据已知条件综合考虑。如可根据已知条件选定电路内部某并联部分电压或某串联部分电流为参考相量。

（4）对于较复杂的混联电路，常选离电源最远的电压或电流为参考相量。

值得强调的是，在一个电路中只允许选择一个相量为参考相量，如果出现多个参考相量将会引起分析计算上的混乱。

第二步：以参考相量为基准，结合已知条件画出电路的相量图。

为了能正确地画出相量图，必须熟练掌握 R、L、C 元件以及 RL 和 RC 串联、并联支路的相量图和 KCL、KVL 的相量图。若支路电压和电流取关联参考方向，则对于电阻性支路，电压和电流同相；对于电感性支路，电压超前电流0°～90°；对于电容性支路，电流超前电压0°～90°。KCL 和 KVL 的相量图可根据平行四边形或者三角形法则画出。

相量图中的特殊角（30°、45°、60°、90°等），特殊边（平行、垂直、等边）都应标出。

因为有参考相量，其他相量都以参考相量为基准，所以相量图中可以不出现坐标轴。

第三步：由相量图所表示的几何关系，利用初等几何、代数和三角知识求出未知量。

例 7-3 在图 7-7（a）所示正弦稳态电路中，电流表 A_1、A_2 的指示均为有效值，求电流表 A 的读数。

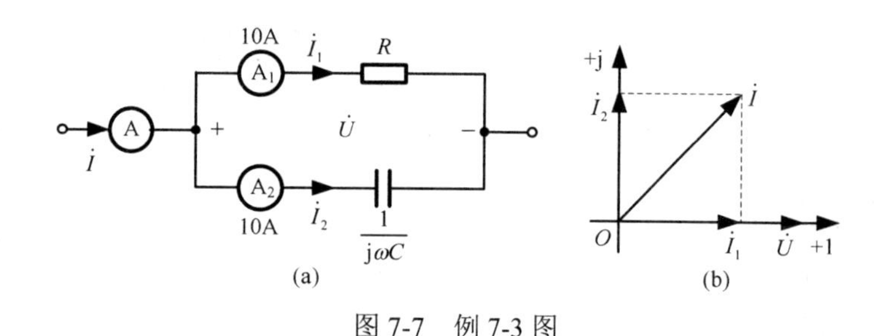

图 7-7 例 7-3 图

解：选 $\dot{U}$ 为参考相量。因电阻的电压、电流同相，故相量 $\dot{I}_1$ 与 $\dot{U}$ 同相；因电容的电流超前电压，故相量 $\dot{I}_2$ 垂直于 $\dot{U}$ 且处于超前 $\dot{U}$ 的位置。根据已知条件，相量 $\dot{I}_1$、$\dot{I}_2$ 的长度相等，都等于 10。由 $\dot{I}_1$ 和 $\dot{I}_2$ 两相量构成的平行四边形的对角线确定了相量 $\dot{I}$。所作相量图如图 7-7（b）所示。由相量图的几何关系可知

$$I=\sqrt{I_1^2+I_2^2}=\sqrt{10^2+10^2}=10\sqrt{2}=14.14\text{A}$$

故得电流表 A 的读数为 14.14A。

初学者往往容易错误地认为电流表 A 的读数是 $10+10=20\text{A}$。实际上汇集在结点处电流的有效值一般是不满足 KCL 的，满足 KCL 的是电流有效值相量。

例 7-4 在图 7-8（a）所示正弦稳态电路中，$U=100\text{V}$，$I_1=I_2=I_3=10\text{A}$。试求 R、X_L、X_C 的值。

解：选 $\dot{U}$ 为参考相量，即 $\dot{U}=100\angle 0^\circ\text{V}$。因电容的电流超前电压，故相量 $\dot{I}_2$ 垂直 $\dot{U}$ 且处于超前 $\dot{U}$ 的位置；因 RL 串联支路为电感性支路，故相量 $\dot{U}$ 应超前 $\dot{I}_1$ 一个小于 90° 的 θ。根据 KCL，有 $\dot{I}_3=\dot{I}_1+\dot{I}_2$，由此可以画出如图 7-8（b）所示的相量图。由于 $I_1=I_2=I_3$，所以 $\triangle AOB$ 为等边三角形，由此可知 $\theta=30^\circ$，并得

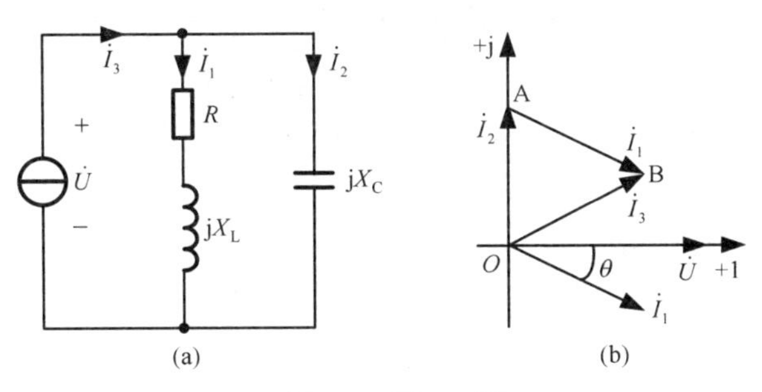

图 7-8　例 7-4 图

$$|X_C| = \frac{U}{I_2} = \frac{100}{10} = 10\Omega \quad 即 \quad X_C = -10\Omega$$

$$|Z_{RL}| = \frac{U}{I_1} = \frac{100}{10} = 10\Omega$$

$$R = |Z_{RL}|\cos\theta = 10\times\cos 30^\circ = 8.66\Omega$$

$$X_L = |Z_{RL}|\sin\theta = 10\times\sin 30^\circ = 5\Omega$$

或

$$Z_{RL} = \frac{\dot{U}}{\dot{I}_1} = \frac{100\angle 0^\circ}{10\angle -30^\circ} = 10\angle 30^\circ = (8.66 + \mathrm{j}5)\Omega$$

故

$$R = 8.66\Omega \qquad X_L = 5\Omega$$

例 7-5　在图 7-9（a）所示正弦稳态电路中，电流表 A 和电压表 V_1、V_2 的指示均为有效值。求电源电压的有效值。

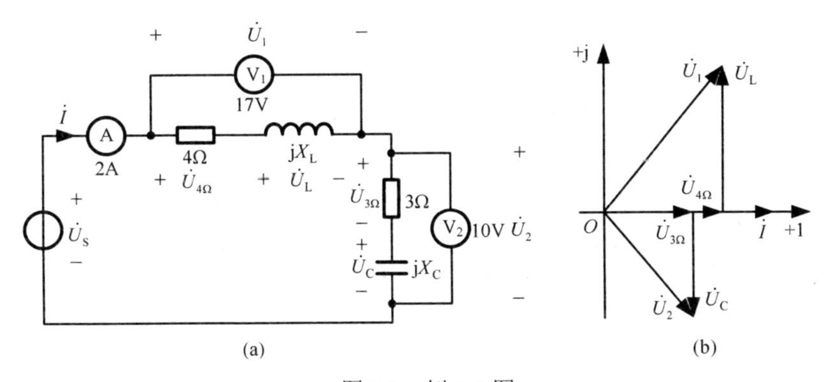

图 7-9　例 7-5 图

解：以电流 $\dot{I}$ 为参考相量，即 $\dot{I} = 2\angle 0^\circ$ A，则

$$\dot{U}_{4\Omega}=4\dot{I}=4\times2\angle 0^\circ=8\angle 0^\circ \text{ V}$$

$$\dot{U}_{3\Omega}=3\dot{I}=3\times2\angle 0^\circ=6\angle 0^\circ \text{ V}$$

$$\dot{U}_{\mathrm{L}}=U_{\mathrm{L}}\angle 90^\circ \text{ V}$$

$$\dot{U}_{\mathrm{C}}=U_{\mathrm{C}}\angle -90^\circ \text{ V}$$

作如图 7-9（b）所示的相量图，可得

$$U_{\mathrm{L}}=\sqrt{U_1^2-U_{4\Omega}^2}=\sqrt{17^2-8^2}=15\text{V}$$

$$U_{\mathrm{C}}=\sqrt{U_2^2-U_{3\Omega}^2}=\sqrt{10^2-6^2}=8\text{V}$$

故

$$\dot{U}_{\mathrm{L}}=15\angle 90^\circ \text{ V} \qquad \dot{U}_{\mathrm{C}}=8\angle -90^\circ \text{ V}$$

根据 KVL，得

$$\dot{U}_{\mathrm{S}}=\dot{U}_{4\Omega}+\dot{U}_{\mathrm{L}}+\dot{U}_{3\Omega}+\dot{U}_{\mathrm{C}}=8+\mathrm{j}15+6-\mathrm{j}8=14+\mathrm{j}7=15.65\angle 26.57^\circ \text{ V}$$

本例中电源电压的有效值小于局部电压 U_1 的有效值，这是由于感抗上的电压和容抗上的电压相互抵消了一部分。这是交流电路不同于直流电路的一个值得注意的现象。

二、相量解析法

相量解析法是求解复杂正弦稳态电路的重要方法。

例 7-6 在图 7-10 所示的脉冲分压电路中，设 R_1 和 R_2 已知，试分析 C_1 和 C_2 在什么条件下使输出电压 $\dot{U}_2$ 总是与输入电压 $\dot{U}_1$ 同相位？在此条件下，求电压比 $\dot{U}_2/\dot{U}_1$。

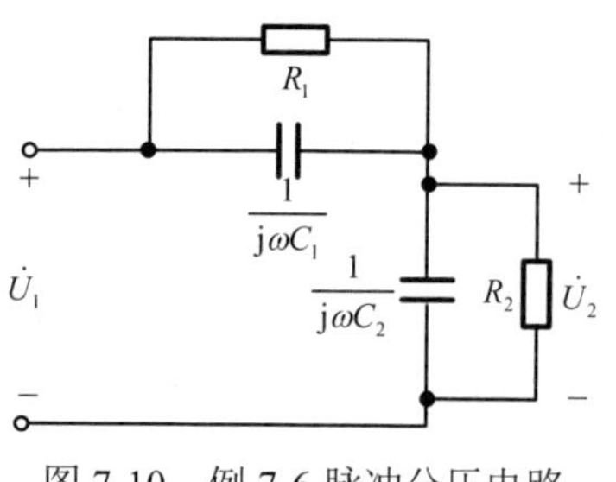

图 7-10 例 7-6 脉冲分压电路

解：令

$$Z_1=R_1/\!/\frac{1}{\mathrm{j}\omega C_1} \qquad Z_2=R_2/\!/\frac{1}{\mathrm{j}\omega C_2}$$

则有

$$\frac{\dot{U}_2}{\dot{U}_1}=\frac{Z_2}{Z_1+Z_2}=\frac{R_2/\!/\frac{1}{\mathrm{j}\omega C_2}}{R_1/\!/\frac{1}{\mathrm{j}\omega C_1}+R_2/\!/\frac{1}{\mathrm{j}\omega C_2}}=\frac{R_2}{R_1+R_2}\times\frac{1+\mathrm{j}\omega R_1C_1}{1+\mathrm{j}\omega\frac{R_1R_2}{R_1+R_2}(C_1+C_2)}$$

若 $\dot{U}_2$ 与 $\dot{U}_1$ 同相位，则

$$\omega R_1C_1=\omega\frac{R_1R_2}{R_1+R_2}(C_1+C_2)$$

即

$$R_1C_1 = R_2C_2$$

此时有

$$\frac{\dot{U}_2}{\dot{U}_1} = \frac{R_2}{R_1 + R_2} = \frac{C_1}{C_1 + C_2}$$

本例电路可以用来说明示波器探头补偿电路的工作原理。R_2 与 C_2 并联对应示波器的输入等效电路，R_1 与 C_1 并联对应示波器探头补偿电路，$\dot{U}_1$ 对应被测信号，改变可调电容 C_1 的值，使 $R_1C_1 = R_2C_2$，就能保证测量结果无失真。

例 7-7　图 7-11 所示为一种 RC 移相电路。试分析 $\dot{U}_2$ 与 $\dot{U}_1$ 同相位的条件。

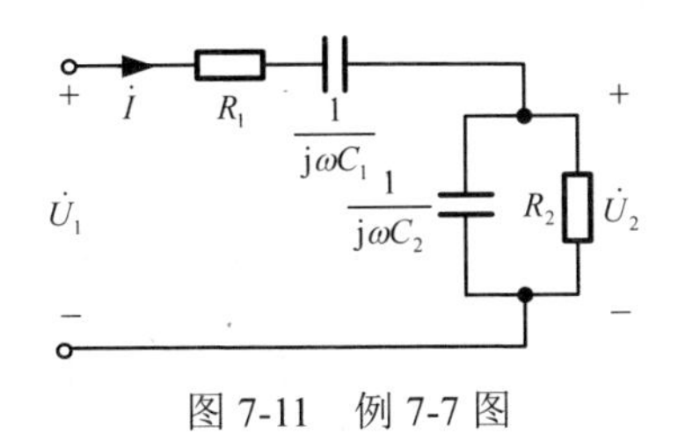

图 7-11　例 7-7 图

解： $$\dot{U}_2 = \frac{R_2 \times \dfrac{1}{j\omega C_2}}{R_2 + \dfrac{1}{j\omega C_2}}\dot{I}$$

$$\dot{U}_1 = \left(R_1 + \frac{1}{j\omega C_1} + \frac{R_2 \times \dfrac{1}{j\omega C_2}}{R_2 + \dfrac{1}{j\omega C_2}}\right)\dot{I}$$

取两者之比，并化简得

$$\frac{\dot{U}_1}{\dot{U}_2} = 1 + \frac{R_1}{R_2} + \frac{C_1}{C_2} + j\left(\omega R_1 C_2 - \frac{1}{\omega R_2 C_1}\right)$$

如果 $\dot{U}_2$ 与 $\dot{U}_1$ 同相位，则

$$\omega R_1 C_2 - \frac{1}{\omega R_2 C_1} = 0$$

即

$$\omega = \frac{1}{\sqrt{R_1 R_2 C_1 C_2}}$$

若 $R_1 = R_2 = R$，$C_1 = C_2 = C$，则

$$\omega = \frac{1}{RC}$$

本例电路能够产生电压相位的偏移，是一种移相电路。当$\omega = 1/\sqrt{R_1R_2C_1C_2}$时，$\dot{U}_2$与$\dot{U}_1$同相位；当$\omega > 1/\sqrt{R_1R_2C_1C_2}$时，$\dot{U}_2$滞后$\dot{U}_1$；当$\omega < 1/\sqrt{R_1R_2C_1C_2}$时，$\dot{U}_2$超前$\dot{U}_1$。

例 7-8 图 7-12 所示为一种阻容移相电路，其中$\dot{U}_S$为输入，$\dot{U}_o$为输出。

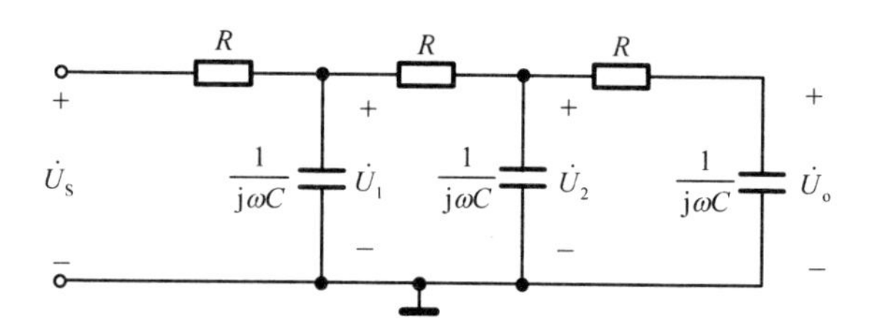

图 7-12 例 7-8 阻容移相电路

（1）若要求$\dot{U}_o$滞后$\dot{U}_S$的相角为π，则 R、C 应如何选择？

（2）将图 7-12 中的 R 与 C 互换位置，若要求$\dot{U}_o$超前$\dot{U}_S$的相角为π，则 R、C 应如何选择？

解：（1）列结点方程

$$\begin{cases} \left(\frac{2}{R} + j\omega C\right)\dot{U}_1 - \frac{1}{R}\dot{U}_2 = \frac{\dot{U}_S}{R} \\ -\frac{1}{R}\dot{U}_1 + \left(\frac{2}{R} + j\omega C\right)\dot{U}_2 - \frac{1}{R}\dot{U}_o = 0 \\ -\frac{1}{R}\dot{U}_2 + \left(\frac{1}{R} + j\omega C\right)\dot{U}_o = 0 \end{cases}$$

可解得

$$\frac{\dot{U}_o}{\dot{U}_S} = \frac{1}{(1 - 5\omega^2R^2C^2) + j\omega RC(6 - \omega^2R^2C^2)}$$

若要求$\dot{U}_o$滞后$\dot{U}_S$的相角为π，则

$$1 - 5\omega^2R^2C^2 < 0 \qquad\qquad 6 - \omega^2R^2C^2 = 0$$

即 R、C 应满足

$$\omega RC = \sqrt{6}$$

（2）列结点方程

$$\begin{cases}\left(\dfrac{1}{R}+\mathrm{j}2\omega C\right)\dot{U}_1-\mathrm{j}\omega C\dot{U}_2=\mathrm{j}\omega C\dot{U}_\mathrm{S}\\-\mathrm{j}\omega C\dot{U}_1+\left(\dfrac{1}{R}+\mathrm{j}2\omega C\right)\dot{U}_2-\mathrm{j}\omega C\dot{U}_\mathrm{o}=0\\-\mathrm{j}\omega C\dot{U}_2+\left(\dfrac{1}{R}+\mathrm{j}\omega C\right)\dot{U}_\mathrm{o}=0\end{cases}$$

可解得

$$\frac{\dot{U}_\mathrm{o}}{\dot{U}_\mathrm{S}}=\frac{1}{\left(1-\dfrac{5}{\omega^2R^2C^2}\right)+\mathrm{j}\dfrac{1}{\omega RC}\left(\dfrac{1}{\omega^2R^2C^2}-6\right)}$$

若 $\dot{U}_\mathrm{o}$ 超前 $\dot{U}_\mathrm{S}$ 的相角为π，则

$$1-\frac{5}{\omega^2R^2C^2}<0 \qquad \frac{1}{\omega^2R^2C^2}-6=0$$

即 R、C 应满足

$$\omega RC=\frac{\sqrt{6}}{6}$$

本例的两个电路，前者输出电压 $\dot{U}_\mathrm{o}$ 滞后输入电压 $\dot{U}_\mathrm{S}$，有时称为滞后网络；后者输出电压 $\dot{U}_\mathrm{o}$ 超前输入电压 $\dot{U}_\mathrm{S}$，有时称为超前网络。两者统称为移相网络，在实际中有所应用。

例 7-9　电路如图 7-13 所示。已知 $\dot{U}_\mathrm{S}=10\angle 10^\circ\ \mathrm{V}$，$r=2\Omega$，$\omega=200\mathrm{rad/s}$，试用回路电流法求电流 i_1 和 i_2。

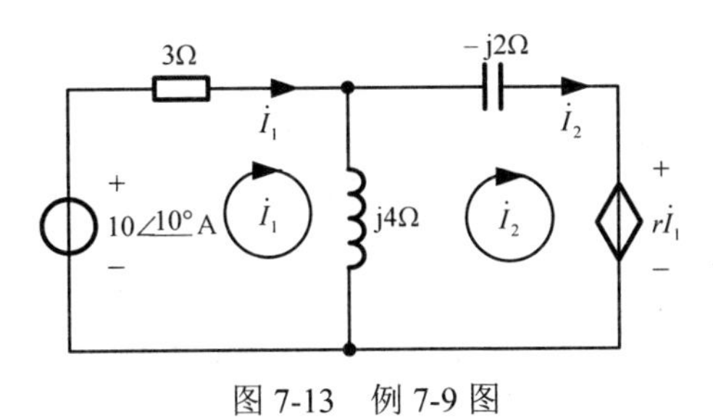

图 7-13　例 7-9 图

解：列回路方程

$$\begin{cases}(3+\mathrm{j}4)\dot{I}_1-\mathrm{j}4\dot{I}_2=10\angle 10^\circ\\-\mathrm{j}4\dot{I}_1+(\mathrm{j}4-\mathrm{j}2)\dot{I}_2=-2\dot{I}_1\end{cases}$$

解得

$$\dot{I}_1=1.24\angle 29.7^\circ\ \mathrm{A} \qquad \dot{I}_2=2.77\angle 56.3^\circ\ \mathrm{A}$$

由相量反变换得

$$i_1(t) = 1.24\sqrt{2}\cos(200t + 29.7°)\text{A}$$

$$i_2(t) = 2.77\sqrt{2}\cos(200t + 56.3°)\text{A}$$

例 7-10 电路如图 7-14（a）所示。试用戴维宁定理求电流 $\dot{I}_2$。

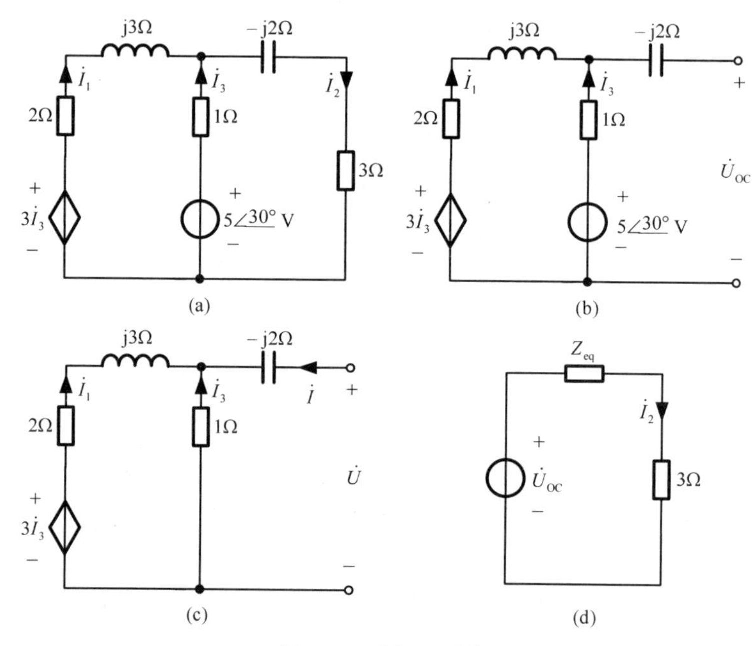

图 7-14 例 7-10 图

解：（1）由图 7-14（b）求开路电压 $\dot{U}_{OC}$。列回路方程

$$\begin{cases}(1 + j3 + 2)\dot{I}_3 + 3\dot{I}_3 = 5\ \angle 30° \\ \dot{U}_{OC} = -\dot{I}_3 + 5\ \angle 30°\end{cases}$$

解得

$$\dot{U}_{OC} = 4.35\ \angle 34.4°\ \text{V}$$

（2）由图 7-14（c）求等效阻抗 Z_{eq}。列方程

$$\begin{cases}\dot{I}_1 + \dot{I}_3 + \dot{I} = 0 \\ (2 + j3)\dot{I}_1 - \dot{I}_3 - 3\dot{I}_3 = 0 \\ -j2\dot{I} - \dot{I}_3 = \dot{U}\end{cases}$$

解得

$$\dot{U}=\frac{8-\mathrm{j}9}{6+\mathrm{j}3}\dot{I}$$

从而得到

$$Z_{\mathrm{eq}}=\frac{\dot{U}}{\dot{I}}=\frac{8-\mathrm{j}9}{6+\mathrm{j}3}=1.795\angle-74.93^\circ\ \Omega$$

（3）由图 7-14（d）求电流 $\dot{I}_2$

$$\dot{I}_2=\frac{\dot{U}_{\mathrm{OC}}}{Z_{\mathrm{eq}}+3}=1.12\angle 60.96^\circ\ \mathrm{A}$$

7.3　正弦稳态电路的功率

在正弦稳态下，电路中的功率和能量都是随时间变化的，但通常我们感兴趣的并不是它们的瞬时值，而是它们的平均值——电路中消耗功率的平均值以及储存能量的平均值。这样就要引入平均功率以及无功功率的概念，并进而引入视在功率及功率因数的概念。

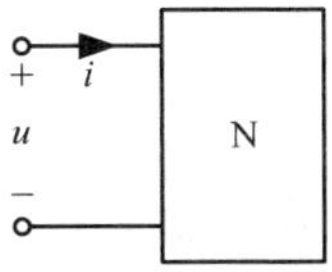

图 7-15　二端网络 N

一、瞬时功率

对于图 7-15 所示的二端网络 N，设其端口电压和电流分别为

$$u=\sqrt{2}U\cos(\omega t+\phi_{\mathrm{u}})\qquad i=\sqrt{2}I\cos(\omega t+\phi_{\mathrm{i}})$$

在任一瞬间，二端网络 N 吸收的功率为

$$\begin{aligned}p(t)&=ui=2UI\cos(\omega t+\phi_{\mathrm{u}})\cos(\omega t+\phi_{\mathrm{i}})\\&=UI\cos(\phi_{\mathrm{u}}-\phi_{\mathrm{i}})+UI\cos(2\omega t+\phi_{\mathrm{u}}+\phi_{\mathrm{i}})\end{aligned}\tag{7-5}$$

该功率是一个随时间变化的量，称为瞬时功率。瞬时功率有两个分量，第一个为恒定分量；第二个为正弦分量，其频率为电压或电流频率的两倍。当 $p(t)>0$ 时，二端网络 N 吸收功率，从外部获得能量；当 $p(t)<0$ 时，二端网络 N 发出功率，向外部输出能量。

瞬时功率是时间的正弦函数，使用不便。

二、平均功率

将瞬时功率在一个周期内的平均值定义为平均功率，即

$$P=\frac{1}{T}\int_0^T p(t)\mathrm{d}t\tag{7-6}$$

平均功率的单位为瓦（W）。平均功率也称为有功功率，是电路中实际消耗的功率。

将式（7-5）代入式（7-6），得

$$P = UI\cos(\phi_u - \phi_i) = UI\cos\varphi = UI\lambda \tag{7-7}$$

式中

$$\lambda = \frac{P}{UI} = \cos\varphi$$

称为功率因数。$\varphi = \phi_u - \phi_i$ 表示电压和电流的相位差，也称为功率因数角。

由式（7-7）可以看出正弦稳态电路的平均功率不仅与电压、电流的有效值的乘积有关，而且与功率因数有关。平均功率是一个重要的概念，通常说某个家用电器消耗了多少瓦的功率，就是指它的平均功率，简称为功率。

由于 $\cos\varphi$ 是偶函数，因此单给出 λ 值不能体现电路的性质。习惯上常加上"感性"、"容性"或"滞后"、"超前"字样。所谓滞后（或感性），是指电流滞后电压，即 φ 为正值的情况；所谓超前（或容性），是指电流超前电压，即 φ 为负值的情况。

对于不含独立源的二端网络，可以用等效阻抗 $Z = R + jX = |Z|\angle\varphi$ 替代，该二端网络吸收的有功功率为

$$P = UI\cos\varphi = I^2\,\mathrm{Re}[Z] = I^2 R$$

对于电阻 R，由于 $\varphi = 0°$，$\lambda = 1$，则它吸收的有功功率为

$$P_R = UI\cos\varphi = UI = RI^2 = \frac{U^2}{R}$$

对于电感 L，由于 $\varphi = 90°$，$\lambda = 0$，则它吸收的有功功率为

$$P_L = UI\cos\varphi = 0$$

对于电容 C，由于 $\varphi = -90°$，$\lambda = 0$，则它吸收的有功功率为

$$P_C = UI\cos\varphi = 0$$

三、无功功率

无功功率定义为

$$Q = UI\sin\varphi$$

无功功率的单位为乏（var）。无功功率用来反映二端网络 N 与外部交换能量的最大幅度。

在电路系统中，电感和电容的无功功率有互补作用。工程上认为电感吸收无功功率，电容发出无功功率。

对于不含独立源的二端网络，可以用等效阻抗 $Z = R + jX = |Z|\angle\varphi$ 替代，该二端网络吸收的无功功率为

$$Q = UI\sin\varphi = I^2\,\mathrm{Im}[Z] = I^2 X$$

对于电阻 R，由于 $\varphi = 0°$，$\lambda = 1$，则它吸收的无功功率为

$$Q_R = UI\sin\varphi = 0$$

对于电感 L，由于 $\varphi = 90°$，$\lambda = 0$，则它吸收的无功功率为

$$Q_L = UI\sin\varphi = UI = \omega LI^2 = \frac{U^2}{\omega L}$$

对于电容 C，由于 $\varphi = -90$，$\lambda = 0$，则它吸收的无功功率为

$$Q_C = UI\sin\varphi = -UI = -\frac{1}{\omega C}I^2 = -\omega CU^2$$

四、视在功率

有功功率和无功功率的计算都涉及电压、电流有效值之积。在电路理论中，把这一乘积定义为视在功率或表观功率，记为 S，即

$$S = UI$$

视在功率的单位是伏安（V·A）。

引入视在功率后，有功功率和无功功率又可分别表示为

$$P = S\cos\varphi \qquad Q = S\sin\varphi$$

P、Q、S 之间还有关系式

$$S = \sqrt{P^2 + Q^2}$$

P、Q、S 在复平面上构成一个直角三角形，称为功率三角形。

有些电气设备就是用视在功率表示其本身的容量，例如说一台容量为 3000kV·A 的变压器，就是指这台变压器的视在功率为 3000kV·A。

五、复功率

为了能用电压相量和电流相量来计算功率，将有功功率 P 和无功功率 Q 分别作实部和虚部构成一个复数变量，即

$$\tilde{S} = P + \mathrm{j}Q = UI\cos\varphi + \mathrm{j}UI\sin\varphi = UI\angle\varphi = U\angle\phi_u \cdot I\angle-\phi_i = \dot{U}\dot{I}^*$$

复数变量 $\tilde{S}$ 称为复功率，注意 $\dot{I}^*$ 为 $\dot{I}$ 的共轭复数。复功率只是用于计算的复数变量，它不代表正弦量，因此不能视为相量。

对于不含独立源的二端网络，可用该二端网络的等效阻抗 Z 或等效导纳 Y 替代，则复功率又可表示为

$$\tilde{S} = \dot{U}\dot{I}^* = (Z\dot{I})\dot{I}^* = ZI^2 \qquad \tilde{S} = \dot{U}\dot{I}^* = \dot{U}(Y\dot{U})^* = Y^*U^2$$

可以证明，对于整个电路复功率守恒，即有

$$\sum\tilde{S} = 0 \quad \Rightarrow \quad \sum P = 0 \text{ 和 } \sum Q = 0$$

例 7-11　电路如图 7-16 所示，设 $\dot{U} = 25\angle 0°$，$R = 3\Omega$，$\mathrm{j}\omega L = \mathrm{j}4\Omega$，$\dfrac{1}{\mathrm{j}\omega C} = -\mathrm{j}5\Omega$。试求二端网络 N 的平均功率、无功功率、功率因数、视在功率和复功率。

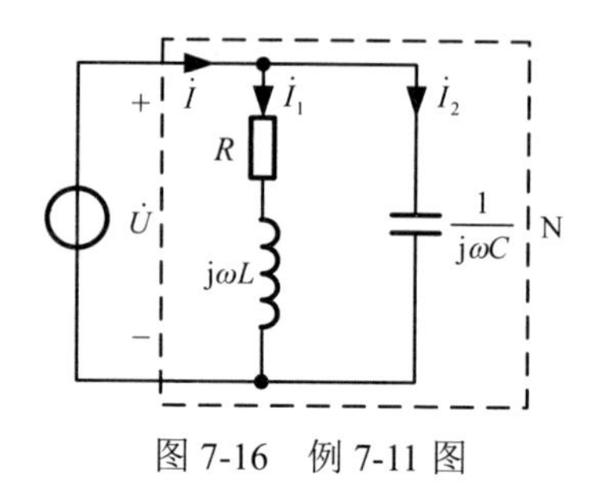

图 7-16　例 7-11 图

解：

$$\dot{I}_1 = \frac{\dot{U}}{R + j\omega L} = \frac{25\angle 0^\circ}{3 + j4} = 5\angle -53.13^\circ \text{ A}$$

$$\dot{I}_2 = \frac{\dot{U}}{\frac{1}{j\omega C}} = \frac{25\angle 0^\circ}{-j5} = 5\angle 90^\circ \text{ A}$$

根据 KCL，得

$$\dot{I} = \dot{I}_1 + \dot{I}_2 = 5\angle -53.13^\circ + 5\angle 90^\circ = 3.16\angle 18.43^\circ \text{ A}$$

（1）二端网络 N 的平均功率

解法 1：根据二端网络 N 的端口电压和电流进行计算

$$P = UI\cos(\phi_u - \phi_i) = 25 \times 3.16\cos(0^\circ - 18.43^\circ) = 75\text{W}$$

解法 2：根据二端网络 N 的内部电阻进行计算。网络 N 的内部只有一个电阻，其平均功率

$$P = I_1^2 R = 5^2 \times 3 = 75\text{W}$$

也可用 $P = \frac{U_R^2}{R}$ 计算，U_R 是 R 两端电压的有效值。

这也是整个网络 N 的平均功率，因为没有其他消耗功率的元件。不含独立源的二端网络消耗的平均功率等于该网络内各电阻消耗的平均功率之和。

解法 3：根据二端网络 N 内的 RL 支路计算，该支路的平均功率

$$P = UI_1\cos(0^\circ - (-53.13^\circ)) = 25 \times 5\cos 53.13^\circ = 75\text{W}$$

解法 4：根据二端网络 N 等效阻抗的实部，即电阻分量来计算

$$Z = (R + j\omega L) // \frac{1}{j\omega C} = \frac{(3 + j4)(-j5)}{3 + j4 - j5} = (7.5 - j2.5)\Omega$$

$$P = I^2\,\text{Re}[Z] = 3.16^2 \times 7.5 = 75\text{W}$$

等效阻抗的电阻分量并不等于二端网络 N 中的电阻 R，解法 4 中所用电流为端口电流 I。

（2）二端网络 N 的无功功率

$$Q = UI\sin\varphi = 25\times 3.16\sin(0° - 18.43°) = -25\,\text{var}$$

或

$$Q = Q_L + Q_C = I_1^2\omega L + I_2^2\left(-\frac{1}{\omega C}\right) = 5^2\times 4 + 5^2\times(-5) = -25\,\text{var}$$

不含独立源的二端网络消耗的平均功率等于该网络内所有电感、电容消耗的无功功率之和。

（3）二端网络 N 的功率因数

$$\lambda = \cos\varphi = \cos(0° - 18.43°) = 0.949 \text{（容性）}$$

由 $\dot{U}$ 、$\dot{I}$ 的初相角可判断出“容性”这一情况。

或

$$\lambda = \frac{P}{S} = \frac{P}{UI} = \frac{75}{25\times 3.16} = 0.949$$

（4）二端网络 N 的视在功率

$$S = UI = 25\times 3.16 = 79\text{V}\cdot\text{A}$$

或

$$S = \sqrt{P^2 + Q^2} = \sqrt{75^2 + (-25)^2} = 79\text{V}\cdot\text{A}$$

（5）二端网络 N 的复功率

$$\tilde{S} = \dot{U}\dot{I}^* = 25\angle 0°\times 3.16\angle -18.43° = (75 - \text{j}25)\text{V}\cdot\text{A}$$

或

$$\tilde{S} = I^2 Z = 3.16^2\times(7.5 - \text{j}2.5) = (75 - \text{j}25)\text{V}\cdot\text{A}$$

例 7-12　图 7-17 中 3 个负载 Z_1、Z_2 和 Z_3 并联到 220V 的正弦电源上，各负载吸收的功率和电流分别为：$P_1 = 4.4\text{kW}$，$I_1 = 40\text{A}$（感性）；$P_2 = 8.8\text{kW}$，$I_2 = 80\text{A}$（容性）；$P_3 = 6.6\text{kW}$，$I_3 = 60\text{A}$（感性）。试求电源供给的总电流和电路的功率因数。

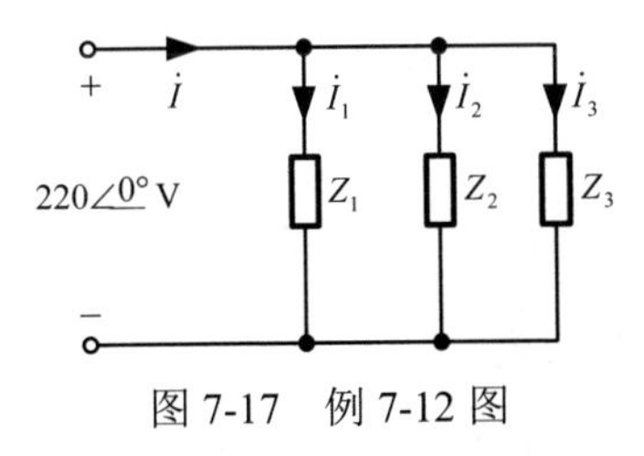

图 7-17　例 7-12 图

解：设电源电压 $\dot{U} = 220\angle 0°\,\text{V}$，各负载分别为

$$Z_1 = |Z_1|\angle\varphi_1 \qquad Z_2 = |Z_2|\angle\varphi_2 \qquad Z_3 = |Z_3|\angle\varphi_3$$

根据 $P = UI\cos\varphi$ ，可得

$$\cos\varphi_1 = \frac{P_1}{UI_1} = \frac{4400}{220 \times 40} = 0.5$$

$$\cos\varphi_2 = \frac{P_2}{UI_2} = \frac{8800}{220 \times 80} = 0.5$$

$$\cos\varphi_3 = \frac{P_3}{UI_3} = \frac{6600}{220 \times 60} = 0.5$$

根据负载的性质，可得

$$\varphi_1 = 60° \qquad \varphi_2 = -60° \qquad \varphi_3 = 60°$$

因此，各支路电流相量为

$$\dot{I}_1 = 40\angle -60°\,\text{A} \qquad \dot{I}_2 = 80\angle 60°\,\text{A} \qquad \dot{I}_3 = 60\angle -60°\,\text{A}$$

根据 KCL，得总电流为

$$\dot{I} = \dot{I}_1 + \dot{I}_2 + \dot{I}_3 = 40\angle -60° + 80\angle 60° + 60\angle -60° = 91.65\angle -10.89°\,\text{A}$$

所以，电路的功率因数为

$$\lambda = \cos\varphi = \cos(0° - (-10.89°)) = 0.982 \text{（感性）}$$

例 7-13 图 7-18 所示为三表法测线圈参数电路，电压表、电流表和功率表的读数分别为 50V、1A 和 30W，电源频率为 50Hz，求线圈参数 R 和 L。

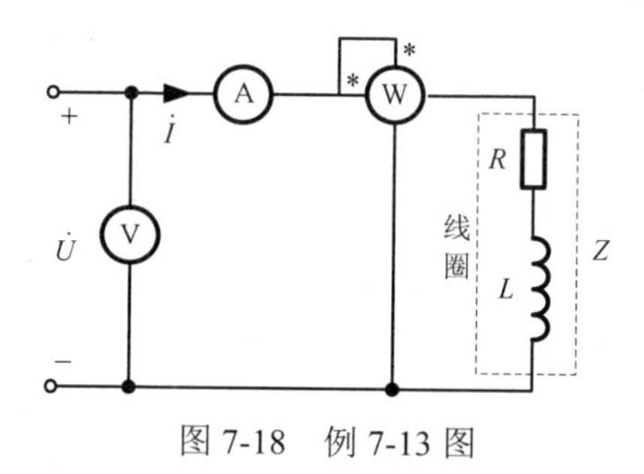

图 7-18 例 7-13 图

解：由电表读数可知

$$U = 50\text{V} \qquad I = 1\text{A} \qquad P = 30\text{W}$$

线圈参数 R 为

$$R = \frac{P}{I^2} = \frac{30}{1} = 30\Omega$$

线圈阻抗 $Z = R + \text{j}\omega L$ 的模为

$$|Z| = \frac{U}{I} = \frac{50}{1} = 50\Omega$$

又

$$|Z|=\sqrt{R^2+(\omega L)^2}$$

可解得线圈参数 L

$$L=\frac{1}{\omega}\sqrt{|Z|^2-R^2}=\frac{1}{2\pi f}\sqrt{|Z|^2-R^2}=\frac{1}{100\pi}\sqrt{50^2-30^2}=0.127\text{H}$$

三表法是一种测量阻抗的重要方法，在电机测试中广泛采用该方法测量变压器和交流电机等效电路中的有关参数。

7.4　功率因数的提高

功率因数是电力系统的一个重要参数，它直接影响到发电、变电设备容量的利用率和输电线路的功率损耗。为了提高发电、变电设备容量的利用率，降低输电线路的功率损耗，应该设法提高负载的功率因数。

电力系统和工业负载多数是感性负载。因此，在保证负载正常工作电压的基础上，为了提高功率因数，一般采用在感性负载两端并联电容的方法，如图 7-19（a）所示。下面讨论一个感性负载在已知端电压和平均功率分别为 U 和 P 的情况下，若将功率因数从 $\lambda_1=\cos\varphi_1$ 提高到 $\lambda_2=\cos\varphi_2$，需要并联的电容大小。图 7-19（b）所示为感性负载并联电容后的相量图。

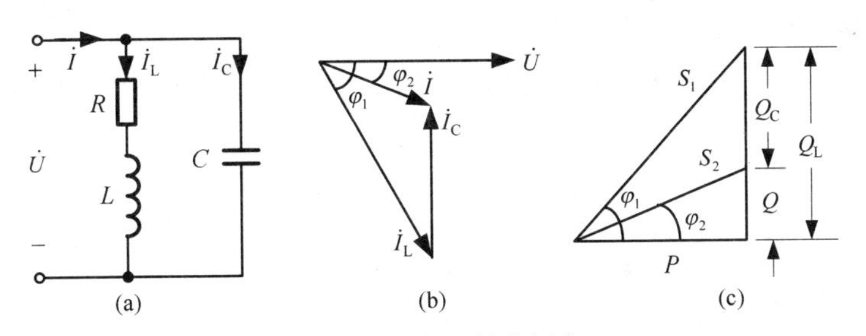

图 7-19　功率因数的提高

借助相量图可以求出需要并联的电容大小，求解过程在此不再赘述。

下面从无功功率的角度求出需要并联的电容大小。图 7-19（c）所示为感性负载并联电容后的功率三角形。

感性负载的平均功率 $P=UI_{\text{L}}\cos\varphi_1$，无功功率 $Q_{\text{L}}=UI_{\text{L}}\sin\varphi_1$，因此

$$Q_{\text{L}}=UI_{\text{L}}\sin\varphi_1=\frac{P}{\cos\varphi_1}\sin\varphi_1=P\tan\varphi_1$$

并联电容后，电路总的平均功率仍为 P，因此

$$P=UI\cos\varphi_2$$

并联电容后，电路总的无功功率为

$$Q = UI\sin\varphi_2$$

因此

$$Q = UI\sin\varphi_2 = \frac{P}{\cos\varphi_2}\sin\varphi_2 = P\tan\varphi_2$$

电容的无功功率为

$$Q_C = -\omega CU^2$$

又

$$Q = Q_L + Q_C$$

即

$$P\tan\varphi_2 = P\tan\varphi_1 - \omega CU^2$$

解得

$$C = \frac{P}{\omega U^2}(\tan\varphi_1 - \tan\varphi_2)$$

例如，在图 7-19（a）所示电路中，若电源电压$U = 220\text{V}$，频率$f = 50\text{Hz}$，感性负载的有功功率$P = 2.2\text{kW}$，原功率因数$\lambda_1 = \cos 60° = 0.5$，要使功率因数提高到$\lambda_2 = \cos 25.84° = 0.9$，则可并联电容 C。利用已求出的计算公式可求得$C = 18\mu\text{F}$。

在工程中，通常并不把功率因数提高到$\lambda_1 = \cos 0° = 1$，而是提高到 0.9 左右，以防止电路中产生并联谐振现象。

利用容性无功功率抵消部分感性无功功率以提高功率因数的方法称为无功补偿。

例 7-14 已知某感性负载的阻抗为$Z = R + \text{j}\omega L$，$R = 250\Omega$，$L = 1.56\text{H}$。现将 100 个这样的感性负载并联到电压有效值为 220V、频率为 50Hz 的交流电源上，若需把电路的功率因数提高到 0.9，需要并联多大的电容？

解：流过单个感性负载的电流为

$$I = \frac{U}{\sqrt{R^2 + (\omega L)^2}} = \frac{220}{\sqrt{250^2 + (156\pi)^2}} = 0.4\text{A}$$

单个感性负载的平均功率为

$$P = I^2 R = 0.4^2 \times 250 = 40\text{W}$$

单个感性负载的功率因数为

$$\lambda = \cos\varphi = \cos\left(\arctan\frac{\omega L}{R}\right) = \cos\left(\arctan\frac{100\pi \times 1.56}{250}\right) = 0.454 \text{（滞后）}$$

则

$$\varphi = 62.97°$$

单个感性负载的无功功率为

$$Q = UI\sin\varphi = 220\times0.4\times\sin62.97° = 78.38\,\text{var}$$

100 个并联感性负载的无功功率为

$$Q_{100} = 100Q = 100\times78.38 = 7838\,\text{var}$$

并联电容后，功率因数提高到 $\cos\varphi_1 = 0.9$，但平均功率不变，为

$$P_{100} = 100P = 100\times40 = 4000\,\text{W}$$

而无功功率将变为

$$Q_1 = UI_1\sin\varphi_1 = \frac{P_{100}}{\cos\varphi_1}\sin\varphi_1 = P_{100}\tan\varphi_1 = 4000\times\tan(\arccos0.9) = 1937\,\text{var}$$

可见，并联电容 C 应补偿的无功功率为

$$\Delta Q = Q_1 - Q_{100} = 1937 - 7838 = -5901\,\text{var}$$

而电容的无功功率为

$$Q_C = -\omega CU^2$$

因此

$$C = \frac{\Delta Q}{-\omega U^2} = \frac{5901}{100\pi\times220^2} = 388\times10^{-6}\,\text{F} = 388\,\mu\text{F}$$

选用电容器除计算电容值外，还应注意它的额定电压。

其实串入电容也可以提高功率因数，但为什么不用呢？请读者自行思考。

7.5　最大功率传输

在电阻电路中曾讨论过负载获得最大功率的条件。在交流电路中，若电源的内阻和负载均为阻抗，那么在内阻抗固定、负载可变的情况下，负载获得最大功率（有功功率）的条件是什么呢？设用戴维宁定理简化后的电路如图 7-20 所示，其内阻抗为 $Z_{eq} = R_{eq} + jX_{eq}$，负载阻抗为 $Z_L = R_L + jX_L$，负载阻抗获得最大功率的条件取决于负载阻抗能够如何变化。下面讨论两种情况：①负载的电阻和电抗均可独立地变化；②负载阻抗角固定（即负载性质不变）而模可改变。

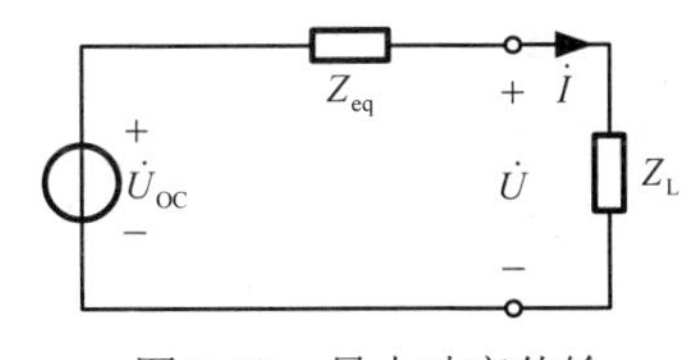

图 7-20　最大功率传输

首先讨论第一种情况：负载的电阻和电抗均可独立地变化。

由图 7-20 可知，负载吸收的有功功率为

$$P = I^2 R_{\rm L} = \frac{U_{\rm OC}^2 R_{\rm L}}{(R_{\rm eq} + R_{\rm L})^2 + (X_{\rm eq} + X_{\rm L})^2}$$

根据有功功率的表达式，可得到获得最大功率的条件为

$$X_{\rm eq} + X_{\rm L} = 0 \qquad \frac{\rm d}{{\rm d}R_{\rm L}}\left[\frac{R_{\rm L}}{(R_{\rm eq} + R_{\rm L})^2}\right] = 0$$

解得

$$R_{\rm L} = R_{\rm eq} \qquad X_{\rm L} = -X_{\rm eq}$$

即有

$$Z_{\rm L} = Z_{\rm eq}^*$$

此时获得的最大功率为

$$P_{\max} = \frac{U_{\rm OC}^2}{4R_{\rm eq}}$$

上述获得最大功率的条件称为最佳匹配或共轭匹配。

再求讨论第二种情况：负载阻抗角固定而模可改变。

设负载阻抗为

$$Z_{\rm L} = |Z_{\rm L}| \angle\varphi = |Z_{\rm L}|\cos\varphi + {\rm j}|Z_{\rm L}|\sin\varphi$$

则负载吸收的有功功率为

$$P = I^2 |Z_{\rm L}|\cos\varphi = \frac{U_{\rm OC}^2 |Z_{\rm L}|\cos\varphi}{(R_{\rm eq} + |Z_{\rm L}|\cos\varphi)^2 + (X_{\rm eq} + |Z_{\rm L}|\sin\varphi)^2}$$

上式中的变量为$|Z_{\rm L}|$，令该式关于$|Z_{\rm L}|$的导数为零，可得

$$|Z_{\rm L}| = \sqrt{R_{\rm eq}^2 + X_{\rm eq}^2}$$

因此，在第二种情况下，负载获得最大功率的条件是：负载阻抗的模应与电源内阻抗的模相等，称为模匹配。显然，在这种情况下所得到的最大功率并非可能获得的最大值。

例 7-15 电路如图 7-21 所示，试求以下三种情况下负载 $Z_{\rm L}$ 吸收的功率。（1）负载为5Ω 电阻；（2）负载为电阻且与电源内阻抗模匹配；（3）负载与电源内阻抗共轭匹配。

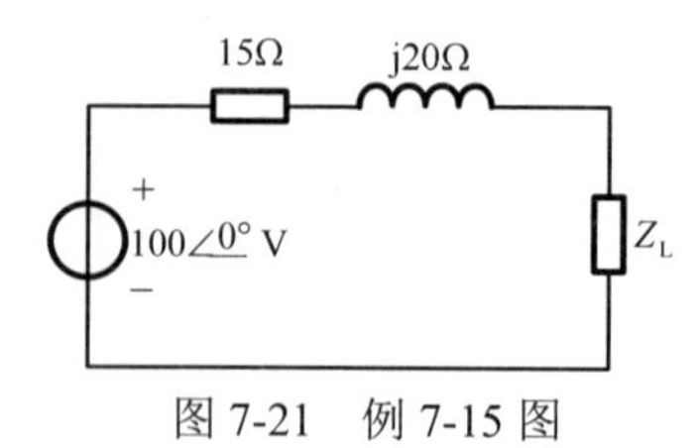

图 7-21 例 7-15 图

解：电源内阻抗为

$$Z_{eq}=15+j20=25\angle 53.13^\circ\ \Omega$$

（1）$Z_L=5\Omega$ 时

$$\dot{I}=\frac{100\angle 0^\circ}{Z_{eq}+5}=\frac{100\angle 0^\circ}{15+j20+5}=3.54\angle -45^\circ\ \text{A}$$

$$P=3.54^2\times 5=62.5\text{W}$$

（2）$Z_L=|Z_{eq}|=25\Omega$ 时（模匹配）

$$\dot{I}=\frac{100\angle 0^\circ}{Z_{eq}+25}=\frac{100\angle 0^\circ}{15+j20+25}=2.24\angle -26.57^\circ\ \text{A}$$

$$P=2.24^2\times 25=125\text{W}$$

（3）$Z_L=Z_{eq}^*=(15-j20)\Omega$ 时（共轭匹配）

$$\dot{I}=\frac{100\angle 0^\circ}{Z_{eq}+15-j20}=\frac{100\angle 0^\circ}{15+j20+15-j20}=3.33\angle 0^\circ\ \text{A}$$

$$P=3.33^2\times 15=166.67\text{W}$$

可见共轭匹配时，负载吸收的功率最大；而模匹配时，只是相对地大。

7.6　正弦稳态网络函数

由于电路和系统中存在着电感和电容，当电路中激励源的频率变化时，电路中感抗、容抗将跟随频率变化，从而导致电路的工作状态亦跟随频率变化。这种电路和系统的工作状态跟随频率变化而变化的现象，称为电路和系统的频率特性，又称频率响应。

为了便于研究正弦稳态电路的频率响应，在电路中只有一个正弦激励源的情况下，引入正弦稳态网络函数的概念。设电路的激励为 $\dot{E}$，电路的正弦稳态响应为 $\dot{R}$，网络函数定义为

$$H(j\omega)=\frac{\dot{R}}{\dot{E}}=|H(j\omega)|\angle\varphi(\omega)$$

根据响应与激励是否在同一端口，网络函数可分为策动点函数和转移函数。当响应与激励处于同一端口，称为策动点函数；否则称为转移函数。根据响应、激励是电压还是电流，策动点函数又分为策动点阻抗和策动点导纳；转移函数又分为转移电压比、转移电流比、转移阻抗和转移导纳。

网络函数是一个复数，它的频率特性分为两部分，模与频率的关系称为幅频特性，辐角与频率的关系称为相频特性。这两种特性都可以在图上用曲线表示，

称为网络的频率特性曲线。

例 7-16　如图 7-22 所示的一阶 RC 串联电路，若以$\dot{U}_1$为激励，$\dot{U}_2$为响应，试求网络函数（即转移电压比），并绘制相应的频率特性曲线。

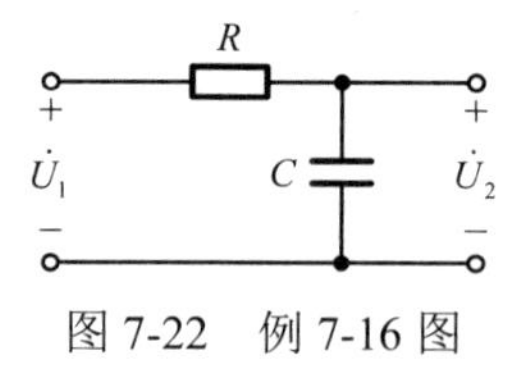

图 7-22　例 7-16 图

解：由图 7-22 可得网络函数

$$H(\mathrm{j}\omega)=\frac{\dot{U}_2}{\dot{U}_1}=\frac{\frac{1}{\mathrm{j}\omega C}}{R+\frac{1}{\mathrm{j}\omega C}}=\frac{1}{1+\mathrm{j}\omega RC}=\frac{1}{\sqrt{1+\omega^2R^2C^2}}\angle\underline{-\arctan(\omega RC)}$$

即

$$|H(\mathrm{j}\omega)|=\frac{1}{\sqrt{1+\omega^2R^2C^2}}\qquad\qquad \varphi(\omega)=-\arctan(\omega RC)$$

据此可绘出电路的频率特性曲线，如图 7-23 所示。

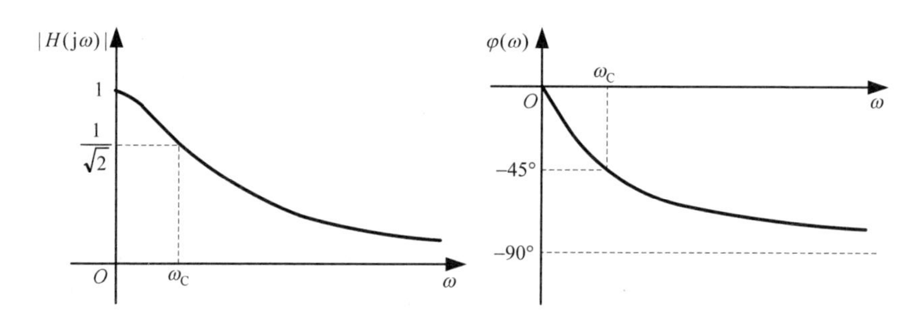

图 7-23　频率特性曲线

例 7-17　如图 7-24 所示的一阶 RC 串联电路，若以$\dot{U}_1$为激励，$\dot{U}_2$为响应，试求网络函数，并绘制相应的频率特性曲线。

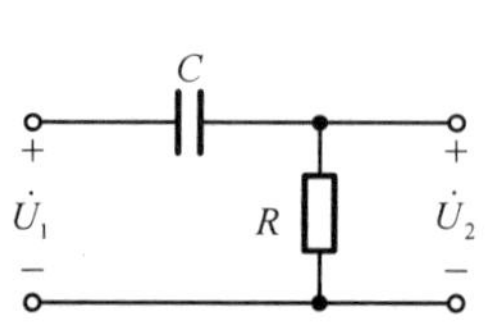

图 7-24　例 7-17 图

解：由图 7-24 可得网络函数

$$H(\mathrm{j}\omega)=\frac{\dot{U}_2}{\dot{U}_1}=\frac{R}{R+\frac{1}{\mathrm{j}\omega C}}=\frac{\mathrm{j}\omega RC}{1+\mathrm{j}\omega RC}=\frac{\omega RC}{\sqrt{1+\omega^2R^2C^2}}\angle\underline{90^\circ-\arctan(\omega RC)}$$

即

$$|H(\mathrm{j}\omega)| = \frac{\omega RC}{\sqrt{1+\omega^2 R^2 C^2}} \qquad \varphi(\omega) = 90° - \arctan(\omega RC)$$

据此可绘出电路的频率特性曲线，如图 7-25 所示。

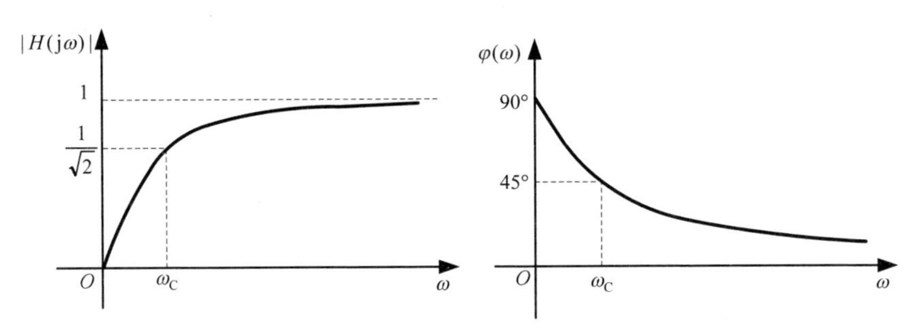

图 7-25　频率特性曲线

若电路能使某个频率范围内的输入得以输出，而阻断其他频率的输入信号，即这种电路对不同频率的输入具有选择性，常将这种电路称为选频电路。在收音机、电视机、卫星等通信设备上都要用到选频电路。

由于选频电路能够滤除输入中某些频率的信号，因而又称为滤波器。为了描述滤波器的这种特性，人们定义了两个重要参数，即通频带和阻带，它们都是一个连续的频率段。通常，通频带是指 $|H(\mathrm{j}\omega)|/H_{\max} \geqslant 1/\sqrt{2}$ 的频率范围，其中 $H_{\max}$ 为 $|H(\mathrm{j}\omega)|$ 的最大值，而阻带则是指 $|H(\mathrm{j}\omega)|/H_{\max} < 1/\sqrt{2}$ 的频率范围。$|H(\mathrm{j}\omega)|/H_{\max} = 1/\sqrt{2}$ 时对应的频率点称为截止频率，常记为 ω_{C}。由于 $20\lg(1/\sqrt{2}) = -3\mathrm{dB}$，也可将截止频率称为 3 分贝频率。

根据电路的幅频特性，可将通用的滤波器分成五类：低通、高通、带通、带阻和全通滤波器。这五类滤波器的幅频特性如图 7-26 所示。图 7-26 所示为理想情况，对于实际滤波器，从通带到阻带是逐渐过渡的，不会有明显的分界点。例 7-16 介绍的是一个低通滤波器，其截止频率 $\omega_{\mathrm{C}} = 1/(RC)$；例 7-17 介绍的是一个高通滤波器，其截止频率 $\omega_{\mathrm{C}} = 1/(RC)$。

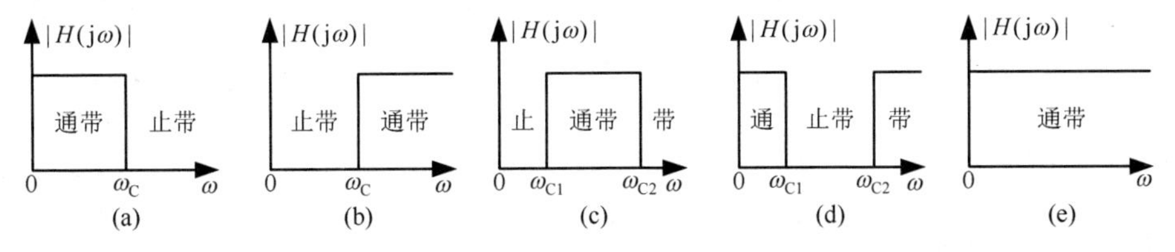

图 7-26　五种理想滤波器的幅频特性

7.7 RLC 电路的谐振

电路谐振是在特定条件下出现在电路中的一种现象。对于一个含有 L、C 的二端网络，若出现端口电压与端口电流同相的现象，则此电路将发生谐振。能发生谐振的电路称为谐振电路，而使谐振发生的条件称为谐振条件。谐振电路在无线电和通信工程中得到了广泛应用。例如，在收音机和电视机的接收回路中，利用谐振电路的特殊性来选择所需的电台信号和抑制某些干扰信号。而在电力系统中，电路谐振通常会对电路造成冲击，使设备损坏，因此必须加以避免。

7.7.1 RLC 串联谐振电路

如图 7-27 所示的 RLC 串联电路，其输入阻抗为

$$Z = R + \mathrm{j}\left(\omega L - \frac{1}{\omega C}\right) = R + \mathrm{j}(X_{\mathrm{L}} + X_{\mathrm{C}}) = R + \mathrm{j}X \tag{7-8}$$

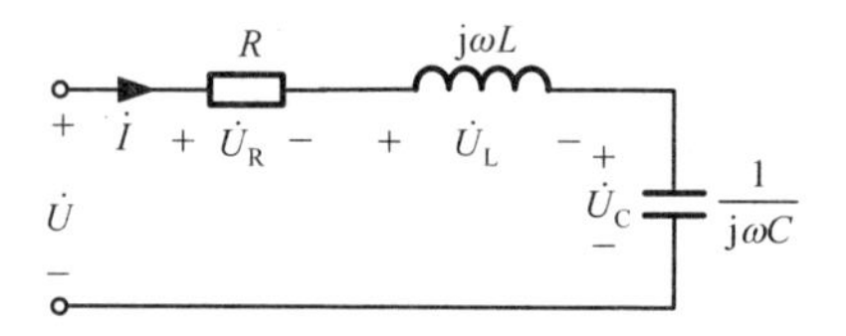

图 7-27 RLC 串联谐振电路

当电路发生谐振时，Z 的虚部为零，即

$$\omega L - \frac{1}{\omega C} = 0 \tag{7-9}$$

由此可得谐振角频率、频率分别为

$$\omega_0 = \frac{1}{\sqrt{LC}} \qquad f_0 = \frac{1}{2\pi\sqrt{LC}} \tag{7-10}$$

式中，下标“0”表示取谐振点的值。

由式（7-8）可以画出输入阻抗 Z 的幅频特性曲线，如图 7-28 所示。当 $\omega = \omega_0$，即发生谐振时，$Z = R$，$|Z| = R$ 达最小值，电压 $u(t)$ 与电流 $i(t)$ 同相；当 $\omega < \omega_0$ 时，$\omega L < \frac{1}{\omega C}$，即 $X < 0$，Z 呈电容性，电压 $u(t)$ 滞后于电流 $i(t)$；当 $\omega > \omega_0$ 时，$\omega L > \frac{1}{\omega C}$，即 $X > 0$，Z 呈电感性，电压 $u(t)$ 超前电流 $i(t)$。这一现象也可用图 7-29 所示的相量图表示。

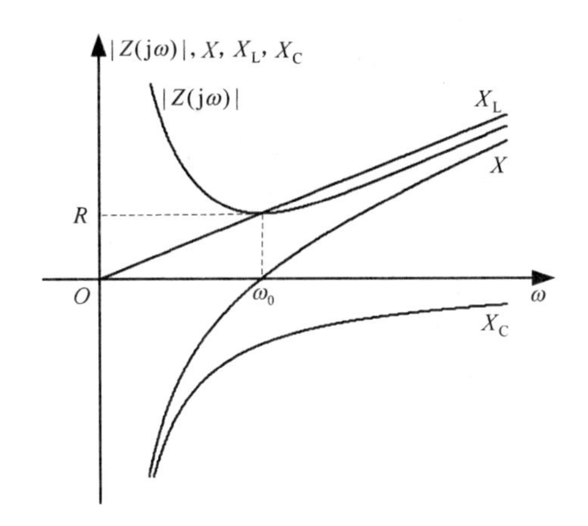

图 7-28　RLC 串联电路输入阻抗的幅频特性曲线

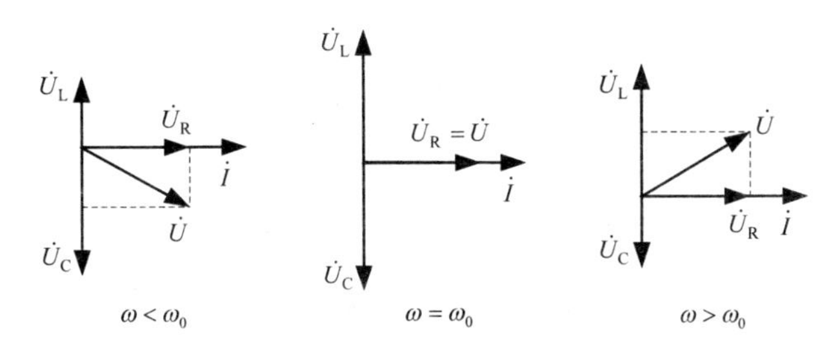

图 7-29　RLC 串联电路的相量图

从图 7-29 可以看出，在谐振时

$$\dot{U}_{L0} + \dot{U}_{C0} = 0 \qquad \dot{U} = \dot{U}_{R0}$$

表明谐振时电源只需提供电阻消耗的能量，电感和电容之间进行等量能量交换，此时串联的电感和电容对外相当于短路。

由式（7-9）可知，改变 L、C 和 ω 这三个量中的任意一个都可使电路满足谐振条件，使之发生谐振，这一过程称为调谐。也可以使三者之间的关系不满足谐振条件而达到消除谐振的目的。在实验室观察谐振状态时，电路参数 L、C 一定，通过改变外加电源频率使电路产生谐振。而实际应用中，可采用改变 L 或 C 的值，或同时改变 L 和 C 的值，使电路的谐振频率与电源频率相等，从而使电路产生谐振，从而把复杂的多频信号中最感兴趣的信号（即频率为 ω_0 的交流信号）挑选出来。

由式（7-10）可知，电路的谐振频率 ω_0 仅由电路自身的元件参数 L 和 C 决定，为电路所固有，故也称为固有频率。固有频率可以作为客观反映 RLC 串联谐振电路基本属性的一个重要参数。

在 RLC 串联电路中出现的谐振称为串联谐振。

如果把谐振时动态元件的电压与激励电压之比用 Q 表示，则有

$$\frac{U_{L0}}{U}=\frac{\omega_0 L I_0}{R I_0}=\frac{\omega_0 L}{R}=Q$$

$$\frac{U_{C0}}{U}=\frac{\frac{1}{\omega_0 C}I_0}{R I_0}=\frac{1}{\omega_0 RC}=\frac{\omega_0 L}{R}=Q$$

在谐振时，电容电压和电感电压的大小相等，且为电源电压的 Q 倍。Q 称为 RLC 串联电路的品质因数，常定义为

$$Q=\frac{\omega_0 L}{R}=\frac{1}{\omega_0 RC}=\frac{1}{R}\sqrt{\frac{L}{C}}$$

由于谐振时电抗常比电路中的电阻大得多，Q 值一般在几十到几百之间。对一定的谐振频率来说，电阻越小，品质因数越高。

谐振电路中电流、电压与频率关系的图形称为谐振曲线。

RLC 串联电路中的电流 I 为

$$\begin{aligned}I&=\frac{U}{\sqrt{R^2+\left(\omega L-\frac{1}{\omega C}\right)^2}}=\frac{U}{R\sqrt{1+\frac{1}{R^2}\left(\omega L-\frac{1}{\omega C}\right)^2}}\\&=\frac{I_0}{\sqrt{1+\frac{1}{R^2}\left(\omega L-\frac{1}{\omega C}\right)^2}}=\frac{I_0}{\sqrt{1+Q^2\left(\frac{\omega}{\omega_0}-\frac{\omega_0}{\omega}\right)^2}}\end{aligned}\tag{7-11}$$

式（7-11）又可改写为

$$\frac{I}{I_0}=\frac{1}{\sqrt{1+Q^2\left(\frac{\omega}{\omega_0}-\frac{\omega_0}{\omega}\right)^2}}\tag{7-12}$$

取 ω/ω_0 为横坐标，I/I_0 为纵坐标，Q 为参变量，由式（7-11）可作出如图 7-30 所示的谐振曲线，称为电流谐振曲线。注意此时横坐标、纵坐标都与物理量的单位无关，从而排除了坐标单位的影响，突出了谐振曲线特性本质。

由图 7-30 可知，品质因数 Q 对电流谐振曲线的形状有很大的影响，Q 大则曲线变化陡峭，Q 小则曲线变化平坦，只有频率与谐振频率相同和相近的电流可以通过电路，其他的则受到衰减，这种具有选择谐振频率附近电流的性质称为电路的选择性。显然，RLC 串联谐振电路对电流来说是一个带通滤波电路，可以证明通频带宽度为

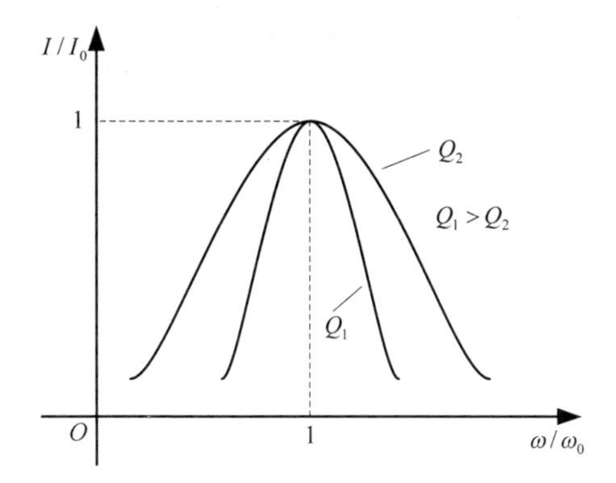

图 7-30　电流谐振曲线

$$\Delta\omega=\omega_2-\omega_1=\frac{\omega_0}{Q}\quad 或\quad \Delta f=f_2-f_1=\frac{f_0}{Q} \tag{7-13}$$

式中，ω_1 和 ω_2 为截止角频率，f_1 和 f_2 为截止频率，如图 7-31 所示。式（7-13）表明，Q 大则通频带窄，Q 小则通频带宽。

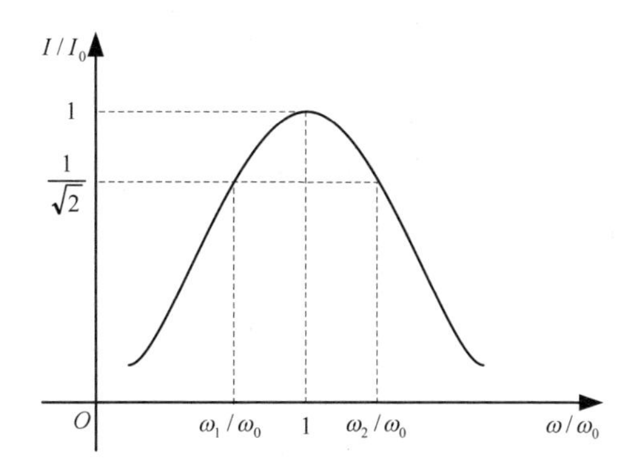

图 7-31　通频带宽度示意图

例 7-18　已知 RLC 串联谐振电路中，$L=50\mu H$，$C=80pF$，品质因数 $Q=100$，电源电压 $U=1mV$。求电路的谐振频率 f_0、谐振时回路中的电流 I_0 和通频带宽度 Δf。

解：谐振频率为

$$f_0=\frac{1}{2\pi\sqrt{LC}}=\frac{1}{2\pi\sqrt{50\times10^{-6}\times80\times10^{-12}}}=2.52\times10^6=2.52MHz$$

回路的电阻 R 为

$$R=\frac{1}{Q}\sqrt{\frac{L}{C}}=\frac{1}{100}\sqrt{\frac{50\times10^{-6}}{80\times10^{-12}}}=7.9\Omega$$

谐振时回路中的电流

$$I_0=\frac{U}{R}=\frac{0.001}{7.9}=0.127\text{mA}$$

电路的通频带宽度为

$$\Delta f=\frac{f_0}{Q}=\frac{2.52\times10^6}{100}=25.2\times10^3=25.2\text{kHz}$$

7.7.2 RLC 并联谐振电路

图 7-32 所示 RLC 并联电路是与 RLC 串联电路相对应的另一种形式的谐振电路，下面仅将有关结果列出，以供参考。

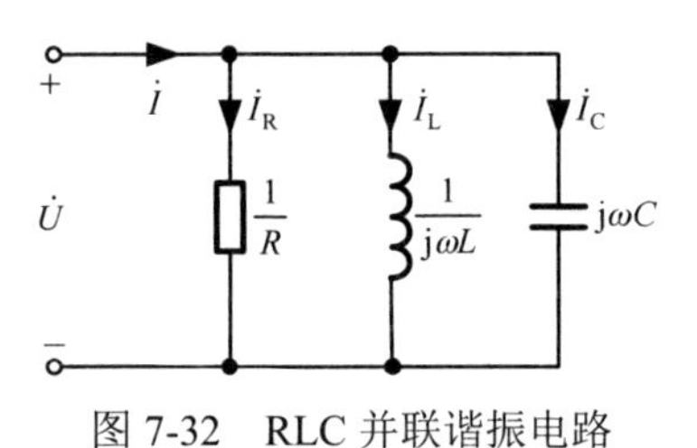

图 7-32 RLC 并联谐振电路

RLC 并联电路的导纳为

$$Y=\frac{1}{R}+\text{j}\left(\omega C-\frac{1}{\omega L}\right)$$

谐振条件为

$$\omega C-\frac{1}{\omega L}=0$$

谐振频率为

$$f_0=\frac{1}{2\pi\sqrt{LC}}$$

品质因数为

$$Q=\omega_0RC=\frac{R}{\omega_0L}=R\sqrt{\frac{C}{L}}$$

在谐振时

$$\dot{I}_{L0}+\dot{I}_{C0}=0 \qquad \dot{I}=\dot{I}_{R0}$$

表明谐振时电源只需提供电阻消耗的能量，电感和电容之间进行等量能量交换，并联的电感和电容对外相当于开路。

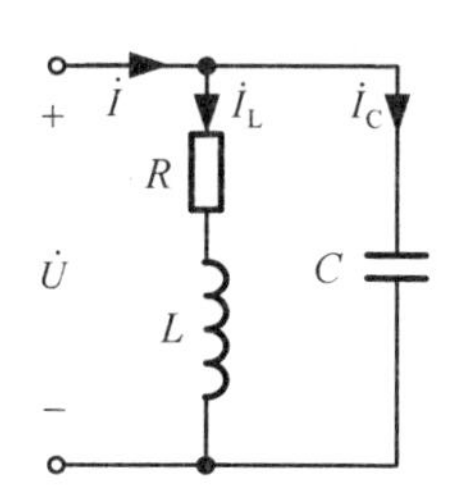

图 7-33　实际 RLC 并联谐振电路

工程中常采用电感线圈和电容并联的谐振电路，如图 7-33 所示，其中电感线圈用 R 和 L 的串联组合表示。当 $R<\sqrt{\dfrac{L}{C}}$ 时，该电路才可能产生谐振，且谐振频率为

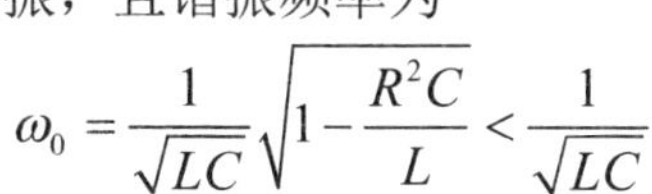

$$\omega_0=\frac{1}{\sqrt{LC}}\sqrt{1-\frac{R^2C}{L}}<\frac{1}{\sqrt{LC}}$$

品质因数为

$$Q=\frac{\omega_0 L}{R}$$

谐振时的阻抗为

$$Z_0=\frac{R^2+\omega_0^2L^2}{R}=\frac{L}{RC}$$

一般来说，Z_0 比 R 大得多，如果将这一网络作为三极管放大电路的负载，则能大大提高电路的放大倍数，有兴趣的读者可参考高频谐振放大电路的相关内容。

7.8　非正弦周期电流电路的分析

在生产实践和科学实验中，通常会遇到按非正弦规律变化的周期信号。例如，在电子技术中常见的方波、三角波、半波整流波形和全波整流波形等，它们都是非正弦周期信号。另外，如果电路中存在非线性元件，如半导体二极管，即使在正弦电源的激励下，电路中也会产生非正弦周期的电压和电流。

一、非正弦周期函数分解为傅立叶级数

在高等数学中已经学习过，任一周期为 T 的周期函数 $f(t)$ 只要满足狄里赫利条件，便可展开成傅立叶级数

$$f(t)=A_0+\sum_{k=1}^{\infty}[a_k\cos(k\omega_1 t)+b_k\sin(k\omega_1 t)]=A_0+\sum_{k=1}^{\infty}A_{km}\cos(k\omega_1 t+\phi_k)$$

在电路理论中，习惯于把级数中的常数项称为直流分量，把诸正弦项和余弦项称为谐波分量。其中，频率等于原波形频率的谐波分量称为基波分量，简称基波；频率为基波频率整数倍的谐波分量，按其与基波频率之倍数 k，称为 k 次谐波，如二次谐波、三次谐波等，二次及二次以上的谐波统称为高次谐波。

二、非正弦周期函数的有效值

设非正弦周期电流 i 可以分解为傅立叶级数

$$i = I_0 + \sum_{k=1}^{\infty} I_{km} \cos(k\omega_1 t + \phi_k) = I_0 + \sum_{k=1}^{\infty} \sqrt{2} I_k \cos(k\omega_1 t + \phi_k)$$

则此电流的有效值为

$$\begin{aligned} I &= \sqrt{\frac{1}{T}\int_0^T i^2 \mathrm{d}t} \\ &= \sqrt{\frac{1}{T}\int_0^T \left[I_0 + \sum_{k=1}^{\infty} I_{km} \cos(k\omega_1 t + \phi_k) \right]^2 \mathrm{d}t} \\ &= \sqrt{I_0^2 + \left(\frac{I_{1m}}{\sqrt{2}}\right)^2 + \left(\frac{I_{2m}}{\sqrt{2}}\right)^2 + \left(\frac{I_{3m}}{\sqrt{2}}\right)^2 + \cdots} \\ &= \sqrt{I_0^2 + I_1^2 + I_2^2 + I_3^2 + \cdots} \\ &= \sqrt{I_0^2 + \sum_{k=1}^{\infty} I_k^2} \end{aligned}$$

即非正弦周期电流的有效值等于直流分量的平方与各次谐波有效值的平方之和的平方根。此结论可推广用于其他非正弦周期量。

三、非正弦周期电流电路的平均功率

设二端网络端口上的电压 u 和电流 i 取关联参考方向，且 u、i 分别为

$$u = U_0 + \sum_{k=1}^{\infty} U_{km} \cos(k\omega_1 t + \phi_{uk}) = U_0 + \sum_{k=1}^{\infty} \sqrt{2} U_k \cos(k\omega_1 t + \phi_{uk})$$

$$i = I_0 + \sum_{k=1}^{\infty} I_{km} \cos(k\omega_1 t + \phi_{ik}) = I_0 + \sum_{k=1}^{\infty} \sqrt{2} I_k \cos(k\omega_1 t + \phi_{ik})$$

则该二端网络吸收的瞬时功率为

$$p = ui = \left[U_0 + \sum_{k=1}^{\infty} U_{km} \cos(k\omega_1 t + \phi_{uk})] \times [I_0 + \sum_{k=1}^{\infty} I_{km} \cos(k\omega_1 t + \phi_{ik}) \right]$$

它的平均功率（有功功率）定义为

$$P = \frac{1}{T}\int_0^T p \mathrm{d}t$$

则不难证明

$$P = U_0 I_0 + U_1 I_1 \cos(\phi_{u1} - \phi_{i1}) + U_2 I_2 \cos(\phi_{u2} - \phi_{i2}) + \cdots$$

即平均功率等于直流分量的功率与各次谐波平均功率的代数和。

四、非正弦周期电流电路的稳态分析

可以应用相量法和叠加定理分析非正弦周期电流电路。分析步骤如下：

（1）将非正弦激励分解为傅立叶级数。

（2）计算直流激励和每一频率正弦激励单独作用下的响应分量。

（3）把所得响应分量按时域形式叠加。

这样就得到了电路在非正弦周期激励下的稳态响应。这种方法称为谐波分析法，它实质上是把非正弦周期电流电路的计算转化为一系列不同频率的正弦电流电路的计算。

例 7-19　在图 7-34 所示电路中，已知 $R=10\Omega$，$\omega L=25\Omega$，端口电压 $u=[5+20\sqrt{2}\cos(\omega t)+5\sqrt{2}\cos(2\omega t+30°)+2\sqrt{2}\cos(3\omega t-60°)]\text{V}$。试求电流 i、i 的有效值 I 及电路消耗的平均功率 P。

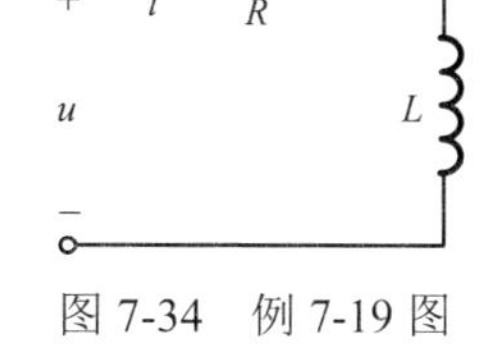

图 7-34　例 7-19 图

解：（1）直流分量单独作用

$$I_0=\frac{U_0}{R}=\frac{5}{10}=0.5\text{A}$$

（2）基波单独作用

$$Z_1=R+\text{j}\omega L=(10+\text{j}25)\Omega$$

$$\dot{I}_1=\frac{\dot{U}_1}{Z_1}=\frac{20\angle 0°}{10+\text{j}25}=0.743\angle -68.20°\ \text{A}$$

（3）二次谐波单独作用

$$Z_2=R+\text{j}\omega L\times 2=(10+\text{j}50)\Omega$$

$$\dot{I}_2=\frac{\dot{U}_2}{Z_2}=\frac{5\angle 30°}{10+\text{j}50}=0.098\angle -48.69°\ \text{A}$$

（4）三次谐波单独作用

$$Z_3=R+\text{j}\omega L\times 3=(10+\text{j}75)\Omega$$

$$\dot{I}_3=\frac{\dot{U}_3}{Z_3}=\frac{2\angle -60°}{10+\text{j}75}=0.026\angle -142.41°\ \text{A}$$

故

$$\begin{aligned}i&=I_0+i_1+i_2+i_3\\&=[0.5+0.743\sqrt{2}\cos(\omega t-68.2°)\\&\quad+0.098\sqrt{2}\cos(2\omega t-48.69°)+0.026\sqrt{2}\cos(3\omega t-142.41°)]\text{A}\end{aligned}$$

$$I=\sqrt{I_0^2+I_1^2+I_2^2+I_3^2}=\sqrt{0.5^2+0.743^2+0.098^2+0.026^2}=0.90\text{A}$$

$$P=I_0^2R+I_1^2R+I_2^2R+I_3^2R=8.1\text{W}$$

五、等效正弦量

在工程中，往往要求计算简便而答案接近于实际，因此试图用正弦量来代替非正弦量，而使含有非正弦量的问题仍能使用相量法。用来代替非正弦量的正弦量，称为该非正弦量的等效正弦量。

正弦量有三个要素，即有效值、频率和初相位。因此我们可以用三个条件来限制等效正弦量，即：

（1）等效正弦量的有效值应等于它所代替的非正弦量的有效值。

（2）等效正弦量的频率应等于它所代替的非正弦量的频率（基波频率）。

（3）在同一问题中用等效正弦量代替非正弦量以后，应使各部分的有功功率保持不变。

显然，即使等效正弦量满足上面的三个条件，仍不可能使其在一切方面都能与被代替的非正弦量相等效，因此此处的等效，仅是有条件近似的含义而已。

在对交流铁心线圈、铁心变压器和交流电机的分析计算中，常将非正弦电流用其等效正弦电流代替。

例 7-20　交流铁心线圈是一种非线性元件，既使线圈两端电压为正弦量，流过线圈的电流也不是正弦量。现有某铁心线圈接在 $u = 311\cos(314t)\text{V}$ 的交流电源上，流过线圈的电流 $i = [1.2\cos(314t - 85°) + 0.3\cos(942t - 105°)]\text{A}$，试计算电流 i 的等效正弦电流 i_{eq}。

解：等效正弦电流 i_{eq} 的有效值与被代替电流 i 的有效值相等，即

$$I_{\text{eq}} = I = \sqrt{\left(\frac{1.2}{\sqrt{2}}\right)^2 + \left(\frac{0.3}{\sqrt{2}}\right)^2} = 0.875\text{A}$$

替代前电路的有功功率

$$P = U_1 I_1 \cos\varphi_1 = \frac{311}{\sqrt{2}} \times \frac{1.2}{\sqrt{2}} \times \cos 85° = 16.27\text{W}$$

替代后电路的有功功率与替代前电路的有功功率相等，即 $P = UI_{\text{eq}}\cos\varphi$，由此可得电压 u 与等效电流 i_{eq} 之间的相位差为

$$\varphi = \arccos\frac{P}{UI_{\text{eq}}} = \arccos\frac{16.27}{\frac{311}{\sqrt{2}} \times 0.875} = 85.15°$$

由于 i 的基波分量滞后于外施电压 u，故等效正弦电流 i_{eq} 也应滞后于外施电压 u。等效正弦电流为

$$i_{\text{eq}} = 0.875\sqrt{2}\cos(314t - 85.15°)\text{A}$$

7.9　应用实例：无线电接收机的调谐电路

串联和并联谐振电路都普遍应用于收音机和电视机的选台中。无线电信号由发射机通过电磁波发射出来，然后在大气中传播，当电磁波通过接收机天线时，将感应出极小的电压，接收机必须从接收的宽阔的电磁频率范围内选出一个频率

或一个频率带限。

例 7-21　图 7-35 所示为某 AM（调幅）收音机的调谐电路示意图，已知其电感线圈的电感 $L = 1\mu H$，要使谐振频率可由 AM 中波频段（AM 广播的中波频率范围是 540～1600kHz）的一端调整到另一端，问可变电容 C 的取值范围是多少？

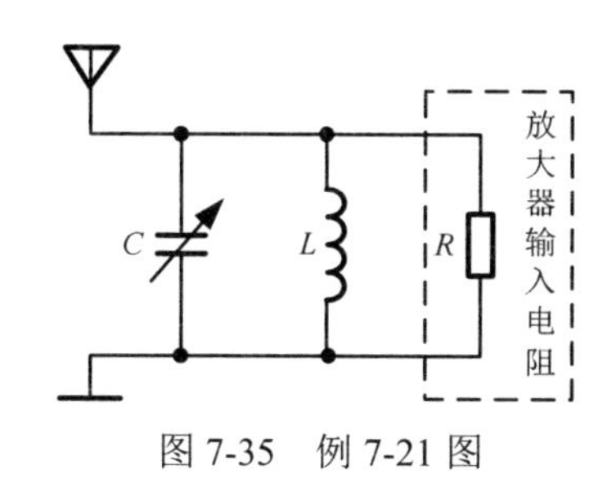

图 7-35　例 7-21 图

解：由公式 $f_0 = \dfrac{1}{2\pi\sqrt{LC}}$ 可得

$$C = \frac{1}{4\pi^2 f_0^2 L}$$

对于 AM 频段的高端，$f_0 = 1600kHz$，相应的 C 值为

$$C_1 = \frac{1}{4\pi^2 \times 1600^2 \times 10^6 \times 10^{-6}} = 9.9nF$$

对于 AM 频段的低端，$f_0 = 540kHz$，相应的 C 值为

$$C_2 = \frac{1}{4\pi^2 \times 540^2 \times 10^6 \times 10^{-6}} = 86.9nF$$

因此，可变电容 C 的取值范围为 $9.9 \sim 86.9nF$。

（1）阻抗和导纳的概念以及对它们的运算和等效变换是正弦稳态电路分析中的重要内容。运用复数分析正弦稳态电路，只有在引入阻抗和导纳后方能体现出优越性，即能把电阻电路的分析方法运用到正弦稳态电路。

（2）相量法是分析正弦稳态电路的重要方法，包括相量图法和相量解析法，有时要把图形法和解析法结合起来使用。

（3）正弦稳态电路有其本身的个性，并不能完全借助电阻电路，可依靠类比的方法体现出来。主要表现在功率、频率响应和互感三个方面。

（4）正弦稳态电路中有五种功率，即瞬时功率、平均功率、无功功率、视在功率和复功率。有功功率和无功功率的计算是正弦稳态电路分析中的一个重要内容。

（5）提高功率因数具有工程实际意义，电容器并联补偿的方法是提高功率因数的常用方法。

（6）正弦稳态电路中，负载阻抗获得最大功率的条件取决于负载阻抗能够如何变化。

（7）正弦稳态网络函数是电路理论中的一个非常重要的概念。电路的网络函数随频率的变化规律称为频率响应。

（8）谐振是正弦稳态电路中的一种特殊现象。在工程技术中，串联谐振电路和并联谐振电路均得到了广泛应用。

（9）对非正弦周期电流电路，可以采用相量法和叠加定理进行分析。

习题七

7-1 图题 7-1 所示无源网络两端的电压 $u(t)$ 和电流 $i(t)$ 如下。试求每种情况时的阻抗和导纳。

（1）$u(t)=200\cos(314t)\text{V}$，$i(t)=10\cos(314t)\text{A}$；

（2）$u(t)=10\cos(10t+45°)\text{V}$，$i(t)=2\cos(10t+35°)\text{A}$；

（3）$u(t)=100\cos(2t+30°)\text{V}$，$i(t)=5\cos(2t-60°)\text{A}$；

（4）$u(t)=40\cos(100t+17°)\text{V}$，$i(t)=8\cos(100t)\text{A}$；

（5）$u(t)=100\cos(\pi t-15°)\text{V}$，$i(t)=\sin(\pi t+45°)\text{A}$；

（6）$u(t)=[-5\cos(2t)+12\sin(2t)]\text{V}$，$i(t)=1.3\cos(2t+40°)\text{A}$。

7-2 图题 7-2 所示电路，求端口输入阻抗 Z。

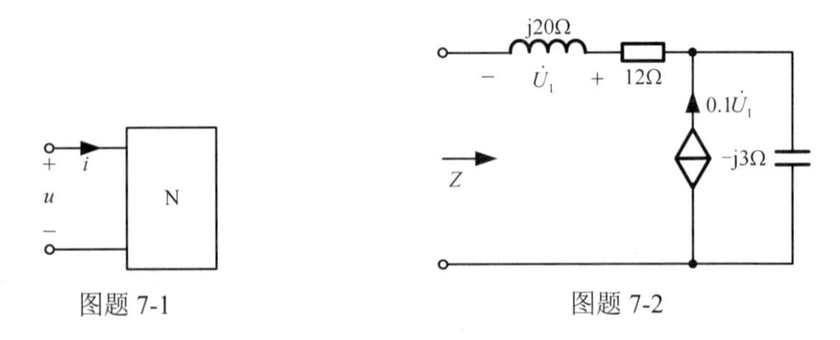

图题 7-1　　图题 7-2

7-3 图题 7-3 所示电路中，$i(t)=(8\cos t-11\sin t)\text{A}$，$u(t)=(2\cos t+\sin t)\text{V}$。求 $i_{\text{R}}(t)$、$i_{\text{C}}(t)$、$i_{\text{L}}(t)$ 以及 L，并画出相量图。

7-4 图题 7-4 所示电路，已知 $U=200\text{V}$，$I_2=10\text{A}$，$I_3=10\sqrt{2}\text{A}$，$R_1=5\Omega$，$R_2=X_{\text{L}}$。

求 I_1、X_C、X_L 和 R_2。

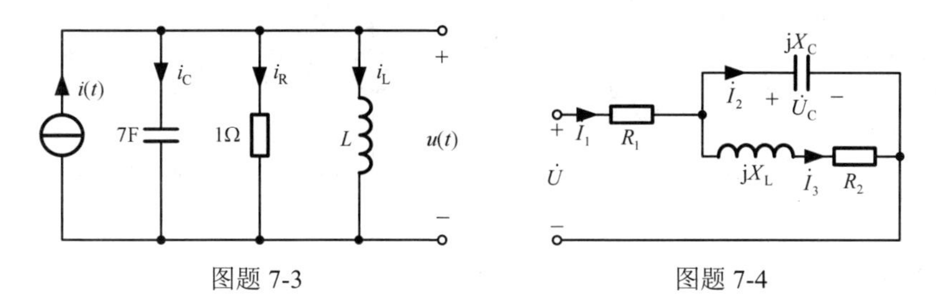

图题 7-3　　图题 7-4

7-5　图题 7-5 所示电路，$u_S(t)=200\sqrt{2}\cos(314t+60°)\text{V}$，电流表的示数为 2A，两块电压表的示数均为 200V。求 R、L、C 的值，并画出电路的相量图。

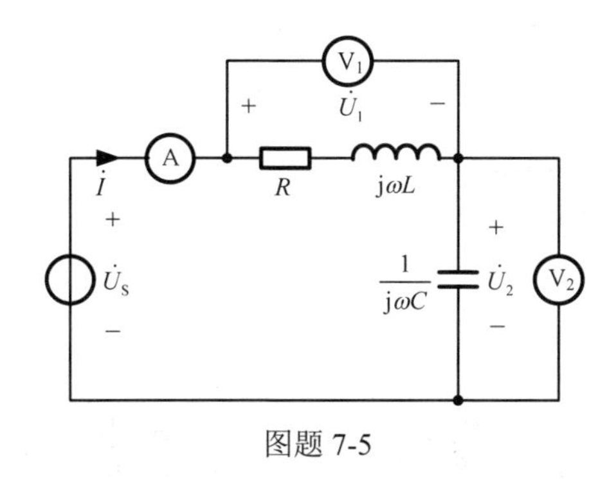

图题 7-5

7-6　图题 7-6 所示电路，电源的角频率 $\omega=1000\text{rad/s}$。（1）以 $\dot{U}_S$ 为参考相量，画出电路的相量图；（2）求 $\frac{R_1}{R_2}$ 为何值时，电压表的示数值最小。

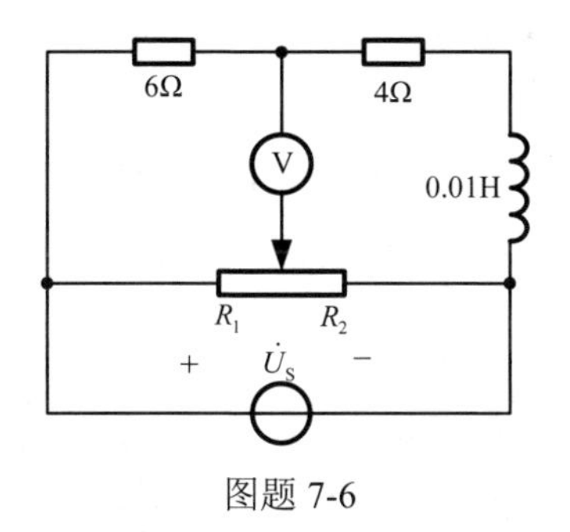

图题 7-6

7-7　图题 7-7 所示电路。已知 $\omega=1000\text{rad/s}$，$U=160\text{V}$，$I_1=10\text{A}$，$I=6\text{A}$，$\dot{U}$ 与 $\dot{I}$ 同相位。求 R、L、C 和 I_2 的值。

7-8　图题 7-8 所示电路，求电压 $\dot{U}$。

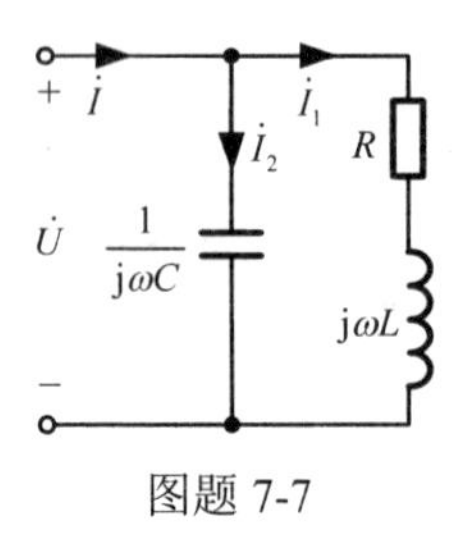

图题 7-7

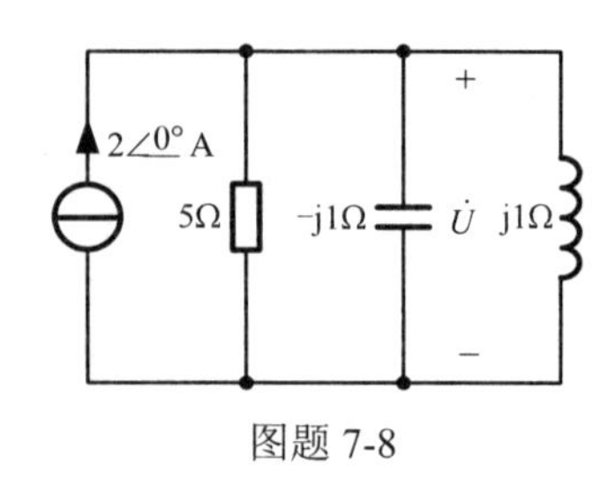

图题 7-8

7-9　图题 7-9 所示电路，已知 $\dot{U}=10\angle-90^\circ$ V 。求 $\dot{I}$ 和 $\dot{U}_S$ 。

7-10　图题 7-10 所示电路，已知 $\dot{U}_{ab}=4\angle 0^\circ$ V 。求 $\dot{U}_S$ 。

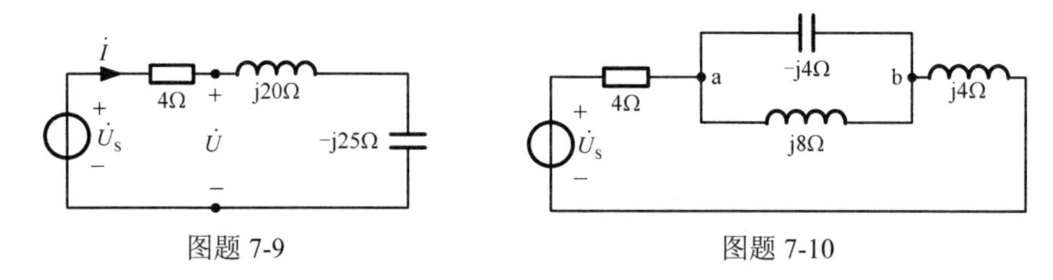

图题 7-9　　图题 7-10

7-11　图题 7-11 所示电路， $\dot{I}_S=2\angle 0^\circ$ A ， $\dot{U}_S=6\angle 90^\circ$ V 。求 $\dot{I}_1$ 和 $\dot{I}_2$ 。

7-12　图题 7-12 所示电路，$\dot{U}_{S1}=10\angle 0^\circ$ V，$\dot{U}_{S2}=20\angle 60^\circ$ V 。试用回路电流法求 $\dot{I}_1$ 和 $\dot{I}_2$ 。

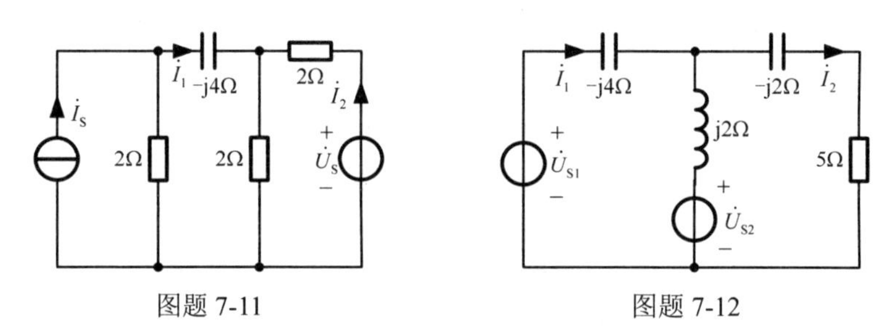

图题 7-11　　图题 7-12

7-13　图题 7-13 所示电路， $\dot{I}_{S1}=2\angle 0^\circ$ A ， $\dot{I}_{S2}=\sqrt{2}\angle 45^\circ$ A 。试用结点电压法求 $\dot{I}_1$ 和 $\dot{I}_2$ 。

7-14　图题 7-14 所示电路，求端口的戴维宁等效电路。

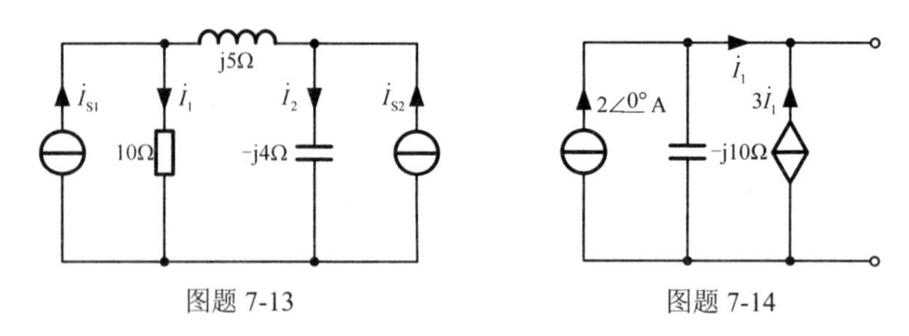

图题 7-13　　图题 7-14

7-15　图题 7-15 所示电路，已知 $U=100\text{V}$，$I=0.1\text{A}$，电路吸收的平均功率 $P=6\text{W}$，电路呈电感性。求 R 和 X_L。

7-16　图题 7-16 所示电路，已知 $\dot{U}$ 与 $\dot{I}$ 同相位，电路吸收的平均功率 $P=150\text{W}$。求 U、I 和 X_C。

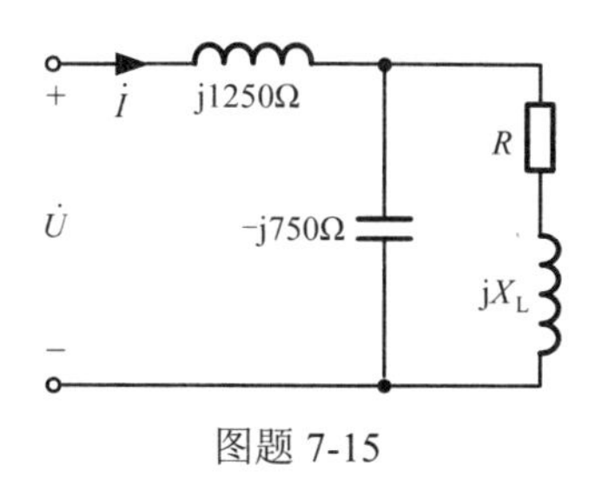

图题 7-15

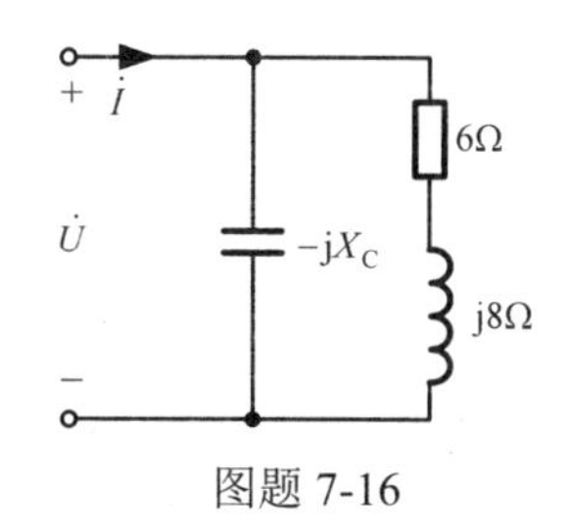

图题 7-16

7-17　图题 7-17 所示电路，$U=100\text{V}$，$f=50\text{Hz}$，$I=I_1=I_2$，$P=866\text{W}$。今将电源的频率 f 改为 25Hz，求此时的 I、I_1、I_2 和 P。

7-18　图题 7-18 所示电路，$i(t)=\sqrt{2}\cos t\ \text{A}$。求功率表的示数 P。

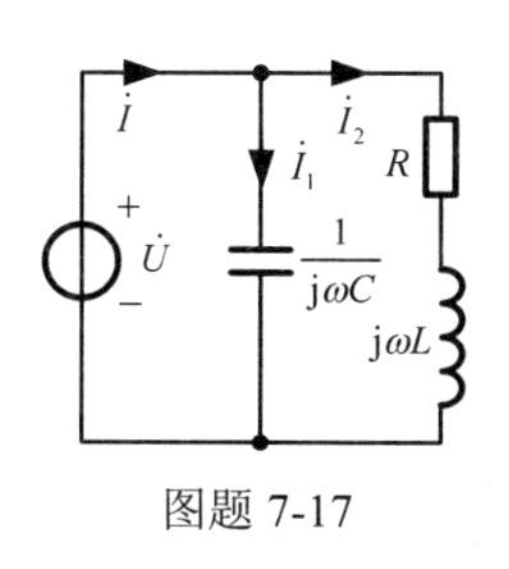

图题 7-17

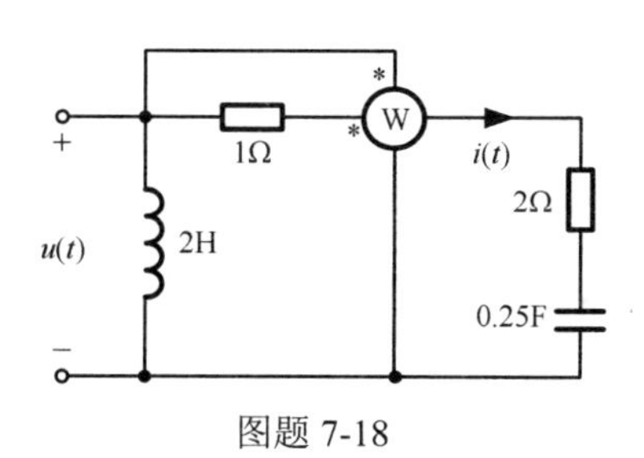

图题 7-18

7-19　图题 7-19 所示电路，已知电动机的功率 $P=4\text{kW}$，$U=230\text{V}$，$I=27.2\text{A}$，$f=50\text{Hz}$。（1）求电动机的功率因数 λ 和吸收的无功功率 Q；（2）如果把电路的功率因数提高到 0.9，求应并联的电容 C 的值。

7-20　图题 7-20 所示电路，已知阻抗 Z 吸收的最大功率 $P_{max}=5\text{W}$，求 I_S。

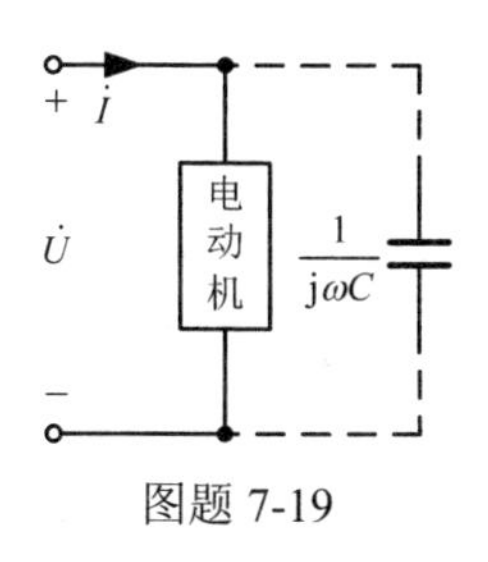

图题 7-19

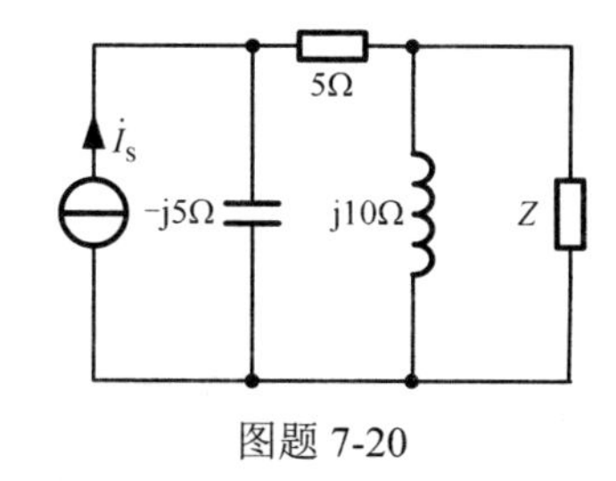

图题 7-20

7-21　图题 7-21 所示电路，阻抗 Z 为何值时获得最大功率 P_{max}，P_{max} 的值是多少？

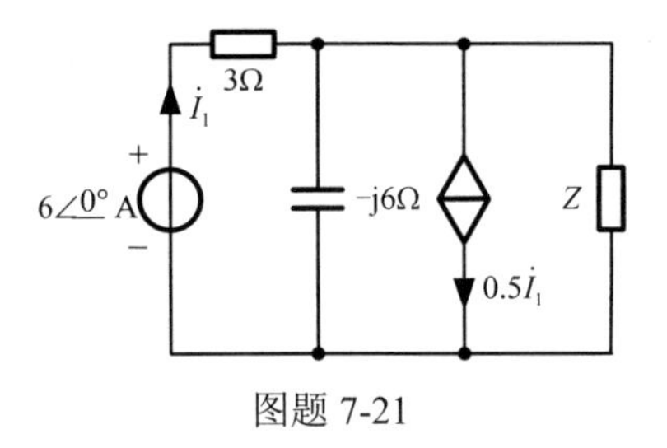

图题 7-21

7-22　图题 7-22 所示的二阶 RC 电路常用于测量技术及电子技术中。若以 $\dot{U}_1$ 为激励，$\dot{U}_2$ 为响应，试求网络函数 $H(\mathrm{j}\omega)=\dot{U}_2/\dot{U}_1$，并说明它的相频特性。

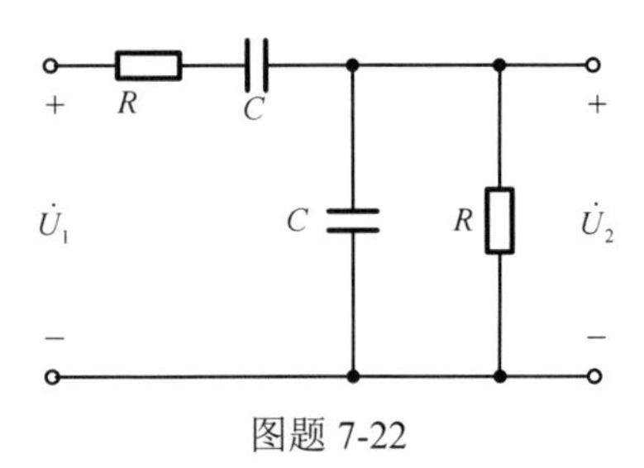

图题 7-22

7-23　图题 7-23 所示电路，求电路的固有谐振频率 f_0。

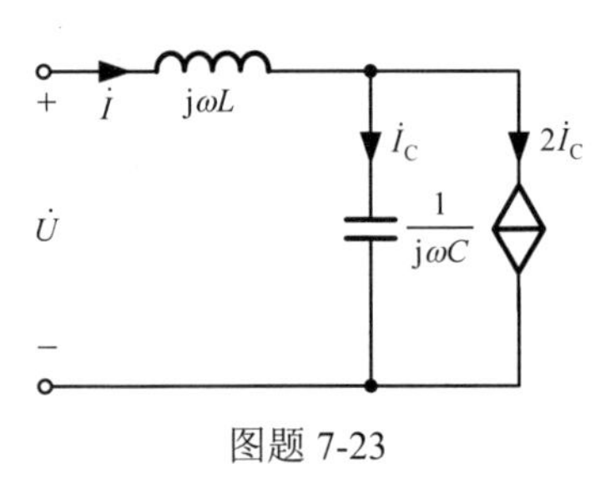

图题 7-23

7-24　图题 7-24 所示电路，$0<k<1$。求电路的固有谐振频率 f_0。

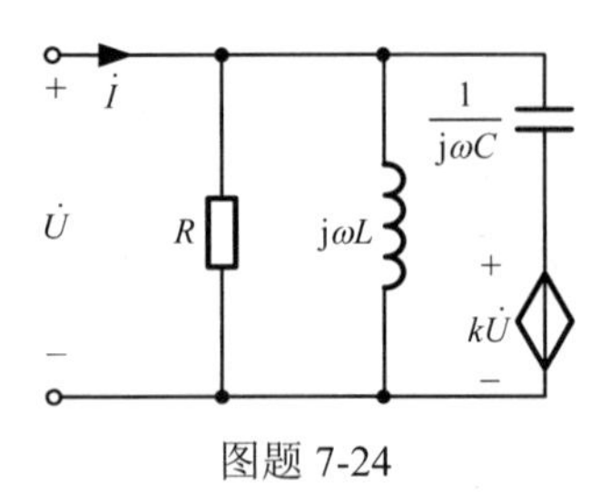

图题 7-24

7-25　图题 7-25 所示电路，$R_1=R_2=1\Omega$，$i_S(t)=10\sqrt{2}\cos t\mathrm{A}$，$U_0=U_1=U_2$，$P=50\mathrm{W}$，

求 C_0 、C 和 L。

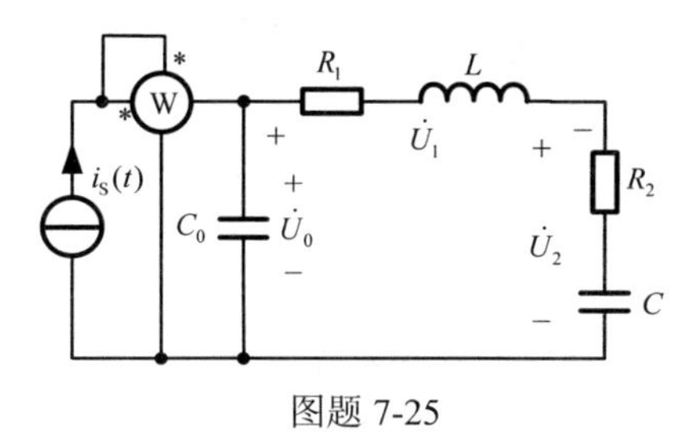

图题 7-25

7-26　图题 7-26 所示电路，$u(t)=200\sqrt{2}\cos(1000t)\text{V}$ 。求 L 的值为多大时，才能使 $i(t)=0$ ？

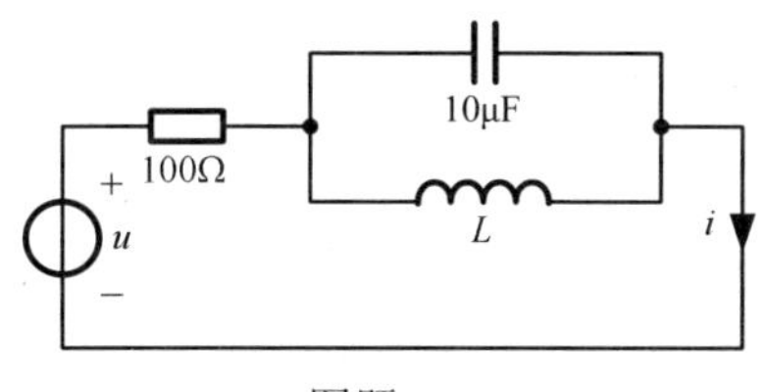

图题 7-26

7-27　图题 7-27 所示电路，$u(t)=[50+190\cos(1000t)]\text{V}$ 。求电压 $u_C(t)$ 及其有效值 U_C 。

7-28　图题 7-28 所示电路，$u(t)=[10+10\sqrt{2}\cos(\omega t)+5\sqrt{2}\cos(3\omega t+30°)]\text{V}$ ，$\omega L=10\Omega$ 。求电流 $i(t)$ 及其有效值 I ，并求电路吸收的平均功率 P。

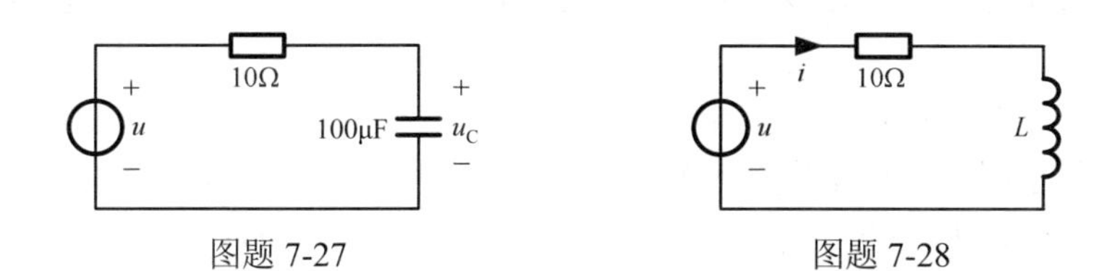

图题 7-27　　　　图题 7-28

7-29　现有某铁心线圈接在 $u=100\sqrt{2}\cos(\omega t)\text{V}$ 的交流电源上，流过线圈的电流 $i=[4\sqrt{2}\cos(\omega t-45°)+0.5\sqrt{2}\cos(3\omega t-70°)]\text{A}$ 。试计算电流 i 的等效正弦电流 i_{eq} 。

第 8 章　三相电路

三相电路是电力生产、变送和应用的主要形式。本章主要介绍三相电路的基本概念、对称三相电路的计算、不对称三相电路概念、三相电路的功率和测量。重点是对称三相电路，它常常化为单相电路来计算。

8.1　三相电路的基本概念

目前，各国的电力系统都采用三相制系统，这是由于三相制在发电、输电和用电方面都有许多优点。我们日常生活中所用的单相交流电，实际上是三相中的一相。

一、三相电源和三相负载

三相电路实际上是复杂正弦交流电路的一种特殊类型，主要由三相电源、三相负载和三相输电线路三部分组成。一般将三个频率相同、振幅相同、相位依次相差120° 的电压称为对称三相电压，能产生对称三相电压的电源称为对称三相电源。

三相交流发电机是一种应用最普遍的对称三相电源。图 8-1（a）是三相交流发电机的示意图，主要由定子和转子组成。转子是一对磁极，可以是永久磁铁或电磁铁。定子是不动的，定子的槽中嵌有三组线圈 AX、BY 和 CZ，分别称为 A 相、B 相和 C 相绕组，且将 A、B、C 称为始端，X、Y、Z 称为末端。各绕组的形状及匝数相同，在定子上彼此相隔120° 。工艺上可以保证，在转子与定子之间的圆周气隙中，定子外表面或转子外表面径向磁感应强度依照正弦函数分布。当原动机拖动转子以恒定角速度 ω 旋转时，在三相绕组中将产生振幅相同、频率相同而相位依次相差120° 的感应电压 u_A、u_B、u_C ，如图 8-1（b）所示。

三相电压 u_A、u_B、u_C 的表达式为

$$\begin{cases} u_A = \sqrt{2}U\cos(\omega t + \phi) \\ u_B = \sqrt{2}U\cos(\omega t + \phi - 120°) \\ u_C = \sqrt{2}U\cos(\omega t + \phi + 120°) \end{cases} \tag{8-1}$$

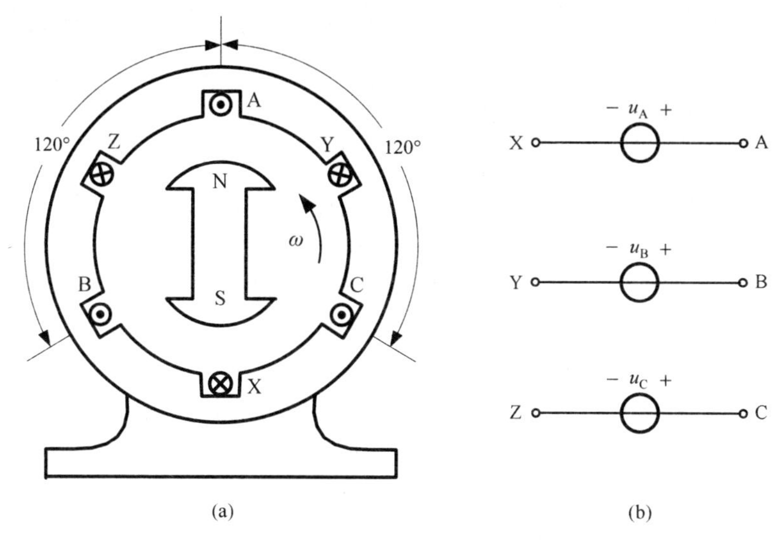

(a)　(b)

图 8-1　三相交流发电机示意图

对应的相量表达式为

$$\begin{cases}\dot{U}_A = U\angle\phi \\ \dot{U}_B = U\angle\phi - 120^\circ \\ \dot{U}_C = U\angle\phi + 120^\circ\end{cases} \quad (8\text{-}2)$$

各相电压的波形图和相量图如图 8-2 所示。根据式（8-1）和式（8-2）可得

$$u_A + u_B + u_C = 0$$

$$\dot{U}_A + \dot{U}_B + \dot{U}_C = 0$$

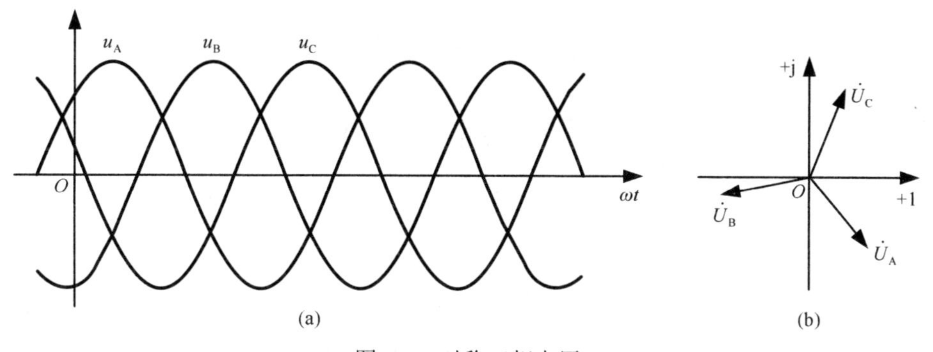

(a)　(b)

图 8-2　对称三相电压

可见，如果三相电压是对称的，则各相电压的瞬时值之和为零，各相电压相量之和为零。

在应用相量法分析三相电路时，为了方便，引入单位相量算子$a = 1\angle 120°$，以a乘某一相量，相当于在复平面上将此相量逆时针旋转$120°$。因此，若已知$\dot{U}_A$，则根据对称三相电压的对称性有

$$\dot{U}_B = a^2\dot{U}_A \qquad \dot{U}_C = a\dot{U}_A$$

在三相电路中，三个电压达到最大值的先后顺序称为相序。图 8-2 所示波形中出现最大值的顺序依次为$A \to B \to C \to A$，因此它的相序为A－B－C，称为顺序或正序。反之，三个电压达到最大值的先后顺序为$A \leftarrow B \leftarrow C \leftarrow A$，称为逆序或负序。对于三相电压的相序，以后如不加说明，都认为是正序。

在三相电路中，负载一般也是三相的，即由三个部分组成，每一部分称为负载的一相。如果三相负载的各相阻抗相等，则称为对称三相负载。例如三相交流电动机就是一种对称三相负载。三相负载也可以由三个不同阻抗的单相负载（如灯泡、洗衣机等）组成，构成不对称三相负载。

二、三相电路的联接方式

在三相电路中，三相电源及三相负载都有两种联接方式：星形（Y）和三角形（△）联接。

电源的星形联接方式是把三个对称电压源的末端 X、Y、Z 连在一起，形成一个中性点，记为 N，另外从三个始端 A、B、C 引出三条线与输电线相连。三相负载的星形联接与三相电源的星形联接类似。图 8-3 所示的三相电路中，电源和负载都是星形联接。

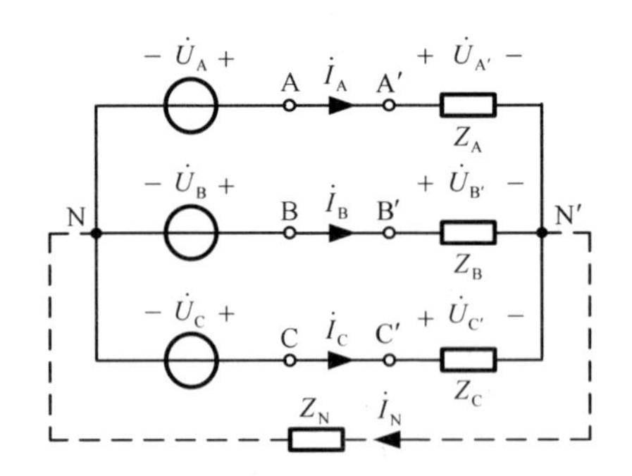

图 8-3　电源和负载均为星形联接的三相电路

三相电源星形联接的中性点 N 与三相负载的中性点N′之间的连线称为中性线或中线或零线，从始端引出的三根导线称为端线或火线。具有三根端线及一根中性线的三相电路称为三相四线制电路；如果只接三根端线而不接中性线，则称为三相三线制电路。

在三相电路中，电源或负载各相的电压称为相电压。例如图 8-3 所示的三相电路中，$\dot{U}_{A}$、$\dot{U}_{B}$、$\dot{U}_{C}$ 为电源相电压，$\dot{U}_{A'}$、$\dot{U}_{B'}$、$\dot{U}_{C'}$ 为负载相电压。端线之间的电压称为线电压，例如 $\dot{U}_{AB}$、$\dot{U}_{BC}$、$\dot{U}_{CA}$ 是电源端的线电压，$\dot{U}_{A'B'}$、$\dot{U}_{B'C'}$、$\dot{U}_{C'A'}$ 是负载端的线电压。注意：在工程中，如不加说明，三相电路的电压都是指线电压，且为有效值。

流过各相电源或负载的电流称为相电流，流过各端线的电流称为线电流，流过中性线的电流称为中性线电流。

当电源或负载为星形联接时，线电流等于对应的相电流。例如图 8-3 中的电流 $\dot{I}_{A}$、$\dot{I}_{B}$、$\dot{I}_{C}$ 既是相电流，也是线电流。线电压等于两个相对应的相电压之差。在图 8-3 中的电源一侧，若三相电源是对称的，则各线电压为

$$\begin{cases}\dot{U}_{AB}=\dot{U}_{A}-\dot{U}_{B}=\dot{U}_{A}-a^{2}\dot{U}_{A}=\sqrt{3}\dot{U}_{A}\angle 30^{\circ}\\ \dot{U}_{BC}=\dot{U}_{B}-\dot{U}_{C}=\dot{U}_{B}-a^{2}\dot{U}_{B}=\sqrt{3}\dot{U}_{B}\angle 30^{\circ}\\ \dot{U}_{CA}=\dot{U}_{C}-\dot{U}_{A}=\dot{U}_{C}-a^{2}\dot{U}_{C}=\sqrt{3}\dot{U}_{C}\angle 30^{\circ}\end{cases}\qquad(8\text{-}3)$$

线电压与相电压的相量图如图 8-4 所示，可见线电压也是三相对称的。由式（8-3）可知，若用 U_{L} 和 U_{P} 分别表示线电压和相电压的有效值，则有

$$U_{L}=\sqrt{3}U_{P}$$

即线电压是相电压的 $\sqrt{3}$ 倍。由式（8-3）还可知，线电压超前相应的相电压 30°。以上分析结果对于星形联接的对称三相负载也同样适用。

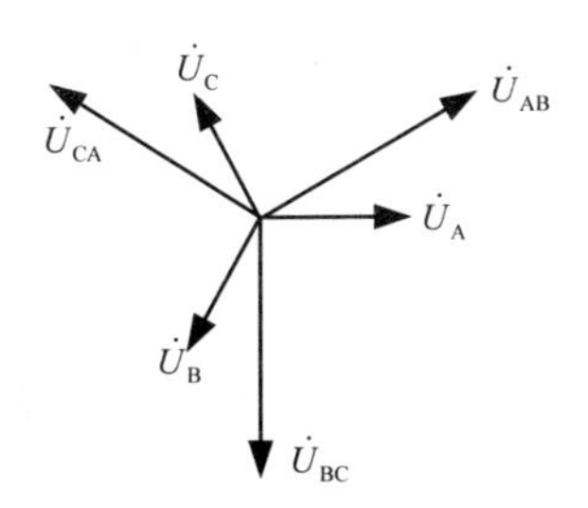

图 8-4　星形联接对称三相电源线电压和相电压的相量图

三角形联接方式是把三个电压源的始、末端依次相连，再从三个联接点引出三个端钮与输电线相连，显然这种连接方式无中性点。三相负载的三角形联接与之类似。在图 8-5 所示的三相电路中，三相电源和三相负载都是三角形联接的。

当电源或负载采用三角形联接时，线电压等于相对应的相电压。线电流等于两个相对应的相电流之差。在图 8-5 中的负载一侧，若三相电源和三相负载都是对称的，则三相负载的相电流为

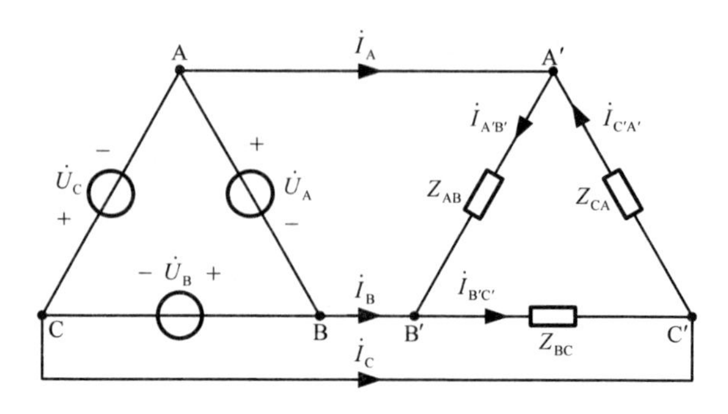

图 8-5 电源和负载均为三角形联接的三相电路

$$\begin{cases} \dot{I}_{A'B'} = \dfrac{\dot{U}_{A'B'}}{Z} \\ \dot{I}_{B'C'} = \dfrac{\dot{U}_{B'C'}}{Z} = \dfrac{a^2\dot{U}_{A'B'}}{Z} = a^2\dot{I}_{A'B'} \\ \dot{I}_{C'A'} = \dfrac{\dot{U}_{C'A'}}{Z} = \dfrac{a\dot{U}_{A'B'}}{Z} = a\dot{I}_{A'B'} \end{cases} \tag{8-4}$$

式中，Z 为对称三相负载的阻抗。根据式（8-4）可以得出相电流是三相对称的。根据线电流等于两个相对应的相电流之差，得

$$\begin{cases} \dot{I}_A = \dot{I}_{A'B'} - \dot{I}_{C'A'} = (1-a)\dot{I}_{A'B'} = \sqrt{3}\dot{I}_{A'B'} \angle -30^\circ \\ \dot{I}_B = \dot{I}_{B'C'} - \dot{I}_{A'B'} = (1-a)\dot{I}_{B'C'} = \sqrt{3}\dot{I}_{B'C'} \angle -30^\circ \\ \dot{I}_C = \dot{I}_{C'A'} - \dot{I}_{B'C'} = (1-a)\dot{I}_{C'A'} = \sqrt{3}\dot{I}_{C'A'} \angle -30^\circ \end{cases} \tag{8-5}$$

线电流和相电流的相量图如图 8-6 所示，可见线电流也是三相对称的。由式（8-5）可知，若用 I_L 和 I_P 分别表示线电流和相电流的有效值，则有

$$I_L = \sqrt{3}I_P$$

即线电流是相电流的 $\sqrt{3}$ 倍。由式（8-5）还可知，线电流滞后相应的相电流 30°。

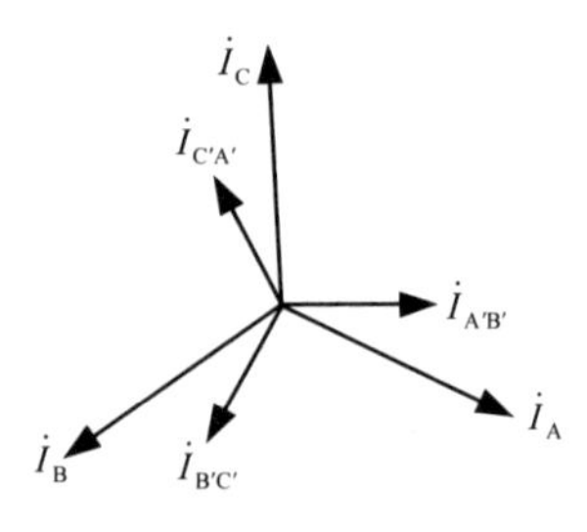

图 8-6 三角形联接三相负载线电流和相电流的相量图

三相电源和三相负载都有两种联接方式，彼此组合起来可形成四种基本的联接类型，分别为 Y－Y 联接、Y－△联接、△－Y 联接和△－△联接。

Y－Y 联接，即电源和负载均为 Y 形联接，又分为无中线的三相三线制系统和有中线的三相四线制系统。为了加以区别，将这两种情况分别称为 Y－Y 联接和 Y_0－Y_0 联接。

Y－△联接，即电源为 Y 联接，负载为△联接。

△－Y 联接，即电源为△联接，负载为 Y 联接。

△－△联接，即电源和负载均为△联接。

三相电路有对称电路和非对称电路之分。对称三相电路是指电源、线路和负载均对称，而不对称三相电路一般是由负载引起的。通常三相电源是不允许不对称的，所以对称三相电源往往简称三相电源。在实际三相电路中，三相电源是对称的，三条端线传输线的端线阻抗是相等的，但三相负载却不一定是相等的。

8.2　对称三相电路的分析

对称三相电路是由对称三相电源、对称三相负载以及对称三相线路组成的电路。在对称三相电路中如果有中线，中线的阻抗不一定与端线的阻抗相等。三相电路的分析和计算离不开正弦稳态电路的一般分析方法，但对于对称三相电路，可根据电路的对称性，用简便的一相计算法进行求解。

一、简单对称三相电路

只含有一个对称三相负载的对称三相电路称为简单的对称三相电路。下面通过举例来说明这种电路的分析方法。

例 8-1　在图 8-7 所示的 Y_0－Y_0 联接的对称三相电路中，Z 为负载阻抗，Z_L 为线路阻抗，Z_N 为中性线阻抗。试求负载的相电流、相电压以及中性线电流。

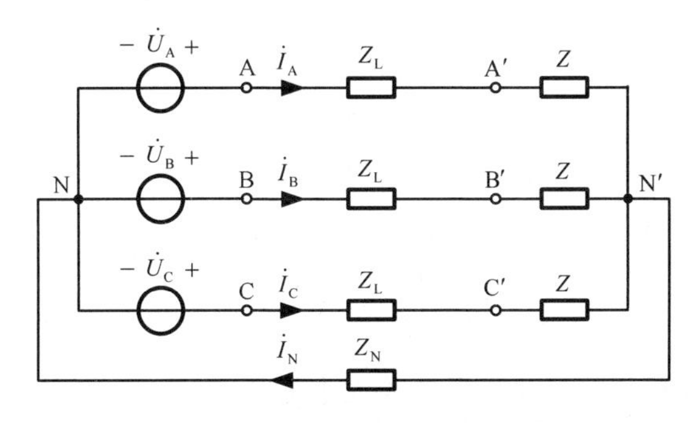

图 8-7　Y_0－Y_0 联接的对称三相电路

解：选择 N 点为参考结点，由结点法可得

$$\left(\frac{3}{Z_{\mathrm{L}}+Z}+\frac{1}{Z_{\mathrm{N}}}\right)\dot{U}_{\mathrm{N'N}}=\frac{\dot{U}_{\mathrm{A}}}{Z_{\mathrm{L}}+Z}+\frac{\dot{U}_{\mathrm{B}}}{Z_{\mathrm{L}}+Z}+\frac{\dot{U}_{\mathrm{C}}}{Z_{\mathrm{L}}+Z}$$

故

$$\dot{U}_{\mathrm{N'N}}=\frac{\frac{1}{Z_{\mathrm{L}}+Z}(\dot{U}_{\mathrm{A}}+\dot{U}_{\mathrm{B}}+\dot{U}_{\mathrm{C}})}{\frac{3}{Z_{\mathrm{L}}+Z}+\frac{1}{Z_{\mathrm{N}}}}=0 \tag{8-6}$$

式（8-6）中，由于$\dot{U}_{\mathrm{A}}+\dot{U}_{\mathrm{B}}+\dot{U}_{\mathrm{C}}=0$，故有$\dot{U}_{\mathrm{N'N}}=0$，且与$Z_{\mathrm{N}}$无关，即有无中性线并不影响$\dot{U}_{\mathrm{N'N}}$等于零。$\dot{U}_{\mathrm{N'N}}$等于零说明两中性点 N′ 与 N 电位相等，因此在计算时可以用一条短接线将 N′ 与 N 两点连接起来，于是每相电路都与 N′N 短路连线构成一个独立回路，使各相的计算具有独立性。这样，对称三相电路的计算可以就其中的一相（例如 A 相）进行计算。A 相计算电路如图 8-8 所示，注意图中中性点 N′ 与 N 之间的短接线并不是中性线。根据此一相计算电路可以求出一相中的电流及各元件电压，再根据电路的对称性，写出另外两相中的电流及各元件电压。这种方法称为一相计算法。

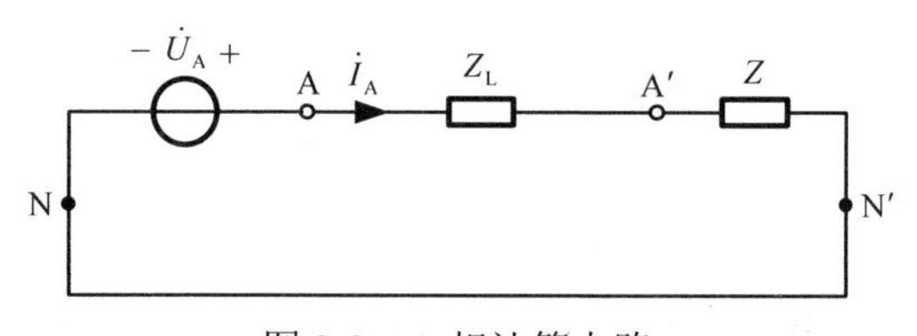

图 8-8　A 相计算电路

由图 8-8 可得

$$\dot{I}_{\mathrm{A}}=\frac{\dot{U}_{\mathrm{A}}}{Z_{\mathrm{L}}+Z}\qquad\qquad \dot{U}_{\mathrm{A'N'}}=Z\dot{I}_{\mathrm{A}}$$

根据对称性可得

$$\dot{I}_{\mathrm{B}}=a^2\dot{I}_{\mathrm{A}}\qquad\qquad \dot{U}_{\mathrm{B'N'}}=a^2\dot{U}_{\mathrm{A'N'}}$$

$$\dot{I}_{\mathrm{C}}=a\dot{I}_{\mathrm{A}}\qquad\qquad \dot{U}_{\mathrm{C'N'}}=a\dot{U}_{\mathrm{A'N'}}$$

由图 8-7 和式（8-6）可得

$$\dot{I}_{\mathrm{N}}=\frac{\dot{U}_{\mathrm{N'N}}}{Z_{\mathrm{N}}}=0$$

即中性线电流恒为零，与中性线阻抗的大小无关。

无中性线的 Y－Y 联接的对称三相电路的计算与 $\mathrm{Y_0}$－$\mathrm{Y_0}$ 联接的对称三相电路

的计算一样，均可化为一相电路计算。

对于 Y－△联接的对称三相电路，先将△联接的负载等效变换为 Y 联接的负载，这样，原三相电路就可以等效为 Y－Y 联接的对称三相电路。

对于△－Y 联接的对称三相电路，先将△联接的电源等效变换为 Y 联接的电源，如图 8-9 所示，等效变换的条件为对应的线电压相等，于是有等效关系式

$$\dot{U}_{\mathrm{A}}=\frac{1}{\sqrt{3}}\dot{U}_{\mathrm{AB}}\ \underline{\angle -30^\circ}\qquad \dot{U}_{\mathrm{B}}=\frac{1}{\sqrt{3}}\dot{U}_{\mathrm{BC}}\ \underline{\angle -30^\circ}\qquad \dot{U}_{\mathrm{C}}=\frac{1}{\sqrt{3}}\dot{U}_{\mathrm{CA}}\ \underline{\angle -30^\circ}$$

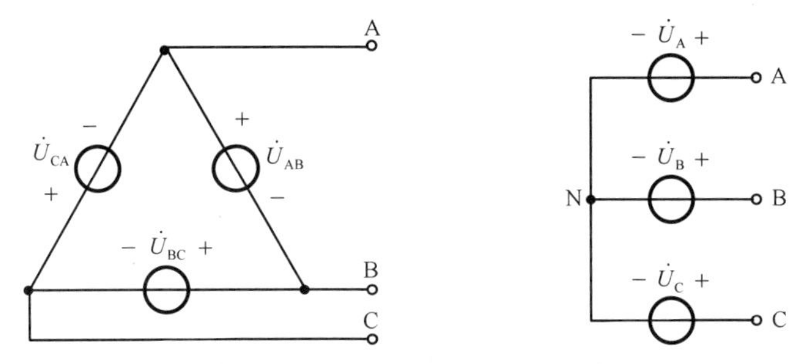

图 8-9　△联接电源等效为 Y 联接电源

这样，原三相电路就可以等效为 Y－Y 联接的对称三相电路。

对于△－△联接的对称三相电路，有两种计算方法。方法一：化为 Y－Y 联接的对称三相电路进行计算。方法二：先求出一相的相电流；再根据三相电路的对称性，写出另外两相的相电流；最后，根据线电流与相电流的关系，写出各线电流。

例 8-2　图 8-10 所示为△－△联接对称三相电路。已知电源的线电压为 380V，负载阻抗 $Z=10\underline{\angle 45^\circ}\ \Omega$，求各线电流。

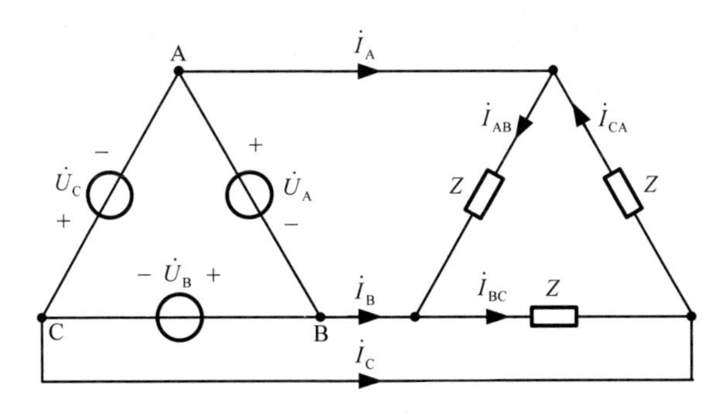

图 8-10　△－△联接对称三相电路

解：根据已知条件，可设 $\dot{U}_{\mathrm{AB}}=380\underline{\angle 0^\circ}\mathrm{V}$，则

$$\dot{I}_{AB}=\frac{\dot{U}_{AB}}{Z}=\frac{380\angle 0^\circ}{10\angle 45^\circ}=38\angle -45^\circ\ \text{A}$$

根据对称性有

$$\dot{I}_{BC}=38\angle -165^\circ\ \text{A} \qquad \dot{I}_{CA}=38\angle 75^\circ\ \text{A}$$

根据线电流与相电流的关系，可得

$$\dot{I}_{A}=\sqrt{3}\dot{I}_{AB}\angle -30^\circ=38\sqrt{3}\angle -75^\circ=65.82\angle -75^\circ\ \text{A}$$

根据对称性有

$$\dot{I}_{B}=65.82\angle -195^\circ\ \text{A}=65.82\angle 165^\circ\ \text{A} \qquad \dot{I}_{C}=65.82\angle 45^\circ\ \text{A}$$

二、复杂对称三相电路

含有多个对称三相负载的对称三相电路称为复杂对称三相电路，分析这种电路的基本步骤为：

（1）分别将电源、负载等效变换为星形联接的电源、负载。

（2）将电源的中性点与各负载的中性点短接，画出一相计算电路，用一相计算法求出一相中的电流以及各电压值。

（3）根据对称性求出其余两相的电流以及各电压值。

例 8-3 在图 8-11（a）所示电路中，已知 $Z_1=(3+\text{j}4)\Omega$，$Z_2=(9-\text{j}12)\Omega$，$Z_L=(0.3+\text{j}0.5)\Omega$，端子 A、B、C 接于对称三相电源，电源的线电压为 380V。试求电流 $\dot{I}_{A1}$、$\dot{I}_{A2}$ 和 $\dot{I}_A$。

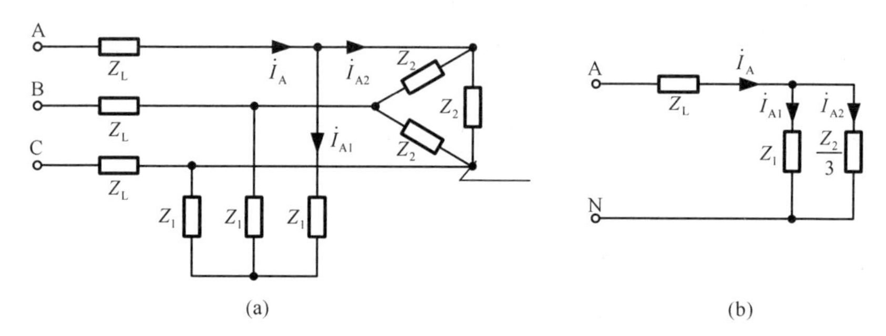

图 8-11 例 8-3 图

解：用一相计算法求解。先画出 A 相计算电路，如图 8-11（b）所示。在图 8-11（b）中，已将三角形负载等效变换为星形负载，并将两组星形负载的中性点连接到电源的中性点 N。

设 $\dot{U}_{AN}=220\angle 0^\circ\ \text{V}$，电路的总阻抗为

$$Z=Z_L+Z_1//\frac{Z_2}{3}=0.3+\text{j}0.5+\frac{(3+\text{j}4)(3-\text{j}4)}{3+\text{j}4+3-\text{j}4}=4.49\angle 6.38^\circ\ \Omega$$

于是可以求得

$$\dot{I}_{\mathrm{A}}=\frac{\dot{U}_{\mathrm{AN}}}{Z}=\frac{220\angle 0^{\circ}}{4.49\angle 6.38^{\circ}}=49.0\angle -6.38^{\circ}\ \mathrm{A}$$

$$\dot{I}_{\mathrm{A1}}=\frac{\dfrac{Z_2}{3}}{Z_1+\dfrac{Z_2}{3}}\dot{I}_{\mathrm{A}}=\frac{3-\mathrm{j}4}{3+\mathrm{j}4+3-\mathrm{j}4}\times 49.0\angle -6.38^{\circ}=40.83\angle -59.51^{\circ}\ \mathrm{A}$$

$$\dot{I}_{\mathrm{A2}}=\frac{Z_1}{Z_1+\dfrac{Z_2}{3}}\dot{I}_{\mathrm{A}}=\frac{3+\mathrm{j}4}{3+\mathrm{j}4+3-\mathrm{j}4}\times 49.0\angle -6.38^{\circ}=40.83\angle 46.75^{\circ}\ \mathrm{A}$$

8.3　不对称三相电路的分析

在三相电路中，只要有一部分不对称，此电路就为不对称三相电路。例如：在民用供电系统中，每个家庭用户的用电设备是分别使用单相供电的，很难把它们配成对称的情况；对称三相电路的某一端线断开，或某一相负载发生短路或开路，它就失去了对称性，成为不对称三相电路。而且有一些电气设备正是利用不对称三相电路的特性工作的。不对称三相电路不能像对称三相电路那样用一相计算法进行计算，应该作为一般的正弦稳态电路进行分析，通常采用结点法求解。本节只简要地介绍由于负载不对称而引起的一些特点。

下面以 Y－Y 联接三相电路为例分析不对称三相电路的特点。图 8-12（a）所示三相电路中，电源是三相对称的，但三相负载不对称。根据结点法可求得两个中性点之间的电压为

$$\dot{U}_{\mathrm{N'N}}=\frac{\dfrac{\dot{U}_{\mathrm{A}}}{Z_{\mathrm{A}}}+\dfrac{\dot{U}_{\mathrm{B}}}{Z_{\mathrm{B}}}+\dfrac{\dot{U}_{\mathrm{C}}}{Z_{\mathrm{C}}}}{\dfrac{1}{Z_{\mathrm{A}}}+\dfrac{1}{Z_{\mathrm{B}}}+\dfrac{1}{Z_{\mathrm{C}}}+\dfrac{1}{Z_{\mathrm{N}}}} \tag{8-7}$$

由于负载不对称，一般情况下有

$$\dot{U}_{\mathrm{N'N}}\neq 0$$

即 N′ 点和 N 点电位不同。

此时负载各相电压为

$$\begin{cases}\dot{U}_{\mathrm{AN'}}=\dot{U}_{\mathrm{A}}-\dot{U}_{\mathrm{N'N}}\\ \dot{U}_{\mathrm{BN'}}=\dot{U}_{\mathrm{B}}-\dot{U}_{\mathrm{N'N}}\\ \dot{U}_{\mathrm{CN'}}=\dot{U}_{\mathrm{C}}-\dot{U}_{\mathrm{N'N}}\end{cases} \tag{8-8}$$

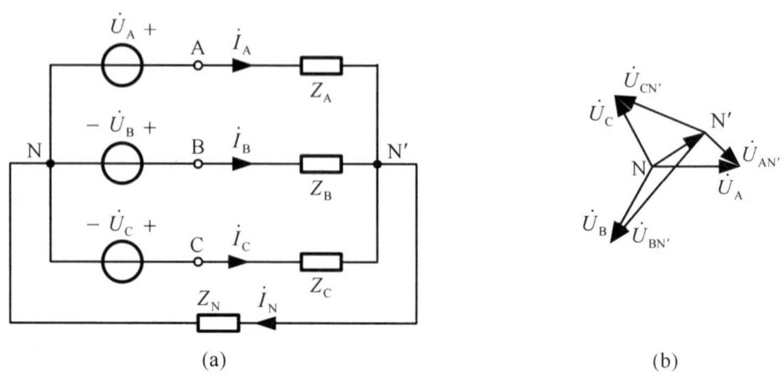

图 8-12 不对称三相电路

根据式（8-8）可定性画出负载的电压相量图，如图 8-12（b）所示。从该相量图可以清楚地看出：N′点和 N 点不重合，这一现象称为中性点位移。中性点位移越大，则负载相电压的不对称情况越严重，从而可能使负载的工作不正常。

图 8-12（a）所示的三相电路，由于各相的工作相互关联，某一相的负载变动，对其他两相都有影响。如果 $Z_N \approx 0$，则可强使 $\dot{U}_{N'N} \approx 0$。在此条件下，尽管负载不对称，可强使各相保持独立性，如果负载发生变动，彼此不会影响，因而各相可以分别独立计算。由此可见，在负载不对称的情况下，中性线的存在是非常重要的，它能起到保证安全供电的作用。在低压供电系统中广泛采用三相四线制，并且规定中性线上不准装熔断器，确保中性线不会断开。

由于线电流不对称，中性线的电流一般不为零，即

$$\dot{I}_N = \dot{I}_A + \dot{I}_B + \dot{I}_C \neq 0$$

例 8-4 电路如图 8-13 所示，已知三相电源的线电压为 380V，负载阻抗 $Z = 19\Omega$。试求 A 相负载短路时各相负载的电压和电流。

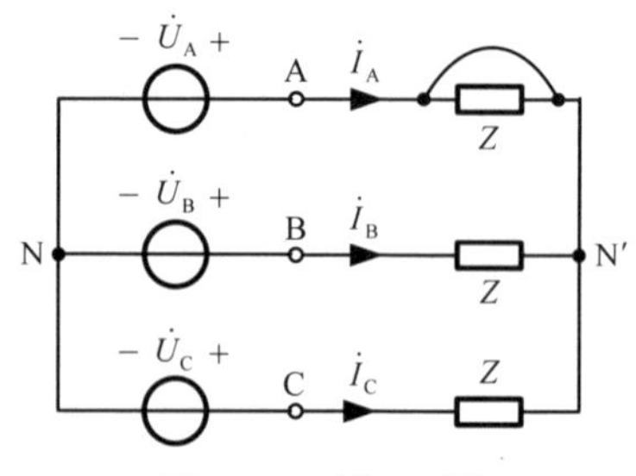

图 8-13 例 8-4 图

解：设 $\dot{U}_A = 220\angle 0^\circ$ V。当 A 相负载短路时，有

$$\dot{U}_{AN'} = 0$$

$$\dot{U}_{BN'}=\dot{U}_{BA}=-\dot{U}_{AB}=-380\angle 30^\circ=380\angle -150^\circ\ \text{V}$$

$$\dot{U}_{CN'}=\dot{U}_{CA}=380\angle 150^\circ\ \text{V}$$

$$\dot{I}_B=\frac{\dot{U}_{BN'}}{Z}=\frac{380\angle -150^\circ}{19}=20\angle -150^\circ\ \text{A}$$

$$\dot{I}_C=\frac{\dot{U}_{CN'}}{Z}=\frac{380\angle 150^\circ}{19}=20\angle 150^\circ\ \text{A}$$

$$\dot{I}_A=-\dot{I}_B-\dot{I}_C=-34.64\angle 0^\circ\ \text{A}$$

例 8-5　图 8-14 所示的电路是由不对称三相负载构成的相序指示仪。R 为灯泡的电阻。如果选取 $\frac{1}{\omega C}=R$，试说明如何根据灯泡的亮度确定相序。

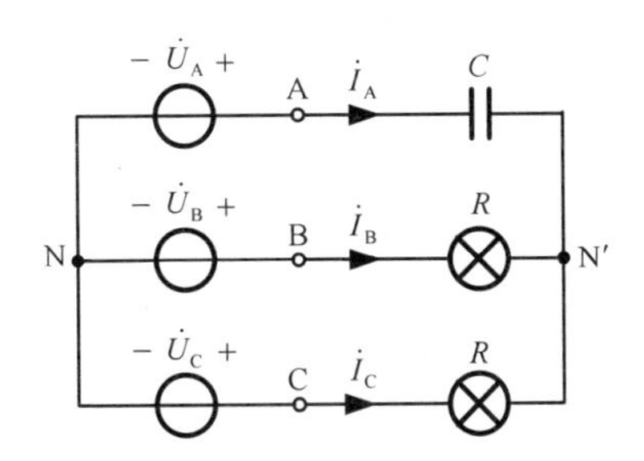

图 8-14　相序指示仪

解：设 $\dot{U}_A=U\angle 0^\circ$ V，由结点法可得

$$\dot{U}_{N'N}=\frac{j\omega C\dot{U}_A+\frac{\dot{U}_B}{R}+\frac{\dot{U}_C}{R}}{j\omega C+\frac{1}{R}+\frac{1}{R}}=\frac{j\frac{1}{R}\dot{U}_A+\frac{\dot{U}_B}{R}+\frac{\dot{U}_C}{R}}{j\frac{1}{R}+\frac{1}{R}+\frac{1}{R}}=0.63U\angle 108.4^\circ\ \text{V}$$

B 相的电压为

$$\dot{U}_{BN'}=\dot{U}_{BN}-\dot{U}_{N'N}=U\angle -120^\circ-0.63U\angle 108.4^\circ=1.5U\angle -101.5^\circ\ \text{V}$$

C 相的电压为

$$\dot{U}_{CN'}=\dot{U}_{CN}-\dot{U}_{N'N}=U\angle 120^\circ-0.63U\angle 108.4^\circ=0.4U\angle 138.4^\circ\ \text{V}$$

可见，B 相负载上的电压较高，灯泡较亮，C 相负载上的电压低得多，灯泡较暗，由此可区分出相序。

上述相序指示仪中的电容还可以用电感代替，条件是 $\omega L=R$，结果是灯较暗的一相是 B 相，灯较亮的一相是 C 相。请读者自行验算。

8.4 三相电路的功率

一、三相电路功率的基本概念

三相电源或三相负载的瞬时功率等于各相瞬时功率之和，即

$$p = p_A + p_B + p_C$$

设对称三相电路中各相的电压和电流取关联的参考方向，且取 A 相的相电压和相电流为参考正弦量，即

$$u_A = \sqrt{2}U\cos(\omega t) \qquad i_A = \sqrt{2}I\cos(\omega t - \varphi)$$

则三相电源或三相负载的各相瞬时功率分别为

$$\begin{aligned} p_A &= u_A i_A = \sqrt{2}U\cos(\omega t)\times\sqrt{2}I\cos(\omega t-\varphi) \\ &= UI[\cos\varphi + \cos(2\omega t - \varphi)] \\ p_B &= u_B i_B = \sqrt{2}U\cos(\omega t - 120°)\times\sqrt{2}I\cos(\omega t-\varphi-120°) \\ &= UI[\cos\varphi + \cos(2\omega t - \varphi - 240°)] \\ p_C &= u_C i_C = \sqrt{2}U\cos(\omega t + 120°)\times\sqrt{2}I\cos(\omega t-\varphi+120°) \\ &= UI[\cos\varphi + \cos(2\omega t - \varphi + 240°)] \end{aligned}$$

它们的和为

$$p = p_A + p_B + p_C = 3UI\cos\varphi$$

此式表明，对称三相电路的瞬时功率是一个常量，这是对称三相电路的一个优越性能。习惯上把这一性能称为瞬时功率平衡。对于三相发电机或三相电动机而言，瞬时功率不随时间变化，意味着机械转矩不随时间变化，这样可以避免它们在运转时因转矩变化而产生的振动。

在三相电路中，三相电源（或负载）的平均功率是其各相的平均功率之和，即

$$P = P_A + P_B + P_C = U_A I_A\cos\varphi_A + U_B I_B\cos\varphi_B + U_C I_C\cos\varphi_C$$

式中：U_A、U_B、U_C 为各相电压有效值；I_A、I_B、I_C 为各相电流有效值；φ_A、φ_B、φ_C 分别为 A 相、B 相、C 相的相电压和相电流之间的相位差。

在对称三相电路中，三相电源（或负载）的平均功率为

$$P = 3U_P I_P\cos\varphi = \sqrt{3}U_L I_L\cos\varphi$$

式中：φ 为相电压和相电流之间的相位差，而不是线电压和线电流之间的相位差。对于三相负载来说，φ 就是负载的阻抗角。

类似地，三相电源（或负载）的无功功率是其各相的无功功率之和，即

$$Q = Q_A + Q_B + Q_C = U_A I_A\sin\varphi_A + U_B I_B\sin\varphi_B + U_C I_C\sin\varphi_C$$

在对称三相电路中，三相电源（或负载）的无功功率为

$$Q = 3U_{\mathrm{P}} I_{\mathrm{P}} \sin\varphi = \sqrt{3} U_{\mathrm{L}} I_{\mathrm{L}} \sin\varphi$$

在对称三相电路中，三相电源（或负载）的视在功率为

$$S = 3U_{\mathrm{P}} I_{\mathrm{P}} = \sqrt{3} U_{\mathrm{L}} I_{\mathrm{L}}$$

二、三相电路功率的测量

在三相三线制电路中，不论对称与否，都可以使用两个功率表进行三相电路功率的测量（称为二功率表法）。两个功率表的一种连接方式如图 8-15 所示。使线电流从“*”端分别流入两个功率表的电流线圈（图示为 $\dot{I}_{\mathrm{A}}$、$\dot{I}_{\mathrm{B}}$），电压线圈的非“*”端共同接到非电流线圈所在的第 3 条端线上（图示为 C 端线）。可以看出，这种测量方法中功率表的接线只触及端线，而与负载和电源的连接方式无关。

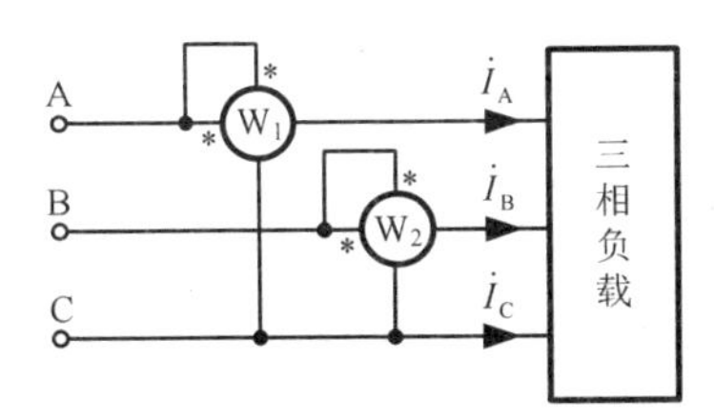

图 8-15 二功率表法测量三相三线制电路平均功率

可以证明图 8-15 中两个功率表读数的代数和为三相三线制中右侧电路吸收的平均功率。

假定三相负载为星型联接，中性点为 N′（对于三角形联接的负载，可以等效变换为星形联接的负载）；设两个功率表的读数分别为 P_1 和 P_2，根据功率表的工作原理，有

$$P_1 = \mathrm{Re}[\dot{U}_{\mathrm{AC}} \dot{I}_{\mathrm{A}}^*] \qquad P_2 = \mathrm{Re}[\dot{U}_{\mathrm{BC}} \dot{I}_{\mathrm{B}}^*]$$

所以

$$\begin{aligned}
P_1 + P_2 &= \mathrm{Re}[\dot{U}_{\mathrm{AC}} \dot{I}_{\mathrm{A}}^* + \dot{U}_{\mathrm{BC}} \dot{I}_{\mathrm{B}}^*] \\
&= \mathrm{Re}[(\dot{U}_{\mathrm{AN'}} - \dot{U}_{\mathrm{CN'}}) \dot{I}_{\mathrm{A}}^* + (\dot{U}_{\mathrm{BN'}} - \dot{U}_{\mathrm{CN'}}) \dot{I}_{\mathrm{B}}^*] \\
&= \mathrm{Re}[\dot{U}_{\mathrm{AN'}} \dot{I}_{\mathrm{A}}^* + \dot{U}_{\mathrm{BN'}} \dot{I}_{\mathrm{B}}^* + \dot{U}_{\mathrm{CN'}} (-\dot{I}_{\mathrm{A}}^* - \dot{I}_{\mathrm{B}}^*)] \\
&= \mathrm{Re}[\dot{U}_{\mathrm{AN'}} \dot{I}_{\mathrm{A}}^* + \dot{U}_{\mathrm{BN'}} \dot{I}_{\mathrm{B}}^* + \dot{U}_{\mathrm{CN'}} \dot{I}_{\mathrm{C}}^*] \\
&= \mathrm{Re}[\dot{U}_{\mathrm{AN'}} \dot{I}_{\mathrm{A}}^*] + \mathrm{Re}[\dot{U}_{\mathrm{BN'}} \dot{I}_{\mathrm{B}}^*] + \mathrm{Re}[\dot{U}_{\mathrm{CN'}} \dot{I}_{\mathrm{C}}^*] \\
&= P_{\mathrm{A}} + P_{\mathrm{B}} + P_{\mathrm{C}}
\end{aligned}$$

在三相四线制情况下，如果电路是三相对称的，则可以用一个功率表进行三相电路功率的测量（称为一功率表法），如图 8-16 所示。此时功率表测量的平均功率的三倍就是三相负载的功率。对于不对称三相四线制电路，由于

$\dot{I}_A+\dot{I}_B+\dot{I}_C\neq0$，所以不能用一功率表法或二功率表法来测量三相电路的功率，而要用三个功率表来测量（称为三功率表法），如图 8-17 所示。

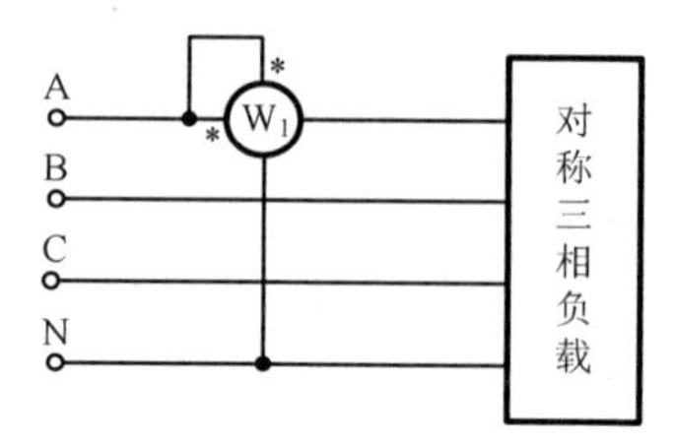

图 8-16　一功率表法测量对称三相四线制电路平均功率

例 8-6　图 8-18 所示对称三相电路中，已知 $\dot{U}_{AB}=380\angle0°$ V，$\dot{I}_A=2\angle-60°$ A，则功率表的读数各为多少？三相负载的总功率为多少？

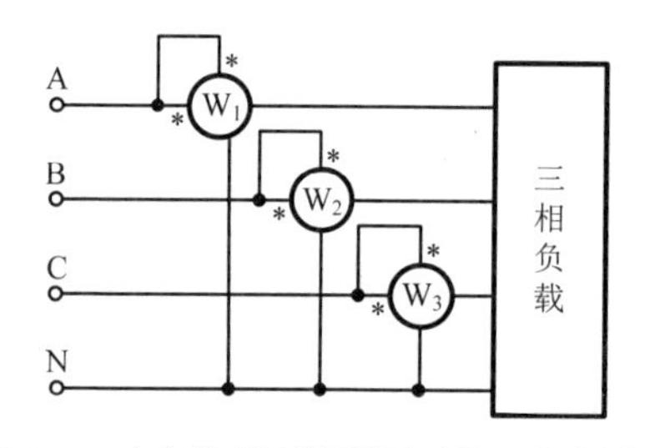

图 8-17　三功率表法测量不对称三相四线制电路平均功率

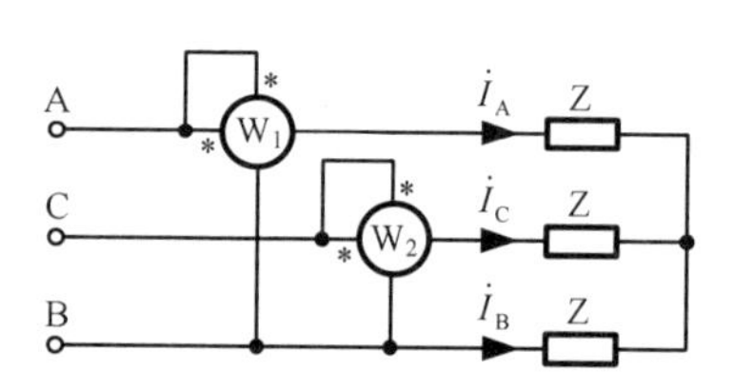

图 8-18　例 8-6 图

解：根据三相电源对称性得

$$\dot{U}_{BC}=380\angle-120°\ \text{V}$$
$$\dot{U}_{CB}=380\angle60°\ \text{V}$$
$$\dot{I}_C=2\angle60°\ \text{A}$$

各功率表读数为

$$P_1=U_{AB}I_A\cos\varphi_1=380\times2\times\cos(0-(-60°))=380\text{W}$$
$$P_2=U_{CB}I_C\cos\varphi_2=380\times2\times\cos(60°-60°)=760\text{W}$$

三相负载的总功率为

$$P=P_1+P_2=380+760=1140\text{W}$$

8.5　应用实例：电力系统简介

电力系统主要由发电厂、输电线路、配电系统及负荷组成，通常覆盖广阔的地域。发电厂将原始能源转换为电能，经过输电线路送至配电系统，再由配电系统把电能分配给负荷，由上述四个部分组成的统一整体叫做电力系统。

发电方式按能源划分有火力发电、水力发电、核能发电、风力发电、地热发电、太阳能发电、潮汐发电等。处于研究阶段的有磁流体发电、燃料发电等。

大多数发电厂利用三相同步发电机来发电。一个发电厂中往往安装多台发电机并联运行，根据负载的情况决定发电机运行的台数，这样就可以达到既满足负载要求，又能降低发电成本的目的。

由于输送与分配电能的需要，电力系统由多个层次的电压等级组成，这些不同的电压等级是由国家规定的标准电压，又称额定电压。制定标准电压的依据是：三相功率正比于线电压与线电流的乘积。当输送功率一定时，输电电压越高，则输电电流越小，因而所用的导线截面积愈小，从而线路投资愈小；但电压愈高对绝缘的要求愈高，杆塔、变压器、断路器的绝缘投资也愈高。因而对应于一定的输送功率和输送距离应有一最佳的输电电压。但从设备制造的经济性以及运用时便于代换的角度出发，标准电压必须规格化、系列化，且等级不宜过多。

我国国家标准规定的电力网的标准电压有 3kV、6kV、10kV、35kV、110kV、220kV、330kV、500kV、750kV 等。3kV 限于工业企业内部采用。10kV 是最常用的城乡配电电压。当负荷中高压电动机比重很大时常用 6kV 或 10kV 配电。35kV 用于中等城市或大型工业企业内部供电，也用于农村网。110kV 用于中、小电力系统的主干线及大型电力系统的二次网络，也用于向电负荷较重的农村地区送电。220KV、330kV、500kV、750kV 则多用于大型电力系统的主干线。

我国国家标准规定的生活用电的标准电压为 220V。

我国国家标准规定的动力用电的标准电压为 220V、380V、6kV、10kV。

输送和分配电能时，经常要将一个电压等级的电能变换为另一个电压等级的电能，这需要通过变压器来实现。一般来说，电力系统中变压器的安装容量是发电机安装容量的 6～8 倍。

本章小结

（1）三相电路由三相电源、三相负载和三相输电线路三部分组成。三相电路在发电、输电和用电方面都有许多优点，使它成为电力生产、变送和应用的主要形式。

（2）三相电源和三相负载都有两种联接方式，即星形联接和三角形联接方式，这两种联接方式可以相互转换。在不同的联接方式下，线电压与相电压的关系不同，线电流与相电流的关系也不同。

（3）对称三相电路是一种特殊的正弦稳态电路，可以采用一相计算法进行计算。

（4）不对称三相电路应按一般的正弦稳态电路进行分析，通常采用结点法。

（5）三相电路的功率有三种测量方法，即一功率表法、二功率表法和三功率表法。应根据所测三相电路的联接方式，选择合理的功率测量方法。

习题八

8-1 已知对称三相电路中，电源线电压为 380V，负载阻抗 $Z=10\angle 53.1^\circ\ \Omega$。求负载为分别为星形和三角形联接时的相电流 I_P 和线电流 I_L。

8-2 已知对称三相电路中，电源线电压为 380V，负载为星形联接，负载阻抗 $Z=(165+j84)\Omega$，端线阻抗 $Z_L=(2+j1)\Omega$，中线阻抗 $Z_N=(1+j1)\Omega$。求负载端的线电流 $\dot{I}_a$ 和线电压 $\dot{U}_{ab}$。

8-3 图题 8-3 所示对称三相电路，电源线电压为 380V，$Z_L=j1\Omega$，$Z=(12+j6)\Omega$。求 $\dot{I}_1$、$\dot{I}_2$ 和 $\dot{I}_3$。

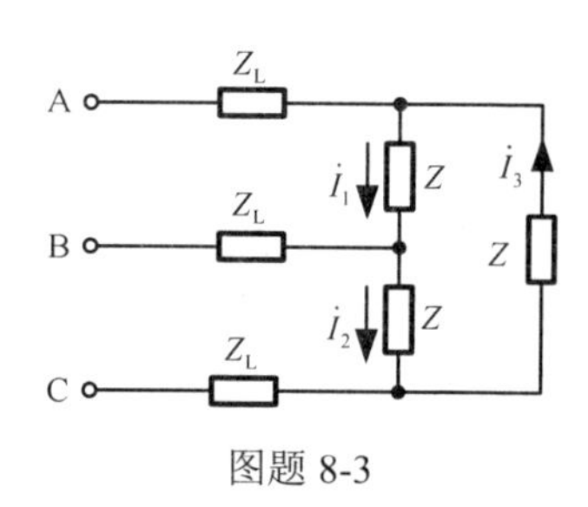

图题 8-3

8-4 图题 8-4 所示电路，对称三相电源的线电压为 380V，$Z=(20+j20)\Omega$，三相电动机的功率为 1.7kW，功率因数为 0.82。求：（1）线电流 $\dot{I}_A$、$\dot{I}_B$ 和 $\dot{I}_C$；（2）三相电源发出的总功率 P。

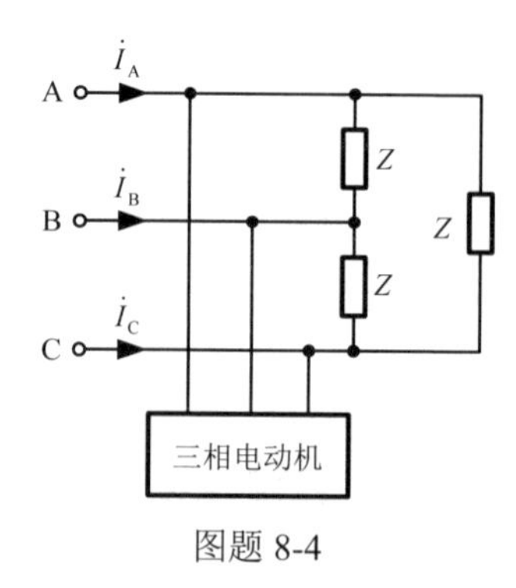

图题 8-4

8-5　图题 8-5 所示不对称三相电路，$Z_1 = 10\angle 30^\circ\ \Omega$，$Z_2 = 20\angle 60^\circ\ \Omega$，$Z_3 = 15\angle -45^\circ\ \Omega$，由负相序三相四线制供电，线电压为 440V。求：（1）电流 $\dot{I}_A$、$\dot{I}_B$、$\dot{I}_C$ 和 $\dot{I}_N$；（2）取消中线后的线电流 $\dot{I}_A$、$\dot{I}_B$、$\dot{I}_C$ 和电压 $\dot{U}_{N'N}$。

8-6　图题 8-6 所示三相电路，已知开关 S 闭合时，各电流表的读数均为 10A。试求开关 S 断开后各电流表的读数。

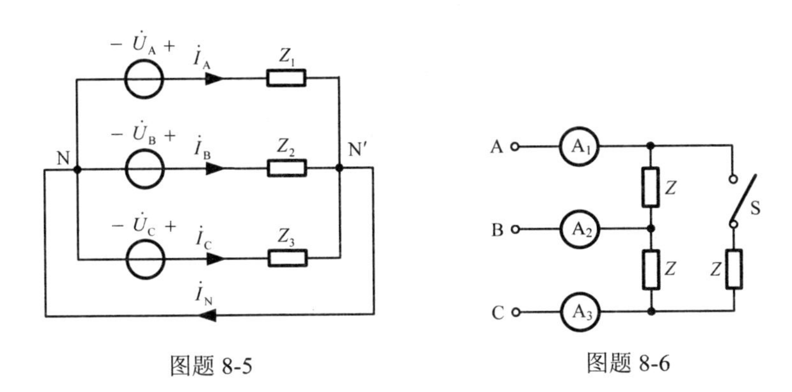

图题 8-5　　　　图题 8-6

8-7　图题 8-7 所示对称三相电路，已知电源线电压 $\dot{U}_{AB} = 380\angle 0^\circ$ V，线电流 $\dot{I}_A = 10\angle -75^\circ$ A，求三相负载的总功率 P。

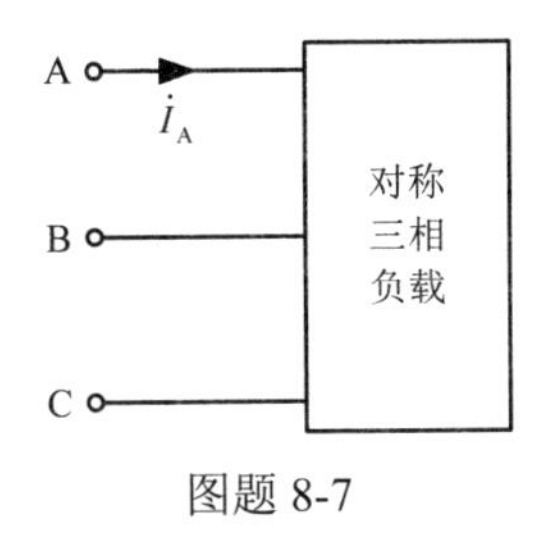

图题 8-7

8-8　图题 8-8 所示对称三相电路，$\dot{U}_{AB} = 380\angle 0^\circ$ V，$\dot{I}_A = 1\angle -60^\circ$ A。求各功率表的示数 P_1、P_2 及三相负载吸收的总功率 P。

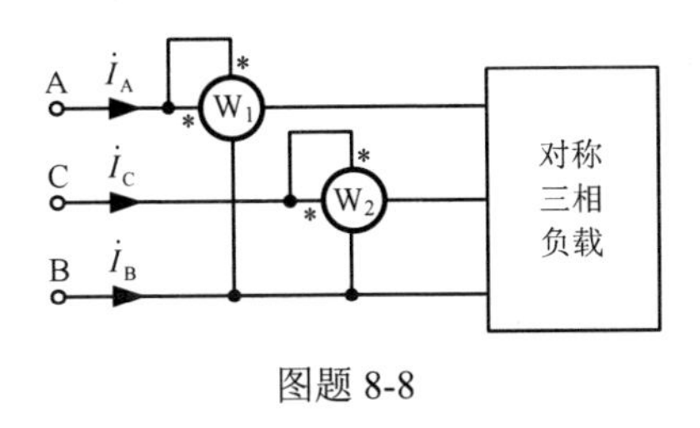

图题 8-8

8-9　图题 8-9 所示对称三相电路，已知相电压为 220V，$Z_1 = (40 + \mathrm{j}30)\Omega$，三相对称负载

Z_2 吸收的总功率 $P_2 = 3\text{kW}$ ， $\cos\varphi_2 = 0.6$ （感性）。求各功率表的示数 P_1 、 P_2 及电源发出的总功率 P。

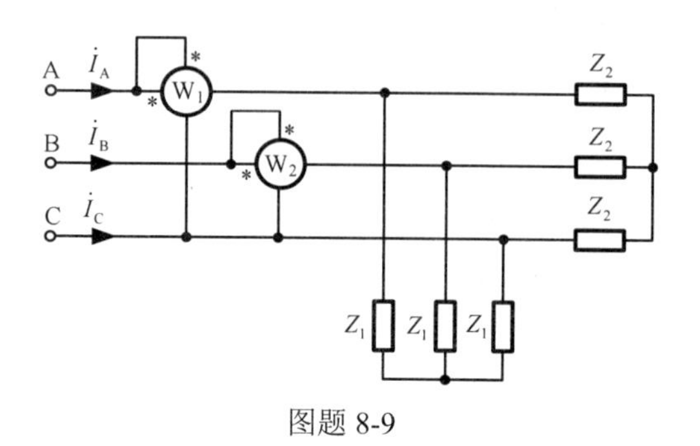

图题 8-9

8-10　图题 8-10 所示电路，功率表的示数为 P。试证明三相负载吸收的无功功率 $Q = \sqrt{3}P$ 。

8-11　图题 8-11 所示的对称三相电路， P_1 和 P_2 为两个功率表的示数。证明：（1）对称三相负载吸收的总无功功率 $Q = \sqrt{3}(P_1 - P_2)$；（2）每一相阻抗的阻抗角 $\varphi = \arctan\dfrac{\sqrt{3}(P_1 - P_2)}{P_1 + P_2}$ 。

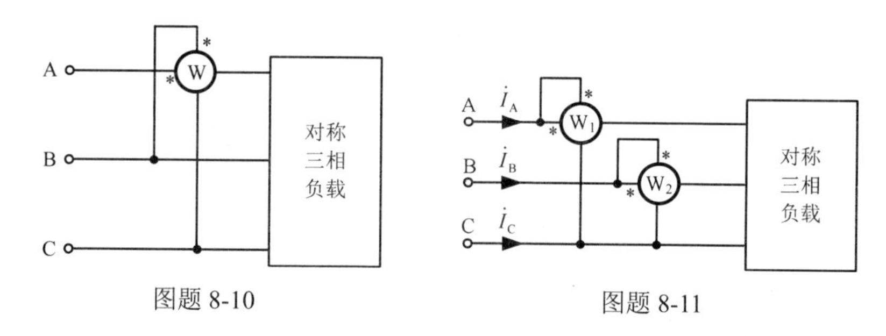

图题 8-10　　图题 8-11

第 9 章　含有耦合电感的电路

本章主要介绍耦合电感中的磁耦合现象、互感和耦合系数，耦合电感的同名端和耦合电感的磁链方程、电压和电流关系，含有耦合电感电路的分析计算以及空心变压器、理想变压器的初步概念。

9.1　耦合电感

一、耦合电感的电压、电流关系

载流线圈之间通过彼此的磁场相互联系的物理现象称为磁耦合。如图 9-1 所示为两个相互耦合的线圈，线圈 1 的匝数为 N_1，线圈 2 的匝数为 N_2。当线圈 1 通以电流 i_1 时，在线圈 1 产生自感磁通 Φ_{11}，在线圈密绕的情况下，Φ_{11} 与线圈的各匝都相交链，这时有

$$\Psi_{11} = N_1\Phi_{11} = L_1 i_1$$

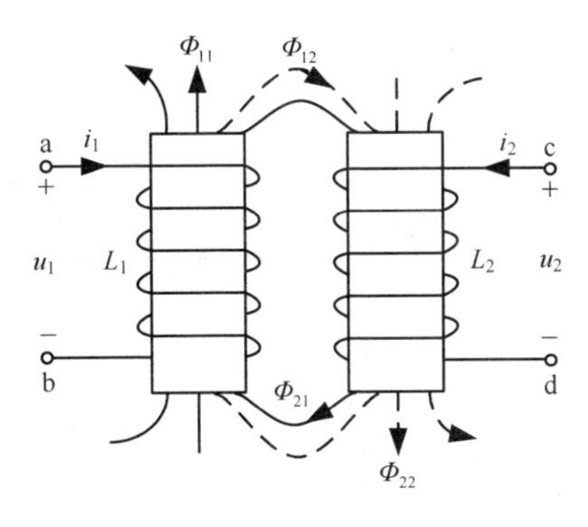

图 9-1　耦合电感

Ψ_{11} 称为自感磁链，L_1 为线圈 1 的自感。线圈 1 产生的磁通 Φ_{11} 的一部分 Φ_{21}（显然，$\Phi_{21} \leqslant \Phi_{11}$）将与线圈 2 相交链，有

$$\Psi_{21} = N_2\Phi_{21} = M_{21} i_1$$

Ψ_{21}称为互感磁链，M_{21}是线圈 1 对线圈 2 的互感。

同样地，当线圈 2 通以电流 i_2时，在线圈 2 产生自感磁通 Φ_{22}，并有一部分磁通 Φ_{12}（显然，$\Phi_{12} \leqslant \Phi_{22}$）将与线圈 1 相交链，于是线圈 2 的自感磁链$\Psi_{22}$和线圈 2 对线圈 1 的互感磁链$\Psi_{12}$分别为

$$\Psi_{22} = N_2\Phi_{22} = L_2 i_2 \qquad \Psi_{12} = N_1\Phi_{12} = M_{12} i_2$$

式中，L_2为线圈 2 的自感，M_{12}为线圈 2 对线圈 1 的互感。可以证明，在线性条件下，有

$$M_{12} = M_{21} = M$$

因此，以后不再区分 M_{12}和 M_{21}，互感和自感的单位相同，都是亨（H）。

工程上常称上述的这对耦合线圈为耦合电感。为了定量描述耦合的强弱，把两个线圈的互感磁链与自感磁链比值的几何平均值定义为耦合系数，用 k 表示，即

$$k = \sqrt{\frac{\Psi_{21}\Psi_{12}}{\Psi_{11}\Psi_{22}}} = \sqrt{\frac{Mi_1 Mi_2}{L_1 i_1 L_2 i_2}} = \frac{M}{\sqrt{L_1 L_2}} \leqslant 1$$

耦合系数 k 的大小与线圈的结构、相互位置以及周围的磁介质有关。当$k=1$时，$M^2 = L_1 L_2$，称为全耦合。当耦合线圈内有铁心或磁心时，我们一般认为是全耦合。

耦合电感中每个线圈的总磁链包含自感磁链和互感磁链两部分。对于图 9-2（a）所示的两个线圈，其自感磁通和互感磁通的方向相同，为磁通相助。设线圈 1 和线圈 2 的总磁链分别为Ψ_1和Ψ_2，则有

$$\Psi_1 = \Psi_{11} + \Psi_{12} = L_1 i_1 + Mi_2$$
$$\Psi_2 = \Psi_{21} + \Psi_{22} = Mi_1 + L_2 i_2$$

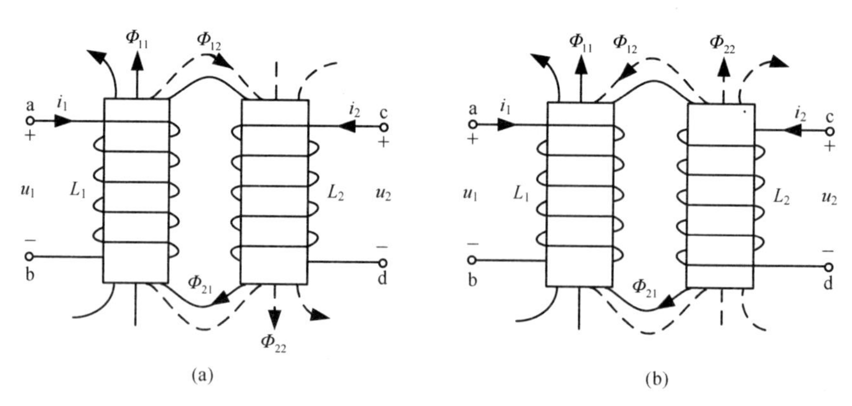

图 9-2 耦合电感的磁通

如各线圈的端口电压与本线圈的电流参考方向相关联，电流与磁通符合右手

螺旋定则，则两线圈的端口电压分别为

$$u_1 = \frac{\mathrm{d}\Psi_1}{\mathrm{d}t} = L_1\frac{\mathrm{d}i_1}{\mathrm{d}t} + M\frac{\mathrm{d}i_2}{\mathrm{d}t}$$

$$u_2 = \frac{\mathrm{d}\Psi_2}{\mathrm{d}t} = M\frac{\mathrm{d}i_1}{\mathrm{d}t} + L_2\frac{\mathrm{d}i_2}{\mathrm{d}t}$$

式中：$L_1\frac{\mathrm{d}i_1}{\mathrm{d}t}$、$L_2\frac{\mathrm{d}i_2}{\mathrm{d}t}$称为自感电压，$M\frac{\mathrm{d}i_1}{\mathrm{d}t}$、$M\frac{\mathrm{d}i_2}{\mathrm{d}t}$称为互感电压。

对于图 9-2（b）所示的两个线圈，其自感磁通和互感磁通的方向相反，为磁通相消。在这种情况下，线圈 1 和线圈 2 的总磁链分别为

$$\Psi_1 = \Psi_{11} - \Psi_{12} = L_1 i_1 - M i_2$$

$$\Psi_2 = -\Psi_{21} + \Psi_{22} = -M i_1 + L_2 i_2$$

两线圈的端口电压分别为

$$u_1 = \frac{\mathrm{d}\Psi_1}{\mathrm{d}t} = L_1\frac{\mathrm{d}i_1}{\mathrm{d}t} - M\frac{\mathrm{d}i_2}{\mathrm{d}t}$$

$$u_2 = \frac{\mathrm{d}\Psi_2}{\mathrm{d}t} = -M\frac{\mathrm{d}i_1}{\mathrm{d}t} + L_2\frac{\mathrm{d}i_2}{\mathrm{d}t}$$

由以上讨论可知，当两个耦合线圈通以电流时，各线圈的总磁链是自感磁链和互感磁链的代数和。在设其参考方向与线圈上电流参考方向关联的条件下，其端口电压等于自感电压与互感电压的代数和。当磁通相助时，互感电压取“+”号；当磁通相消时，互感电压取“−”号。

二、耦合电感的同名端

如果像图 9-2 那样，各线圈的绕向为已知，那么按 i_1、i_2 的参考方向，根据右手螺旋定则即可判断自感磁通与互感磁通是相助还是相消。不过，实际线圈的绕向通常不能从外部判断出，也不便画在电路图上。为此，人们规定了一种标志，即同名端。根据同名端和电流参考方向，即可判断磁通是相助还是相消。

两线圈的同名端是这样规定的：当电流从两线圈各自的某端子流入（或流出）时，若两线圈产生的磁通相助，就称这两个端子为互感线圈的同名端，并标以记号“•”或“*”。

如图 9-2（a）所示，若电流 i_1 从 a 端流入，i_2 从 c 端流入，这时它们产生的磁通是相助的，称端子 a、c 为同名端，并用黑点“•”标记。显然，端子 b、d 也是同名端。对于图 9-2（b），端子 a、d 是同名端（显然，端子 b、c 也是同名端）。

规定了同名端以后，图 9-2（a）和（b）中的互感线圈就可以用图 9-3（a）和（b）所示的电路模型来分别表示。

综上所述，可得如下结论：

在耦合电感的端口电压和电流均为关联参考方向的条件下：若电流从同名端

流入，则互感电压与自感电压的极性相同，互感电压取“+”号；若电流从异名端流入，则互感电压与自感电压的极性相反，互感电压取“–”号。

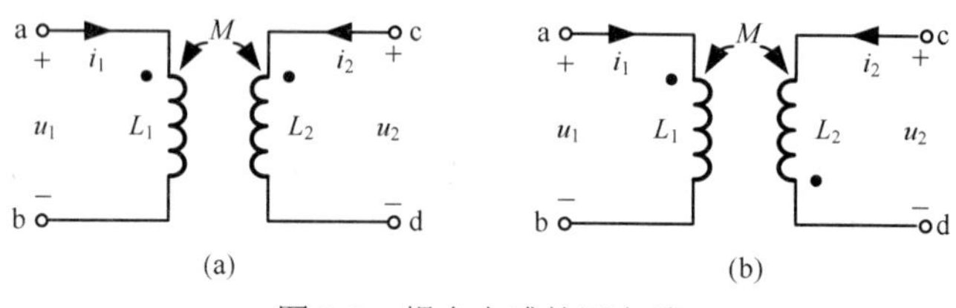

图 9-3 耦合电感的同名端

同名端也可由实验的方法确定，其原理如图 9-4 所示。虚线方框内为待测耦合电感线圈，把其中一个通过开关 S 接到一个直流电源，把一个直流电压表接到另一个线圈。开关 S 迅速闭合时，就有随时间增长的电流 i_1 流入端子 a，即 $\frac{di_1}{dt}>0$。如果此时电压表指针正向偏转，由于电压表的正极接在线圈的端子 c，即表明端子 c 为高电位端，由此可判定端子 a 和 c 为同名端。

例 9-1 图 9-5 为一耦合电感元件。（1）写出每一线圈上的电压和电流关系；（2）设 $M=10\text{mH}$，$i_1=2\sqrt{2}\cos(1000t)\text{A}$，若在 c、d 两端接入一电压表，求其读数。

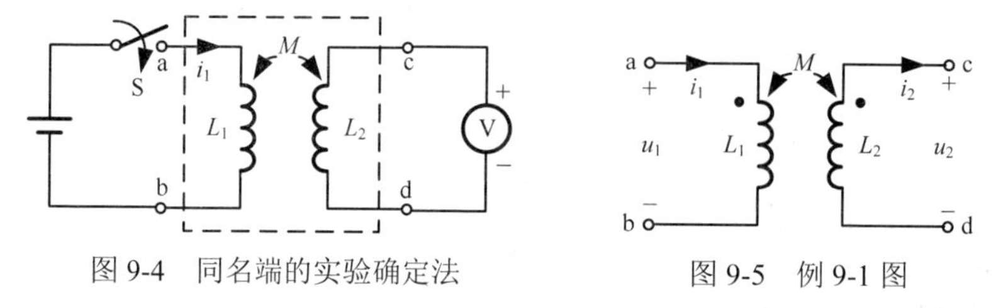

图 9-4 同名端的实验确定法　　图 9-5 例 9-1 图

解：（1）耦合电感电压和电流关系为

$$u_1=L_1\frac{di_1}{dt}-M\frac{di_2}{dt}$$

$$u_2=M\frac{di_1}{dt}-L_2\frac{di_2}{dt}$$

（2）在 c、d 两端接入一电压表时，认为 c、d 两端开路，此时有

$$u_2=M\frac{di_1}{dt}=10\times10^{-3}\times\frac{d}{dt}(2\sqrt{2}\cos(1000t))=-20\sqrt{2}\sin(1000t)\text{V}$$

电压表读数为 20V。

三、耦合电感的相量模型

在正弦稳态时，耦合电感的伏安关系可表示为相量形式，对于图 9-3（a），有

$$\dot{U}_1 = \mathrm{j}\omega L_1 \dot{I}_1 + \mathrm{j}\omega M \dot{I}_2$$
$$\dot{U}_2 = \mathrm{j}\omega M \dot{I}_1 + \mathrm{j}\omega L_2 \dot{I}_2$$

对于图 9-3（b），有

$$\dot{U}_1 = \mathrm{j}\omega L_1 \dot{I}_1 - \mathrm{j}\omega M \dot{I}_2$$
$$\dot{U}_2 = -\mathrm{j}\omega M \dot{I}_1 + \mathrm{j}\omega L_2 \dot{I}_2$$

图 9-3 所示电路的相量模型请读者自行画出。

9.2　含有耦合电感电路的计算

含有耦合电感电路的计算，不仅要考虑自感电压，还要考虑互感电压。通常有两种计算方法：一种是直接根据耦合电感的伏安关系列出电路方程求解；另一种是结合耦合电感的去耦原理，先作出等效去耦电路，再列出电路方程求解。

一、耦合电感的串联

与普通电感的串联不同，耦合电感的串联分为顺接串联和反接串联两种方式。顺接串联是指两个线圈的异名端相接，如图 9-6（a）所示。由 KVL 可得其端电压为

$$u = L_1 \frac{\mathrm{d}i}{\mathrm{d}t} + M \frac{\mathrm{d}i}{\mathrm{d}t} + L_2 \frac{\mathrm{d}i}{\mathrm{d}t} + M \frac{\mathrm{d}i}{\mathrm{d}t} = (L_1 + L_2 + 2M) \frac{\mathrm{d}i}{\mathrm{d}t} = L_{\mathrm{eq}} \frac{\mathrm{d}i}{\mathrm{d}t}$$

其中，等效电感为

$$L_{\mathrm{eq}} = L_1 + L_2 + 2M$$

由此可知，顺接串联的耦合电感可以用一个等效电感 L_{eq} 来代替，如图 9-6（b）所示。

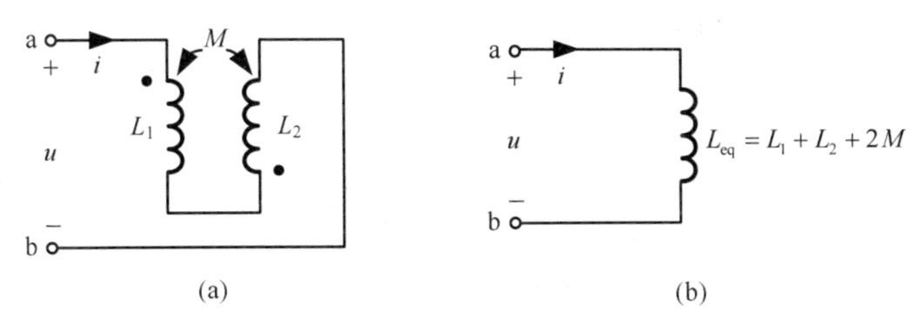

图 9-6　耦合电感的顺接串联

耦合电感的反接串联是指两个线圈的同名端相接，如图 9-7（a）所示。由 KVL 可得其端电压为

$$u = L_1 \frac{\mathrm{d}i}{\mathrm{d}t} - M \frac{\mathrm{d}i}{\mathrm{d}t} + L_2 \frac{\mathrm{d}i}{\mathrm{d}t} - M \frac{\mathrm{d}i}{\mathrm{d}t} = (L_1 + L_2 - 2M) \frac{\mathrm{d}i}{\mathrm{d}t} = L_{\mathrm{eq}} \frac{\mathrm{d}i}{\mathrm{d}t}$$

其中，等效电感为

$$L_{eq}=L_1+L_2-2M$$

由此可知，反接串联的耦合电感也可以用一个等效电感 L_{eq} 来代替，如图 9-7（b）所示。

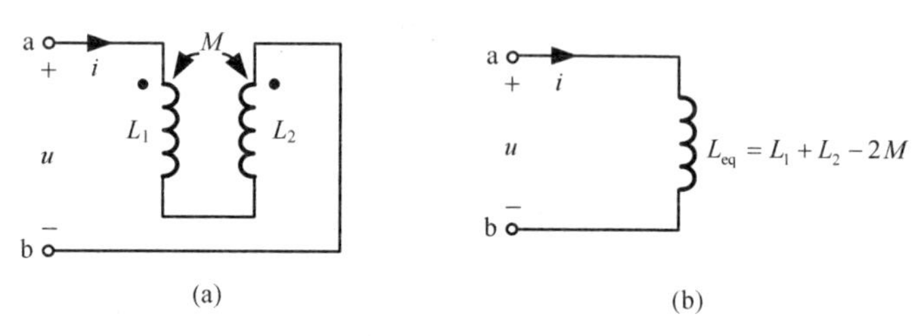

图 9-7 耦合电感的反接串联

二、耦合电感的并联

耦合电感的并联也分为两种形式：一种是两线圈的同名端相接，如图 9-8（a）所示，称为同侧并联；另一种是两线圈的异名端相接，如图 9-9（a）所示，称为异侧并联。

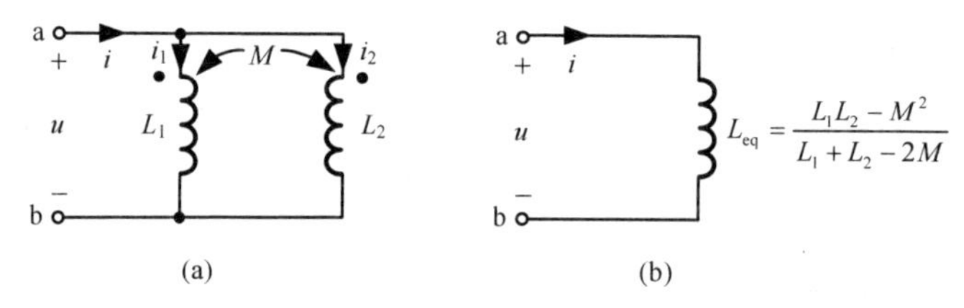

图 9-8 耦合电感的同侧并联

对于图 9-8（a），由 KCL 和 KVL 可得

$$\begin{cases} u=L_1\dfrac{di_1}{dt}+M\dfrac{di_2}{dt} \\ u=M\dfrac{di_1}{dt}+L_2\dfrac{di_2}{dt} \\ i=i_1+i_2 \end{cases}$$

联立求解，得

$$u=\frac{L_1L_2-M^2}{L_1+L_2-2M}\frac{di}{dt}=L_{eq}\frac{di}{dt}$$

其中，等效电感为

$$L_{eq}=\frac{L_1L_2-M^2}{L_1+L_2-2M}$$

由此可知，同侧并联的耦合电感可以用一个等效电感 L_{eq} 来代替，如图 9-8（b）所示。

对于图 9-9（a），由 KCL 和 KVL 可得

$$\begin{cases}u=L_1\dfrac{\mathrm{d}i_1}{\mathrm{d}t}-M\dfrac{\mathrm{d}i_2}{\mathrm{d}t}\\ u=-M\dfrac{\mathrm{d}i_1}{\mathrm{d}t}+L_2\dfrac{\mathrm{d}i_2}{\mathrm{d}t}\\ i=i_1+i_2\end{cases}$$

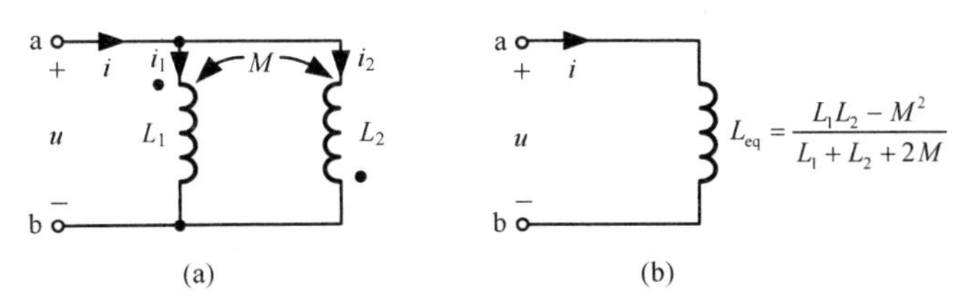

图 9-9　耦合电感的异侧并联

联立求解，得

$$u=\frac{L_1L_2-M^2}{L_1+L_2+2M}\frac{\mathrm{d}i}{\mathrm{d}t}=L_{eq}\frac{\mathrm{d}i}{\mathrm{d}t}$$

其中，等效电感为

$$L_{eq}=\frac{L_1L_2-M^2}{L_1+L_2+2M}$$

由此可知，异侧并联的耦合电感也可以用一个等效电感 L_{eq} 来代替，如图 9-9（b）所示。

三、三端耦合电感的去耦等效

当耦合电感有一端相连接时，如图 9-10（a）和图 9-11（a）所示，称为三端耦合电感。三端耦合电感也可以用无耦合的电感电路来等效。

图 9-10（a）是同名端相连的情形，其电路方程为

$$\begin{cases}u_1=L_1\dfrac{\mathrm{d}i_1}{\mathrm{d}t}+M\dfrac{\mathrm{d}i_2}{\mathrm{d}t}=(L_1-M)\dfrac{\mathrm{d}i_1}{\mathrm{d}t}+M\dfrac{\mathrm{d}(i_1+i_2)}{\mathrm{d}t}\\ u_2=M\dfrac{\mathrm{d}i_1}{\mathrm{d}t}+L_2\dfrac{\mathrm{d}i_2}{\mathrm{d}t}=(L_2-M)\dfrac{\mathrm{d}i_2}{\mathrm{d}t}+M\dfrac{\mathrm{d}(i_1+i_2)}{\mathrm{d}t}\end{cases}$$

此式也是图 9-10（b）的电路方程，因此图 9-10（b）是图 9-10（a）的去耦等

效电路。

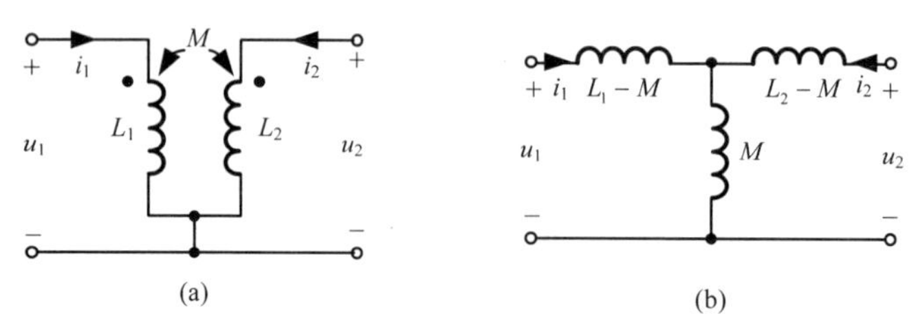

图 9-10 同名端相连的三端耦合电路

图 9-11（a）是异名端相连的情形，其电路方程为

$$\begin{cases} u_1 = L_1\dfrac{\mathrm{d}i_1}{\mathrm{d}t} - M\dfrac{\mathrm{d}i_2}{\mathrm{d}t} = (L_1+M)\dfrac{\mathrm{d}i_1}{\mathrm{d}t} - M\dfrac{\mathrm{d}(i_1+i_2)}{\mathrm{d}t} \\ u_2 = -M\dfrac{\mathrm{d}i_1}{\mathrm{d}t} + L_2\dfrac{\mathrm{d}i_2}{\mathrm{d}t} = (L_2+M)\dfrac{\mathrm{d}i_2}{\mathrm{d}t} - M\dfrac{\mathrm{d}(i_1+i_2)}{\mathrm{d}t} \end{cases}$$

此式也是图 9-11（b）的电路方程，因此图 9-11（b）是图 9-11（a）的去耦等效电路。不难看出，这种等效变换将使某一支路出现负电感值，这种情况有时是可以利用的。

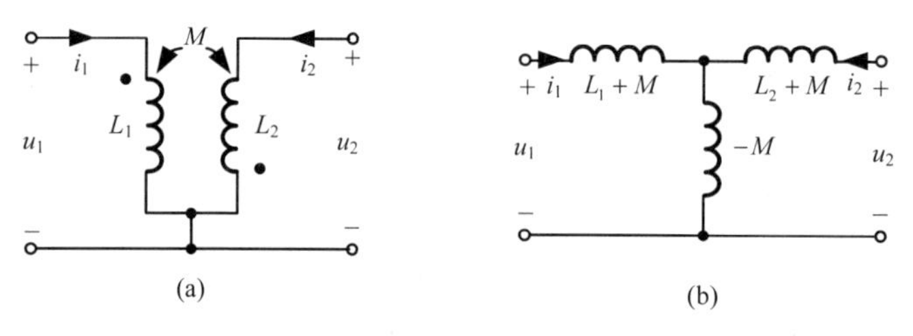

图 9-11 异名端相连的三端耦合电路

例 9-2 图 9-12（a）所示电路中，$L_1=12\text{H}$，$L_2=6\text{H}$，$M=8\text{H}$，试求 a、b 两端的等效电感。

解：图 9-12（a）所示电路含有耦合电感，并且是异名端相连，其去耦等效电路如图 9-12（b）所示。根据电感的串、并联公式可得 a、b 两端的等效电感为

$$L_{\text{eq}} = (L_1+M) + \frac{-M(L_2+M)}{-M+(L_2+M)} = 12+8+\frac{-8\times(6+8)}{-8+6+8} = 1.33\text{H}$$

例 9-3 图 9-13（a）所示正弦稳态电路中，$R=5\Omega$，$\omega L_1=3\Omega$，$\omega L_2=12\Omega$，$\omega M=6\Omega$，已知外加电源电压 $\dot{U}=20\angle 0^\circ\ \text{V}$。试用相量法求电流 $\dot{I}_0$。

解 1：采用回路电流法进行分析。以 $\dot{I}_1$、$\dot{I}_0$ 为回路电流，则电路回路电流方程为

$$\begin{cases}(R+\mathrm{j}\omega L_1)\dot{I}_1+\mathrm{j}\omega M(\dot{I}_0-\dot{I}_1)+\mathrm{j}\omega L_2(\dot{I}_1-\dot{I}_0)-\mathrm{j}\omega M\dot{I}_1=\dot{U}\\ \mathrm{j}\omega L_2(\dot{I}_1-\dot{I}_0)-\mathrm{j}\omega M\dot{I}_1=0\end{cases}$$

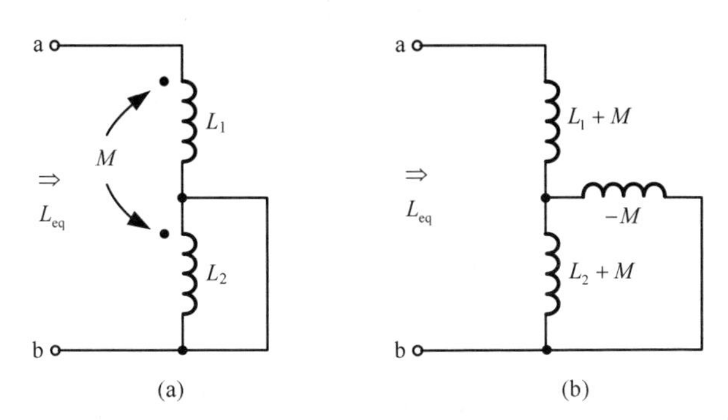

图 9-12　例 9-2 图

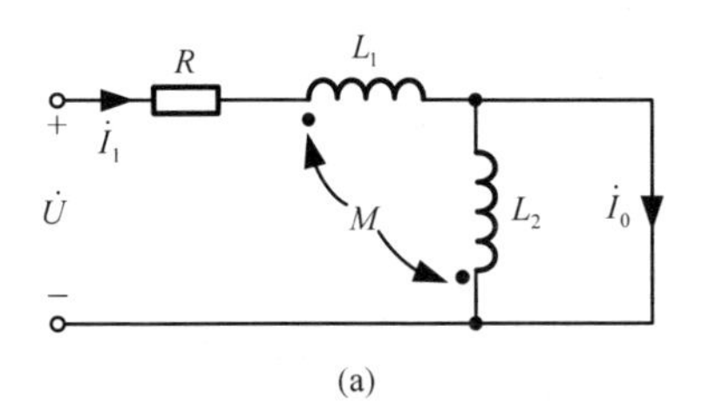

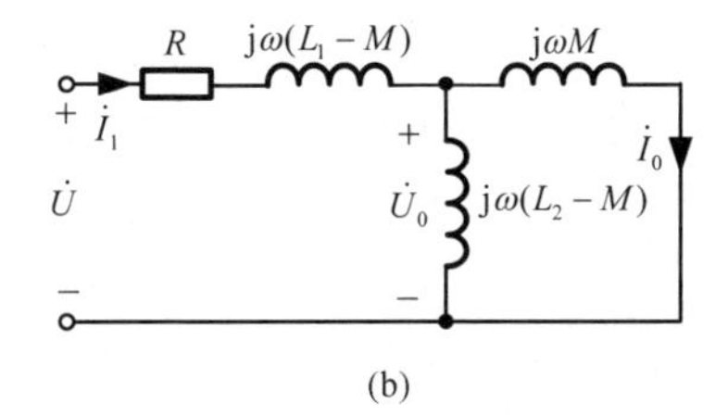

图 9-13　例 9-3 图

整理得

$$\begin{cases}(R+\mathrm{j}\omega L_1+\mathrm{j}\omega L_2-\mathrm{j}2\omega M)\dot{I}_1+(\mathrm{j}\omega M-\mathrm{j}\omega L_2)\dot{I}_0=\dot{U}\\ (\mathrm{j}\omega L_2-\mathrm{j}\omega M)\dot{I}_1-\mathrm{j}\omega L_2\dot{I}_0=0\end{cases}$$

代入数据得

$$\begin{cases}(5+\mathrm{j}3)\dot{I}_1-\mathrm{j}6\dot{I}_0=20\angle 0^\circ\\ \mathrm{j}6\dot{I}_1-\mathrm{j}12\dot{I}_0=0\end{cases}$$

解得

$$\dot{I}_0=2\angle 0^\circ\ \mathrm{A}$$

解 2：先用去耦等效电路代替电路中的耦合电感，然后再对获得的电路进行分析。去耦等效电路如图 9-13（b）所示。

$$Z_1=R+\mathrm{j}\omega(L_1-M)=5+\mathrm{j}(3-6)=(5-\mathrm{j}3)\Omega$$

$$Z_2=\mathrm{j}\omega(L_2-M)=\mathrm{j}(12-6)=\mathrm{j}6\Omega$$

$$Z_3=\mathrm{j}\omega M=\mathrm{j}6\Omega$$

则

$$\dot{U}_0=\frac{Z_2 // Z_3}{Z_1+Z_2 // Z_3}\times\dot{U}=\frac{\mathrm{j}3}{5-\mathrm{j}3+\mathrm{j}3}\times 20\angle 0^\circ=\mathrm{j}12\mathrm{V}$$

所以

$$\dot{I}_0=\frac{\dot{U}_0}{Z_3}=\frac{\mathrm{j}12}{\mathrm{j}6}=2\angle 0^\circ \ \mathrm{A}$$

9.3 空心变压器

变压器是电工、电子技术中常用的电气设备，是耦合电感工程实际应用的典型例子。它通常有一个一次线圈和一个二次线圈，一次线圈接电源，二次线圈接负载。变压器可以用铁心也可以不用铁心，铁心变压器的耦合系数可接近 1，属于紧耦合；空心变压器的耦合系数则较小，属于松耦合。变压器通过磁场的耦合，将输入一次侧的能量传递到二次侧输出。本节介绍空心变压器的正弦稳态分析，第 10 章再介绍铁心变压器的分析方法。

设空心变压器电路如图 9-14 所示，其中 R_1、R_2 分别为变压器一、二次绕组的电阻，Z_L 为负载阻抗，设 u_S 为正弦输入电压，以 $\dot{I}_1$、$\dot{I}_2$ 为网孔电流，列网孔方程为

$$\begin{cases}(R_1+\mathrm{j}\omega L_1)\dot{I}_1+\mathrm{j}\omega M\dot{I}_2=\dot{U}_S\\ \mathrm{j}\omega M\dot{I}_1+(R_2+\mathrm{j}\omega L_2+Z_L)\dot{I}_2=0\end{cases} \tag{9-1}$$

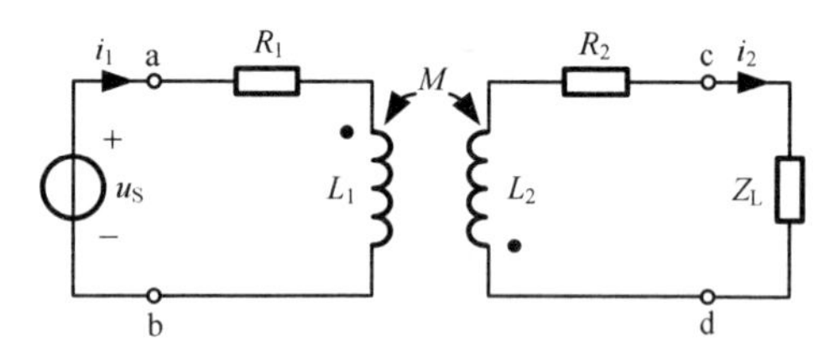

图 9-14 空心变压器电路

或写为

$$\begin{cases}Z_{11}\dot{I}_1+Z_M\dot{I}_2=\dot{U}_S\\ Z_M\dot{I}_1+Z_{22}\dot{I}_2=0\end{cases} \tag{9-2}$$

其中

$$\begin{cases} Z_{11} = R_1 + \mathrm{j}\omega L_1 \\ Z_{22} = R_2 + \mathrm{j}\omega L_2 + Z_L \\ Z_M = \mathrm{j}\omega M \end{cases}$$

可解得

$$\begin{cases} \dot{I}_1 = \dfrac{\dot{U}_S}{Z_{11} + \dfrac{(\omega M)^2}{Z_{22}}} \\ \dot{I}_2 = \dfrac{-Z_M \dot{I}_1}{Z_{22}} = \dfrac{-Z_M \dot{U}_S}{Z_{11}Z_{22} + (\omega M)^2} \end{cases} \tag{9-3}$$

显然，如果同名端的位置与图 9-14 所示的不同，则式（9-2）和式（9-3）中的 Z_M 将变为$-\mathrm{j}\omega M$。

由式（9-3）可求得电源端的输入阻抗为

$$Z_i = \frac{\dot{U}_S}{\dot{I}_1} = Z_{11} + \frac{(\omega M)^2}{Z_{22}} \tag{9-4}$$

由此可见，输入阻抗由两部分组成：$Z_{11} = R_1 + \mathrm{j}\omega L_1$，即一次回路的自阻抗；$\dfrac{(\omega M)^2}{Z_{22}} = \dfrac{(\omega M)^2}{R_2 + \mathrm{j}\omega L_2 + Z_L}$，称为二次回路在一次回路中的反映阻抗，常记为 Z_{ref}。引入反映阻抗后，一次回路的等效电路将如图 9-15 所示。当只需求解一次电流时，可利用这一等效电路迅速求得结果，这是分析含空心变压器电路的一个重要方法。

例 9-4　电路如图 9-16 所示，已知 $L_1 = 3\mathrm{H}$，$L_2 = 0.2\mathrm{H}$，$M = 0.4\mathrm{H}$，$R_1 = 10\Omega$，$R_2 = 0.1\Omega$，$Z_L = 40\Omega$，$u_S = 200\sqrt{2}\cos(100t)\mathrm{V}$。求 $i_1(t)$ 和 $i_2(t)$。

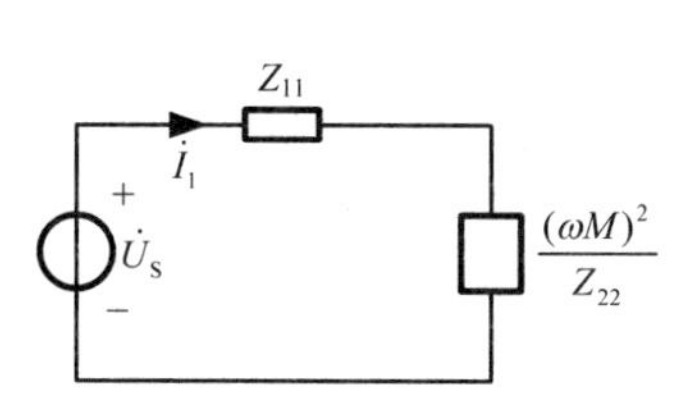

图 9-15　一次回路的等效电路

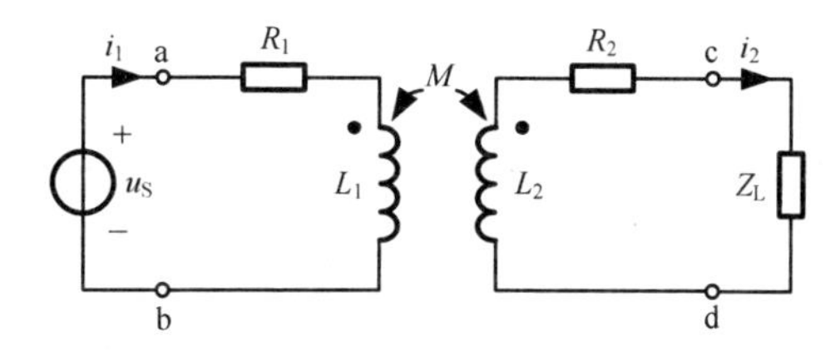

图 9-16　例 9-4 图

解： 用反映阻抗的概念求解。

$$Z_{11} = R_1 + \mathrm{j}\omega L_1 = 10 + \mathrm{j}100 \times 3 = (10 + \mathrm{j}300)\Omega$$

$$Z_{22} = R_2 + \mathrm{j}\omega L_2 + Z_L = 0.1 + \mathrm{j}100 \times 0.2 + 40 = 40.1 + \mathrm{j}20 = 44.81\angle 26.5^\circ\ \Omega$$

$$Z_{ref} = \frac{(\omega M)^2}{Z_{22}} = \frac{(100 \times 0.4)^2}{44.81\angle 26.5^\circ} = 35.71\angle -26.5^\circ = (31.96 - \mathrm{j}15.93)\Omega$$

故

$$\dot{I}_1=\frac{\dot{U}_S}{Z_{11}+Z_{ref}}=\frac{200\angle 0^\circ}{10+j300+31.96-j15.93}=0.696\angle -81.6^\circ\ A$$

$$\dot{I}_2=\frac{j\omega M\dot{I}_1}{Z_{22}}=\frac{j100\times 0.4\times 0.766\angle -81.6^\circ}{44.81\angle 26.5^\circ}=0.684\angle -18.1^\circ\ A$$

因此

$$i_1(t)=0.696\sqrt{2}\cos(100t-81.6^\circ)A$$
$$i_2(t)=0.684\sqrt{2}\cos(100t-18.1^\circ)A$$

9.4 理想变压器

理想变压器是实际变压器理想化的模型。它忽略变压器的一些次要因素，突出其主要特性，认为它的电感非常大，既不消耗功率，也不储存能量，仅仅起到参数变换的作用。理想变压器的电路模型如图 9-17 所示。与耦合电感元件的符号相同，但它唯一的参数是一个称为变比的常数 n，而不是 L_1、L_2 和 M 等参数。在图 9-17（a）中所示同名端和电压、电流的参考方向下，理想变压器的电压和电流关系式为

$$\begin{cases}u_1=nu_2\\ i_1=-\dfrac{1}{n}i_2\end{cases}\tag{9-5}$$

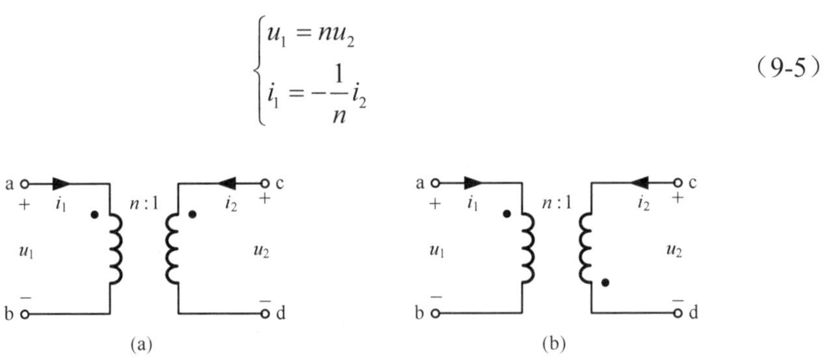

图 9-17 理想变压器

不论在什么时刻，也不论它的端子上接的是什么元件，对所有的 u_1、u_2、i_1、i_2，式（9-5）都应成立。

式（9-5）是与图 9-17（a）所示电压、电流的参考方向和同名端位置相配合的。对于图 9-17（b）所示电压、电流的参考方向和同名端位置，理想变压器的电压和电流关系式为

$$\begin{cases} u_1 = -nu_2 \\ i_1 = \dfrac{1}{n} i_2 \end{cases} \tag{9-6}$$

不论是由式（9-5）还是由式（9-6），都可知理想变压器在所有时刻 t，都有

$$u_1 i_1 + u_2 i_2 = 0 \tag{9-7}$$

式（9-7）是理想变压器从两个端口吸收的瞬时功率，表明理想变压器将一侧吸收的能量全部传输到另一侧输出，在传输过程中，仅仅将电压、电流按变比做数值的变换。这充分说明了它是一个非动态无损耗的磁耦合元件。

理想变压器对电压、电流按变比变换的作用，还反映在阻抗的变换上。在正弦稳态的情况下，当理想变压器二次侧终端 c-d 接入阻抗时，如图 9-18（a）所示，则变压器一次侧 a-b 的输入阻抗 Z_{i} 为

$$Z_{\mathrm{i}} = \frac{\dot{U}_1}{\dot{I}_1} = \frac{n\dot{U}_2}{-\dfrac{1}{n}\dot{I}_2} = n^2 Z_{\mathrm{L}}$$

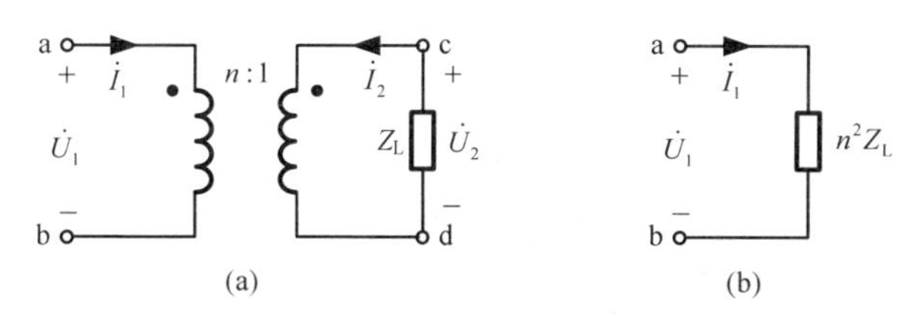

图 9-18　理想变压器的阻抗变换作用

如图 9-18（b）所示。$n^2 Z_{\mathrm{L}}$ 即为二次侧折合到一次侧的等效阻抗，如二次侧分别接入 R、L、C，折合到一次侧将为 n^2R、n^2L、$\dfrac{C}{n^2}$，也就是变换了元件的参数。这是非常重要的特性，在学校和工厂等场所的扩音网络中大量应用传输变压器，就是把二次侧的低阻抗喇叭变换为较高的数值，以便带动更多的负载。

例 9-5　电路如图 9-19（a）所示，试求电压 $\dot{U}_2$。

解 1：用网孔电流法求解。由原电路可得

$$1 \times \dot{I}_1 + \dot{U}_1 = 30\angle 0^\circ$$

$$50\dot{I}_2 = \dot{U}_2$$

又由理想变压器的电压和电流关系式

$$\dot{U}_1 = 0.1\dot{U}_2$$

$$\dot{I}_1 = 10\dot{I}_2$$

注意 $\dot{I}_2$ 的参考方向与图 9-17（a）所示相反。

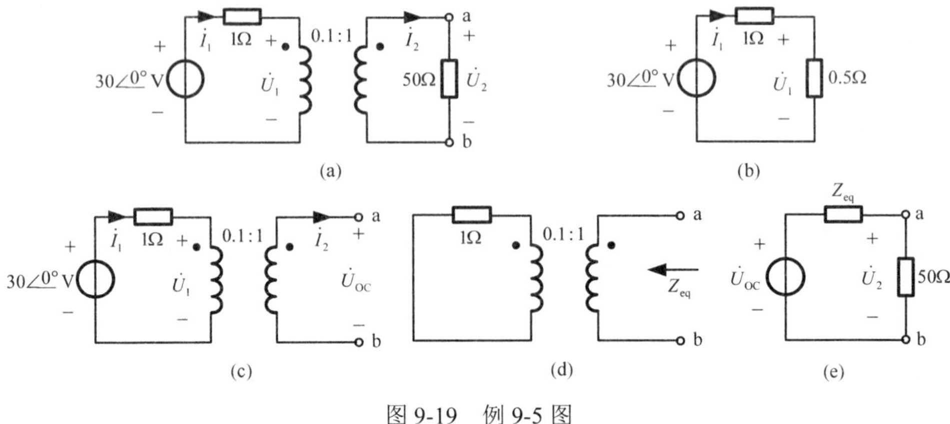

图 9-19 例 9-5 图

由以上 4 个式子可求得

$$\dot{U}_2 = 100\angle 0^\circ \text{ V}$$

解 2：二次电阻在一次侧折合为$n^2R_L = 0.1^2 \times 50 = 0.5\Omega$，得等效一次电路如图 9-19（b）所示。由此可得

$$\dot{U}_1 = 30\angle 0^\circ \frac{0.5}{1+0.5} = 10\angle 0^\circ \text{ V}$$

$$\dot{U}_2 = 10\dot{U}_1 = 100\angle 0^\circ \text{ V}$$

解 3：用戴维宁定理求解。

原电路在 a、b 两端断开，求其左侧部分的戴维宁等效电路。按图 9-19（c）所示求开路电压。由于$\dot{I}_2 = 0$，则$\dot{I}_1$必然等于零，因此$\dot{U}_1 = 30\angle 0^\circ \text{ V}$。故得开路电压为

$$\dot{U}_{OC} = 10\dot{U}_1 = 300\angle 0^\circ \text{ V}$$

按图 9-19（d）所示可求得等效阻抗

$$Z_{eq} = 10^2 \times 1 = 100\Omega$$

注意，此处变比 n 应为$\frac{1}{0.1} = 10$，故 n^2 为 100。

戴维宁等效电路如图 9-19（e）所示，可求得

$$\dot{U}_2 = \dot{U}_{OC} \frac{50}{50+100} = 300\angle 0^\circ \times \frac{1}{3} = 100\angle 0^\circ \text{ V}$$

9.5 应用实例：反激变换器

日常生活中，人们接触最多的就是公用电力网所提供的电源，其频率恒定为

50Hz，电压为 220V、380V、3kV、6kV、10kV、35kV、110kV、220kV、330kV、500kV、750kV 等多个等级的标准电压值，电压波形为正弦波。这样的电源只能满足部分用电设备的需要。在许多情况下，要将电力网提供的电能变换成另一种频率、电压、波形的电能，这种变换称为电力变换，实现电力变换的电路称为电力变换器。

电源可分为两类：一是直流电，其频率 $f=0$；二是交流电，其频率 $f\neq 0$。电力变换包括电压（电流）大小、频率及波形的变换。因此，电力变换可划分为四种基本变换，相应的有四种基本电力变换器。

（1）交流/直流变换器（或称整流器）：将频率为 f_1，电压为 u_1 的交流电能变换为频率 $f_2=0$，电压为 u_2 的直流电能。

（2）直流/交流变换器（或称逆变器）：将频率 $f_1=0$，电压为 u_1 的直流电能变换为频率为 $f_2\neq 0$，电压为 u_2 的交流电能。

（3）直流/直流变换器（或称直流斩波器）：将频率 $f_1=0$，电压为 u_1 的直流电能变换为频率 $f_2=0$，电压为 u_2 的直流电能。

（4）交流/交流变换器：将频率为 f_1，电压为 u_1 的交流电能变换为频率为 f_2，电压为 u_2 的交流电能。

利用以上四种基本变换器可以组合成许多复合型电力变换器。

下面以小功率开关电源中常见的反激变换器为例，介绍变压器在直流/直流变换器中的应用。

在图 9-20 所示的反激变换器中，变压器一、二次绕组的电感分别为 L_1、L_2，开关管 T 周期性地通、断转换。在 T 导通期间，电压源 U_S 加至一次绕组，电流 i_1 直线上升，磁通增加，一次绕组储能增加，二次绕组的感应电动势 $e_2<0$，二极管 VD 截止，负载电流 I_o 由电容 C 提供，C 放电。T 截止的瞬间，一次绕组的储能立即转移到二次绕组，$e_2>U_o$，使 VD 导通。T 截止期间，电压源 U_S 停止对变压器供电，二次绕组电流 i_2 从最大值减小，磁通也从最大值减小，二次绕组储存的磁能变为电能向负载供电并使电容 C 充电。该变换器在开关管 T 导通期间，并未将电源能量直接送负载，仅在 T 截止期间，才将变压器储存的磁能变为电能送至负载，故称之为反激变换器。

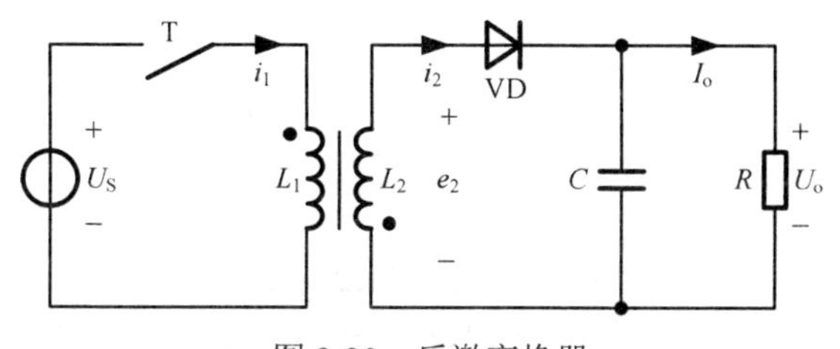

图 9-20　反激变换器

反激变换器的结构简单、成本较低，通常用于小功率开关电源中。

本节介绍的内容属于电力电子学的范畴，电力电子学是电力技术、电子技术与控制技术三者结合的交叉学科，是从事相关工作专业人员所必须具备的基础知识。

本章小结

（1）耦合电感元件是通过磁场相互约束的若干个电感的总称。一对耦合电感是一个电路元件，其参数为两电感的自感 L_1、L_2 和互感 M。

（2）对含有耦合电感的电路，常采用去耦等效的方法，使电路的分析得以简化。

（3）空心变压器耦合系数小，属于松耦合。常利用反映阻抗的概念来分析含空心变压器的电路。

（4）理想变压器是对实际变压器的一种抽象，其唯一的参数是变比 n。理想变压器不仅具有变换电压、变换电流、变换阻抗和变换电压极性（相位）的作用，而且还能对交流电起隔离作用，但不影响能量和信息的传输。

习题九

9-1　图题 9-1 所示电路，求端口的等效电感 L。

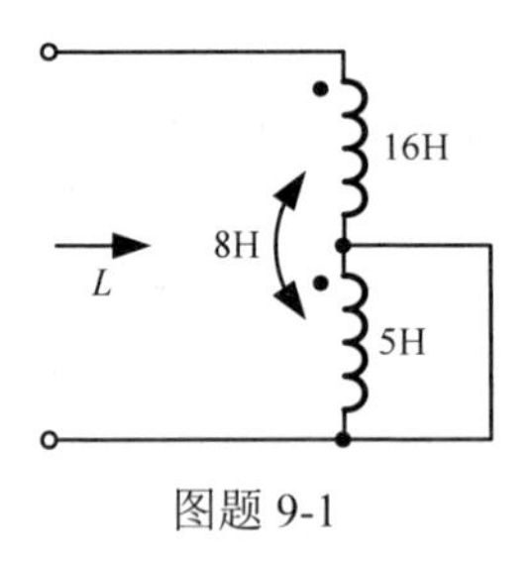

图题 9-1

9-2　图题 9-2 所示电路，求 $\dot{I}_C$ 和 $\dot{U}_C$。

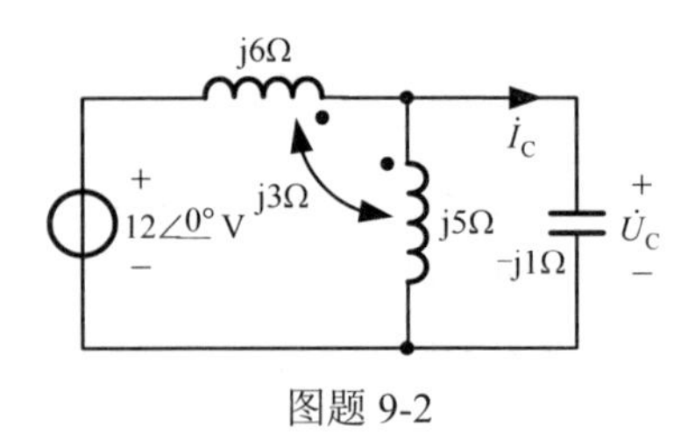

图题 9-2

9-3　图题 9-3 所示电路，求电压 $\dot{U}_2$。

9-4　图题 9-4 所示含有耦合电感的电路，求电路的固有谐振角频率 ω_0。

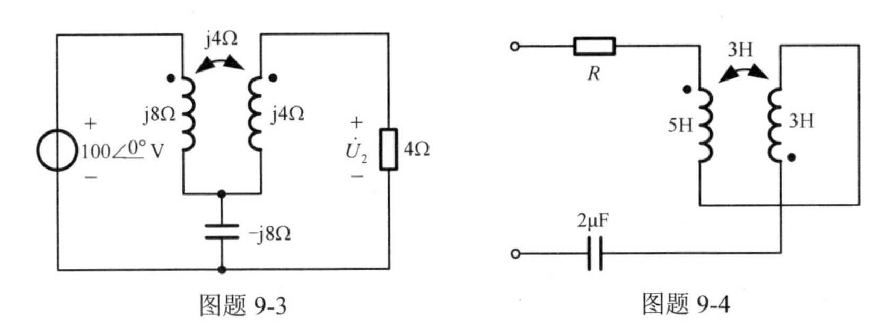

图题 9-3　　图题 9-4

9-5　图题 9-5 所示电路，$u(t)=10\sqrt{2}\sin(4t)\text{V}$。今欲使 $u(t)$ 和 $i(t)$ 同相位，求 C 的值。

9-6　图题 9-6 所示电路，$C_1=1.2C_2$，$L_1=1\text{H}$，$L_2=1.1\text{H}$，功率表的示数为零，求 M 的值。

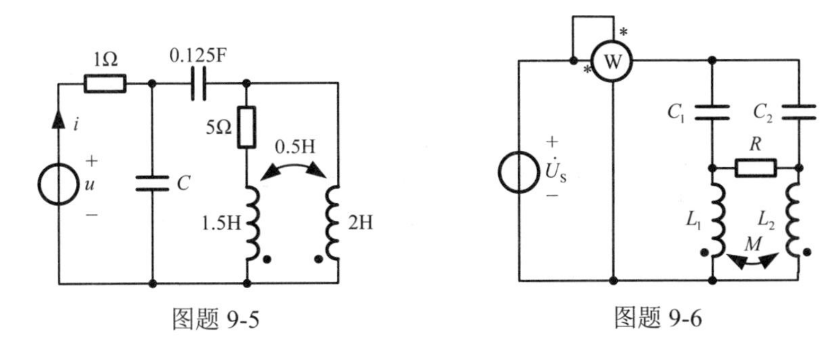

图题 9-5　　图题 9-6

9-7　图题 9-7 所示电路，求 $\dot{I}_1$、$\dot{I}_2$ 及 R_2 吸收的平均功率 P_2。

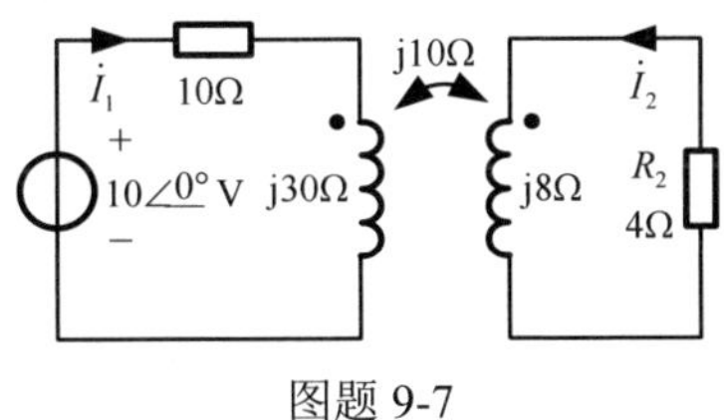

图题 9-7

9-8　图题 9-8 所示电路，求 $\dot{U}_S$、$\dot{I}_2$、$\dot{U}_1$、$\dot{U}_2$ 及电流源发出的平均功率 P。

9-9　图题 9-9 所示电路，求 $\dot{I}_1$、$\dot{U}_2$ 及 5Ω 电阻吸收的平均功率 P。

9-10　图题 9-10 所示电路，求阻抗 Z 为何值时，它能获得最大功率 P_{max}，P_{max} 的值为多大？

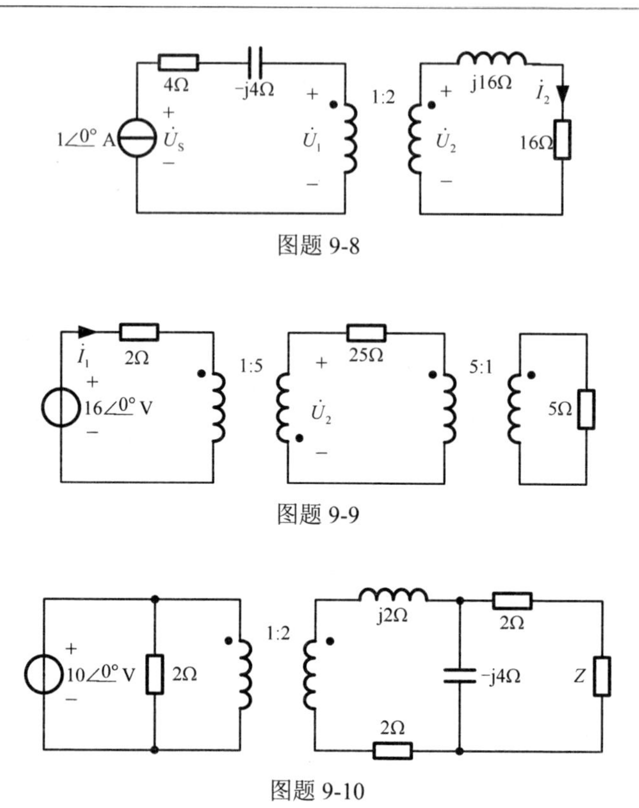

图题 9-8

图题 9-9

图题 9-10

第 10 章　铁心变压器

电机都是以电磁场作为耦合场的，工程上通常先将电机内部的电磁场问题转换成电路和磁路问题，然后进一步将电路和磁路问题统一转换成单一电路问题。铁心变压器是一种静止的电机。本章主要介绍铁心变压器等效电路的推导过程，基本电磁定律和磁路的欧姆定律。

10.1　基本电磁定律

各种电机的运行原理都以基本电磁定律为基础。

一、安培环路定律

电流可产生磁场。安培环路定律描述了磁场强度与产生磁场的电流之间的关系。在磁场中，磁场强度 $\boldsymbol{H}$ 沿任意闭曲线 C 的线积分，等于该闭曲线所包围的全部电流的代数和，这就是安培环路定律，用公式表示为

$$\oint_C \boldsymbol{H} \cdot \mathrm{d}\boldsymbol{l} = \sum i$$

式中各电流的符号由右手螺旋定则确定，即当电流的参考方向与闭曲线 C 的环行方向（即积分路径方向）满足右手螺旋定则时，该电流为正，否则为负。例如，在图 10-1 中，按照右手螺旋定则，i_1 和 i_3 应取正号，而 i_2 应取负号，因此有

$$\oint_C \boldsymbol{H} \cdot \mathrm{d}\boldsymbol{l} = i_1 - i_2 + i_3$$

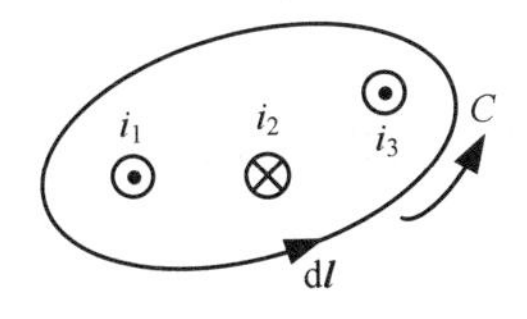

图 10-1　安培环路定律

二、电磁感应定律

将一个匝数为 N 的线圈置于磁场中，有磁通 Φ 通过线圈，与线圈相链的磁链为 Ψ 。当磁链 Ψ 随时间 t 变化时，线圈中将产生感应电动势，这种现象称为电磁

感应。感应电动势的方向由楞次定律确定，即该电动势倾向于在线圈中产生电流，该电流产生的磁场总是倾向于阻止磁链Ψ的变化。如图 10-2 所示，当电动势与磁通的参考方向满足右手螺旋定则时，电动势可表达为

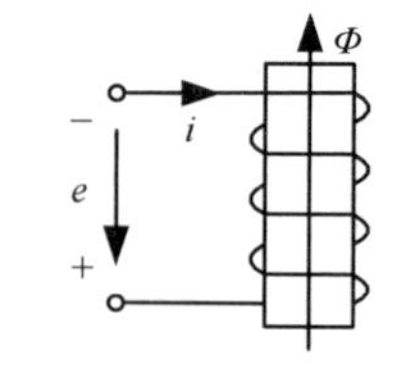

图 10-2 与电磁感应定律相关的参考方向

$$e=-\frac{\mathrm{d}\Psi}{\mathrm{d}t}$$

当磁通$\varPhi$与线圈全部的 N 匝都相链时，磁链$\Psi=N\varPhi$，则上式可写为

$$e=-N\frac{\mathrm{d}\varPhi}{\mathrm{d}t}$$

与线圈相链的磁通发生变化，可以有以下两种不同的方式：

（1）线圈相对磁场静止，但磁通由时变电流产生，其大小随时间变化。纯粹由于磁链本身随时间变化而在线圈中感应的电动势称为变压器电动势。

（2）磁通本身不随时间变化，但线圈（或导体）与磁场有相对运动，从而引起与线圈相链的磁通随时间变化。由此在线圈（或导体）中产生的电动势称为运动电动势或速度电动势。

运动电动势可以形象地看成导体在均匀磁场中运动而“切割”磁感应线时，该导体中产生的电动势。当磁感应强度（也称磁通密度）$\boldsymbol{B}$、导体长度和导体运动这三个方向互相垂直时，若导体处于磁场中的长度为l，相对磁场的运动速度为v，则导体中产生的运动电动势为

$$e=Blv$$

其方向可用右手定则确定。

如图 10-2 所示电路，如果磁通$\varPhi$是由电流i产生的，且磁链$\Psi=Li$，L为常数，则

$$e=-L\frac{\mathrm{d}i}{\mathrm{d}t}$$

需要指出的是，$e=-\frac{\mathrm{d}\Psi}{\mathrm{d}t}$是电磁感应定律的普遍形式，$e=Blv$只是计算运动电动势的一种特殊形式，常用$e=-N\frac{\mathrm{d}\varPhi}{\mathrm{d}t}$计算电机中主磁通产生的感应电动势，而用$e=-L\frac{\mathrm{d}i}{\mathrm{d}t}$计算电机中漏磁通产生的感应电动势。

三、电磁力定律

载流导体在磁场中将受到力的作用，这种力称为安培力，电机学中则通常称

其为电磁力。若长度为 l 的导体处于磁感应强度为 $\boldsymbol{B}$ 的均匀磁场中，则当导体长度方向与磁感应强度方向垂直、导体流过电流 i 时，电磁力的计算公式为

$$F = Bli$$

其方向用左手定则确定。

电机在工作中一般作旋转运动，设载流导体位于电机的转子上，则所受的电磁力乘以导体的旋转半径 r，便可得到电磁转矩 T，即

$$T = Blir$$

在国际单位制中，电磁转矩的单位为牛顿·米（N·m）。

10.2　磁路的欧姆定律

在一般的工程计算中，电机中的磁场常简化为磁路来处理。

磁通所通过的路径称为磁路。图 10-3 表示铁心变压器的磁路。

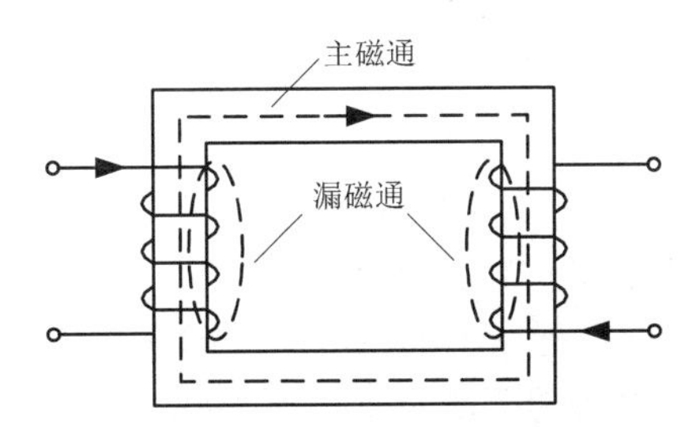

图 10-3　铁心变压器的磁路

在电机中，常把线圈套装在铁心上。当线圈内通有电流时，在线圈周围的空间（包括铁心内外）就会形成磁场。由于铁心的导磁性能比空气要好得多，绝大部分磁通将在铁心内通过，并在能量传递或转换过程中起耦合作用，这部分磁通称为主磁通。围绕载流线圈、部分铁心和铁心周围的空间，还存在少量分散的磁通，这部分磁通称为漏磁通。主磁通和漏磁通所通过的路径分别构成主磁路和漏磁路。

用以激励磁路中磁通的载流线圈称为励磁线圈（或称励磁绕组），励磁线圈中的电流称为励磁电流。若励磁电流为直流，磁路中的磁通是恒定的，不随时间而变化，这种磁路称为直流磁路；直流电机的磁路就属于这一类。若励磁电流为交流，磁路中的磁通随时间交变，这种磁路称为交流磁路；交流铁心线圈、变压器和三相异步电机的磁路都属于这一类。

图 10-4（a）所示是一个无分支铁心磁路，铁心上绕有 N 匝线圈，线圈中通有电流 i；铁心截面积为 S，磁路的平均长度为 l，材料的磁导率为 μ。若不计漏

磁通，并认为各截面上的磁通密度是均匀的，并且垂直于各截面，则磁通量Φ等于磁通密度乘以面积，即

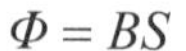

$$\Phi = BS$$

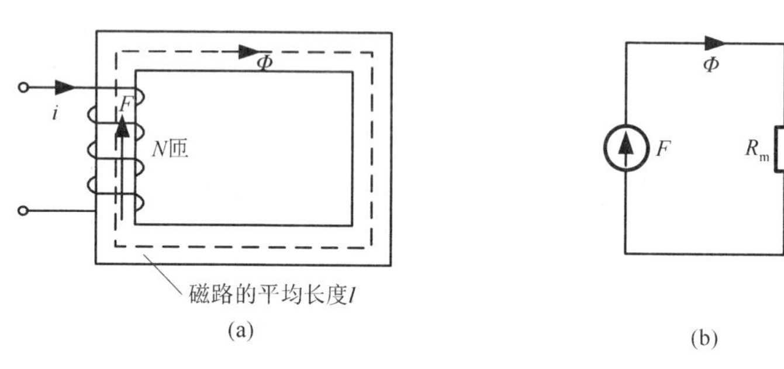

图 10-4　无分支铁心磁路

而磁场强度等于磁通密度除以磁导率，即 $H = B/\mu$，根据安培环路定律有 $Hl = Ni$，上式可改写为

$$\Phi = BS = \mu HS = \mu \frac{Ni}{l} S = \frac{Ni}{l/(\mu S)} = \frac{F}{R_m} = F\Lambda \tag{10-1}$$

式中，$F = Ni$ 为作用在铁心磁路上的安匝数，称为磁路的磁动势，单位为 A；$R_m = l/(\mu S)$ 为磁路的磁阻，单位为 A/Wb；$\Lambda = 1/R_m$ 为磁路的磁导，单位为 Wb/A。

式（10-1）表明，作用在磁路上的磁动势F等于磁路内的磁通量Φ乘以磁阻R_m，即 $F = R_m\Phi$，它与电路中的欧姆定律在形式上十分相似，因此称为磁路的欧姆定律。这里，我们把磁路中的磁动势F比拟于电路中的电动势E，磁通量Φ比拟于电流I，磁阻R_m和磁导Λ分别比拟于电阻R和电导G。图 10-4（b）所示为相应的模拟电路图。

磁阻R_m与磁路的平均长度l成正比，与磁路的截面积S及构成磁路材料的磁导率μ成反比。需要注意的是，铁磁材料的磁导率不是一个常数，由铁磁材料构成的磁路，其磁阻不是常数，而是随着磁路中磁通密度的大小而变化，也就是说，磁路是非线性的。

10.3　铁心变压器

在第 9 章介绍了空心变压器和理想变压器，本节再介绍铁心变压器。电力系统中广泛使用的电力变压器就是铁心变压器。本书中将铁心变压器简称为变压器。

变压器中最主要的部件是铁心和绕组，它们构成了变压器的器身。变压器的

铁心既是磁路，又是套装绕组的骨架。绕组是变压器的电路部分。除器身外，典型的油浸电力变压器还有油箱、变压器油、散热器、绝缘套管、分接开关及继电保护装置等部件。

按相数的不同，变压器可分为单相变压器和三相变压器。按每相绕组数量的不同，变压器可分为双绕组变压器、三绕组变压器、多绕组变压器和自耦变压器等。按用途区分，变压器可分为电力变压器、电炉变压器、整流变压器和仪用变压器等。

10.3.1　单相变压器

1. 变压器的基本方程

图 10-5 所示是单相变压器的原理图。与电源相连的线圈称为一次绕组，与负载相连的线圈称为二次绕组。一、二次绕组的匝数分别为 N_1 和 N_2。

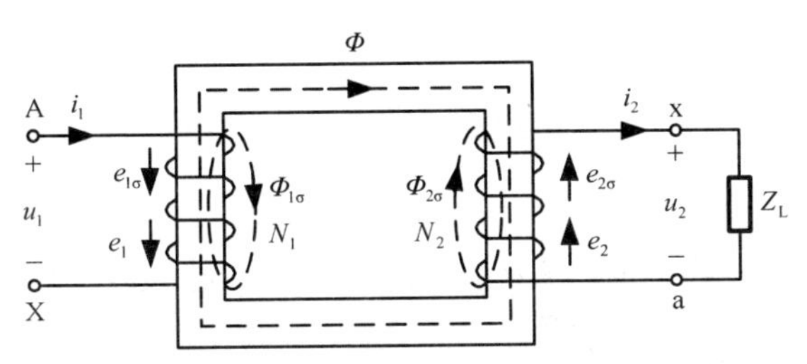

图 10-5　单相变压器的原理图

当一次绕组接上交流电压 u_1 时，一次绕组中便有电流 i_1 流过。一次绕组的磁动势产生的磁通绝大部分通过铁心而闭合，并在二次绕组中感应出电动势。如果二次绕组接有负载，二次绕组中就有电流 i_2 流过。二次绕组的磁动势也产生磁通，其绝大部分也通过铁心而闭合。因此，铁心中的磁通是一个由一、二次绕组的磁动势共同产生的合成磁通，称为主磁通，用 Φ 表示。主磁通穿过一次绕组和二次绕组而在其中感应出的电动势分别为 e_1 和 e_2。一、二次绕组还分别产生漏磁通 $\Phi_{1\sigma}$ 和 $\Phi_{2\sigma}$，从而在各自的绕组中分别产生漏感电动势 $e_{1\sigma}$ 和 $e_{2\sigma}$，由于漏磁通的磁路主要由空气组成，可认为漏磁链与产生它的电流成正比，设漏磁通 $\Phi_{1\sigma}$ 和 $\Phi_{2\sigma}$ 相对应的漏感分别为 $L_{1\sigma}$ 和 $L_{2\sigma}$，则 $e_{1\sigma}=-L_{1\sigma}\dfrac{\mathrm{d}i_1}{\mathrm{d}t}$，$e_{2\sigma}=-L_{2\sigma}\dfrac{\mathrm{d}i_2}{\mathrm{d}t}$。此外，一、二次绕组的电阻分别为 R_1 和 R_2，相应的电压降分别为 R_1i_1 和 R_2i_2。在图 10-5 所示的参考方向下，根据基尔霍夫电压定律和电磁感应定律可得

$$u_1=R_1i_1+L_{1\sigma}\frac{\mathrm{d}i_1}{\mathrm{d}t}-e_1 \tag{10-2}$$

$$e_2 = R_2 i_2 + L_{2\sigma}\frac{\mathrm{d}i_2}{\mathrm{d}t} + u_2 \tag{10-3}$$

$$e_1 = -N_1\frac{\mathrm{d}\Phi}{\mathrm{d}t} \tag{10-4}$$

$$e_2 = -N_2\frac{\mathrm{d}\Phi}{\mathrm{d}t} \tag{10-5}$$

由式（10-4）和式（10-5）可得

$$\frac{e_1}{e_2} = \frac{N_1}{N_2} = k \tag{10-6}$$

式中，k 称为变压器的电压比。

变压器在正常工作时，Ri_1 和 $e_{1\sigma}$ 都比 e_1 小很多，因而有

$$u_1 \approx -e_1$$

这样，当 u_1 按正弦规律交变时，e_1 也按正弦规律交变。由于 $e_1 = -N_1\frac{\mathrm{d}\Phi}{\mathrm{d}t}$，$\Phi$ 也是按正弦规律交变的。假设

$$\Phi = \Phi_{\mathrm{m}}\sin(\omega t) \tag{10-7}$$

则

$$\begin{aligned} e_1 &= -N_1\frac{\mathrm{d}\Phi}{\mathrm{d}t} = -N_1\frac{\mathrm{d}}{\mathrm{d}t}(\Phi_{\mathrm{m}}\sin(\omega t)) = -N_1\omega\Phi_{\mathrm{m}}\cos(\omega t) \\ &= E_{1\mathrm{m}}\sin(\omega t - 90^\circ) \end{aligned} \tag{10-8}$$

式中，$E_{1\mathrm{m}} = N_1\omega\Phi_{\mathrm{m}}$，为 e_1 的幅值。e_1 的有效值为

$$E_1 = \frac{E_{1\mathrm{m}}}{\sqrt{2}} = \frac{N_1\omega\Phi_{\mathrm{m}}}{\sqrt{2}} = \frac{2\pi f N_1\Phi_{\mathrm{m}}}{\sqrt{2}} = 4.44 f N_1\Phi_{\mathrm{m}} \tag{10-9}$$

由式（10-7）、式（10-8）和式（10-9），可得

$$\dot{E}_1 = -\mathrm{j}4.44 f N_1\dot{\Phi}_{\mathrm{m}} \tag{10-10}$$

二次绕组开路时，$i_2 = 0$，这种情况称为变压器的空载运行，此时 i_1 比较小，称为变压器的空载电流，常记为 i_{10}。二次绕组接负载阻抗 Z_{L} 时，二次绕组中便有电流流过，这种情况称为变压器的负载运行。由 $U_1 \approx E_1 = 4.44 fN_1\Phi_{\mathrm{m}}$ 可知，当电源电压 U_1 和频率 f 不变时，E_1 和 Φ_{m} 也都近似为常数。可见铁心中的主磁通的最大值在空载或负载时基本是恒定的。负载运行时产生主磁通的一、二次绕组的合成磁动势（$N_1 i_1 + N_2 i_2$）应该和空载时产生主磁通的一次绕组的磁动势 $N_1 i_{10}$ 基本相等，即

$$N_1 i_1 + N_2 i_2 \approx N_1 i_{10}$$

式中的约等于号不方便计算，引入一个称为励磁电流的变量 i_{m}，使

$$N_1 i_1 + N_2 i_2 = N_1 i_{\mathrm{m}}$$

这就是磁动势平衡方程式。

励磁电流 i_{m} 是一扭曲的尖顶波，可将它用其等效正弦电流代替，仍然用 i_{m} 表示。经过这样的处理，磁动势平衡方程式就可以写成相量形式，即

$$N_1 \dot{I}_1 + N_2 \dot{I}_2 = N_1 \dot{I}_{\mathrm{m}} \tag{10-11}$$

把式（10-2）、式（10-3）、式（10-4）、式（10-5）和式（10-6）也写成相量形式，得

$$\begin{cases} \dot{U}_1 = R_1 \dot{I}_1 + \mathrm{j}\omega L_{1\sigma} \dot{I}_1 - \dot{E}_1 = Z_1 \dot{I}_1 - \dot{E}_1 \\ \dot{E}_2 = R_2 \dot{I}_2 + \mathrm{j}\omega L_{2\sigma} \dot{I}_2 + \dot{U}_2 = Z_2 \dot{I}_2 + \dot{U}_2 \\ \dot{E}_1 = -\mathrm{j}4.44 f N_1 \dot{\Phi}_{\mathrm{m}} \\ \dot{E}_2 = -\mathrm{j}4.44 f N_2 \dot{\Phi}_{\mathrm{m}} \\ \dot{E}_1 / \dot{E}_2 = k \end{cases} \tag{10-12}$$

式中，Z_1 和 Z_2 分别称为一次和二次绕组的漏阻抗，$Z_1 = R_1 + \mathrm{j}\omega L_{1\sigma} = R_1 + \mathrm{j}X_1$，$X_1 = \omega L_{1\sigma}$，$Z_2 = R_2 + \mathrm{j}\omega L_{2\sigma} = R_2 + \mathrm{j}X_2$，$X_2 = \omega L_{2\sigma}$。

对负载阻抗 Z_{L}，有

$$\dot{U}_2 = \dot{I}_2 Z_{\mathrm{L}} \tag{10-13}$$

引入复阻抗 $Z_{\mathrm{m}} = R_{\mathrm{m}} + \mathrm{j}X_{\mathrm{m}}$，感应电动势 $\dot{E}_1$ 和励磁电流 $\dot{I}_{\mathrm{m}}$ 建立如下的关系

$$\dot{E}_1 = -Z_{\mathrm{m}} \dot{I}_{\mathrm{m}} = -(R_{\mathrm{m}} + \mathrm{j}X_{\mathrm{m}}) \dot{I}_{\mathrm{m}} \tag{10-14}$$

式中，R_{m}、X_{m} 和 Z_{m} 分别称为励磁电阻、励磁电抗和励磁阻抗。由于磁路的非线性，R_{m}、X_{m} 和 Z_{m} 都不是常数，但是由于 U_1 和 f 不变时，有 Φ_{m} 基本不变，可以认为 R_{m}、X_{m} 和 Z_{m} 近似为常数。

综合上述各电磁量的关系，可得变压器稳态运行时的基本方程式为

$$\begin{cases} \dot{U}_1 = Z_1 \dot{I}_1 - \dot{E}_1 \\ \dot{E}_2 = Z_2 \dot{I}_2 + \dot{U}_2 \\ \dfrac{\dot{E}_1}{\dot{E}_2} = k \\ N_1 \dot{I}_1 + N_2 \dot{I}_2 = N_1 \dot{I}_{\mathrm{m}} \\ \dot{E}_1 = -Z_{\mathrm{m}} \dot{I}_{\mathrm{m}} \\ \dot{U}_2 = \dot{I}_2 Z_{\mathrm{L}} \end{cases} \tag{10-15}$$

这就是变压器的数学模型。

2. 变压器的等效电路

在研究变压器的运行问题时，希望有一个既能正确反映变压器内部电磁关系，

又便于工程计算的等效电路，用它来代替既有电路又有磁路和电磁感应联系的实际变压器。从变压器的基本方程出发，通过绕组归算（或称绕组折算），可以导出等效电路。

通常把二次绕组归算到一次绕组，也就是把二次绕组的匝数变换成一次绕组的匝数，而不改变一次和二次绕组原有的电磁关系。从磁动势平衡关系可知，二次电流对一次侧的影响是通过二次磁动势 $N_2\dot{I}_2$ 来实现的，所以只要归算前、后二次绕组的磁动势保持不变，则一次绕组将从电网吸收同样大小的有功功率和电流，并有同样大小的功率传递到二次绕组。

归算后，二次侧物理量的数值称为归算值，用原物理量的符号加“′”来表示。设二次电流和电动势的归算值为 $\dot{I}_2'$ 和 $\dot{E}_2'$，根据归算前、后二次绕组磁动势不变的原则，可得

$$N_1\dot{I}_2' = N_2\dot{I}_2$$

由此可得二次电流的归算值 $\dot{I}_2'$ 为

$$\dot{I}_2' = \frac{N_2}{N_1}\dot{I}_2 = \frac{1}{k}\dot{I}_2$$

归算前、后二次绕组的磁动势未变，铁心中的主磁通也保持不变。这样，根据感应电动势与匝数成正比这一关系，可得归算前、后二次电动势之比为

$$\frac{\dot{E}_2'}{\dot{E}_2} = \frac{N_1}{N_2} = k$$

即二次绕组感应电动势的归算值 $\dot{E}_2'$ 为

$$\dot{E}_2' = k\dot{E}_2$$

把磁动势方程除以匝数，可得归算后的磁动势方程为

$$\dot{I}_1 + \dot{I}_2' = \dot{I}_{\mathrm{m}}$$

再把二次绕组的电压方程乘以电压比，可得

$$k\dot{E}_2 = (R_2 + \mathrm{j}X_2)k\dot{I}_2 + k\dot{U}_2 = (k^2R_2 + \mathrm{j}k^2X_2)\frac{\dot{I}_2}{k} + k\dot{U}_2$$

即

$$\dot{E}_2' = (k^2R_2 + \mathrm{j}k^2X_2)\dot{I}_2' + k\dot{U}_2 = (R_2' + \mathrm{j}X_2')\dot{I}_2' + \dot{U}_2' \tag{10-16}$$

式中，R_2' 和 X_2' 分别称为二次绕组电阻和漏抗的归算值，$R_2' = k^2R_2$，$X_2' = k^2X_2$；$\dot{U}_2'$ 为二次电压的归算值，$\dot{U}_2' = k\dot{U}_2$。式（10-16）就是归算后二次绕组的电压方程。

同理可得

$$Z_{\mathrm{L}}' = k^2Z_{\mathrm{L}}$$

综上所述，二次绕组归算到一次绕组时，电动势和电压应乘以 k 倍，电流则除以 k 倍，阻抗乘以 k^2 倍。不难证明，归算前、后二次绕组内的功率和损耗均保持不变。归算实质上是在功率和磁动势保持不变的条件下，对绕组的电压、电流所进行的一种线性变换。

归算后，变压器的基本方程式就变为

$$\begin{cases}\dot{U}_1 = Z_1\dot{I}_1 - \dot{E}_1 \\ \dot{E}_2' = Z_2'\dot{I}_2' + \dot{U}_2' \\ \dot{E}_1 = \dot{E}_2' \\ \dot{I}_1 + \dot{I}_2' = \dot{I}_m \\ \dot{E}_1 = -Z_m\dot{I}_m \\ \dot{U}_2' = \dot{I}_2' Z_L'\end{cases} \tag{10-17}$$

式中，Z_2' 为归算后二次绕组的漏阻抗，$Z_2' = R_2' + jX_2'$。

根据归算后的变压器基本方程式就可得到变压器的 T 形等效电路，如图 10-6 所示。

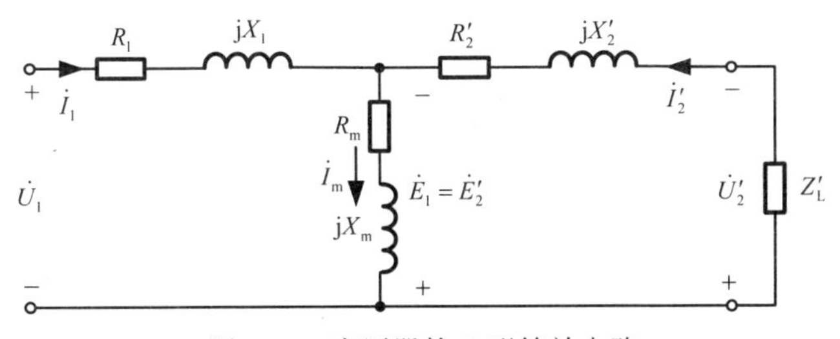

图 10-6　变压器的 T 形等效电路

为进一步减小计算量，可将 T 形等效电路简化为如图 10-7 所示的近似等效电路，在多数情况下其精度已能满足工程要求。

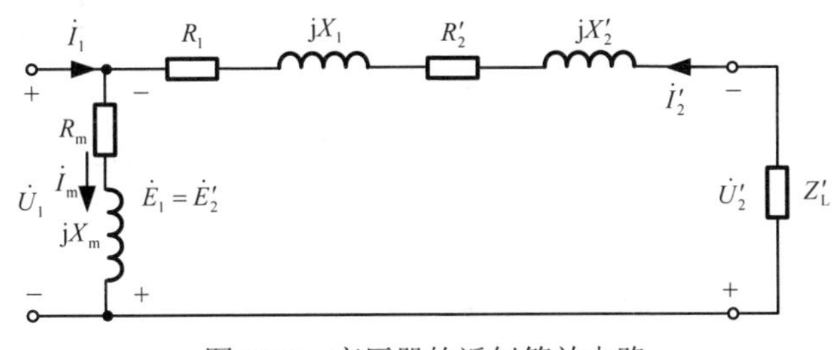

图 10-7　变压器的近似等效电路

等效电路建立以后，变压器各种工况和运行特性的计算就可以转化为电路的计算。

例 10-1　已知一台单相变压器的下列参数：额定电压$U_{1N}/U_{2N}=380/190\text{V}$，$Z_1=(0.5+\text{j}0.9)\Omega$，$Z_2=(0.2+\text{j}0.4)\Omega$，$Z_m=(700+\text{j}1300)\Omega$，$Z_L=(8+\text{j}5)\Omega$。当一次绕组加上额定电压380V时，试用 T 形等效电路求一次绕组电流I_1、二次绕组电流I_2和负载电压U_2。

解： $k=\dfrac{U_{1N}}{U_{2N}}=\dfrac{380}{190}=2$

$$Z_2'=k^2Z_2=4\times(0.2+\text{j}0.4)=(0.8+\text{j}1.6)\Omega$$

$$Z_L'=k^2Z_L=4\times(8+\text{j}5)=(32+\text{j}20)\Omega$$

电路总阻抗

$$Z=Z_1+\frac{Z_m(Z_2'+Z_L')}{Z_m+Z_2'+Z_L'}=0.5+\text{j}0.9+\frac{(700+\text{j}1300)\times(0.8+\text{j}1.6+32+\text{j}20)}{700+\text{j}1300+0.8+\text{j}1.6+32+\text{j}20}$$

$$=32.28+\text{j}22.40=39.29\angle 34.75^\circ\ \Omega$$

$$\dot{I}_1=\frac{\dot{U}_1}{Z}=\frac{380\angle 0^\circ}{39.29\angle 34.75^\circ}=9.67\ \angle -34.75^\circ\ \text{A}$$

$$\dot{E}_2'=\dot{E}_1=Z_1\dot{I}_1-\dot{U}_1=(0.5+\text{j}0.9)\times 9.67\ \angle -34.75^\circ-380\ \angle 0^\circ$$

$$=371.09\ \angle 179.32^\circ\ \text{V}$$

$$\dot{I}_2'=\frac{\dot{E}_2'}{Z_2'+Z_L'}=\frac{371.09\angle 179.32^\circ}{0.8+\text{j}1.6+32+\text{j}20}=9.45\angle 145.96^\circ\ \text{A}$$

$$I_2=kI_2'=2\times 9.45=18.90\text{A}$$

$$U_2=|Z_L|I_2=\sqrt{8^2+5^2}\times 18.90=178.28\text{V}$$

10.3.2　三相变压器

目前电力系统均采用三相制，三相变压器的应用极为广泛。三相变压器的实物图如图 10-8 所示。三相变压器对称运行时，各相的电压、电流大小相等，相位互差120°。因此在原理分析和运行计算时，可以取三相中的一相来研究，即三相问题可以化为单相问题。前面导出的单相变压器的基本方程和等效电路，可直接用于三相中的任一相。关于三相变压器的磁路、三相绕组的连接方式、三相变压器的并联运行、三相变压器的不对称运行等问题，可以参看电机学相关教材。

图 10-8　三相变压器的实物图

10.3.3 变压器的额定值

每台变压器都有铭牌，其上标明了变压器的额定值，说明变压器的工作能力和工作条件。变压器的额定值主要有以下几种。

1. 额定容量 S_N

额定容量是变压器在额定运行条件下输出视在功率的保证值。

2. 额定电压 U_{1N} 和 U_{2N}

单相变压器的额定电压是指变压器在空载运行时一、二次绕组电压的额定值。三相变压器的额定电压是指变压器在空载运行时一、二次绕组线电压的额定值。

由于变压器空载运行时，$U_{1N} \approx E_1$，$U_{2N} = E_2$，因此变压器的电压比 k 与额定电压 U_{1N}、U_{2N} 有如下关系

$$k = \frac{N_1}{N_2} = \frac{E_1}{E_2} \approx \frac{U_{1N}}{U_{2N}} \quad \text{（单相变压器）}$$

3. 额定电流 I_{1N} 和 I_{2N}

根据额定容量和额定电压算出的电流值称为额定电流。对三相变压器，额定电流是指线电流。

对单相变压器，一次和二次额定电流分别为

$$I_{1N} = \frac{S_N}{U_{1N}} \qquad I_{2N} = \frac{S_N}{U_{2N}}$$

对三相变压器，一次和二次额定电流分别为

$$I_{1N} = \frac{S_N}{\sqrt{3}U_{1N}} \qquad I_{2N} = \frac{S_N}{\sqrt{3}U_{2N}}$$

实际电流若超过额定电流，称为过载。长期过载，变压器的温度会超过允许值，材料性质会发生变化，从而导致变压器损坏。

4. 额定频率 f_N

我国的标准工频规定为 50Hz。

5. 额定效率 η_N

变压器运行时有损耗，额定负载时，变压器的效率称为额定效率。额定效率是变压器的一个主要性能指标，通常电力变压器的额定效率 $\eta_N = 95\% \sim 99\%$。可见变压器是一种高效能量变换器。

变压器负载运行时，二次电流随负载变化而变化，不一定是额定电流，二次电压也随负载变化而有所变化，因此变压器实际输出容量往往不等于其额定容量。当变压器一次绕组接到额定频率、额定电压的交流电网上，二次电流达到其额定

值时，一次电流也达到其额定值。此时，变压器运行于额定工况，称为额定运行，其负载称为额定负载，也称满载。在额定工况下，变压器可长期可靠地运行，并具有优良的性能。额定值是变压器设计、试验和运行中的重要依据。

10.3.4 变压器的电压调整特性

变压器的电压调整特性是指变压器的一次电压为额定值，负载的功率因数不变时，二次电压与负载电流的关系曲线$U_2 = f(I_2)$，也称电压调整特性为外特性。

图 10-9 表示负载的功率因数分别为 0.8（滞后）、1 和 0.8（超前）时，变压器的电压调整特性。

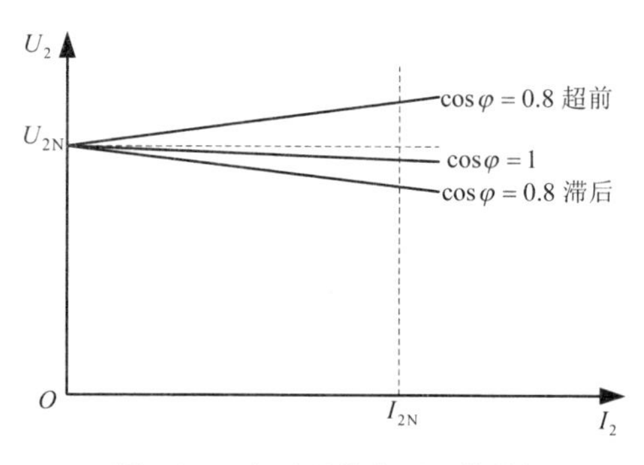

图 10-9 变压器的电压调整特性

U_2随I_2变化的程度可用电压调整率Δu来表示。它是标志变压器运行性能的另一个主要性能指标。电压调整率的定义是：在一次电压保持为额定值，负载的功率因数不变的条件下，变压器从空载到负载，二次电压变化的数值$(U_{2N} - U_2)$与空载电压（即额定电压）U_{2N}的比值的百分数，即

$$\Delta u = \frac{U_{2N} - U_2}{U_{2N}} \times 100\%$$

当$I_2 = I_{2N}$、功率因数为指定值（通常为 0.8，滞后）时的电压调整率为额定电压调整率Δu_N。额定电压调整率Δu_N一般为5%。电压调整率可以用变压器的等效电路算出。

10.3.5 自耦变压器

一次和二次绕组中有一部分是公共绕组的变压器，称为自耦变压器。其特点是一次和二次绕组不仅有磁的耦合，还有电的直接联系。自耦变压器有单相的，也有三相的。图 10-10 所示为一台单相降压自耦变压器的绕组连接图，下面分析

该变压器的电压、电流关系，所得结论也适用于单相升压自耦变压器以及对称运行的三相自耦变压器的每一相。

自耦变压器中的磁通也可分为主磁通和漏磁通。主磁通在高、低压绕组中产生电动势 $\dot{E}_1$、$\dot{E}_2$。忽略较小的漏阻抗压降，可得一、二次额定相电压之比为

$$\frac{U_{1N}}{U_{2N}} \approx \frac{E_1}{E_2} = \frac{N_1 + N_2}{N_2} = k_a$$

式中，k_a 为自耦变压器的电压比，对于降压变压器，$k_a > 1$。

自耦变压器负载运行时，其磁动势平衡方程为

$$N_1\dot{I}_1 + N_2\dot{I} = (N_1 + N_2)\dot{I}_m$$

即

$$N_1\dot{I}_1 + N_2(\dot{I}_1 + \dot{I}_2) = (N_1 + N_2)\dot{I}_1 + N_2\dot{I}_2 = (N_1 + N_2)\dot{I}_m$$

若忽略励磁电流 $\dot{I}_m$，则

$$\frac{\dot{I}_1}{\dot{I}_2} \approx \frac{N_2}{N_1 + N_2} = \frac{1}{k_a}$$

在工厂和实验室里，自耦变压器常常用作调压器和起动补偿器。在电工实验室里，自耦变压器一般为降压变压器。自耦变压器的实物图如图 10-11 所示。

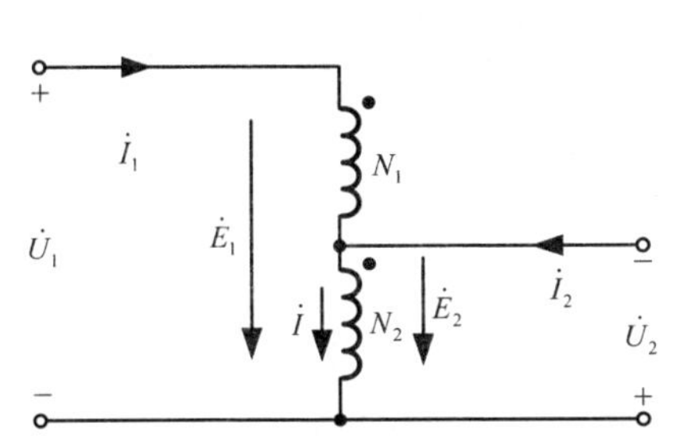

图 10-10　单相降压自耦变压器的绕组连接图

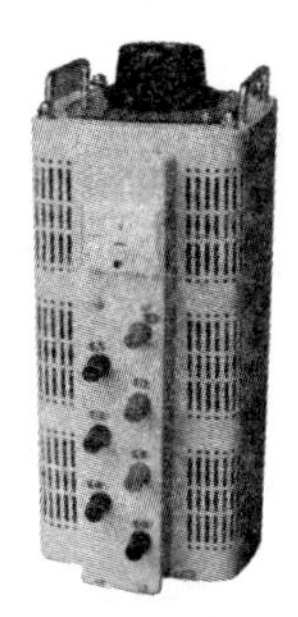

图 10-11　自耦变压器的实物图

10.4　应用实例：牵引变压器

自世界上第一条铁路诞生以来，作为载运工具的牵引动力机车已经经历了蒸汽机车、内燃机车、电力机车三个发展阶段。电力机车与电动车组的主传动系统称为电力牵引传动系统，其发展可分为直流传动阶段和交流传动阶段。我国具有自主知识产权的 CRH1、CRH2、CRH3 和 CRH5 型高速动车组采用动力分散型交流传动系统，HXD1、HXD2 和 HXD3 型大功率交流传动电力机车采用动力集中

型交流传动系统。

电力牵引交流传动系统主要由受电弓、牵引变压器、脉冲整流器、中间直流环节、牵引逆变器、牵引电动机、齿轮传动系统等组成，如图 10-12 所示。

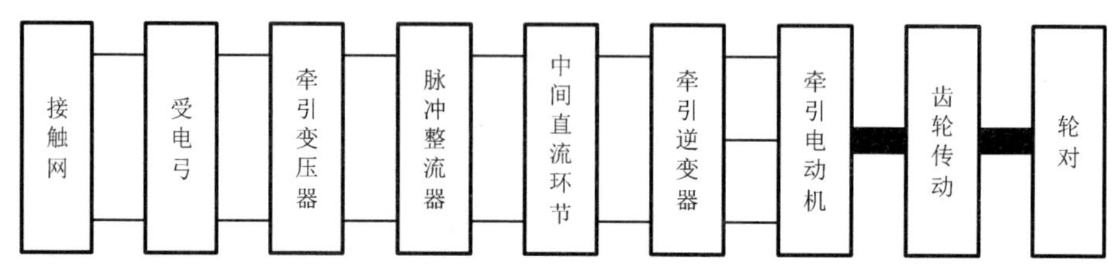

图 10-12 电力牵引交流传动系统组成框图

牵引变压器是电力机车上的重要电气设备，用来将接触网上取得的单相工频 25kV 高压交流电降为列车各电路所需的电压，其工作原理与普通电力变压器相同。但由于牵引变压器工作条件的特殊性，因此又具有如下特点：

（1）对质量和尺寸有严格限制，要求体积小、重量轻。

（2）经常受到机械振动和冲击，要求其具有坚固的结构。

（3）接触网电压变化范围大，受大气过电压和操作过电压等的影响，要求其具有较大的工作范围及较好的绝缘性能。

（4）需要二次侧输出多种电压，因此具有较多的二次绕组。一般来说，二次侧有 2～4 个牵引绕组，1～2 个辅助绕组。

（5）为了抑制二次电流纹波和控制开关器件的关断电流的冲击以及抑制网侧谐波电流，要求二次侧各绕组有很高的电抗。

（6）为了使二次侧并联的整流器的负荷平衡，各牵引绕组的电抗必须相等。

（7）二次侧各绕组之间相互干扰很强时，电流波形会发生紊乱，严重影响开关器件的关断电流，因此各二次绕组之间要采用去磁结构。

（8）由于牵引变压器的负载为整流器，将有谐波电流流过变压器，容易引起变压器的局部发热，因此对冷却系统有很高的要求。

（1）基本电磁定律主要有安培环路定律、电磁感应定律和电磁力定律。

（2）变压器内部的磁场由一、二次绕组的磁动势共同产生，磁路上的磁动势平衡方程式和电路中的电动势平衡方程式是两种基本的电磁关系。二次侧负载变化对一次侧的影响就是通过二次绕组磁动势来实现的。为了将复杂的电磁关系简化为电路中的关系，引入励磁阻抗 Z_m。在此基础上，采用折合算法，把变压器中的电磁关系用一、二次侧有电路联系的 T 形等效电路来表达。基本方程式和等效电路是定性或定量分析计算变压器各种稳态运行问题的主要工具。根据单相变压器推导的基本方程式和等效电路，也适用于对称稳态运行的三相变压器。在基本方程式和等效电路中的各物理量，都是一相的量。

（3）电压调整率和效率是变压器的主要性能指标。电压调整率反映变压器二次电压的稳定性，效率反映变压器运行的经济性。

（4）自耦变压器的特点是一次绕组与二次绕组不仅有磁的联系，而且有电路上的直接联系。

习题十

10-1　变压器电动势和运动电动势产生的原因有什么不同？其大小与哪些因素有关？

10-2　什么是磁路的欧姆定律？磁阻和磁导与哪些因素有关？

10-3　一台单相变压器，一次绕组电阻 $R_1 = 1\Omega$。当一次绕组施加 220V 的额定电压空载运行时，一次绕组电流是否等于 220A？为什么？

10-4　求单相变压器的电压比时，为什么可以用一、二次额定电压之比来计算？

10-5　变压器的电抗参数 X_m、$X_{1\sigma}$、$X_{2\sigma}$ 各与何种磁通相对应？

10-6　变压器负载运行时，引起二次电压变化的原因是什么？

10-7　说明变压器折合算法的依据及具体办法。是否可以将一次侧的量折合到二次侧？

10-8　自耦变压器的基本特点是什么？

10-9　一台单相变压器，额定频率为 50Hz，$S_N = 10\text{kV}\cdot\text{A}$，额定电压 $U_{1N}/U_{2N} = 380/220\ \text{V}$，$Z_1 = (0.14 + \text{j}0.22)\Omega$，$Z_2 = (0.035 + \text{j}0.055)\Omega$，$Z_m = (30 + \text{j}310)\Omega$，$Z_L = (4 + \text{j}3)\Omega$。当一次绕组加上额定电压 380V 时，试用 T 形等效电路计算下列各项：

（1）一、二次侧电流 I_1、I_2 和励磁电流 I_m；

（2）一、二次侧功率因数 $\cos\varphi_1$、$\cos\varphi_2$；

（3）一、二次侧功率 P_1、P_2 和变压器效率 η。

第 11 章　三相异步电动机

三相异步电动机是应用最广泛的交流电机。本章首先介绍三相异步电动机的结构、主要技术数据和基本工作原理，然后介绍三相异步电动机的基本方程、等效电路、功率、转矩和机械特性，最后介绍三相异步电动机的起动、调速和制动。

11.1　三相异步电动机的结构

三相异步电动机主要由静止的定子和转动的转子两大部分组成。定子和转子之间有一个较小的气隙。图 11-1 所示为封闭式三相鼠笼型异步电动机的典型结构。下面介绍三相异步电动机各主要部件的结构及作用。

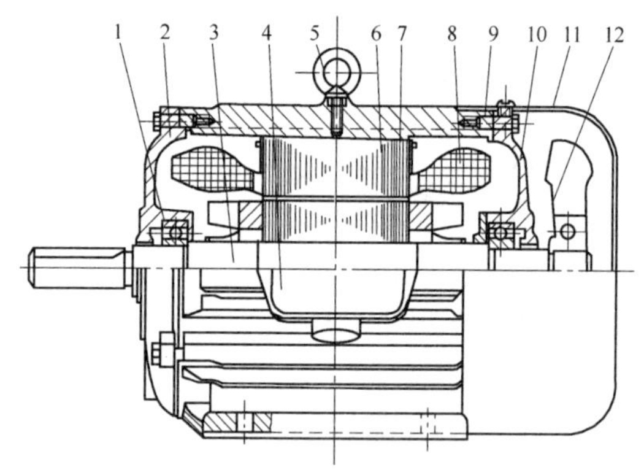

1－轴承；2－前端盖；3－转轴；4－接线盒；5－吊环；6－定子铁心；7－转子；8－定子绕组；9－机座；10－后端盖；11－风罩；12－风扇

图 11-1　封闭式三相鼠笼型异步电动机的典型结构

一、定子

异步电动机的定子由定子铁心、定子绕组和机座等部分组成。

定子铁心是主磁路的一部分。为了减少旋转磁场在铁心中所产生的涡流损耗和磁滞损耗，定子铁心由彼此绝缘、导磁性能良好、厚 0.5mm 、内圆表面冲有一定槽形的硅钢片叠压而成，如图 11-2 所示。定子硅钢片由冲床冲成，故也称为定子冲片。

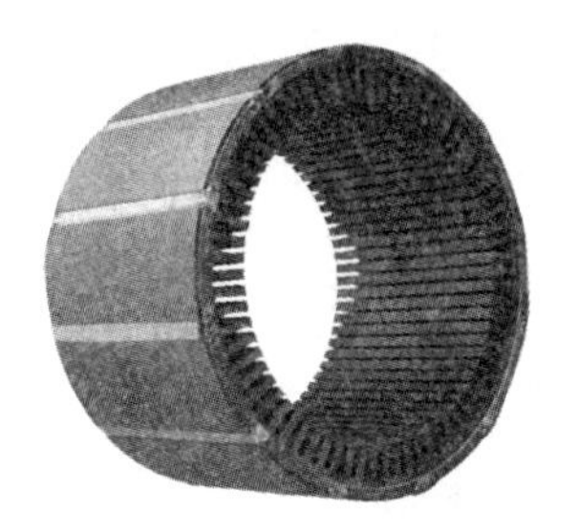

图 11-2　定子铁心

在定子的内圆表面上均匀地分布着许多形状相同的槽，用以嵌放定子绕组。槽形通常有三种：半闭口槽、半开口槽和开口槽。容量在 100kW 以下的小型异步电动机一般都采用图 11-3（a）所示的半闭口槽；电压在 500V 以下的中型异步电动机通常采用图 11-3（b）所示的半开口槽；高压的中型和大型异步电动机通常采用图 11-3（c）所示的开口槽。

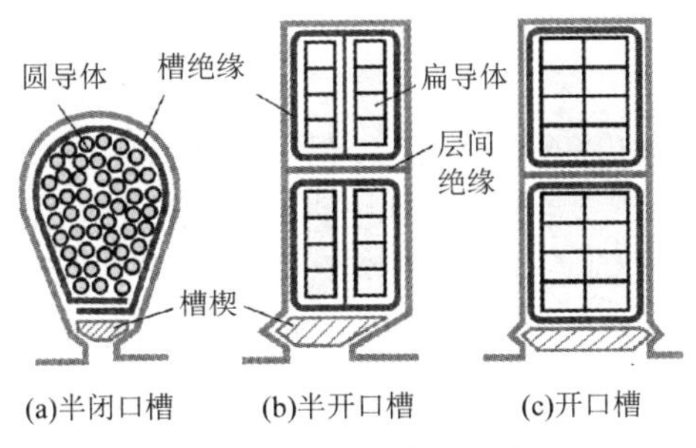

图 11-3　定子铁心槽形

定子绕组是三相对称绕组，由若干线圈按一定规律嵌入定子槽中，并按一定方式连接起来构成。定子绕组是定子的电路部分，异步电动机的定子绕组在交变的磁场中感应电动势，流过电流，从电网吸收电功率。

一般根据定子绕组在槽内布置的情况，有单层绕组和双层绕组两种基本形式。小容量异步电动机常采用单层绕组，容量较大的异步电动机都采用双层绕组。双层绕组在每槽内的导线分为上下两层，上层线圈与下层线圈用层间绝缘隔开。槽内定子绕组的导线用槽楔紧固。图 11-4 所示为三相异步电动机的定子绕组实物图。

机座的主要作用是固定和支撑定子铁心。中小型异步电动机一般采用铸铁机座，大中型异步电动机一般采用钢板焊接的机座。

二、转子

异步电动机的转子由转子铁心、转子绕组和转轴组成。转轴用于固定和支撑转子铁心，并输出机械功率。

转子铁心也是电机主磁路的一部分，通常也用0.5mm厚的硅钢片叠压而成。转子硅钢片也称为转子冲片，如图11-5所示。转子冲片的外圆表面开有许多均匀分布的槽，用以嵌放转子绕组。

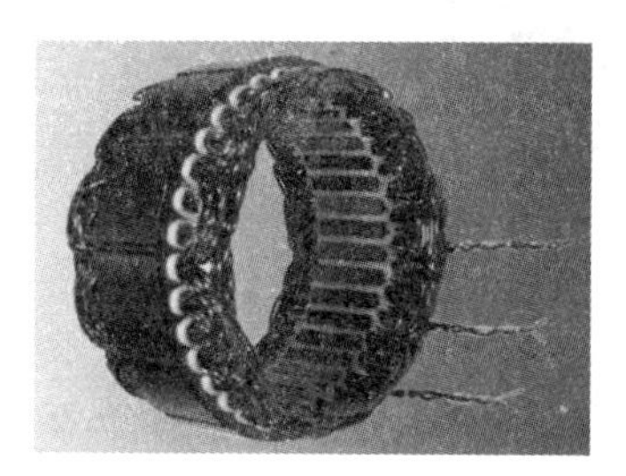

图11-4　定子绕组

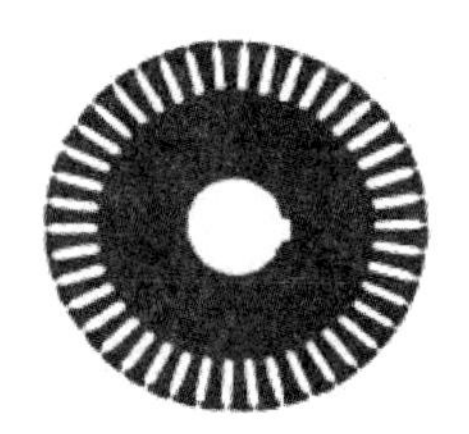

图11-5　转子冲片

转子绕组是转子的电路部分，它在交变的磁场中感应电动势，从而形成电流并产生电磁转矩。转子绕组分为鼠笼型绕组和绕线型绕组两种。相应地，转子有鼠笼型转子和绕线型转子两种，三相异步电动机有鼠笼型异步电动机和绕线型异步电动机两种。

鼠笼型绕组是自行短路的对称绕组。在转子铁心的每个槽中放置一根导体（或称导条），在铁心两端各用一个端环把所有导体连接成一个整体，形成一个自行短路的对称绕组。如果去掉铁心，整个绕组犹如一个“鼠笼”，鼠笼型绕组因此得名。鼠笼型绕组可以焊接而成，如图11-6（a）所示；也可采用铸铝工艺，将鼠笼型绕组连同风扇叶片一起浇铸而成，如图11-6（b）所示。这种构造十分坚固，成本低，寿命长。

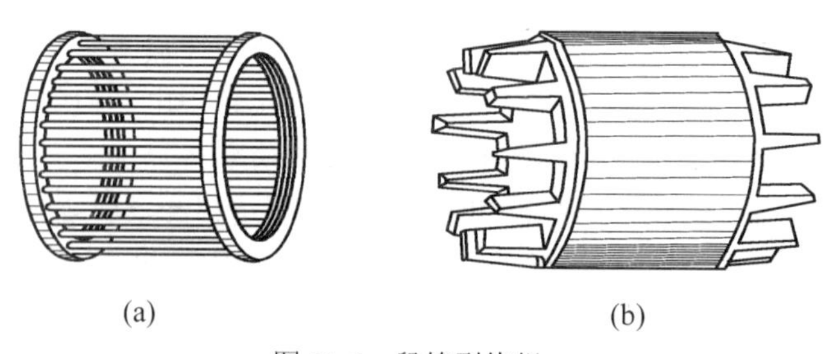

(a)　　(b)

图11-6　鼠笼型绕组

绕线型绕组是由绝缘导线联接而成的三相对称绕组，其构成与定子绕组类似，磁极对数也相同。通常，小功率电机用三角形联接，中、大功率电机用星形联接。

三相绕组的三个端子分别与固定在转轴时的三个相互绝缘的集电环相联接，再通过定子上的一套电刷引出去，如图 11-7 所示。这样就可以通过集电环和电刷在转子回路中串接附加电阻，从而改善电动机的起动性能或实现电动机调速。但这种构造复杂，成本较高。

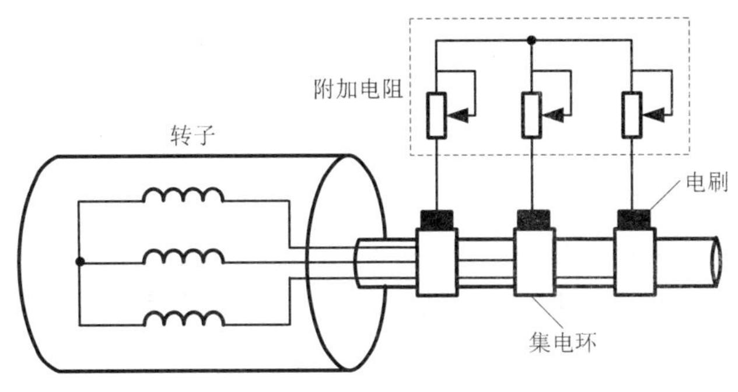

图 11-7　绕线型绕组联接方式示意图

三、气隙

气隙大小对异步电动机的运行性能有重要影响。异步电动机的气隙磁场是由励磁电流产生的。为了减少励磁电流，提高功率因数，气隙应尽可能小，但气隙过小不仅使装配困难，而且电机运转时定、转子可能发生摩擦。气隙过小，气隙磁场的高次谐波幅值和附加损耗会增加。因此异步电动机的气隙长度是由制造工艺、运行可靠性、运行性能等多种因素决定的。中小型异步电动机的气隙长度一般为 0.2～2mm。一般来说，功率越大、转速越高，气隙长度就越大。

11.2　三相异步电动机的主要技术数据

三相异步电动机的基座上钉有一块称为铭牌的金属牌，其上标有电动机的型号和一些技术数据。铭牌上未标注的其他技术数据可以从产品目录或电工手册中查到。这些技术数据是正确选择、使用和检修电动机的依据。

一、三相异步电动机的型号

三相异步电动机的铭牌上首先标注型号。例如某中小型三相异步电动机的型号是 Y132S-6，其中 Y 表示异步电动机，132 表示机座中心高（单位为 mm），S 表示短铁心（若为 M，则表示中长铁心；若为 L，则表示长铁心），6 表示磁极数。又如某大型三相异步电动机的型号为 Y630-10/1180，其中 Y 表示异步电动机，630 表示额定功率（单位为 kW），10 表示磁极数，1180 表示定子铁心外径（单位为 mm）。

三相异步电动机型号最前面的英文字母一般有 1～3 个，对应于三相异步电动机的系列。三相异步电动机的系列包括基本系列、派生系列和专用系列。

用在一般环境下作普通用途的三相异步电动机，且具有标准功率等级和标准安装尺寸的，称为三相异步电动机的基本系列，如 Y（IP23）系列、Y（IP44）系列等。

为了适应和满足各类机械设备的拖动要求，需要具有不同的起动、运行、调速和制动特性，并适用于不同电源条件及在各种特殊环境条件下使用的电动机；而且要尽可能地利用基本系列的部件来提高电动机系列化、通用化程度和经济性。因而在基本系列的基础上发展了许多派生系列的电动机，如 YX 系列高效率三相异步电动机，YH 系列高转差率三相异步电动机，YD 系列变速多级三相异步电动机，YCT 系列电磁调速三相异步电动机，YR 系列绕线型三相异步电动机，YCJ 系列齿轮减速三相异步电动机等。

三相异步电动机的专用系列不是由基本系列派生的，所以其结构、安装形式和外形等均与基本系列的电动机不同。专用系列的电动机通常是按使用条件和技术要求进行专门设计，以满足许多特殊及专门机械设备的拖动要求。三相异步电动机的专用系列主要有：ZD、ZDY 系列锥形转子三相异步电动机，YZ、YZR 系列冶金及起重用三相异步电动机，JZS2 系列三相异步换向器电动机等。

二、三相异步电动机的额定值

额定值是电动机正常运行的主要数据。三相异步电动机的额定值主要有：

（1）额定电压 U_N：指在额定状态下运行时，规定加在定子绕组上的线电压，单位为 V 或 kV。

（2）额定电流 I_N：指在额定状态下运行时，流入定子绕组的线电流，单位为 A 或 kA。

（3）额定功率 P_N：指在额定状态下运行时，转子转轴上输出的机械功率，单位为 W 或 kW。

（4）额定功率因数 $\cos\varphi_N$：指在额定状态下运行时的功率因数。

（5）额定效率 η_N：指在额定状态下运行时的效率。

（6）额定转速 n_N：指在额定状态运行时的转子转速，单位为 r/min。

（7）额定频率 f_N：特指电动机所接电源的频率，单位为 Hz。

三相绕线型异步电动机除上述额定数据外，还有转子绕组开路时的额定线电压 U_{2N} 和转子绕组的额定线电流 I_{2N}。

额定功率因数 $\cos\varphi_N$ 和额定效率 η_N 是考核电动机性能的两个重要性能指标。三相异步电动机在额定状态或接近额定状态运行时，功率因数 $\cos\varphi$ 和效率 η 都比较高，而在轻载或空载运行时，$\cos\varphi$ 和 η 都很低，这是不经济的。在选用电动机时，额定功率要选得合适，应使它等于或略大于负载所需的功率值，尽量避免用大容量的电动机带小的负载，即要防止“大马拉小车”。

额定功率可按下式计算

$$P_{\mathrm{N}}=\sqrt{3}U_{\mathrm{N}}I_{\mathrm{N}}\eta_{\mathrm{N}}\cos\varphi_{\mathrm{N}}$$

三、定子绕组的接法

三相异步电动机定子绕组有两种接法，即星形（Y）接法和三角形（△）接法，如图 11-8 所示。

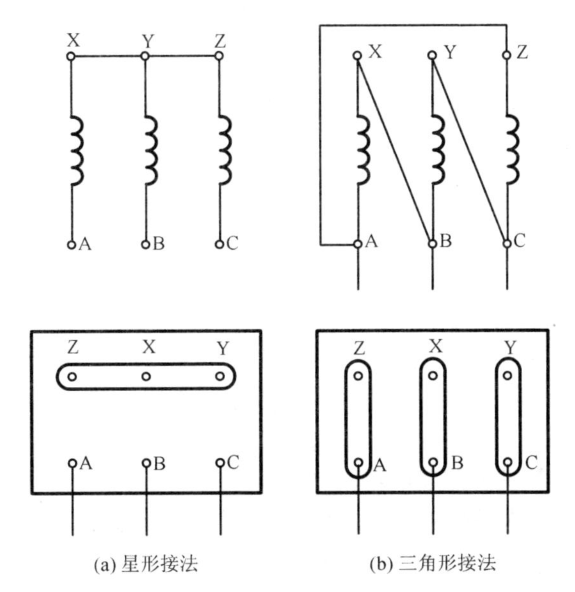

(a) 星形接法　(b) 三角形接法

图 11-8　三相异步电动机定子绕组的接法

四、绝缘等级

电机的绝缘等级指所使用绝缘材料的等级。目前我国生产的电机多为 B 级绝缘，并有向 F 级和 H 级绝缘发展的趋势。电机绝缘等级的分类如表 11-1 所示。

表 11-1　电机绝缘等级的分类

绝缘等级	A	E	B	F	H	C
耐热极限温度（℃）	105	120	130	155	180	>180

五、工作制

工作制是对电动机承受负载情况的说明。为了适应不同负载的需要，按负载持续时间的不同，国家标准把电动机分为三种工作制，即连续工作制、短时工作制和断续工作制，可根据实际情况来选用。

六、防护等级

防护等级是指为满足环境要求电动机采取的外壳防护形式，通常有开启式、防护式、封闭式和防爆式。

11.3 三相异步电动机的基本工作原理

根据电机的可逆性原理，电机既可以作电动机使用，也可以作发电机使用。三相异步电机主要作电动机使用，当作发电机使用时，主要用在风力发电场和小型水电站。

下面以三相异步电动机为例来介绍三相异步电机的基本工作原理，假设转子绕组为鼠笼型。

当三相异步电动机的定子绕组接通对称三相电源后，就会在定子绕组中流过对称三相电流，电动机的气隙中会产生一旋转磁场。该旋转磁场的转速称为同步转速 n_1， n_1 的大小与电动机的磁极对数 p 和电源的频率 f 有关，即 $n_1 = \dfrac{60f}{p}$。该旋转磁场的转向取决于定子三相电流的相序，即从电流超前相转向电流滞后相，若要改变旋转磁场的方向，只需将三相电源进线中的任意两相对调即可。电机学教材中对旋转磁场有详细介绍，有兴趣的读者可进一步参考学习。

为简便起见，将三相异步电动机气隙中的旋转磁场用一对旋转的磁极来表示，如图 11-9 所示。由于转子导体被这种旋转磁场切割，根据电磁感应定律，转子导体内会产生感应电动势。若旋转磁场按逆时针方向旋转，如图 11-9 所示，根据右手定则，可以判定图中转子上半部导体中的电动势方向都是进入纸面的，下半部导体中的电动势方向都是从纸面出来的。因为转子导体已构成闭合回路，转子导体中就有电流流过。如不考虑转子导体中电流与电动势的相位差，则电动势的瞬时方向就是电流的瞬时方向。根据电磁力定律，载有感应电流的转子导体处在旋转磁场中，必然会受到电磁力作用。根据左手定则，转子上半部的导体受到方向向左的电磁力，转子下半部的导体受到方向向右的电磁力。转子上所有导体受到的电磁力形成一个逆时针方向的电磁转矩，于是转子就跟着旋转磁场沿逆时针方向旋转，其转速为 n。

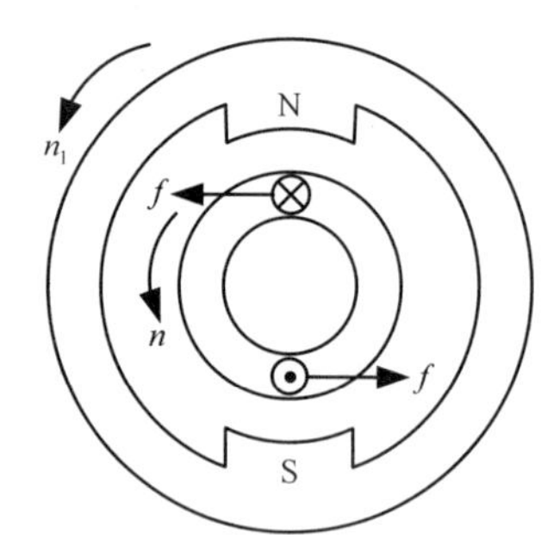

图 11-9 三相异步电动机的基本工作原理

如转子与生产机械连接，则转子上受到的电磁转矩将克服负载转矩而做功，从而实现机电能量转换，这就是三相异步电动机的基本工作原理。

在一般情况下，三相异步电动机的转速 n 不能达到旋转磁场的同步转速 n_1，n 总是略小于 n_1，这是由于三相异步电动机转子导体上之所以能受到一种电磁转矩，关键在于转子导体与旋转磁场之间存在一种相对运动而发生电磁感应作用，并感生电流，从而产生电磁力的缘故。如果三相异步电动机转子转速 n 达到同步转速 n_1，则旋转磁场与转子导体之间不再有相对运动，因而不可能在转子导体中感应电动势，也不会产生电磁转矩来拖动机械负载。因此，三相异步电动机的转子转速总是略小于旋转磁场的同步转速，即转子转速与旋转磁场的同步转速不同步，这就是三相异步电动机名称中“异步”的含义。又因为三相异步电动机转子电流是通过电磁感应作用产生的，三相异步电动机又称为三相感应电动机。

同步转速与转子转速之差 $\Delta n = n_1 - n$ 称为转差，转差 Δn 与同步转速 n_1 的比值称为转差率 s，即

$$s = \frac{n_1 - n}{n_1}$$

转差率是三相异步电机的一个基本参量，它能反映三相异步电机的各种运行状况。

三相异步电动机从起动到稳态运行的过程中，转差率有一个变化过程。在起动瞬间转子尚未转动时，转差率为 1；随着转子转速的升高，转差率将逐渐降低；当转子转速不再变化时，电机进入稳态，稳态运行时的转差率与负载有关，负载越大则转差率就越大。一般情况下，稳态运行时的空载转差率在 0.005 以下，满载转差率在 0.05 以下。

我国电网的频率 $f = 50\text{Hz}$，根据 $n_1 = \dfrac{60f}{p}$ 可得出三相异步电机的磁极对数 p 取几种常用值时的同步转速，如表 11-2 所示。三相异步电动机的额定转速 n_N 比同步转速 n_1 略小，因此根据额定转速查表 11-2 就可得到电机的同步转速和磁极对数。例如，某三相异步电动机的额定转速 $n_\text{N} = 725\text{r/min}$，则该电动机的磁极对数 $p = 4$，同步转速 $n_1 = 750\text{r/min}$。

表 11-2　三相异步电动机的同步转速

磁极对数 p	1	2	3	4	5	6	8	10
同步转速 n_1（r/min）	3000	1500	1000	750	600	500	375	300

根据转差率的大小和正负，三相异步电机分三种运行状态，分别为电磁制动运行状态、电动机运行状态和发电机运行状态。

1. 电磁制动运行状态

三相异步电机的定子绕组接至三相电源，如果用外力拖着电机转子逆着定子磁场方向转动，即 n 与 n_1 反方向旋转，如图 11-10（a）所示，此时电磁转矩 T 与电机转向相反，起制动作用。电机定子仍从电网吸收电功率，同时转子从外力吸收机械功率，这两部分功率都在电机内部以损耗的方式转化为热能消耗掉。这种运行状态称为电磁制动运行状态。这种情况下，$n<0$，$s>1$。

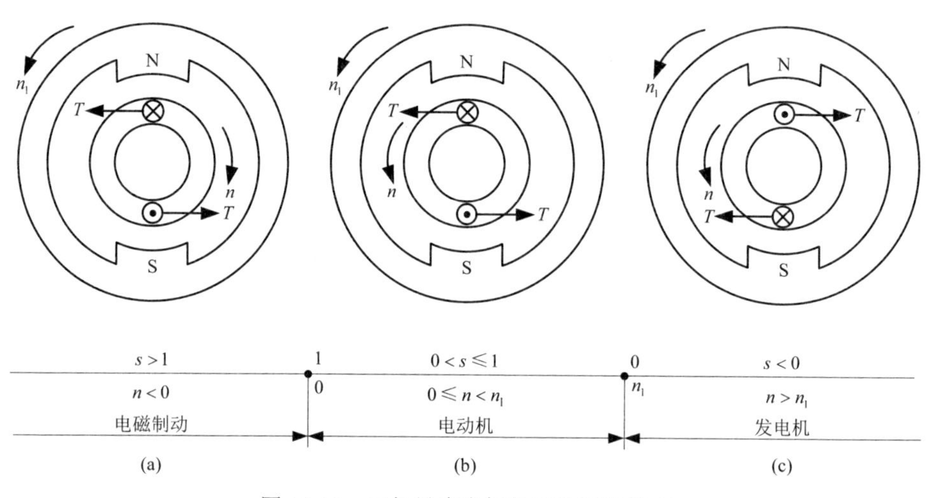

图 11-10　三相异步电机的三种运行状态

电磁制动状态是三相异步电机在完成某一生产过程中出现的短时运行状态，例如，起重机下放重物时，为了保证安全、平稳，需限制下放速度时，即可使三相异步电动机短时处于电磁制动运行状态。

2. 电动机运行状态

三相异步电机的定子绕组接三相电源，转子在电磁转矩 T 的作用下旋转，电磁转矩为驱动转矩，转子转向与旋转磁场的方向相同，如图 11-10（b）所示。此时，电机从电网吸收电功率并转变为机械功率，由转轴传输给负载。电动机运行状态时，转速范围为 $0\leqslant n<n_1$，转差率范围为 $0<s\leqslant 1$。

3. 发电机运行状态

三相异步电机的定子绕组仍接至三相电源，电机的转轴不再接负载，而是由一台原动机拖动，并顺着定子磁场方向，以大于同步转速的速度旋转，即 $n>n_1$，如图 11-10（c）所示。显然，此时电磁转矩 T 的方向与转子转向相反，起制动作用，即电磁转矩为制动转矩。为了克服电磁转矩的制动作用，保持转子以 $n>n_1$ 的速度旋转，电机就必须不断从原动机吸收机械功率。这时，电机将把机械功率转变为电功率输送给电网，而成为发电机运行状态。此时 $n > n_1$， $s < 0$ 。

11.4　三相异步电动机的基本方程式和等效电路

三相异步电动机的定、转子绕组都是交流绕组，主磁通由定、转子绕组共同产生，而漏磁通仅在本身绕组中产生感应电动势。因此，从电磁关系来看，三相异步电动机和变压器是相似的。三相异步电动机的定、转子绕组分别相当于变压器的一、二次绕组；三相异步电动机和变压器一样，也能以电动势平衡规律、磁动势平衡规律和电磁感应作为分析的基础。

参照变压器基本方程式的推导过程，可以导出三相异步电动机的基本方程式为

$$\begin{cases} \dot{U}_1 = (R_1 + \mathrm{j}X_{1\sigma})\dot{I}_1 - \dot{E}_1 = Z_1\dot{I}_1 - \dot{E}_1 \\ \dot{E}_1 = -(R_\mathrm{m} + \mathrm{j}X_\mathrm{m})\dot{I}_\mathrm{m} = -Z_\mathrm{m}\dot{I}_\mathrm{m} = \dot{E}_2' \\ \dot{E}_2' = \left(\dfrac{R_2'}{s} + \mathrm{j}X_{2\sigma}'\right)\dot{I}_2' = Z_2'\dot{I}_2' \\ \dot{I}_1 + \dot{I}_2' = \dot{I}_\mathrm{m} \end{cases} \tag{11-1}$$

式中，R_1 为定子绕组的每相电阻，$X_{1\sigma}$ 为定子绕组的每相漏电抗，$Z_1 = R_1 + \mathrm{j}X_{1\sigma}$ 为定子漏阻抗， R_m 为励磁电阻， X_m 为励磁电抗， $Z_\mathrm{m} = R_\mathrm{m} + \mathrm{j}X_\mathrm{m}$ 为励磁阻抗，s 为转差率， $\dfrac{R_2'}{s}$ 为转子绕组每相电阻 R_2 的归算值， $X_{2\sigma}'$ 为转子绕组每相漏电抗 $X_{2\sigma}$ 的归算值， $Z_2' = \dfrac{R_2'}{s} + \mathrm{j}X_{2\sigma}'$ 为转子漏阻抗的归算值， $\dot{U}_1$ 和 $\dot{I}_1$ 分别为定子绕组的相电压和相电流， $\dot{E}_1$ 为主磁通在定子绕组中产生的感应电动势， $\dot{I}_\mathrm{m}$ 为励磁电流， $\dot{E}_2'$ 为主磁通在转子绕组中产生的感应电动势 $\dot{E}_2$ 的归算值，$\dot{I}_2'$ 为转子相电流 $\dot{I}_2$ 的归算值。

电机学教材中一般都会详细介绍三相异步电动机基本方程式的导出过程，有兴趣的读者可进一步参考学习。

根据式（11-1)，即可画出三相异步电动机的 T 形等效电路，如图 11-11 所示，注意式（11-1）中的 $\dfrac{R_2'}{s}$ 是分成两部分画出的，即分成 R_2' 和 $\dfrac{1-s}{s}R_2'$ 。比较三相异步电动机的 T 形等效电路和变压器的 T 形等效电路，可以发现两者类似。

和变压器一样，也可以将三相异步电动机 T 形等效电路中间的励磁支路移到

电源端，使之变为Γ形等效电路，如图 11-12 所示。图中$\dot{c}=1+\dfrac{Z_1}{Z_m}$是一个复数，称为校正系数。

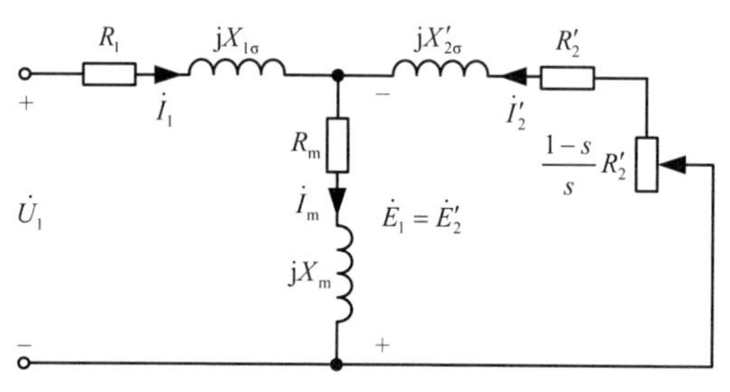

图 11-11 三相异步电动机的 T 形等效电路

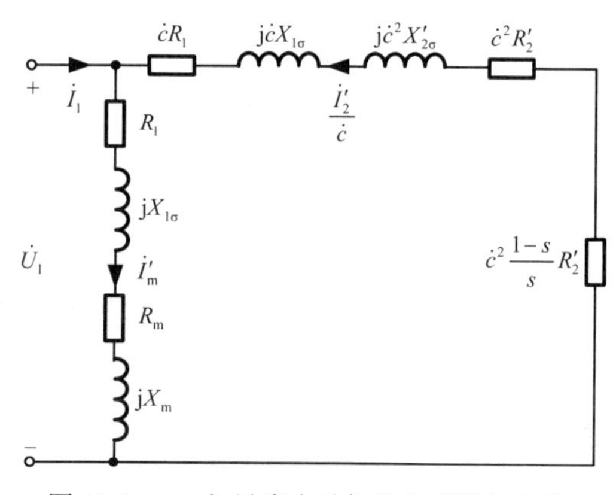

图 11-12 三相异步电动机的Γ形等效电路

由于$\dot{c}$是复数，计算起来仍不够方便。考虑到$X_{1\sigma} >> R_1$，$X_m >> R_m$，因此在工程计算中可认为$\dot{c}\approx 1+\dfrac{X_{1\sigma}}{X_m}$，由此得到的等效电路称为近似等效电路。一般$c=1.03\sim 1.08$。令$c=1$而得到的等效电路称为简化等效电路，用它计算中型以上的电动机仍有一定的准确度。

基本方程式和等效电路是描述三相异步电动机运行时内部电磁关系的两种不同方式，它们之间是一致的。

例 11-1 一台三相异步电动机，定子绕组为三角形联接，$P_N=10\text{kW}$，$U_{1N}=380\text{V}$，$f_1=50\text{Hz}$，$n_N=1455\text{r/min}$，$R_1=1.375\Omega$，$X_{1\sigma}=2.43\Omega$，$R_m=8.34\Omega$，$X_m=82.6\Omega$，$R'_2=1.047\Omega$，$X'_{2\sigma}=4.4\Omega$。试用 T 形等效电路计算电动机额定负载运行时的定子相电流、额定功率因数、额定输入功率和效率。

解：（1）定子相电流

$$s_N = \frac{n_1 - n_N}{n_1} = \frac{1500 - 1455}{1500} = 0.03$$

$$Z_1 = R_1 + jX_{1\sigma} = 1.375 + j2.43 = 2.79\angle 60.5^\circ\ \Omega$$

$$Z_m = R_m + jX_m = 8.34 + j82.6 = 83\angle 84.2^\circ\ \Omega$$

$$Z_2' = \frac{R_2'}{s_N} + jX_{2\sigma}' = \frac{1.047}{0.03} + j4.4 = 35.18\angle 7.2^\circ\ \Omega$$

$$Z = Z_1 + Z_m // Z_2' = 2.79\angle 60.5^\circ + \frac{83\angle 84.2^\circ \times 35.18\angle 7.2^\circ}{83\angle 84.2^\circ + 35.18\angle 7.2^\circ} = 32.48\angle 30.49^\circ\ \Omega$$

设 $\dot{U}_{1N} = 380\angle 0^\circ$ V，则定子相电流为

$$\dot{I}_{1N} = \frac{\dot{U}_{1N}}{Z} = \frac{380\angle 0^\circ}{32.48\angle 30.49^\circ} = 11.7\angle -30.49^\circ\ \text{A}$$

（2）额定功率因数

$$\cos\varphi_{1N} = \cos(0^\circ - (-30.49^\circ)) = 0.862$$

（3）额定输入功率

$$P_{1N} = 3U_{1N}I_{1N}\cos\varphi_{1N} = 3\times 380\times 11.7\times 0.862 = 11497\text{W}$$

（4）额定效率

$$\eta_N = \frac{P_N}{P_{1N}} = \frac{10000}{11497} = 86.98\%$$

11.5　三相异步电动机的功率平衡及转矩平衡方程

一、三相异步电动机的功率平衡方程

利用三相异步电动机的 T 形等效电路，可以分析电动机稳态运行时的功率关系。

三相异步电动机稳态运行时，从电网输入的有功功率为

$$P_1 = 3U_1I_1\cos\varphi_1 \tag{11-2}$$

式中，U_1、I_1 分别为定子绕组的相电压、相电流，$\cos\varphi_1$ 为电机的功率因数。

输入功率 P_1 中的一部分，将消耗在定子绕组的电阻上，称为定子铜耗，其值为

$$p_{Cu1} = 3R_1I_1^2 \tag{11-3}$$

还有一小部分将消耗在定子铁心中，称为铁耗，其值为

$$p_{Fe} = 3R_mI_m^2 \tag{11-4}$$

输入功率减去定子铜耗和铁耗后，其余部分则通过电磁感应作用从定子经过气隙传递到转子，这部分功率称为电磁功率，即

$$P_{em} = P_1 - p_{Cu1} - p_{Fe} \tag{11-5}$$

由T形等效电路可知，电磁功率P_{em}等于转子回路等效电阻$\frac{R_2'}{s}$上消耗的功率，即

$$P_{em}=3\frac{R_2'}{s}I_2'^2=3E_2'I_2'\cos\varphi_2 \tag{11-6}$$

式中，$\cos\varphi_2$为转子的功率因数，$\varphi_2=\arctan\frac{sX_{2\sigma}'}{R_2'}$。

由于正常运行时，转子铁耗很小，故可忽略不计。因此电磁功率扣除转子铜耗p_{Cu2}之后，余下的功率全部转化为总机械功率P_m，即

$$p_{Cu2}=3R_2'I_2'^2=sP_{em} \tag{11-7}$$

$$P_m=P_{em}-p_{Cu2}=3\frac{1-s}{s}R_2'I_2'^2=(1-s)P_{em} \tag{11-8}$$

从P_m中再扣除转子的机械损耗p_m和附加损耗p_{ad}，可得转子轴上输出的机械功率，即电动机的输出功率P_2

$$P_2=P_m-p_m-p_{ad} \tag{11-9}$$

上述功率平衡关系可以用功率流程图表示，如图11-13所示。

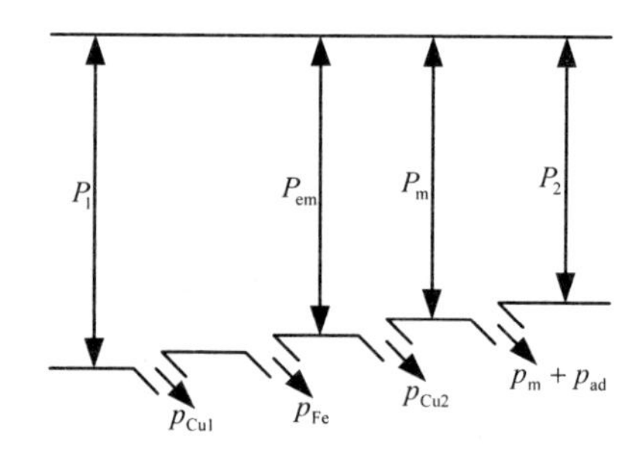

图11-13　三相异步电动机的功率流程图

电动机的效率等于输出功率P_2与输入功率P_1之比，即

$$\eta=\frac{P_2}{P_1}\times100\% \tag{11-10}$$

二、转矩平衡方程

由力学知识可知，旋转物体的机械功率等于转矩乘以机械角速度。当异步电动机以转速 n 稳态运行时，对应的转子机械角速度为$\Omega=\frac{2\pi n}{60}$。将式（11-9）两边同时除以机械角速度Ω，就可以得到异步电动机的转矩平衡方程式，即

$$\frac{P_2}{\Omega}=\frac{P_m}{\Omega}-\frac{p_m+p_{ad}}{\Omega}$$

于是

$$T_2=T-T_0 \tag{11-11}$$

式中，$T_2=\frac{P_2}{\Omega}$ 为电动机的输出转矩，$T=\frac{P_m}{\Omega}$ 为电动机的电磁转矩，$T_0=\frac{p_m+p_{ad}}{\Omega}$ 为空载转矩。

由于机械功率 $P_m=(1-s)P_{em}$，转子的机械角速度 $\Omega=(1-s)\Omega_1$，所以电磁转矩 T 亦可写为

$$T=\frac{P_m}{\Omega}=\frac{(1-s)P_{em}}{\Omega}=\frac{(1-s)P_{em}}{(1-s)\Omega_1}=\frac{P_{em}}{\Omega_1} \tag{11-12}$$

式中，$\Omega_1=\frac{2\pi n_1}{60}=\frac{2\pi f_1}{p}$ 为旋转磁场的同步机械角速度。

电磁转矩还可以表示为

$$T=C_M\Phi_m I_2'\cos\varphi_2 \tag{11-13}$$

上式中，C_M 为转矩系数，Φ_m 为气隙中主磁通的最大值。式（11-13）称为电磁转矩的物理表达式，其导出过程可参考电机学教材。

例 11-2　已知一台三相 4 极异步电动机的数据为：$P_N=10\text{kW}$，$U_N=380\text{V}$，电源频率 $f_1=50\text{Hz}$，定子三角形联接，$p_{Cu1}=557\text{W}$，$p_{Cu2}=314\text{W}$，$p_{Fe}=276\text{W}$，$p_m=77\text{W}$，$p_{ad}=200\text{W}$。求该电动机额定运行时的转速 n_N、输出转矩 T_2、空载转矩 T_0、电磁转矩 T 和效率 η。

解：（1）额定转速 n_N

$$n_1=\frac{60f_1}{p}=\frac{60\times 50}{2}=1500\text{r/min}$$

$$P_m=P_2+p_m+p_{ad}=1000+77+200=10277\text{W}$$

$$P_{em}=P_m+p_{Cu2}=10277+314=10591\text{W}$$

$$s_N=\frac{p_{Cu2}}{P_{em}}=\frac{314}{10591}=0.02965$$

$$n_N=(1-s_N)n_1=(1-0.02965)\times 1500=1455.5\text{r/min}$$

（2）输出转矩 T_2

$$T_2=\frac{P_2}{\Omega}=\frac{P_2}{\frac{2\pi n_N}{60}}=\frac{10000}{2\pi\frac{1455.5}{60}}=65.608\text{N}\cdot\text{m}$$

（3）空载转矩 T_0

$$T_0=\frac{p_m+p_{ad}}{\Omega}=\frac{77+200}{2\pi\frac{1455.5}{60}}=1.817\text{N}\cdot\text{m}$$

（4）电磁转矩 T

$$T=T_2+T_0=65.608+1.817=67.425\text{N}\cdot\text{m}$$

或

$$T=\frac{P_{em}}{\Omega_1}=\frac{10591}{2\pi\frac{1500}{60}}=67.424\text{N}\cdot\text{m}$$

或

$$T=\frac{P_m}{\Omega}=\frac{10277}{2\pi\frac{1455.5}{60}}=67.426\text{N}\cdot\text{m}$$

可见，三种方法计算的电磁转矩结果都一样。

（5）效率 η

$$P_1=P_{em}+p_{Cu1}+p_{Fe}=10591+557+276=11424\text{W}$$

$$\eta=\frac{P_2}{P_1}=\frac{10000}{11424}=87.54\%$$

11.6 三相异步电动机的机械特性

机械特性是电动机稳态运行中最重要的特性。三相异步电动机的机械特性是指在定子电压、频率和参数固定的条件下，电磁转矩 T 与转速 n 或转差率 s 之间的函数关系。用曲线表示时，常以转速 n 或转差率 s 为纵坐标，以电磁转矩 T 为横坐标。

一、机械特性的参数表达式

用三相异步电动机的参数来表达其电磁转矩 T 与转差率 s 之间的关系。

由三相异步电动机的近似等效电路（见图 11-12），可求得转子电流为

$$I_2'=\frac{U_1}{\sqrt{(R_1+c\frac{R_2'}{s})^2+(X_{1\sigma}+cX_{2\sigma}')^2}} \qquad (11\text{-}14)$$

将上式代入电磁转矩 $T=\frac{P_{em}}{\Omega_1}=\frac{3}{\Omega_1}\frac{R_2'}{s}I_2'^2$ 中，得到机械特性的参数表达式

$$T=\frac{3}{\Omega_1}\frac{\frac{R_2'}{s}U_1^2}{(R_1+c\frac{R_2'}{s})^2+(X_{1\sigma}+cX_{2\sigma}')^2} \tag{11-15}$$

可以看出，电磁转矩 T 与转差率 s（或转速 n）之间并不是线性关系。当定子相电压 U_1 和频率 f_1 一定时，电机参数可以认为是常数，电磁转矩 T 仅和转差率 s 有关。三相异步电动机在外施电压及其频率都为额定值，定、转子回路不串入任何电路元件的条件下，其机械特性称为固有机械特性。其中某一条件改变后，所得到的机械特性称为人为机械特性。

把不同的转差率 s 代入式（11-15）中，求出对应的电磁转矩 T，便可得到固有机械特性 $T=f(s)$ 曲线，如图 11-14 所示。当电机运行在电动机状态时，工作点处在第一象限；当电机运行在发电机状态时，工作点处在第二象限；当电机运行在电磁制动状态时，工作点处在第四象限。

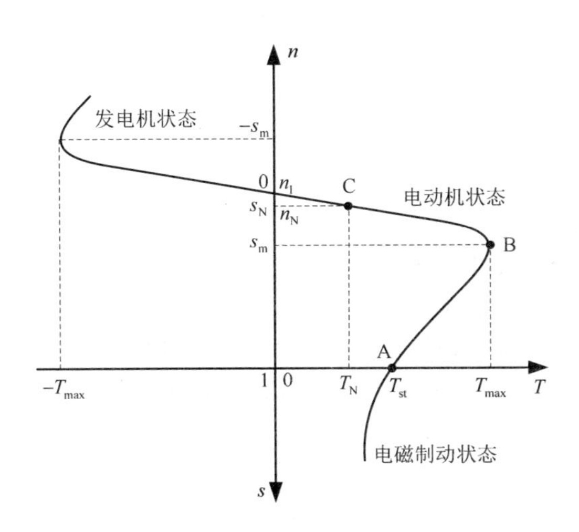

图 11-14　三相异步电动机的机械特性

二、机械特性的特点

下面讨论图 11-14 中电动机状态的机械特性的特点。

1. 额定电磁转矩 T_N

额定电磁转矩 T_N 是电动机额定运行时产生的电磁转矩。它对应的转差率、转速分别称为额定转差率 s_N、额定转速 n_N，如图中的 C 点所示。

从三相异步电动机铭牌上的额定功率 P_N 和额定转速 n_N，可近似求得额定电磁转矩 T_N，即

$$T_N = T_{2N} + T_0 \approx T_{2N} = \frac{P_N}{\frac{2\pi n_N}{60}} \tag{11-16}$$

2. 最大转矩T_{max}

三相异步电动机在额定电压和额定频率下稳态运行时，所能产生的最大电磁转矩称为最大转矩T_{max}。由式（11-15）可求出T_{max}和产生T_{max}时的转差率s_m分别为

$$T_{max} = \pm\frac{3}{\Omega_1}\frac{U_1^2}{2c[R_1 + \sqrt{R_1^2 + (X_{1\sigma} + cX'_{2\sigma})^2}]} \tag{11-17}$$

$$s_m = \pm\frac{cR'_2}{\sqrt{R_1^2 + (X_{1\sigma} + cX'_{2\sigma})^2}} \tag{11-18}$$

以上两式中，正号对应电动机状态，负号对应发电机状态，s_m称为临界转差率。

当$R_1 << X_{1\sigma} + X'_{2\sigma}$，系数$c \approx 1$时，$T_{max}$和$s_m$可近似为

$$T_{max} = \pm\frac{3U_1^2}{2\Omega_1(X_{1\sigma} + X'_{2\sigma})} \tag{11-19}$$

$$s_m = \pm\frac{R'_2}{X_{1\sigma} + X'_{2\sigma}} \tag{11-20}$$

最大转矩T_{max}有如下特点：

（1）当电源频率f_1和电机参数一定时，T_{max}与U_1^2成正比。

（2）当电源电压U_1和频率f_1一定时，T_{max}与$(X_{1\sigma} + X'_{2\sigma})$近似成反比。

（3）最大转矩与转子电阻R'_2无关，但相应的临界转差率却与R'_2成正比。

（4）对于绕线型异步电动机，可在转子回路中串入不同的电阻，从而得到不同的人为机械特性。

最大转矩T_{max}与额定电磁转矩T_N的比值k_m称为过载能力，即

$$k_m = \frac{T_{max}}{T_N} \tag{11-21}$$

过载能力是异步电动机的重要性能指标之一。对于一般三相异步电动机，$k_m = 1.6 \sim 2.5$。

3. 起动转矩T_{st}

起动转矩T_{st}是指电动机在转动瞬间的电磁转矩，如图中的A点所示。将$s = 1$代入式（11-15）中，可得

$$T_{st} = \frac{3}{\Omega_1}\frac{R'_2U_1^2}{(R_1 + cR'_2)^2 + (X_{1\sigma} + cX'_{2\sigma})^2} \tag{11-22}$$

起动转矩 T_{st} 有如下特点：

（1）当电源频率 f_1 和电机参数一定时，T_{st} 与 U_1^2 成正比。

（2）当电源电压 U_1 和频率 f_1 一定时，$X_{1\sigma}+cX'_{2\sigma}$ 越大，起动转矩越小。

（3）绕线型异步电动机起动时，可在转子回路串入电阻以增大起动转矩。

起动转矩也是异步电动机的重要性能指标之一。起动转矩 T_{st} 与额定电磁转矩 T_N 的比值称为起动转矩倍数 k_{st}，即

$$k_{st}=\frac{T_{st}}{T_N} \tag{11-23}$$

对于一般三相异步电动机，$k_{st}=1.0\sim2.0$。

例 11-3　已知一台三相 6 极异步电动机的数据为：定子绕组星形联接，$U_N=380\text{V}$，$f_1=50\text{Hz}$，$n_N=957\text{r/min}$，$R_1=2.08\Omega$，$X_{1\sigma}=3.12\Omega$，$R'_2=1.53\Omega$，$X'_{2\sigma}=4.25\Omega$。求该电动机的额定电磁转矩 T_N、最大转矩 T_{max}、临界转差率 s_m、过载能力 k_m、起动转矩 T_{st} 和起动转矩倍数 k_{st}（计算时取校正系数 $c=1$）。

解：（1）额定电磁转矩 T_N

$$s_N=\frac{n_1-n_N}{n_1}=\frac{1000-957}{1000}=0.043$$

$$U_1=\frac{U_N}{\sqrt{3}}=\frac{380}{\sqrt{3}}=220\text{V}$$

$$T_N=\frac{3}{\Omega_1}\frac{\frac{R'_2}{s_N}U_1^2}{(R_1+c\frac{R'_2}{s_N})^2+(X_{1\sigma}+cX'_{2\sigma})^2}$$

$$=\frac{3}{\frac{2\pi\times50}{3}}\times\frac{\frac{1.53}{0.043}\times220^2}{(2.08+\frac{1.53}{0.043})^2+(3.12+4.25)^2}$$

$$=33.5\text{N}\cdot\text{m}$$

（2）最大转矩 T_{max}

$$T_{max}=\frac{3}{\Omega_1}\frac{U_1^2}{2c[R_1+\sqrt{R_1^2+(X_{1\sigma}+cX'_{2\sigma})^2}]}$$

$$=\frac{3}{\frac{2\pi\times50}{3}}\times\frac{220^2}{2\times(2.08+\sqrt{2.08^2+(3.12+4.25)^2})}$$

$$=71.19\text{N}\cdot\text{m}$$

（3）临界转差率 s_m

$$s_m=\frac{cR_2'}{\sqrt{R_1^2+(X_{1\sigma}+cX_{2\sigma}')^2}}=\frac{1.53}{\sqrt{2.08^2+(3.12+4.25)^2}}=0.1998$$

（4）过载能力 k_m

$$k_m=\frac{T_{max}}{T_N}=\frac{71.19}{33.5}=2.125$$

（5）起动转矩 T_{st}

$$T_{st}=\frac{3}{\Omega_1}\frac{R_2'U_1^2}{(R_1+cR_2')^2+(X_{1\sigma}+cX_{2\sigma}')^2}$$
$$=\frac{3}{\frac{2\pi\times 50}{3}}\times\frac{1.53\times 220^2}{[(2.08+1.53)^2+(3.12+4.25)^2]}$$
$$=31.5\text{N}\cdot\text{m}$$

（6）起动转矩倍数 k_{st}

$$k_{st}=\frac{T_{st}}{T_N}=\frac{31.5}{33.5}=0.9403$$

三、机械特性的实用表达式

上述机械特性的参数表达式是用电源电压和电机参数表示的，但在电机的铭牌或产品目录上并不记载电机的电阻或电抗的值，因此不便使用。实用上为了便于计算，往往希望有另外的机械特性表达式，这种表达式中的参数能用电机的铭牌或产品目录上的给出的技术数据 P_N、n_N、k_m 等计算出。这种表达式就是三相异步电动机机械特性曲线的实用表达式，下面进行推导。

把式（11-15）与式（11-17）相除，得

$$\frac{T}{T_{max}}=\frac{2c[R_1+\sqrt{R_1^2+(X_{1\sigma}+cX_{2\sigma}')^2}]\frac{R_2'}{s}}{(R_1+c\frac{R_2'}{s})^2+(X_{1\sigma}+cX_{2\sigma}')^2} \tag{11-24}$$

由式（11-18）可得

$$\sqrt{R_1^2+(X_{1\sigma}+cX_{2\sigma}')^2}=\frac{cR_2'}{s_m}$$

将其代入式（11-24），可得

$$\frac{T}{T_{\max}}=\frac{2cR_2'(R_1+c\dfrac{R_2'}{s_{\rm m}})}{s[(\dfrac{cR_2'}{s_{\rm m}})^2+(\dfrac{cR_2'}{s})^2+\dfrac{2cR_1R_2'}{s}]}=\frac{2(1+\dfrac{R_1}{cR_2'}s_{\rm m})}{\dfrac{s}{s_{\rm m}}+\dfrac{s_{\rm m}}{s}+2\dfrac{R_1}{cR_2'}s_{\rm m}}$$

由于 $s_{\rm m}$ 很小，$2\dfrac{R_1}{cR_2'}s_{\rm m}<<2$，则上式可简化为

$$T=\frac{2}{\dfrac{s}{s_{\rm m}}+\dfrac{s_{\rm m}}{s}}T_{\max} \tag{11-25}$$

上式便是三相异步电动机机械特性的实用表达式。

将额定工作点的 $s_{\rm N}$ 和 $T_{\rm N}$ 代入式（11-25），得到

$$\frac{1}{k_{\rm m}}=\frac{T_{\rm N}}{T_{\max}}=\frac{2}{\dfrac{s_{\rm N}}{s_{\rm m}}+\dfrac{s_{\rm m}}{s_{\rm N}}}$$

解得

$$s_{\rm m}=s_{\rm N}(k_{\rm m}+\sqrt{k_{\rm m}^2-1}) \tag{11-26}$$

当 $0<s<s_{\rm N}<s_{\rm m}$，有 $\dfrac{s}{s_{\rm m}}<<\dfrac{s_{\rm m}}{s}$，式（11-25）可进一步简化为

$$T=\frac{2s}{s_{\rm m}}T_{\max} \tag{11-27}$$

上式为计算转矩的简化实用公式，但它只适用于 $0<s<s_{\rm N}$ 的工作段附近。

例 11-4　一台三相异步电动机的技术数据为 $P_{\rm N}=30{\rm kW}$、$f_1=50{\rm Hz}$、$n_{\rm N}=725{\rm r/min}$、$k_{\rm m}=2.3$。试求额定转差率 $s_{\rm N}$、临界转差率 $s_{\rm m}$、最大转矩 $T_{\max}$、起动转矩 $T_{\rm st}$ 和机械特性曲线的实用表达式。

解：（1）额定转差率 $s_{\rm N}$

$$s_{\rm N}=\frac{n_1-n_{\rm N}}{n_1}=\frac{750-725}{750}=0.0333$$

（2）临界转差率 $s_{\rm m}$

$$s_{\rm m}=s_{\rm N}(k_{\rm m}+\sqrt{k_{\rm m}^2-1})=0.0333\times(2.3+\sqrt{2.3^2-1})=0.146$$

（3）最大转矩 $T_{\max}$

$$T_{\rm N}\approx T_{\rm 2N}=\frac{P_{\rm N}}{\dfrac{2\pi n_{\rm N}}{60}}=\frac{30000}{\dfrac{2\pi}{60}\times 725}=395.14{\rm N\cdot m}$$

$$T_{\max}=k_{\rm m}T_{\rm N}=2.3\times 395.14=908.82{\rm N\cdot m}$$

（4）起动转矩 T_{st}

$$T_{st}=\frac{2}{\frac{s}{s_m}+\frac{s_m}{s}}T_{max}=\frac{2}{\frac{1}{0.146}+\frac{0.146}{1}}\times 908.82=259.84\text{N}\cdot\text{m}$$

（5）机械特性曲线的实用表达式

$$T=\frac{2}{\frac{s}{s_m}+\frac{s_m}{s}}T_{max}=\frac{1817.64}{\frac{s}{0.146}+\frac{0.146}{s}}$$

11.7 三相异步电动机的起动

将三相异步电动机定子绕组接到三相对称电源，如果电动机的电磁转矩能够克服其轴上的机械转矩，电动机就将从静止加速到某一转速稳定运行，这个过程称为起动。异步电动机在起动瞬间（即 $s=1$ 时）的电磁转矩和定子电流分别称为起动转矩 T_{st} 和起动电流 I_{st}。对异步电动机起动性能的要求为：起动转矩尽量大，以使电动机快速达到稳定运行状态；起动电流尽量小，以减小对电网的冲击；起动设备应简单、经济、可靠。

一、三相异步电动机的起动性能

1. 三相鼠笼型异步电动机的起动性能

普通的三相鼠笼型异步电动机直接加额定电压起动时，起动电流很大，一般 $I_{st}=(4\sim7)I_N$，而起动转矩并不大，一般 $T_{st}=(1\sim2)T_N$。可见，鼠笼型异步电动机的起动性能较差。

起动电流大的原因可根据 T 形等效电路来说明。刚起动时，$s=1$，R_2'/s 比正常运行时的值小很多，随之整个电动机的等效阻抗比较小，导致起动电流很大。起动电流大而起动转矩并不大，可用转矩公式 $T=C_M\Phi_m I_2'\cos\varphi_2$ 来解释。起动时 $s=1$，R_2'/s 的减少使得转子回路的功率因数很低，即 $\cos\varphi_2$ 很小；另外，由于起动电流很大引起定子漏阻抗压降增大，使得起动瞬间的主磁通 Φ_m 大约减少至额定运行时的一半。因此，尽管起动电流很大，但起动转矩并不大。

2. 三相绕线型异步电动机的起动性能

如前所述，起动电流 I_{st} 随转子电阻的增大而减小，最大转矩 T_{max} 的大小与转子回路电阻无关，临界转差率 s_m 随转子电阻的增大而增大，起动转矩 T_{st} 随转子电阻的增大而增大。因此，三相绕线型异步电动机在转子回路串入电阻后，既可减少起动电流，又可提高起动转矩。三相绕线型异步电动机转子回路串电阻时的人为机械特性如图 11-15 所示。

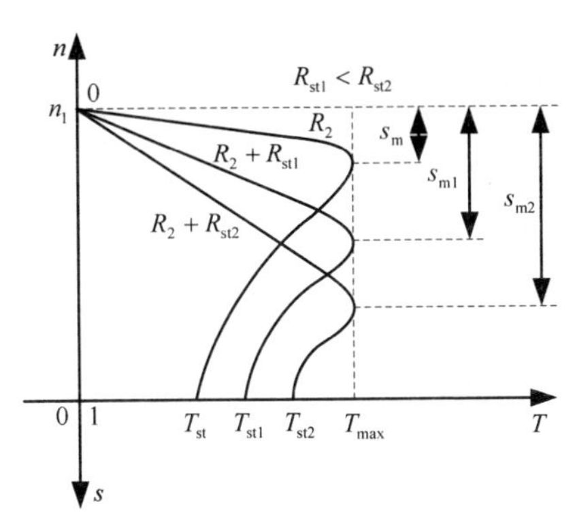

图 11-15　转子回路串电阻时的人为机械特性

由于绕线型异步电动机具有良好的起动性能，在起动性能要求较高的场合，例如卷扬机、铲土机、起重用吊车等，大多采用绕线型异步电动机。这种电机的缺点是结构稍复杂、价格较贵。

二、三相鼠笼型异步电动机的起动方式

1. 直接起动

直接起动就是用闸刀开关或接触器将电机直接接到具有额定电压的电源上。直接起动法的优点是操作简单，无需很多的附属设备；主要缺点是起动电流大。但是，随着电网容量的增大，这种方法的适用范围将日益扩大。

2. 降压起动

在三相异步电动机起动时，为了减小起动电流，需降低定子电压，这就是降压起动。由于起动转矩与定子电压的平方成正比，所以采用降压起动时，起动转矩将同时减小，故降压起动法只适用于对起动转矩要求不高的场合。常用的降压起动法有星－三角起动法和自耦变压器起动法。

（1）星－三角起动。

起动时，将定子三相绕组结成星形接到额定电压的电源上；起动后，将其改成三角形联接作正常运行。这种起动方式称为星－三角起动（又称 Y－△起动），它只适合于正常运行时定子绕组采用三角形联接的电动机。

如图 11-16 所示，以三角形联接直接起动时，定子相电压为U_1；以星形联接降压起动时，定子相电压为$U_1/\sqrt{3}$。设$s=1$时电动机的每相阻抗为 Z，则采用三角形接法直接起动时的线电流为$I_{stD}=\sqrt{3}U_1/|Z|$，采用星形接法降压起动时的线电流为$I_{stY}=U_1/(\sqrt{3}|Z|)$。两种情况下起动电流之比为$I_{stY}/I_{stD}=1/3$。由于起动转

矩与定子电压的平方成正比，星形接法起动时的起动转矩也减小到三角形接法起动的 1/3，即 $T_{stY}/T_{stD}=1/3$。

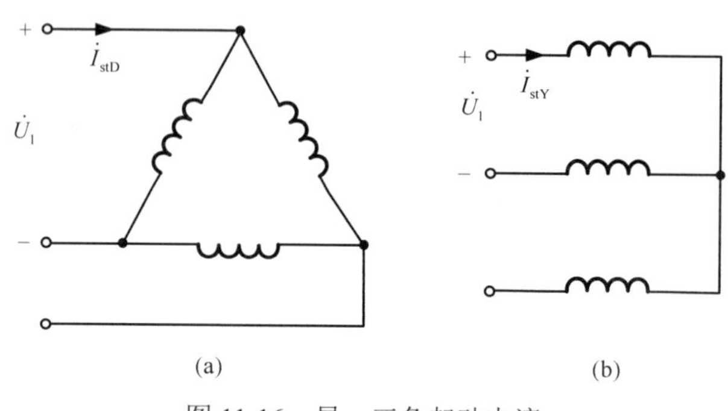

图 11-16 星一三角起动电流

星一三角起动法所用设备比较简单，故在轻载或空载情况下起动的电动机，常采用此种方法。

（2）自耦变压器起动。

起动时，把三相异步电动机定子绕组接到一台自耦变压器的二次侧，当转速升高到接近正常运行转速时，切除自耦变压器，把定子绕组直接接到额定电压的电源上继续起动。这种起动方法称为自耦变压器起动。

设自耦变压器的电压比为k_a（$k_a>1$），若电源电压为U_1，则经过自耦变压器降压后，加到电动机定子绕组的电压为U_1/k_a，故电动机的起动电流$I_{st(2)}=I_{stN}/k_a$，式中I_{stN}为电动机在额定电压下的起动电流。自耦变压器一次侧的电流$I_{st(1)}=I_{st(2)}/k_a$，于是$I_{st(1)}=I_{stN}/k_a^2$。由此可见，利用自耦变压器降压起动时，电网所负担的起动电流将为直接起动时的$1/k_a^2$。由于定子电压减小为U_1/k_a，所以起动转矩也为直接起动时的$1/k_a^2$。

起动用自耦变压器也称起动补偿器，一般备有多个抽头。如 QJ2 型起动补偿器的抽头有 73%、64%和 55%档（即$1/k_a=0.73$、0.64 和 0.55），QJ3 型的抽头有 80%、60%和 40%档。

自耦变压器起动法的优点是，不受电动机绕组接线方式的限制；此外，由于自耦变压器通常备有好几个抽头，故可按容许的起动电流和所需的起动转矩进行选择。这种方法的缺点是设备费用较高。

三、三相绕线型异步电动机的起动方式

鼠笼型异步电动机为了限制起动电流而采用降压起动方法时，电动机的起动转矩与定子电压的平方成比例地减小。因此对于不仅要求起动电流小，而且要求

有相当大的起动转矩的场合，就往往不得不采用起动性能较好而价格较贵的绕线型异步电动机。

三相绕线型异步电动机起动方法有：转子串电阻分级起动和转子串频敏电阻起动。

1. 转子串电阻分级起动

为了在起动过程中一直产生较大的电磁转矩，通常采用转子串电阻分级起动。图 11-17（a）所示为三级起动的原理图，图中 KM1、KM2 和 KM3 为接触器触点，R_{st1}、R_{st2} 和 R_{st3} 为转子所串电阻。图 11-17（b）为分级起动的机械特性，图中 T_1、T_2 为逐级切除起动电阻后电磁转矩变动的上、下限（由每级电阻值来保证），T_L 为负载转矩。起动过程如下：

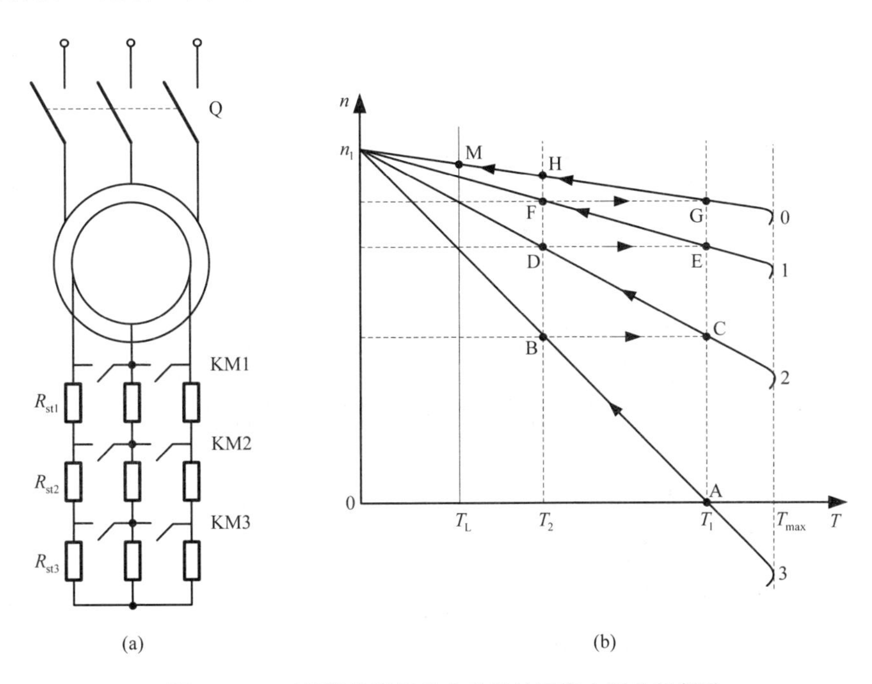

图 11-17　三相绕线型异步电动机转子串电阻分级起动

（1）触点 KM1、KM2 和 KM3 均断开，定子接额定电压，转子每相串入的起动电阻为 $R_{st1}+R_{st2}+R_{st3}$，电动机开始起动。起动点为机械特性曲线 3 上的 A 点，起动转矩为 T_1。

（2）转速上升，到 B 点时，$T=T_2$，为了加大电磁转矩以加速起动过程，触点 KM3 闭合，切除起动电阻 R_{st3}。忽略异步电动机的电磁惯性，则电动机运行点从 B 点变到机械特性曲线 2 上的 C 点，该点上的电磁转矩为 T_1。

（3）转速继续上升，到 D 点时，$T=T_2$，触点 KM2 闭合，切除起动电阻 R_{st2}，电动机运行点从 D 点变到机械特性曲线 1 上的 E 点，该点上的电磁转矩为 T_1。

（4）转速继续上升，到 F 点时，$T=T_2$，触点 KM1 闭合，切除起动电阻 R_{st1}，电动机运行点从 F 点变到固有机械特性曲线 0 上的 G 点，该点上的电磁转矩为 T_1。

（5）转速继续上升，经 H 点到 M 点后稳定运行。

转子串电阻分级起动的起动过程中，切除每段起动电阻均会造成转矩突变，对机组有机械冲击，且切换设备多，控制较复杂。

2. 转子串频敏电阻起动

中、大容量异步电动机的起动电阻多采用无触点的频敏电阻。频敏电阻的阻值随频率的变化而变化。当电动机起动时，转子频率较高，此时频敏电阻的阻值较大，可以限制电动机的起动电流，增加起动转矩；起动以后，随着转速的上升，转子频率逐渐降低，频敏电阻的阻值随之减小。因此整个起动过程中转矩曲线是很平滑的，如图 11-18 所示。起动完成后，可将频敏电阻切除。

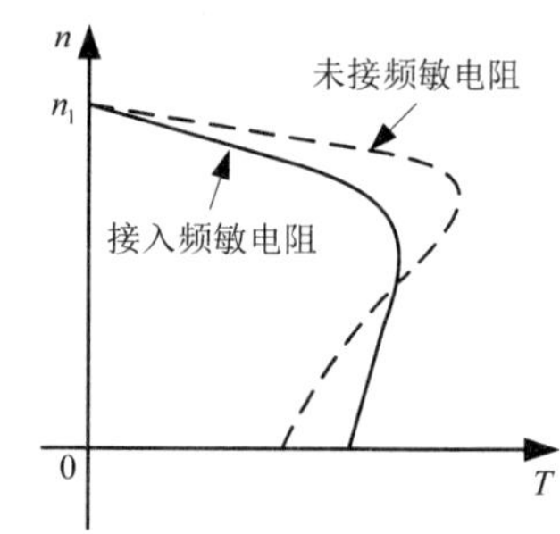

图 11-18　转子串频敏电阻后电动机的机械特性

11.8　三相异步电动机的调速

在电气传动中，为了提高生产效率和产品的品质，或者为了节能，经常要求调节电动机的转速，即调速。

由三相异步电动机的转速表达式

$$n=n_1(1-s)=\frac{60f_1}{p}(1-s)$$

可知，可以从以下三个方面来调节异步电动机的转速：

（1）改变极对数 p 调速，称为变极调速。

（2）改变转差率 s 调速。

（3）改变供电电源频率 f_1 调速，称为变频调速。

一、变极调速

在恒定的频率下，改变异步电动机定子绕组的极对数，就可以改变旋转磁场和转子的转速。若利用改变绕组的接法，使一套定子绕组具备两种极对数而得到两个同步转速，可得单绕组双速电机；也可以在定子内安放两套独立的绕组，从而做成三速或四速电机。为使转子的极对数能随着定子极对数的改变而自动改变，变极电机的转子一般都是鼠笼型的。

变极调速只能有级地改变转速，而不能无级平滑地调速，且绕组引出线较多，但它仍是一种比较简单而经济的调速方法。

二、改变转差率调速

改变转差率调速的方法有多种，下面仅介绍其中的两种，即调压调速和转子串接电阻调速。

1. 调压调速

异步电动机的电磁转矩与定子电压U_1的平方成正比。通过调节定子电压，可以改变电动机的机械特性，从而改变电动机在一定输出转矩下的转速，称为调压调速。图 11-19 所示为三相异步电动机调压调速时的机械特性。

当电动机拖动恒转矩负载T_{L1}时，A 点为额定电压时的运行点，B、C 点为降压后的运行点，调速范围很小。当电动机拖动风机类负载T_{L2}时，D 点为额定电压时的运行点，E、F 点为降压后的运行点，调速范围是比较大的。因此，调压调速不适合恒转矩负载的调速，而适合风机类负载的调速。

2. 转子串接电阻调速

三相绕线型异步电动机在电压U_1和频率f_1不变的条件下，转子串接电阻调速时的机械特性如图 11-20 所示。每相串接的电阻越大，临界转差率就越大，转速就越低。

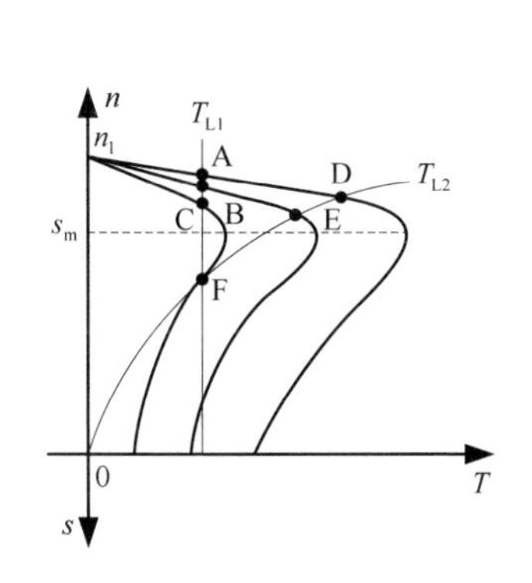

图 11-19　调压调速时的机械特性

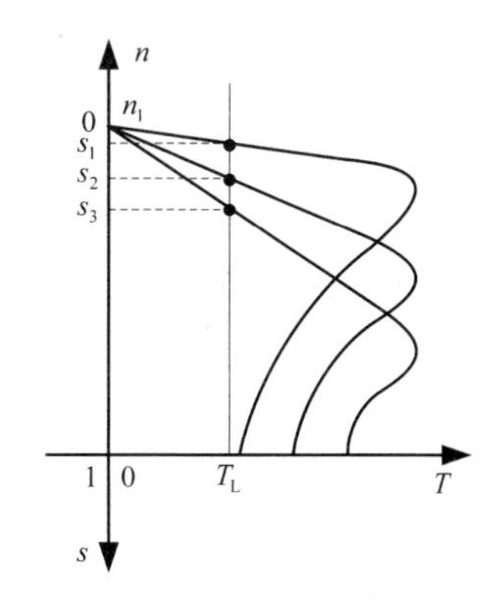

图 11-20　转子串接电阻调速时的机械特性

当电动机拖动恒转矩负载时，若忽略空载转矩，则电磁转矩和电磁功率不变。转子串接电阻后，电动机的转速降低，输出功率减小，转子铜耗增大。

这种方法的优点是方法简单、调速范围广；缺点是所串接的电阻要消耗一定的功率。目前，此种方法主要用于起重机械中的中、小功率异步电动机。

三、变频调速

当改变电源的频率时，异步电动机的同步转速与频率成正比变化，于是异步电动机转速也随之改变。如果电源频率可以连续调节，则电动机转速就可以连续、平滑地调节。把异步电动机的额定频率称为基频，变频调速时，可以从基频向下调节，也可以从基频向上调节。

变频调速从平滑性、调速范围、调速时电动机的性能是否改变等各方面来看，都很优越。但必须有专门的变频电源，因此设备投资较高。

11.9 三相异步电动机的制动

电气传动中，有时需要快速减速、停车，或者在转轴上有机械功率输入时限制电动机转速的过分升高（如起重机下放重物时）。此时需要在转轴上施加一个与转向相反的转矩，即进行制动。可由机械方式施加制动转矩，称为机械制动。也可由电动机本身产生制动性的电磁转矩使电动机降速，这种方式的优点是制动转矩大，制动强度易于控制。常用的电制动方法有反接制动、回馈制动和能耗制动。

一、反接制动

当三相异步电动机转子的转向与气隙旋转磁场的转向相反时，电动机处于反接制动状态。实现反接制动的方法有两种。

1. 倒拉反接制动

倒拉反接制动适合于绕线型异步电动机拖动位能性负载的情况，它能够使重物获得稳定的下放速度。图 11-21 所示为三相绕线型异步电动机倒拉反接制动时的接线图及机械特性。设电动机原来工作在固有机械特性曲线 1 上的 A 点提升重物，当在转子回路中串入电阻时，其机械特性如曲线 2 所示。串入电阻瞬间，转速来不及变化，工作点由 A 平移到曲线 2 上的 B 点，此时电动机的电磁转矩小于负载转矩，所以提升速度减小，工作点由 B 点向 C 点移动。在减速过程中，电机仍运行在电动状态。当工作点到达 C 点时，转速降为零，对应的电磁转矩仍小于负载转矩，重物将倒拉电动机的转子反转，并加速到 D 点，这时电磁转矩与负载转矩平衡，电动机将以转速 n_D 稳定下放重物。在 D 点，n_D 与 n_1 的转向相反，负载转矩为拖动转矩，拉着电动机反转，此时的电磁转矩为制动转矩，所以把这种制动称为倒拉反接制动。

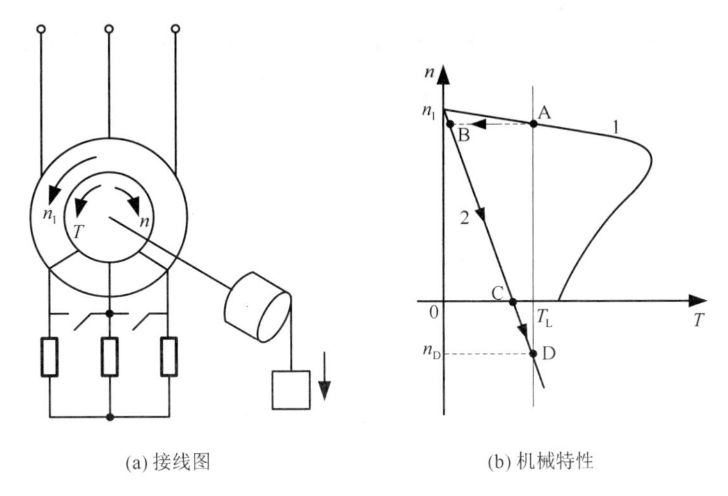

图 11-21　绕线型异步电动机倒拉反接制动时的接线图及机械特性

2. 电源反接制动

运行于电动状态的异步电动机，要令其停止或反转，可将定子所加三相电源任意两相对调。此时，定子电压的相序改变，旋转磁场将改变转向，同步转速变为$-n_1$。在改变两相接线的瞬间，由于惯性作用，运行点由图 11-22 中的 A 点平移到 B 点，进入反接制动状态。在制动转矩作用下，电动机减速，工作点沿曲线 2 移动，当到达 C 点时，转速为零，制动结束。

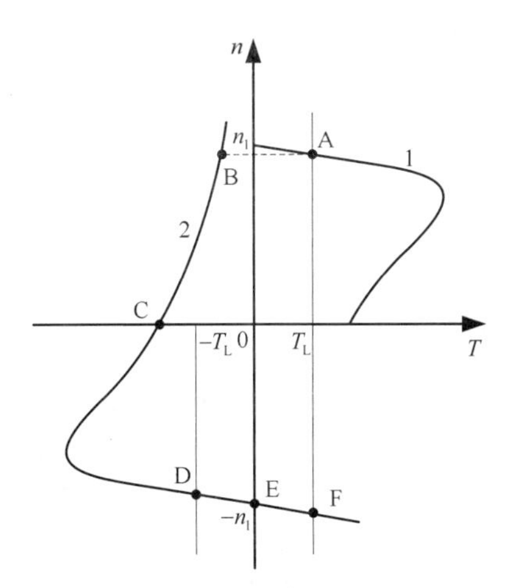

图 11-22　三相异步电动机电源反接制动时的机械特性

如果制动的目的只是为了快速停车，则在转速接近零时，应立即切断电源。否则工作点将进入第三象限，此时如果电动机拖动反抗性负载，且在 C 点的电磁转矩大于负载转矩，则电机将反向起动并加速到 D 点，处于反向电动机状态稳定运行；如果拖动位能型负载，则电动机在位能负载的拖动下，将一直反向加速到第四象限的 F 点，这时电动机的转速将高于同步转速，电磁转矩与转向相反，电动机进入发电机运行状态。

二、回馈制动

三相异步电动机运行时，若使转速超过同步转速，则电磁转矩和转速方向相反。此时，异步电动机实际上运行于发电机状态，将电能回馈到电网，因此该方法称为回馈制动，也称再生制动。实现回馈制动有以下两种方式。

1. 增大转子转速

三相异步电动机拖动重物时，当需要使重物下降时，可以将定子电源两相进行对调，工作点将由机械特性曲线 1 上的 A 切换到特性曲线 2 上的 B 点，然后沿着特性曲线 2 由 B 点移动到 F 点，如图 11-22 所示。当电机运行在特性曲线 2 的 EF 段，转速大于同步转速，电机运行在发电机状态。

2. 降低同步转速

采用变极调速的异步电动机，在从少极对数切换到多极对数时，即由高速切换至低速时，同步转速由 n_1 降至 n_1'，而转子转速 n 由于机械惯性不能立刻变化，此时异步电机运行于回馈制动状态，将转子动能转换为电能送回电网。当转速 n 降至 n_1' 时，回馈制动结束。在负载转矩的作用下，电机将继续减速，重新运行于电动机状态。

采用变频调速的异步电动机，定子频率降低时也会出现回馈制动。图 11-23 所示为三相异步电动机变频调速时的机械特性，工作点沿曲线 2 上的 B 点到 C 点这一段的变化过程为回馈制动过程。

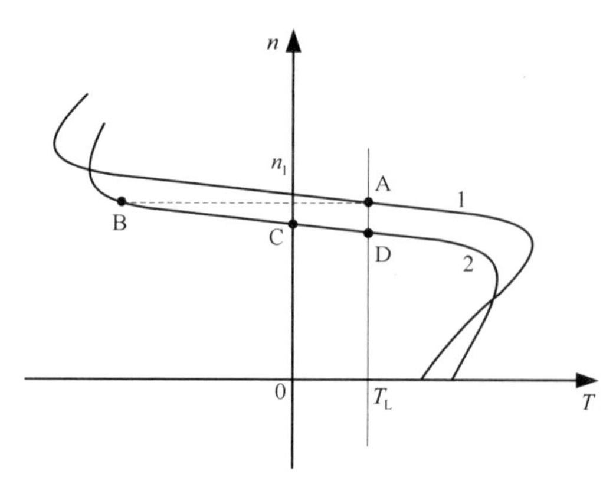

图 11-23　三相异步电动机变频调速时的机械特性

三、能耗制动

能耗制动是指在三相异步电动机运行时，把定子从交流电源断开，同时在定子绕组中通入直流电流。此时，旋转的转子切割定子直流电流产生的静止的气隙磁场，从而产生制动性的电磁转矩，使电机转速下降到零。制动过程中，电机的动能转变成电能消耗在转子回路的电阻中，故称能耗制动。图 11-24（a）所示为异步电动机能耗制动的接线图，图 11-24（b）所示为异步电动机能耗制动的工作原理图，图 11-24（c）所示为异步电动机能耗制动时的机械特性。

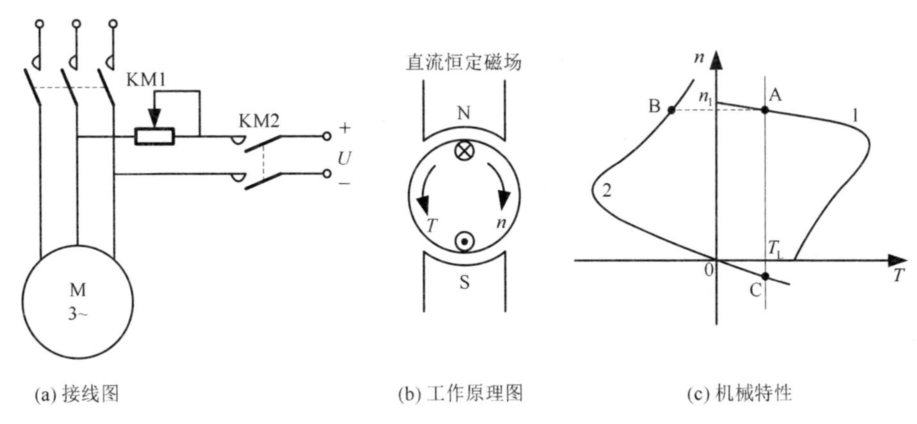

(a) 接线图　(b) 工作原理图　(c) 机械特性

图 11-24　三相异步电动机能耗制动

下面利用机械特性分析能耗制动过程。制动前，电动机运行于固有机械特性曲线的 A 点，能耗制动瞬间，电动机转速不变，工作点由 A 点平移到能耗制动特性曲线的 B 点，在制动转矩的作用下，电动机开始减速，工作点沿能耗制动特性曲线变化，直到 $n=0$，$T=0$。如果电动机拖动的是反抗性负载，则电动机停转，实现快速停车；如果电动机拖动的是位能性负载，当转速降到零时，若要停车，必须立即用外力将电动机轴刹住，否则电动机将在位能性负载的拖动下反转，直到进入第四象限的 C 点，系统处于稳定的能耗制动运行状态，重物保持匀速下降。能耗制动常用于使异步电动机迅速停车。可通过改变定子直流电流的大小或绕线转子电动机转子回路的电阻来调节制动转矩的大小。

11.10　应用实例

11.10.1　变频空调、变频洗衣机和变频电冰箱

变频空调、变频洗衣机和变频电冰箱已走进千家万户，它们与普通的空调、

洗衣机和电冰箱相比，有如下优点：

（1）电动机的起动与制动都很平稳，起动时无冲击电流。

（2）节能。

（3）由于平均转速下降，且起动时无冲击，故延长了机械寿命。

这些优点是通过采用三相异步电动机（或永磁无刷直流电机，或开关磁阻电机）和变频调速技术获得的，这三种电机的性能都优于单相异步电动机。普通的空调、洗衣机和电冰箱一般采用单相异步电动机，且电动机定速运行，或以两种速度运行（针对洗衣机，洗衣时电动机低速运行，脱水时电动机高速运行）。

由于一般家庭没有三相电源，只有单相电源，三相异步电动机所需的三相交流电需通过变频器获得。变频器先将输入的单相交流电整流成直流电，再将直流电逆变成三相交流电。这种输入单相交流、输出三相交流的变频器，通常被形象地称为“单进三出”变频器，其主电路框图如图 11-25 所示。变频器的工作原理可参阅相关资料。

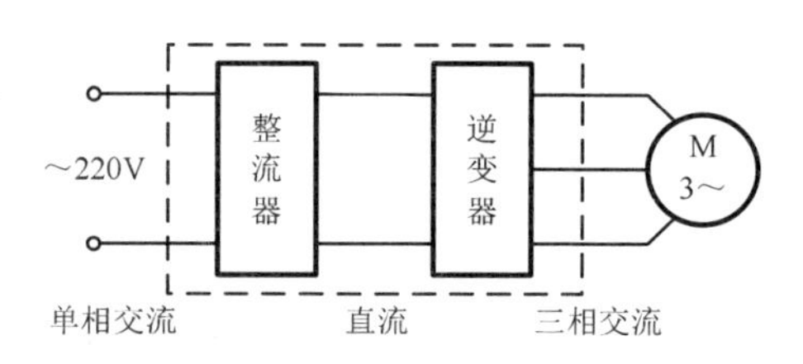

图 11-25 单进三出变频器框图

11.10.2 三相异步牵引电动机

电力牵引交流传动系统中的三相交流牵引电机有异步电机和同步电机两种。我国的高速动车组和交流传动电力机车都采用三相异步牵引电动机，其工作原理与普通三相异步电动机相同。

牵引电机通常悬挂在转向架或车体上，经常受到振动和冲击，易造成转子与绝缘的破坏。而一般工业用电机的使用环境比牵引电机的好得多，很少受振动和冲击。

机车中的一台逆变器可能给多台并联的牵引电机供电，牵引电机特性的差异和轮轨的偏差都会导致牵引电机的负载分配不均匀。

表 11-3 给出了几种牵引电机的部分参数，表的第一行为动车组或交流传动电力机车的型号。

迄今为止，在电力牵引交流传动电力机车和高速动车组上，三相异步牵引电机的控制方式经历了转差－电流控制、磁场定向控制和直接转矩控制三个发展阶段。早期的转差一电流控制方法基于异步电动机的稳态数学模型，其动态性能远不能与直流调速系统相媲美；20 世纪 70 年代推出了磁场定向控制，也称之为矢量控制，它基于直流调速系统的控制思想对异步电动机进行矢量解耦，实现磁链与转矩的独立控制，达到了直流调速系统同样的动态性能；20 世纪 80 年代中期推出的直接转矩控制基于定子磁场定向的控制方式对转矩直接控制，转矩的动态响应速度快，特别适合电力牵引这种大惯性运动控制系统。矢量控制和直接转矩控制是两种高性能的变频调速方法，它们都以三相异步电动机的动态数学模型为基础。

表 11-3　几种牵引电机的部分参数

	CRH1	CRH2	CRH3	CRH5	HXD1	HXD2	HXD3
额定电压（V）	1287	2000	2700	2808	1987	1391	2150
额定电流（A）	158	106	145	211	273	620	390
额定功率（kW）	265	300	562	564	817	1275	1250
功率因数	0.80	0.87	0.89	0.935	0.901	0.896	0.92
额定转速（r/min）	2725	4140	4100	1177	1323	1499	1360
最高转速（r/min）	5000	6120	5900	3600	3450	2768	2662

（1）三相异步电动机的主要部件是作为磁路的定、转子铁心和作为电路的定、转子绕组。铁心由薄硅钢片叠压而成，铁心槽中布置交流绕组。三相异步电动机运行时，转子绕组自行短路或通过串入附加电阻而短路。

（2）额定值是保证三相异步电动机可靠运行的重要依据。

（3）基本方程式和等效电路是分析和计算三相异步电动机各种稳态问题的重要工具。

（4）三相异步电动机的电磁转矩是由转子感应电流与气隙磁场相互作用产生的，是电机进行机电能量转换的关键。异步电动机的电磁转矩和运行状态都与转差率密切相关，转差率则随负载的变化而变化。三相异步电动机的电磁转矩有三种表达式，即物理表达式、参数表达式和实用表达式。

（5）对三相异步电动机的起动要求是起动电流小而起动转矩大。如果电网容量允许，应尽量采用直接起动，以获得较大的起动转矩。当电网容量较小时，应采用降压起动以减小起动电流。常用的降压起动方法有星—三角起动和自耦变压器起动等。降压起动时，起动转矩按电压的平方关系减小，因此在对起动性能要求高的场合，常采用绕线型三相异步电动机转子串接电阻起动，既可增加起动转矩，又能减小起动电流。

（6）三相异步电动机的调速方法很多，较常用的有变极调速、三相绕线型异步电动机转子串接电阻调速和变频调速。

（7）电制动是一种使电机产生电能并使之消耗或回馈给电网，同时产生与转子旋转方向相反的电磁转矩的制动方式。三相异步电动机常用的电制动方法有反接制动、回馈制动和能耗制动。

11-1　三相异步电动机主要由哪些部件组成？各起什么作用？

11-2　为什么三相异步电动机工作时的转速不会等于同步转速？

11-3　三相异步电机有哪三种运行状态？各有什么特点？

11-4　为什么三相异步电动机的功率因数总是滞后？

11-5　有一台三相4极异步电动机，定子绕组为三角形联接，额定电压$U_N = 380V$，额定频率为50Hz，$n_N = 1452r/min$，$R_1 = 1.33\Omega$，$X_{1\sigma} = 2.43\Omega$，$R_m = 7\Omega$，$X_m = 90\Omega$，$R_2' = 1.12\Omega$，$X_{2\sigma}' = 4.4\Omega$。试用T形等效电路计算额定转速时的定子电流I_1、转子电流I_2'和励磁电流I_m。

11-6　三相异步电动机驱动额定负载运行时，若电源电压下降过多，往往会使电动机过热甚至烧毁，试说明原因。

11-7　一台三相异步电动机，定子绕组为三角形联接，$P_N = 4kW$，$U_N = 380V$，$f_1 = 50Hz$，$n_N = 1442r/min$，$R_1 = 4.47\Omega$，$X_{1\sigma} = 6.7\Omega$，$R_2' = 3.18\Omega$，$X_{2\sigma}' = 9.85\Omega$，$R_m = 11.9\Omega$，$X_m = 188\Omega$。试求在额定转速时的电磁转矩$T$、最大转矩$T_{max}$和起动转矩$T_{st}$（计算时取校正系数$c = 1$）。

11-8　三相鼠笼型异步电动机全压起动时，为什么起动电流很大，而起动转矩却不大？

11-9　三相鼠笼型异步电动机与三相绕线型异步电动机各有哪些调速方法？这些方法的依据各是什么？各有什么特点？

11-10　分别说明三相异步电动机反接制动、回馈制动和能耗制动所需的条件。

第 12 章　继电接触器控制系统

在生产过程中要对电动机进行自动控制，主要有起动、停止、正反转、制动、延时、调速等。可以采用由开关、按钮、接触器、继电器等电器构成的控制电路来对电动机进行控制，常称这种控制系统为继电接触器控制系统。本章首先介绍常用的低压电器，然后介绍电气原理图的绘制原则，最后介绍三相异步电动机的基本控制电路。

12.1　常用低压电器

凡是自动或手动接通和断开电路，以及能实现对电或非电对象进行切换、控制、保护、检测、变换和调节操作的电气元件统称为电器。

电器按其工作电压分为低压电器和高压电器。低压电器是指工作电压在交流1200V 或直流 1500V 以下的各种电器；反之，则为高压电器。电器按其职能又可分为控制电器和保护电器：用于各种控制电路和控制系统的电器，称为控制电器，如开关、按钮、接触器等；用于保护电路及用电设备的电器称为保护电器，如熔断器、热继电器等。控制电器的种类很多，按其动作方式可分为手动和自动两类。手动电器的动作是由工作人员手动操作的，如刀开关、按钮等。自动电器的动作是根据指令、信号或某个物理量的变化自动进行的，如各种继电器、接触器、行程开关等。

本节介绍几种常用的低压电器，它们在电路中起开关作用，它们的接通或断开是某种外力作用的结果，如人力、弹力、电磁力、机械撞击力等。

一、刀开关

刀开关为手动电器，用于隔离电源和负载。由于刀开关一般不设置灭弧装置，只能用于小容量电动机的直接起、停控制。刀开关按极数（刀片数）可分为单极、双极、三极和多极刀开关。

刀开关一般与熔断器串联，以便在短路时自动切断电路。

刀开关的技术数据主要有额定电压和额定电流。由于异步电动机的起动电流是其额定电流的 3～5 倍，因此，一般刀闸开关的额定电流应是异步电动机额定电流的 3～5 倍。

图 12-1 所示为刀开关的外形图。

图 12-1 刀开关的外形图

在继电接触器控制系统图中，电器元件的图形符号和文字符号必须符合国家标准规定。刀开关的图形符号和文字符号如图 12-2 所示。

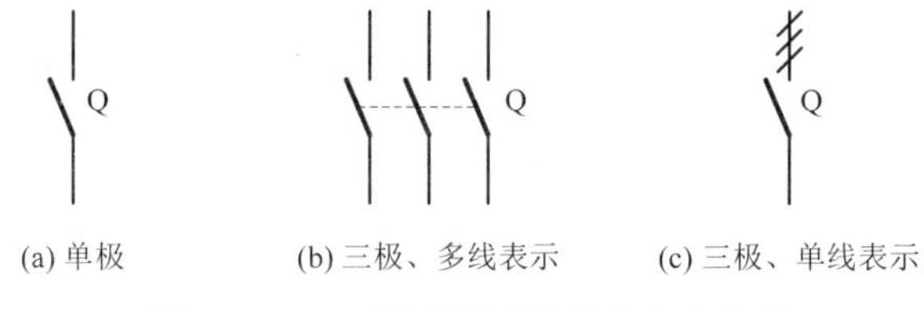

图 12-2 刀开关的图形符号和文字符号

二、按钮

按钮是用来发出指令信号的手动电器，主要用于接通或断开小电流的控制电路，从而控制电动机或其他电气设备的运行。

按钮由外壳、触点和复位弹簧组成，其结构示意图如图 12-3（a）所示。按钮的触点分动断触点（常闭触点）和动合触点（常开触点）两种。未按下按钮，A、B 两点是短接的，C、D 两点是断开的；按下按钮，则 A、B 两点断开，C、D 两点短接；松开按钮，在弹簧的弹力作用下， A、B 两点又恢复到短接，C、D 两点又恢复到断开，称为复位；因此，称 A、B 构成动断触点，C、D 构成动合触点。在按下或松开按钮时，复位弹簧要被压缩一段长度或恢复到原来的长度，因此，触点的动作顺序为：按下按钮，则动断触点先断开，动合触点后闭合；松开按钮，在复位弹簧的作用下，则动合触点先断开，动断触点后闭合。按钮的图形符号和文字符号如图 12-3（b）所示。

为了避免误操作，按钮帽的颜色有红色、绿色、黑色等可供选择，在使用时要符合 GB/T2862 国家标准的要求，例如，“停止”和“急停”按钮的按钮帽颜色必须是红色的，“起动”按钮的按钮帽颜色是绿色的。

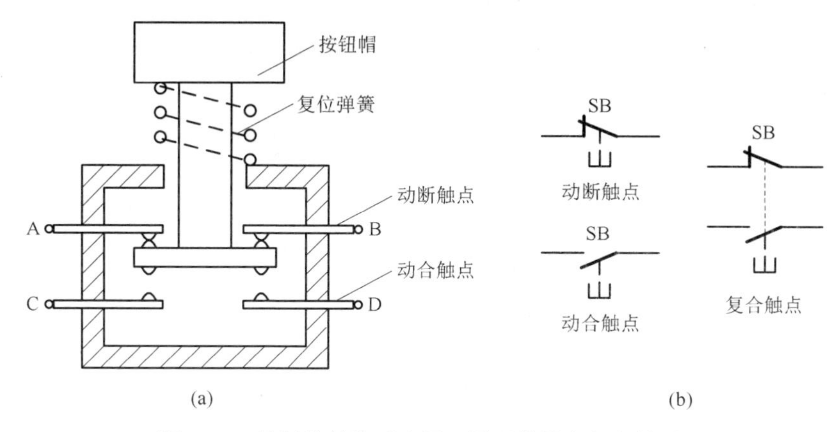

图 12-3　按钮的结构示意图、图形符号和文字符号

按钮的外形图如图 12-4 所示。

图 12-4　按钮的外形图

三、熔断器

熔断器是一种最简单有效的保护电器，在低压配电系统和各种控制系统中广泛用作短路保护和严重过载保护。熔断器串联在被保护的电路中，在电路正常工作时，熔体不会熔断；而一旦发生短路故障，很大的短路电流通过熔体，熔体过热而迅速熔断，从而把电路切断，达到保护电路及电器设备的目的。

熔断器的外形图如图 12-5 所示，熔断器的图形符号和文字符号如图 12-6 所示。

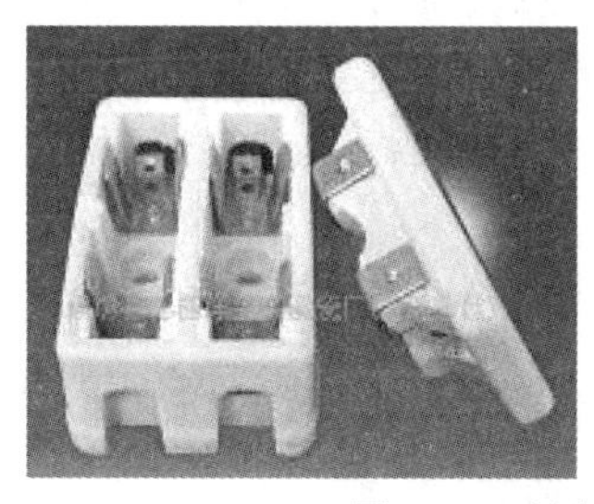

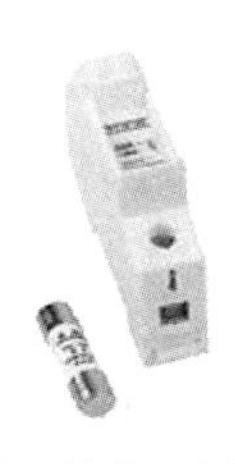

图 12-5　熔断器的外形图

图 12-6 熔断器的图形符号和文字符号

四、自动空气开关

自动空气开关又称断路器，它的主要特点是具有自动保护功能，当发生短路、过载、过压、欠压等故障时能自动切断电源。图 12-7 为自动空气开关的外形图，图 12-8 为自动空气开关的图形符号和文字符号。

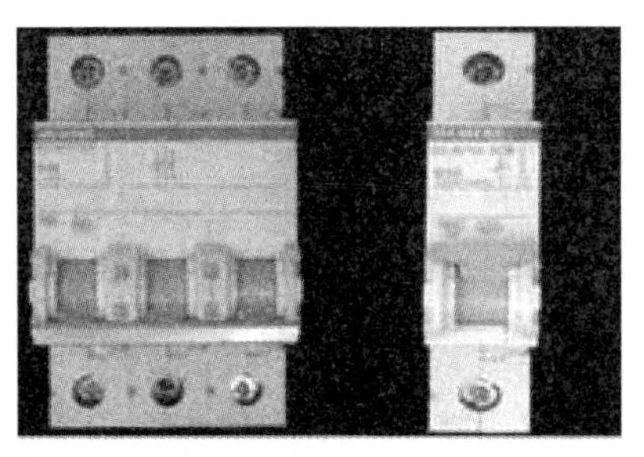

图 12-7 自动空气开关的外形图

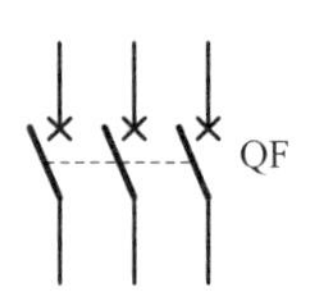

图 12-8 自动空气开关的图形符号和文字符号

自动空气开关内有灭弧装置，切断电流的能力强，工作安全可靠，而且体积小，因此目前应用非常广泛，已经在许多场合取代了刀开关。

五、交流接触器

交流接触器是利用电磁吸力工作的控制电器，是继电接触器控制系统中最基本的电器。交流接触器主要由电磁铁和触点两部分组成，触点通常分为主触点和辅助触点两类。主触点接触面积大，允许通过大电流，并配有灭弧装置，常用于主电路的接通和断开；辅助触点接触面积小，允许通过的电流小，只能用于控制电路中。

交流接触器各个触点的动作顺序与按钮相同，电磁铁的吸引线圈通电时产生的电磁力将使动断触点先断开、动合触点后闭合；电磁铁断电时依靠弹簧的弹力使动合触点先复位（即断开）、动断触点后复位（即闭合）。

交流接触器的外形图如图 12-9 所示，其图形符号和文字符号如图 12-10 所示。

图 12-9　交流接触器的外形图

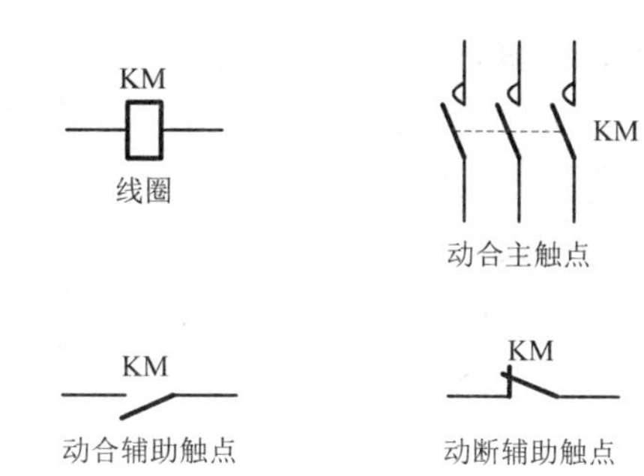

图 12-10　交流接触器的图形符号和文字符号

选用交流接触器时应注意线圈的额定电压、触点的额定电流和触点的数量。当线圈的电压低于设定值（正常工作的最低电压值）时，触点能自动复位，从而可实现欠压、零压保护，这是交流接触器的一个很好的特性。常用的国产 CJ10 系列交流接触器，线圈的额定电压有 36V、127V、220V、380V 四个等级，主触点的额定电流有 5A、10A、20A、40A、60A、100A、150A 七个等级，辅助触点的额定电流为 5A。

一般交流接触器的辅助触点的数量为动断触点和动合触点各两副。若辅助触点不够用，可采用下面即将介绍的中间继电器或选用组件式结构的交流接触器。后者在辅助触点不够时，可以把一组或几组触点组件插入接触器上的固定槽内，组件的触点受交流接触器电磁机构的驱动，使辅助触点数量增加。

六、中间继电器

中间继电器的结构和工作原理与交流接触器的基本相同，但它们的用途有所不同。交流接触器主要用来接通和断开主电路，中间继电器则主要用在控制电路中，用以弥补交流接触器辅助触点的不足。

中间继电器的外形图如图 12-11 所示，其图形符号和文字符号如图 12-12 所示。

图 12-11　中间继电器的外形图

图 12-12　中间继电器的图形符号和文字符号

七、热继电器

热继电器是一种利用电流的热效应原理进行工作的过载保护电器。它主要由发热元件、双金属片和动断触点组成。发热元件串联在主电路中，动断触点与控制电动机的交流接触器的线圈串联。当电动机过载时，发热元件发出较多的热量，使双金属片变形弯曲，从而使热继电器的动断触点断开，与热继电器串联的交流接触器的线圈因此断电，使得交流接触器的主触点断开，电动机与电源自动切断，从而使电动机得到保护。

故障排除后，若双金属片已冷却，则按下热继电器的复位按钮，热继电器即可复位。

由于热惯性，双金属片的温度升高需要一定的时间。热继电器不会因电动机过载而立即动作，这样既可发挥电动机的短时过载能力，又能保护电动机不致因过载时间长而出现过热的危险。基于同样的原因，当发热元件通过较大电流、甚至短路电流时也不会立即动作。因此，热继电器只能用作过载保护，不能用作短路保护。

热继电器的外形图如图 12-13 所示，图形符号和文字符号如图 12-14 所示。

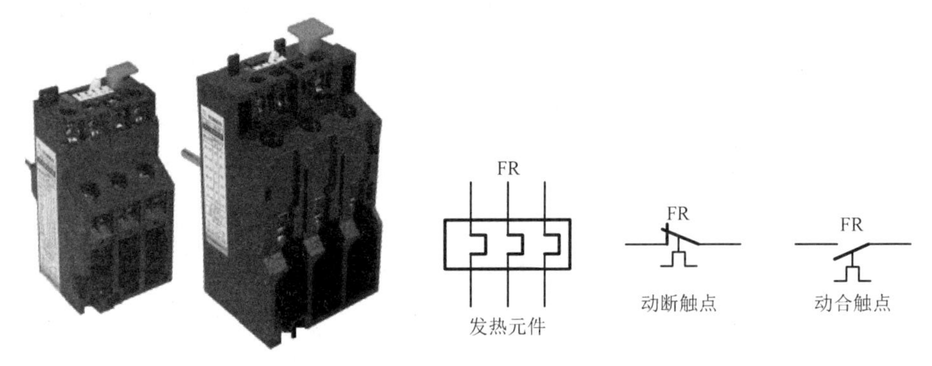

图 12-13 热继电器的外形图　　图 12-14 热继电器的图形符号和文字符号

八、行程开关

行程开关是将机械运动部件的行程、位置信号转换成电信号的自动电器。行程开关的类型很多。直动式行程开关的工作原理与按钮类似。当电动机带动机械设备上的挡块撞击到行程开关的触杆时，行程开关触点动作，动断触点断开、动合触点闭合；挡块离开后，行程开关的触点依靠弹簧的弹力复位。

行程开关的外形图如图 12-15 所示，图形符号和文字符号如图 12-16 所示。

九、时间继电器

时间继电器是一种定时元件，当其计时装置开始工作时，计时到达预定时间后，延时触点开始动作，接通或断开电路（即延时接通或延时断开）。

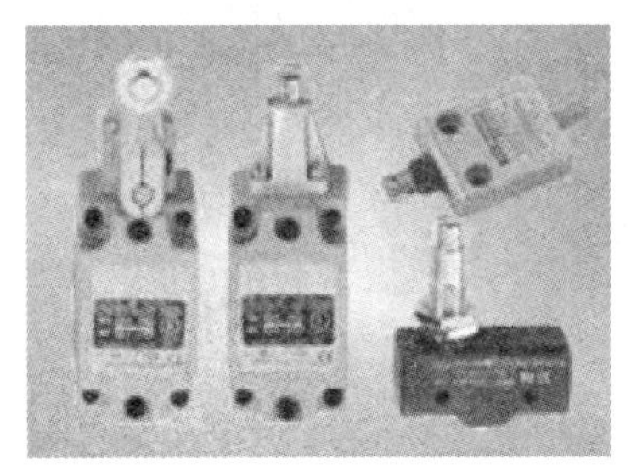

图 12-15　行程开关的外形图

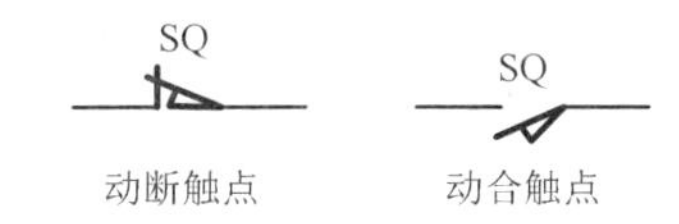

图 12-16　行程开关的图形符号和文字符号

时间继电器的计时装置有多种形式，如机械式、电磁式、空气阻尼式和电子式等。目前，在交流电路中广泛采用空气阻尼式。

时间继电器分为通电延时型和断电延时型两种。通电延时型时间继电器的触点有两种类型，即瞬时触点和通电延时触点。断电延时型时间继电器的触点也有两种类型，即瞬时触点和断电延时触点。时间继电器的瞬时触点动作与中间继电器的触点动作相同，当时间继电器通电或断电时，触点立即动作。通电延时触点则在时间继电器通电并延迟到预定时间后才动作，断电时，触点立即动作。断电延时触点的动作与通电延时触点的动作相反，时间继电器通电时断电延时触点立即动作，断电后需延迟到预定时间断电延时触点才动作。

时间继电器的外形图如图 12-17 所示，图形符号和文字符号如图 12-18 所示。

(a) 空气式

(b) 电子式

图 12-17　时间继电器的外形图

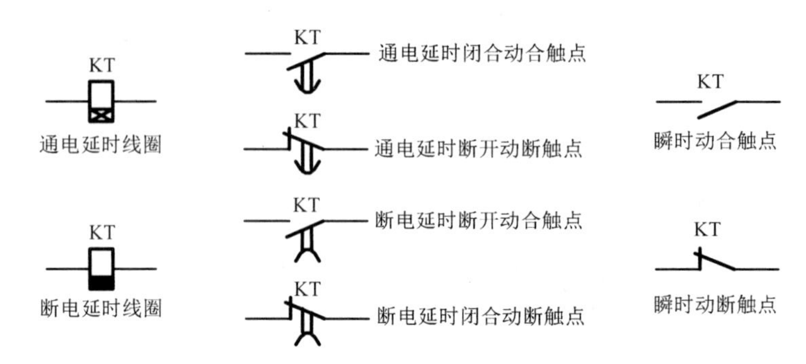

图 12-18　时间继电器的图形符号和文字符号

12.2　电气原理图的绘制原则

继电接触器控制系统是根据控制要求将电器元件和被控对象按一定的接线关系连接而成的。在系统的设计、安装、调试、维修和制造过程中，需要有统一的工程语言，即采用工程图来说明系统的工作原理、元器件之间的连接关系和元器件的位置等技术信息。在电气设备上使用的工程图称为电气控制系统图。

电气控制系统图一般有三种：电气原理图、电器元件布局图和电气安装接线图。在电气控制系统图中用不同的图形符号来表示各种电器元件，用不同的文字符号来说明图形符号所代表的电器元件的基本名称、用途、主要特征及编号等。

根据电路的工作原理用规定的图形符号和文字符号绘制的图形称为电气原理图。电气原理图能够清楚地表示电路的功能，便于分析系统的工作原理，在设计部门和生产现场都得到了广泛应用。按电器元件的布置位置和实际接线，用规定的图形符号和文字符号绘制的图形称为电气安装接线图。电气安装接线图便于安装、检修和调试。电器元件布置图主要用来表明电气设备中所有电器元件的实际位置，为制造、安装和维护提供必要的信息。不同的电气控制系统图有其不同的用途和规定画法，应根据简明易懂的原则，采用国家标准统一规定的图形符号、文字符号和标准画法来绘制。

绘制电气原理图的目的是为了便于阅读和分析电气控制系统，应根据结构简单，层次分明、清晰的原则，采用电器元件展开形式绘制。它包括所有电器元件的导电端子和接线端子，但并不按照电器元件的实际布置位置来绘制，也不反映电器元件的实际大小。电气原理图是电气控制系统设计的核心。

电气原理图、电气安装接线图和电器元件布置图应遵循的相关国家标准是GB/T6988《电气技术用文件的编制》。根据该标准，可总结和归纳出绘制电气原理图的主要原则为：

（1）电气原理图一般分为主电路和辅助电路两部分。主电路是电气控制系统中大电流通过的部分，包括从电源到电动机之间相连的电器元件，一般由自动空气开关、主熔断器、交流接触器的主触点、热继电器的发热元件和电动机等组成。辅助电路是电气控制系统中除主电路以外的电路，其流过的电流比较小。辅助电路包括控制电路、照明电路、信号电路和保护电路。其中控制电路由按钮、交流接触器的线圈和辅助触点、中间继电器、热继电器的触点、时间继电器等组成。

（2）电气原理图中的所有电器元件都应采用国家标准中统一规定的图形符号和文字符号表示。

（3）电气原理图中所有电器元件的布局，应根据便于阅读的原则安排。主电路安排在图面左侧或上面，辅助电路安排在图面右侧或下方。无论主电路还是辅助电路，均按功能布置，尽可能按动作顺序从上到下、从左到右排列。

（4）电气原理图中，当同一电器元件的不同部件（如线圈、触点）分散在不同位置时，为了表示是同一元件，要在电器元件的不同部件处标注同一文字符号。对于同类器件，要在其文字符号后面加数字序号来区别。如两个交流接触器，可用文字符号 KM1、KM2 来区别。

（5）电气原理图中，所有电器的可动部分均按没有通电或没有外力作用时的状态画出。对于中间继电器、交流接触器的触点，按其线圈未通电时的状态画出；对于按钮、行程开关的触点，按其未受外力作用时的状态画出；对于刀开关和自动空气开关，按其未合上的状态画出。

（6）电气原理图中，应尽量减少线条，并避免线条交叉。各导线之间有电的联系时，对“T”形连接点，在导线交点处可以画实心圆点，也可以不画；对“＋”形连接点，必须画实心圆点。根据图面需要，可以将图形符号旋转，一般逆时针方向旋转 90°，但文字符号不可倒置。

（7）一般交流接触器线圈的工作电压为 380V 或 220V，即民用供电的电压。因此，当接触器线圈的额定电压为 380V，电动机的额定电压也为 380V 时，控制电路的电源线可以与主电路相连接。

12.3　三相异步电动机基本控制电路

本节介绍三相异步电动机的基本控制电路，这些基本控制电路是继电接触器控制系统中的基本内容。

12.3.1 点动控制

图 12-19 所示为三相异步电动机点动控制电路，其工作原理是：首先合上开关 Q，为电动机的起动做好准备；按下起动按钮 SB，接触器 KM 的线圈通电，其主触点闭合，电动机 M 通电，起动运转；松开按钮 SB，接触器 KM 的线圈断电，其主触点断开，电动机 M 断电，停止运转。该电路实现了一点就动、松手就停的控制功能，即点动功能。

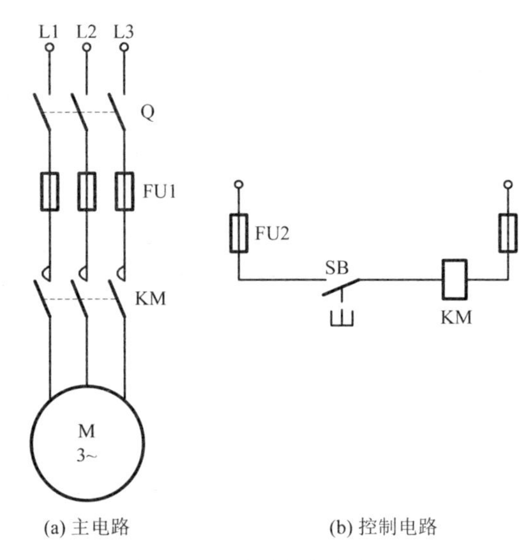

(a) 主电路　　(b) 控制电路

图 12-19　点动控制电路

在描述电路的工作原理时，采用文字加箭头的方式显得简单明了，该方式特别适合描述比较复杂的电气控制系统。采用文字加箭头的方式，点动控制电路的操作和动作次序为：

起动：按下SB→KM线圈通电→KM主触点闭合→M通电运转
停止：松开SB→KM线圈断电→KM主触点断开→M断电停止运转

熔断器 FU1、FU2 在电路中起短路保护作用。

点动控制通常用于电动机检修后试车或生产机械的位置调整。

12.3.2 直接起停控制

所谓直接起停控制，就是要求按下起动按钮后，电动机就单方向地持续运转，要使电动机停止运转，按下停止按钮即可。图 12-20 所示为三相笼形异步电动机直接起停控制电路，其操作和动作次序如下：

起动：按SB1→KM线圈通电┐
├→KM主触点闭合→M通电运转
└→KM辅助触点闭合（实现自锁）

停止：按SB2→KM线圈断电┐
├→KM主触点断开→M断电停止运转
└→KM辅助触点断开（撤销自锁）

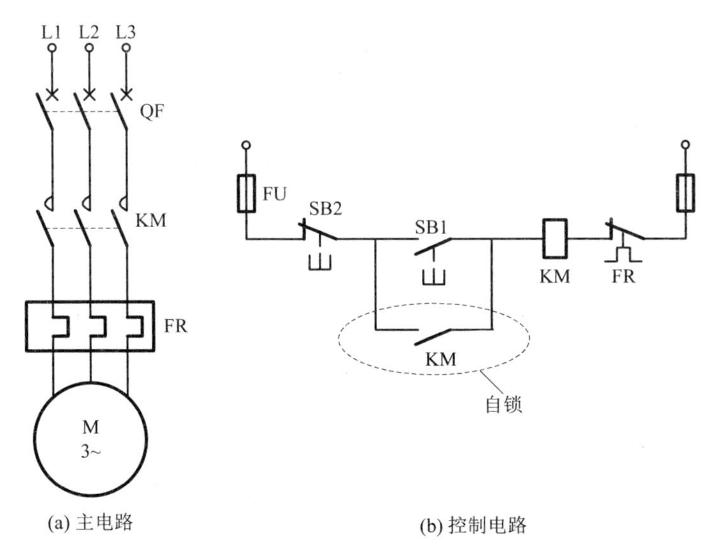

(a) 主电路　(b) 控制电路

图 12-20　直接起停控制电路

与 SB1 并联的 KM 辅助触点，能够保证在按下 SB1 使 KM 线圈通电后，松开 SB1 的情况下，KM 线圈依然通电，这种由 KM 辅助触点闭合保证 KM 线圈持续通电的作用称为自锁，称该辅助触点为自锁触点。

热继电器 FR 起过载保护作用。

接触器 KM 自身还具有零压和欠压保护功能，即当电源突然断电或电压严重下降时，接触器的电磁吸力不够，使其各触点复位，从而断开主电路使电动机停止运转。当电源电压恢复正常后必须重新按下起动按钮 SB1，电动机才能重新起动，这样就可以避免电源突然恢复后发生设备损坏或人员伤害的事故。

12.3.3　两地控制

在实际应用中，常常需要在两处（如现场和控制室）对同一电动机进行起停控制，即两地控制。因此，控制电路中应有两套起动按钮，按任何一个起动按钮，电动机都要起动，则两个起动按钮应并联；按任何一个停止按钮，电动机都要停止运行，则两个停止按钮应串联。图 12-21 所示为三相笼形异步电动机两地控制电路。

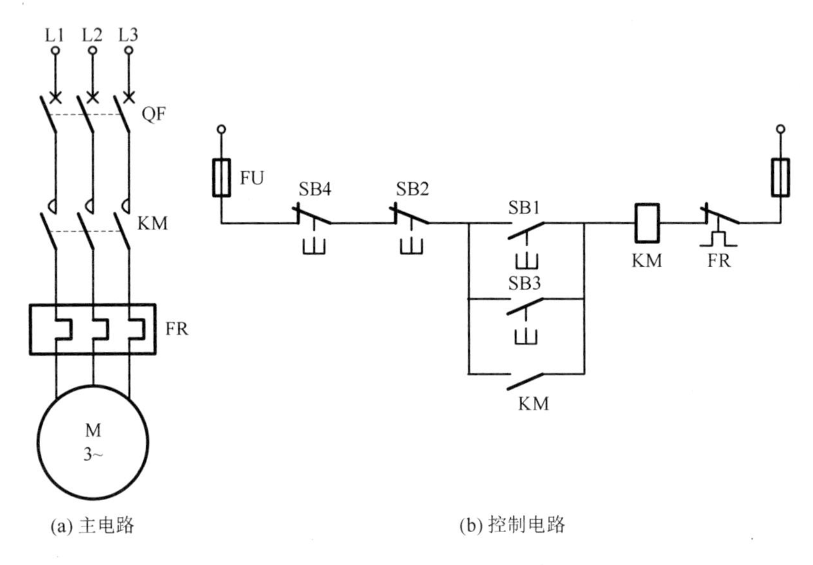

(a) 主电路 (b) 控制电路

图 12-21 两地控制电路

12.3.4 正反转控制

机械设备左右、前后、上下移动，均涉及电动机的正反转。要改变三相异步电动机的旋转方向，只需将接到电源的任意两根端线对调即可。因此，需要有两个接触器 KM1、KM2 分别控制电动机的正、反转，如图 12-22（a）所示。显然，KM1 的主触点和 KM2 的主触点不能同时闭合，否则会造成主电路电源短路。这样就要求正常工作时 KM1、KM2 这两个接触器不能同时通电，在任何时刻都只能有一个接触器通电，这种功能称为互锁。通常采用图 12-22（b）所示的电路，将一个接触器的辅助动断触点串联到另一个接触器线圈电路中，则一个接触器线圈通电后，即使按下相反方向的起动按钮，另一接触器也无法通电，这种互锁为电气互锁，称这两个起互锁作用的动断触点为互锁触点。为了进一步提高可靠性，还可以增加由复合按钮构成的机械互锁。图 12-22（b）中 SB1 和 SB2 均为复合按钮，它们的动断触点均串联在对方支路上，利用复合按钮触点的通断特点（即按下复合按钮，其动断触点先断开，动合触点后闭合；松开复合按钮，其动合触点先断开，动断触点后闭合）来实现机械互锁。

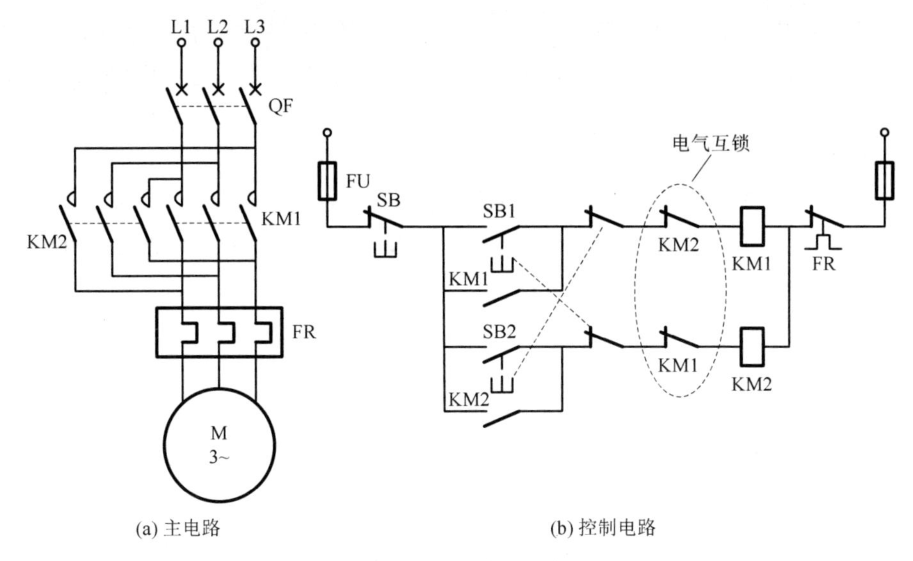

(a) 主电路　　(b) 控制电路

图 12-22　正反转控制电路

正反转控制电路的操作和动作次序如下：

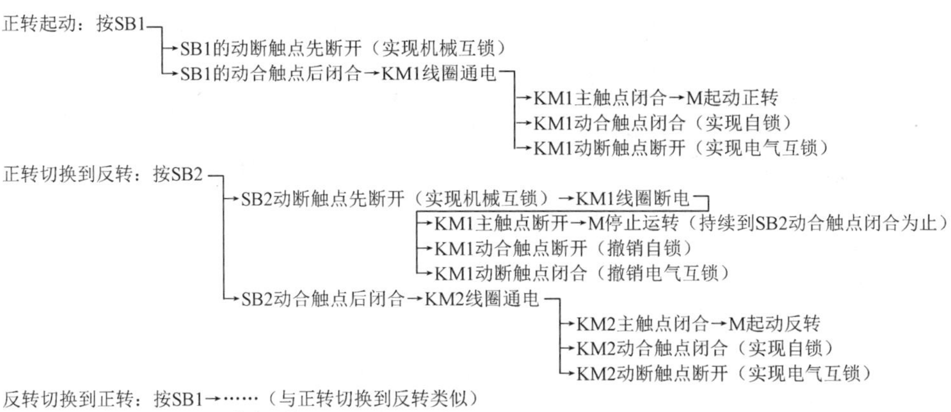

12.3.5　顺序控制

许多生产机械都装有多台电机，根据生产工艺的要求，其中有些电动机需要按一定的顺序起动；或者既要按一定的顺序起动，又要按一定的顺序停止；或者不能同时工作，等等。例如，车床主轴电动机必须在油泵电动机工作后才能起动，以便在进刀时能可靠地进行冷却和润滑。这就要求采用顺序控制。

有两台电动机 M1 和 M2，要求 M1 起动后，M2 才能起动，M2 停止后，M1 才能停止。图 12-23 所示的电路能实现这样的顺序控制。当按下起动按钮 SB1 时，KM1 线圈通电，M1 起动运转，两个 KM1 动合触点闭合，一个实现自锁，一个为 KM2 线圈通电准备好条件，再按下起动按钮 SB3，M2 方可起动运转。按下停止按钮 SB4，KM2 线圈断电，KM2 主触点断开，M2 停止运转，KM2 线圈断电后，与 SB2 并联的 KM2 动合触点断开，为 M1 停止运行准备好条件，此时按下停止按钮 SB2，才能使 KM1 线圈断电，M1 停止运行。

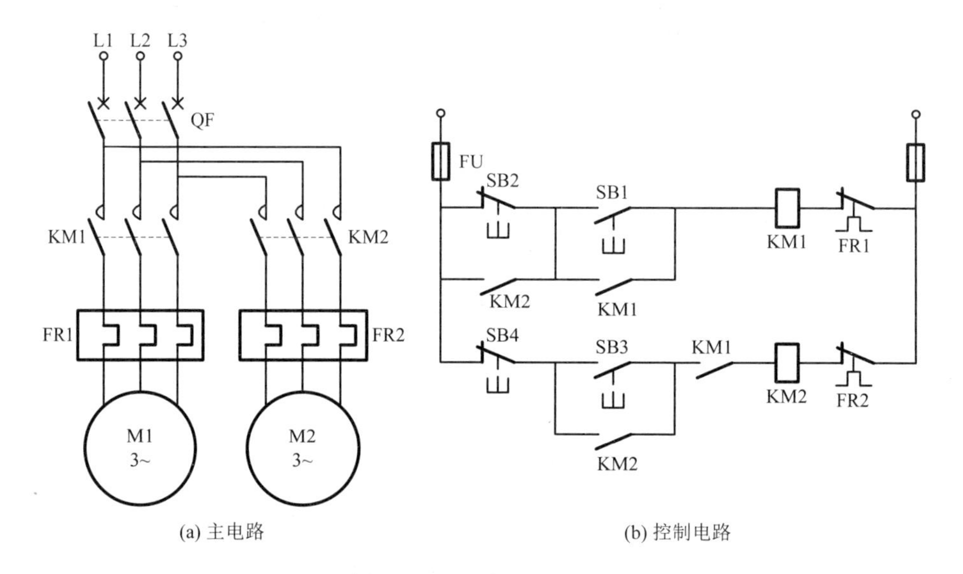

(a) 主电路 (b) 控制电路

图 12-23 顺序控制电路

12.3.6 行程控制

生产中由于工艺和安全要求，常常要求控制某些机械的行程和位置。例如，龙门刨床的工作台要求进行往复运动，桥式起重机运行到轨道的端头要求自动停车。类似的行程控制可以利用行程开关来实现。

图 12-24（a）为用行程开关控制工作台自动往返的示意图。行程开关 SQ1 和 SQ2 分别控制工作台左右移动的行程，由安装在工作台侧面的挡块 A、B 撞击，使工作台自动往返。其工作行程和位置由挡块位置来调整。当 SQ1 或 SQ2 失灵时，SQ3 和 SQ4 起作用，防止工作台超出极限位置而发生严重事故。

为了实现上述控制要求，控制电路应在图 12-22（b）所示的正反转控制电路基础上，将 SQ1 的动合触点与 SB2 的动合触点并联，SQ2 的动合触点与 SB1 的动合触点并联，SQ1 的动断触点和 SQ3 的动断触点与 KM1 线圈串联，SQ2 的动断触点和 SQ4 的动断触点与 KM2 线圈串联，这样就得到了如图 12-24（b）所示的自动往返行程控制电路[主电路如图 12-22（a）所示]。

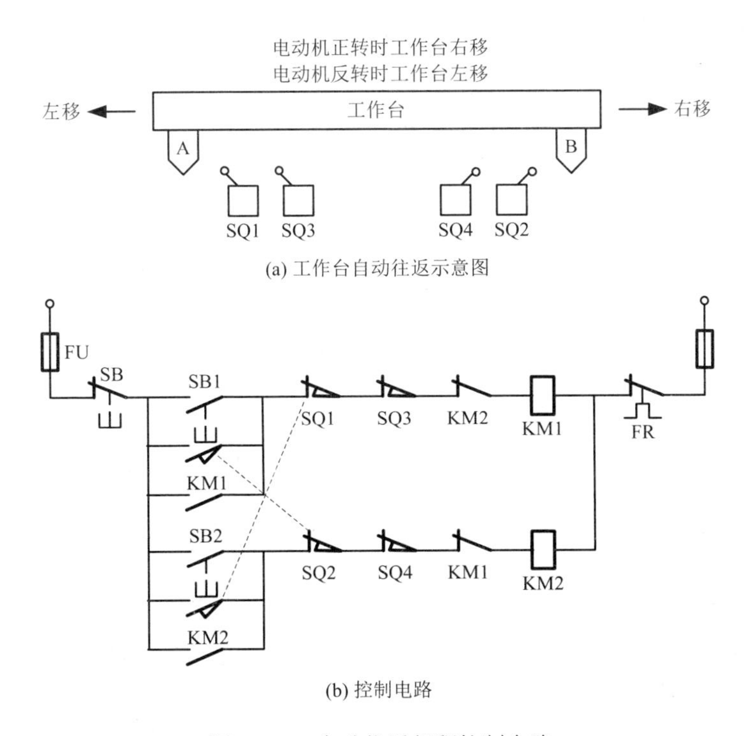

图 12-24　自动往返行程控制电路

当按下正转起动按钮 SB1，KM1 线圈通电，M 正转，假设使工作台向右移动。当工作台移动到预定位置时，挡块 A 压下行程开关 SQ1 的触杆，SQ1 的动断触点断开，KM1 线圈断电，M 停止正转。紧接着，SQ1 的动合触点和 KM1 的动断触点闭合，使 KM2 通电，M 反转，工作台向左移动。挡块 A 移开后，行程开关 SQ1 自动复位。

当工作台移动到另一端的预定位置时，挡块 B 压下行程开关 SQ2 的触杆，SQ2 的动断触点断开而动合触点闭合，M 停止反转后正转，工作台向右移动。如此周而复始，工作台便在预定的行程内自动往返，直到按下停止按钮 SB 为止。

若 SQ1 在工作过程中出现故障，当工作台向右移动，挡块 A 撞击到 SQ1 的触杆时不能使 M 反转，则工作台继续向右移动，挡块 A 撞击到 SQ3 的触杆时，

SQ3 的动断触点断开，KM1 线圈断电，M 停止运转，工作台便停下来，从而避免发生事故。SQ2 出现故障的情况与 SQ1 的类似。

12.3.7 时间控制

时间控制就是利用时间继电器的延时功能进行的控制。例如，笼形异步电动机的星形－三角形降压起动控制，电动机的能耗制动控制，几台电动机按时间顺序的起停控制等，都需要采用时间继电器来进行时间控制。

笼形异步电动机的星形－三角形降压起动控制，要求在起动时电动机采用星形联接，经过一段延时，当电动机的转速上升到一定值时，再将其换接成三角形联接。控制电路如图 12-25 所示。

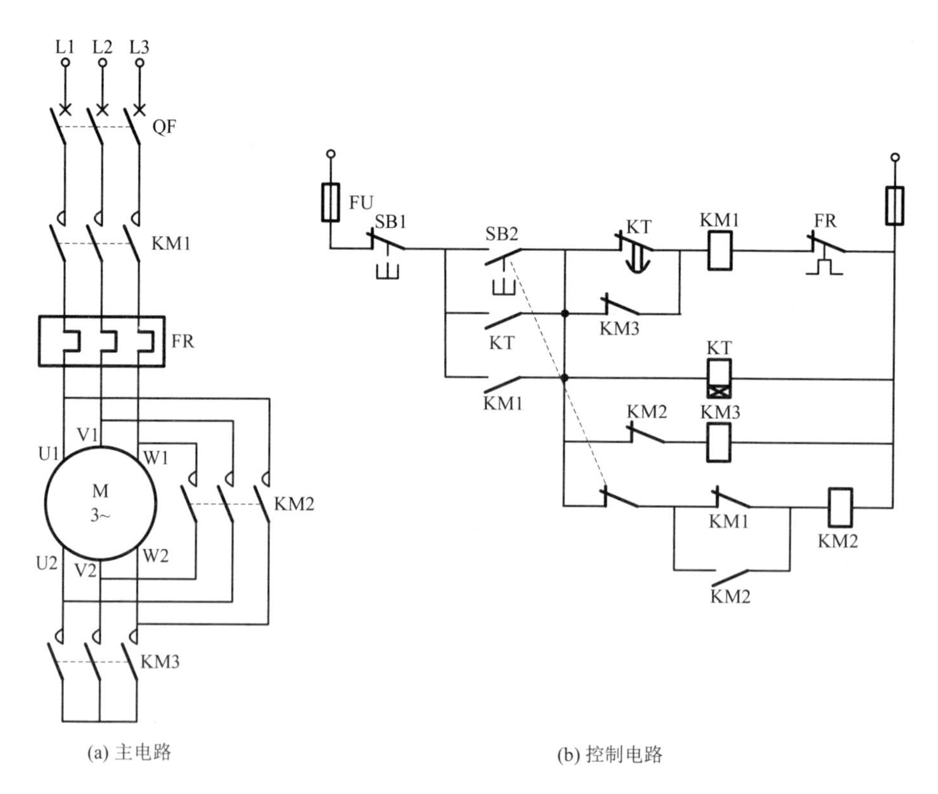

(a) 主电路　　(b) 控制电路

图 12-25　星形－三角形降压起动控制电路

降压起动控制电路的操作和动作次序如下：

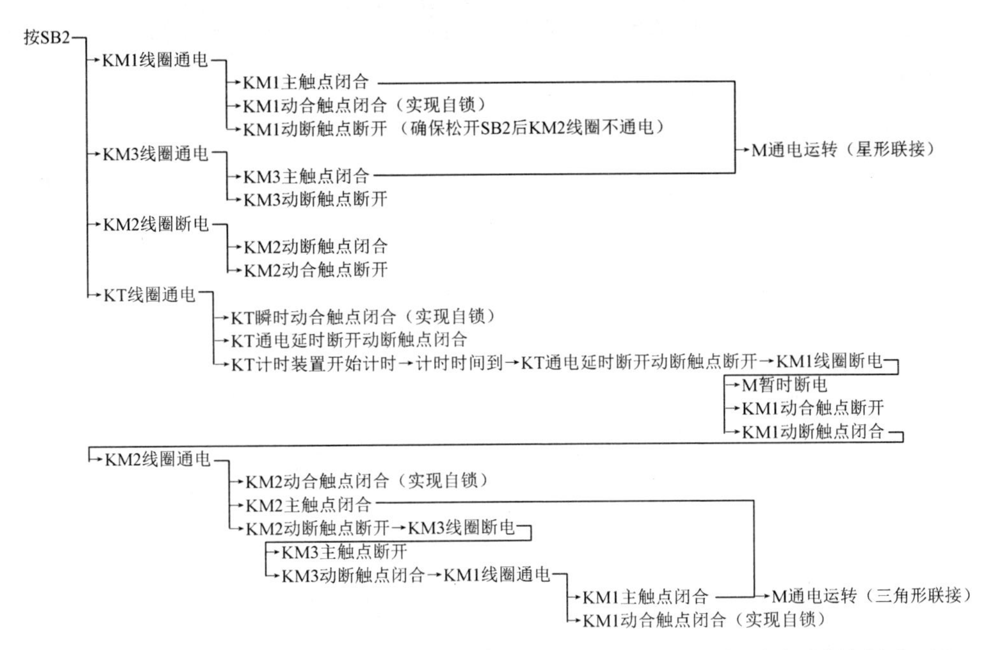

电动机在由星形联接切换到三角形联接的过程中，电动机有短暂的断电时间，在断电的过程中，电动机的转速有所下降，但到再次通电时还有一定的转速。在工作过程中，KT 线圈始终是通电的。当需要电动机停止运行时，按下停止按钮 SB2 即可。

本控制电路是在 KM1 断电的情况下进行星形－三角形换接的，这样可以避免在 KM3 的主触点尚未断开、因 KM2 主触点闭合而造成的电源短路；同时 KM3 的主触点在无电的情况下断开不会产生电弧，可延长其使用寿命。

12.4　应用实例：加热炉自动送料控制电路

加热炉是一种常见的生产设备，下面介绍其自动送料控制电路。

加热炉自动送料工艺流程如图 12-26（a）所示，其控制流程为：当有加料主令信号时→打开炉门→炉门完全打开后推料机前进至炉门口加料→加料完成后推料机后退至原位→关闭炉门，一个工作周期结束。

很显然，加热炉自动送料控制包含行程控制和正反转控制。可以用接触器 KM1、KM2 控制炉门电动机的正反转，接触器 KM3、KM4 控制推料电动机的正反转。为了使送料过程能自动进行，必须在炉门的关闭位置设置一个行程开关 SQ1，在炉门的开启位置设置一个行程开关 SQ2，在推料机前进的终点位置设置一个行程开关 SQ3，在推料机后退的终点位置设置一个行程开关 SQ4。参考上节介绍的行程控制电路和正反转控制电路，可以设计出如图 12-26（b）所示的加热炉自动送料控制电路。

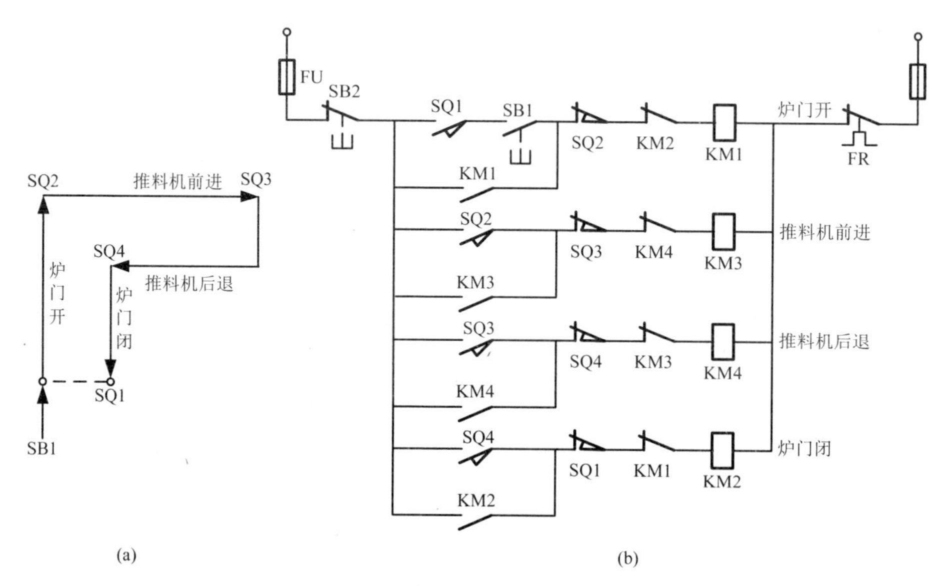

图 12-26　加热炉自动送料工艺流程和控制电路

继电接触器控制系统具有结构简单、容易掌握、价格便宜等优点，能满足大部分电气顺序逻辑控制的要求，在工业控制领域曾占据主导地位。但是继电接触器控制系统也有明显的缺点：设备体积大、可靠性差、动作速度慢、功能弱，难以实现较复杂的控制；它是靠硬件连线逻辑构成的系统，接线复杂，易出故障；当生产工艺或控制对象需要改变时，原有的接线和控制柜就需要更换，所以通用性和灵活性较差。

现代社会要求制造业对市场需求反应迅速，能生产出小批量、多品种、多规格、低成本和高质量的产品，为了满足这一要求，生产设备和自动生产线的控制系统必须具有极高的可靠性和灵活性，PLC（可编程控制器，Programmable Logic Controller）就是顺应这一要求出现的。PLC 将继电接触器控制的简单易懂、使用方便、价格低廉的优点与计算机的功能完善、灵活性和通用性好的优点结合起来，将继电接触器控制的硬件连线逻辑转变为计算机的软件逻辑编程，这是很大的变化和改进。

PLC 功能强大，使用方便，已经成为工业自动化的主要支柱之一，在工业生产的几乎所有领域都得到了广泛的使用，当前 PLC 已基本取代继电接触器控制系统。

（1）常用的低压电器有刀开关、按钮、断路器、熔断器、交流接触器、中间继电器、热继电器、行程开关和时间继电器等。

（2）电气原理图能够清楚地表明电路功能，便于分析系统的工作原理。应按国家标准绘制电气原理图。

（3）针对三相异步电动机，有点动控制、连续运行控制（即起停控制）、正反转控制、多地控制、顺序控制、行程控制和时间控制等常见控制方式。

（4）为了实现长期通电，通常把接触器的动合触点和起动按钮并联，以实现自锁；为了防止一个线圈通电时另外一个线圈也通电，通常把这个线圈的动断触点串联在另一个线圈回路中，以实现互锁。

（5）设计电气控制系统时，首先要了解被控对象的结构、工作原理和控制要求，然后设计主电路和控制电路，最后设计其他辅助电路。

12-1　单项选择题

（1）在三相异步电动机控制电路中，（　　）能起到短路保护作用。

A. 空气开关　　B. 交流接触器　　C. 热继电器

（2）在三相异步电动机控制电路中，（　　）能起到过载保护作用。

A. 空气开关　　B. 交流接触器　　C. 热继电器

（3）在三相异步电动机控制电路中，（　　）能起到欠压保护作用。

A. 空气开关　　B. 交流接触器　　C. 热继电器

（4）熔断器的额定电流是指熔体在大于此电流下（　　）。

A. 立即烧断　　B. 过一段时间烧断　　C. 永不烧断

（5）在三相异步电动机控制电路中，热继电器的正确连接方法是（　　）。

A. 热继电器的发热元件串接在主电路中，而把它的动断触点与接触器的线圈串联接在控制电路中

B. 热继电器的发热元件串接在主电路中，而把它的动合触点与接触器的线圈串联接在控制电路中

C. 热继电器的发热元件并接在主电路中，而把它的动断触点与接触器的线圈并联接在控制电路中

12-2　什么是自锁？什么是互锁？怎样实现？

12-3　通电延时与断电延时有什么不同？画出时间继电器的四种延时触点并说明它们各自的含义。

12-4　今要求某三相鼠笼型异步电动机既能点动，又能连续工作。试画出主电路和控制电路。

12-5　某三相异步电动机单向运转，要求采用自耦变压器降压起动。试画出主电路和控制电路。

12-6　某机床主轴由三相鼠笼型异步电动机 M1 拖动，润滑油泵由另一台三相鼠笼型异步电动机 M2 拖动，均采用直接起动，工艺要求是：

（1）主轴必须在润滑油泵起动后才能起动；

（2）主轴为正向运转，为调试方便，要求能正、反向点动；

（3）主轴停止后，才允许润滑油泵停止；

（4）具有必要的电气保护。

试画出主电路和控制电路，并对电路进行说明。

12-7　有两台三相异步电动机 M1、M2，均可直接起动，按下列要求设计主电路和控制电路。

（1）M1 先起动，经一段时间后 M2 自行起动；

（2）M2 起动后，M1 立即停止；

（3）M2 能单独停止；

（4）M1 和 M2 均能点动。

12-8　有三台三相异步电动机 M1、M2、M3，要求 M1 起动 5s 后，M2 才能自行起动；M2 运行 10s 后，M1 停止并同时使 M3 自行起动；M3 运行 20s 后，电动机全部停止。试画出主电路和控制电路。

12-9　某小车由三相异步电动机拖动，其动作要求如下：

（1）小车由原位开始前进，到终点后自动停止；

（2）在终点停留 50s 后自动返回原位停止；

（3）要求在前进或后退途中的任意位置都能起动或停止。

试画出主电路和控制电路。

第 13 章　MATLAB 在电路与电机分析中的应用

本章首先简要介绍 MATLAB 的初步知识，然后介绍 MATLAB 在电路分析中的应用，最后介绍在 MATLAB 在电机分析中的应用。

13.1　MATLAB 简介

MATLAB 是美国 MathWorks 公司开发的大型科学计算软件，它具有强大的矩阵处理功能和绘图功能，已经广泛地应用于科学研究和工程技术的各个领域。随着新版本的不断推出，MATLAB 的功能越来越强。不过对于学习基础知识的读者来说，各版本的差别不大。目前一般使用 MATLAB 7.0 以上的版本。本章所附例题都是在 MATLAB 7.1 的环境下完成的。

13.1.1　MATLAB 的操作界面

MATLAB 7.1 启动后将显示如图 13-1 所示的操作界面，该界面集命令的输入、执行、修改、调试于一体，操作直观方便。MATLAB 操作界面由菜单栏、工具栏、命令窗口（Command Window）、工作空间（Workspace）窗口、命令历史（Command History）窗口、当前目录（Current Directory）窗口等组成。

命令窗口是主要的交互窗口，用于输入命令并显示除图形以外的一切执行结果。“>>”是命令提示符，表示 MATLAB 处于准备状态，可以在该符号后面输入命令。如果一个命令很长，一个物理行写不下，可以在第一个物理行之后加上 3 个小黑点后按回车键，然后下一个物理行接着写命令的其余部分。MATLAB 是以解释方式工作的，输入命令后，按回车键，则该命令立即得到执行。用 MATLAB 进行科学计算时，其指令格式与教科书中的数学表达式非常接近。下面通过示例来演示 MATLAB 在科学计算中的应用，一方面体现 MATLAB 强大的计算功能，另一方面使读者熟悉 MATLAB 的命令窗口。

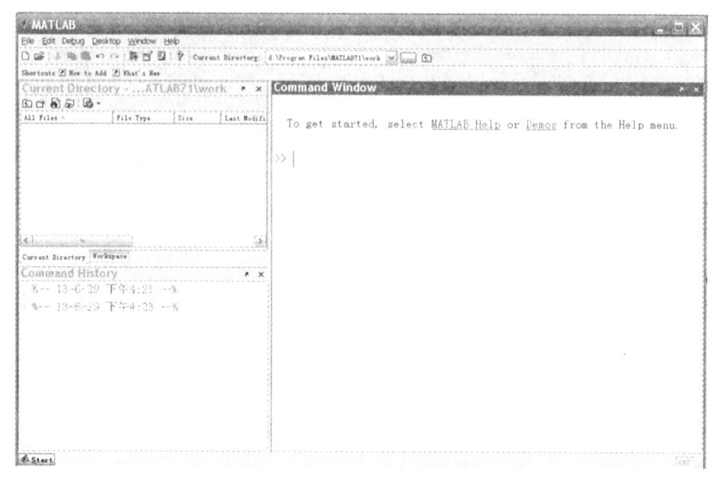

图 13-1　MATLAB 操作界面

例 13-1　已知矩阵

$$A=\begin{bmatrix}1 & 2 & 3\\ 7 & 4 & -15\\ 2.5 & 6 & 8\end{bmatrix},\quad B=\begin{bmatrix}-12 & 8 & 3\\ 1 & 9 & 5\\ 6 & 6.3 & -2\end{bmatrix}$$

求 $C=A+B$、$D=A\times B$ 和 $E=A^{-1}$。

解：在命令窗口键入命令后，经过运算就可得到结果。命令和结果如图 13-2 所示。

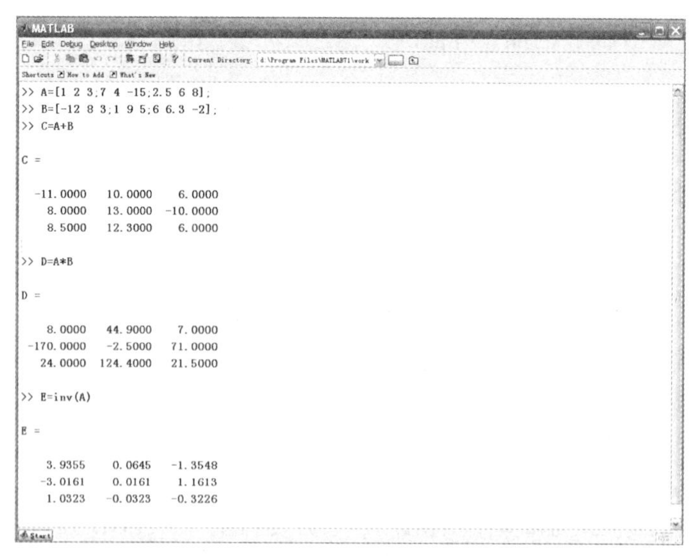

图 13-2　命令和结果

例 13-2　计算$15+(18-5)\times 7+5^3/2$。

解：在命令窗口提示符“>>”后键入命令

```
>>15+(18-5)*7+5^3/2
```

经过运算后，显示结果

```
ans = rr
    168.5
```

这里需要说明一点，“>>”是命令窗口提示符，并不是需要键入的内容，只是本书用它来区分命令和结果。

例 13-3　已知$z_1=3.5+9\mathrm{i}$，$z_2=7-20\mathrm{i}$，$z_3=6\mathrm{e}^{\frac{2\pi}{3}\mathrm{i}}$，计算$z=\dfrac{z_1 z_2}{z_3}$。

解：在命令窗口键入命令

```
>> z1 = 3.5 + 9 * i ;
>> z2 = 7 - 20 * i ;
>> z3 = 6 * exp(2 * pi * i/3) ;
>> z = z1 * z2 / z3
```

经过运算后，显示结果

```
z = -18.052 - 28.9337i
```

例 13-4　求解以下线性代数方程组

$$\begin{bmatrix} 6 & 2 & 3 \\ -9 & 4 & 20 \\ 1.5 & 6 & 7 \end{bmatrix}\begin{bmatrix} x_1 \\ x_2 \\ x_3 \end{bmatrix}=\begin{bmatrix} 5 \\ 6.3 \\ -8.7 \end{bmatrix}$$

解：在命令窗口键入命令

```
>> A =[6  2  3;-9  4  20;1.5  6  7];
>> B =[5;6.3;-8.7] ;
>> x = inv(A) * B
```

经过运算后，显示结果

```
x =
     1.2425
     -3.6266
     1.5995
```

即$x_1=1.2425$，$x_2=-3.6266$，$x_3=1.5995$。

对于学过 C 语言的读者，是能够看懂前面的 4 个例子的，也能猜出 exp 是指数函数，inv 是求逆矩阵函数。

MATLAB 提供了上千个函数，要记住每一个函数的功能和用法是不容易的。MATLAB 中有一个 help 函数，用户在命令窗口键入 help＋函数名，按回车键，该函数的功能和用法就会出现在命令窗口。例如，在命令窗口键入

>>help inv

按回车键，inv 函数的功能和用法出现在命令窗口，如图 13-3 所示。

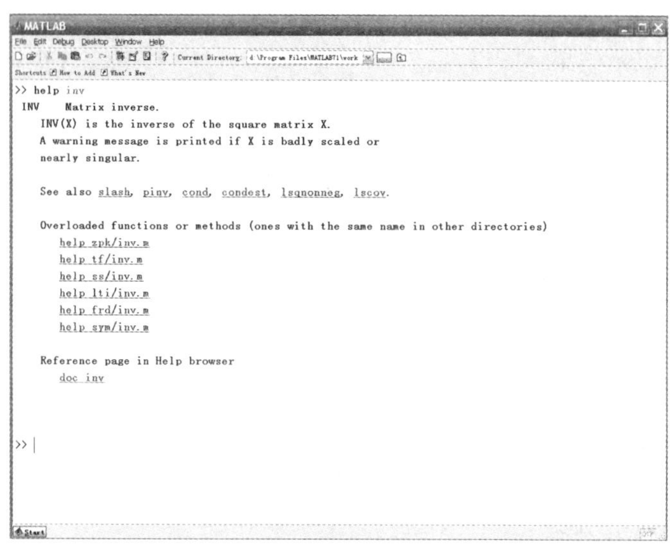

图 13-3 inv 函数的功能和用法

MATLAB 带有演示程序，可以帮助用户学习 MATLAB。在命令窗口键入 demo，按回车键，弹出如图 13-4 所示的演示窗口，里面有许多演示程序，这些程序基本上体现了 MATLAB 应用的概貌。它们大都精致有趣，读者可以自行探索，相信会带给你惊喜。

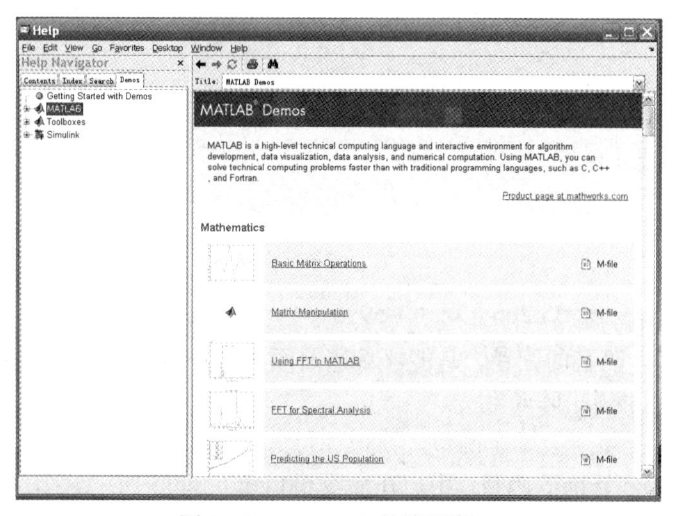

图 13-4 MATLAB 的演示窗口

在使用 MATLAB 的过程中，经常要用一些通用命令。这里给出一些常用的通用命令，如表 13-1 所示。

表 13-1　常用的通用命令

命令	说明	命令	说明
clc	清除命令窗口	load	加载指定文件中的变量到内存
clear	清除内存变量	what	列出文件
who	列出内存变量	delete	删除文件
whos	列出内存变量详情	hold	图形保持开关
disp	显示变量或文字内容	clf	清除图形窗口
save	保存内存变量到指定文件	quit	退出 MATLAB

13.1.2　MATLAB 的图形处理功能

MATLAB 可以绘制二维、三维乃至四维图形。二维图形是科技工作中应用最广泛的图形形式，在 MATLAB 命令窗口输入“help graph2d”后，显示所有画二维图形的命令，最常用的二维图形绘制命令为 plot 函数，下面通过示例来介绍 plot 函数的用法。

例 13-5　已知电容电压 $u_C=(10-5e^{-2t})V$ （$t\geqslant 0$），试画出 u_C 的波形。

解：在命令窗口键入命令，命令执行完毕将弹出图形窗口，在图形窗口显示波形。命令和波形如图 13-5 所示。

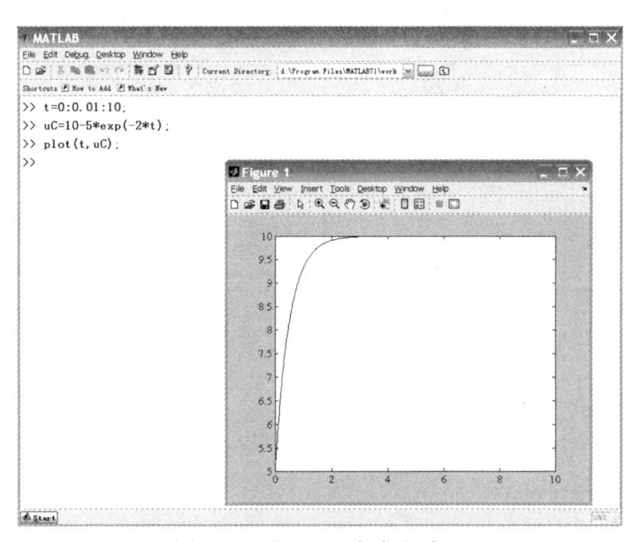

图 13-5　例 13-5 命令和波形

例 13-6 已知电压$u_1 = 2\cos(10t)\text{V}$，$u_2 = 4\cos(10t - 120°)\text{V}$。试在同一坐标系下画出$u_1$和$u_2$的波形。

解：在命令窗口键入命令

```
>> t = 0 : 0.001 : 1 ;
>> u1 = 2 * cos(10 * t) ;
>> u2 = 4 * cos(10 * t − 2 * pi / 3) ;
>> plot(t, u1, t, u2) ;
```

命令执行完毕，波形如图 13-6 所示。

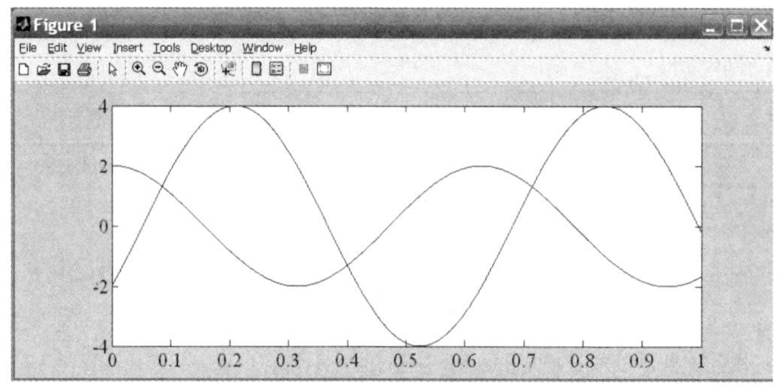

图 13-6 电压u_1和u_2的波形

MATLAB 还提供了丰富的图形处理函数，使用这些函数，用户可以定制绘图效果。例如，可以在当前图形上加标题、栅格、注释，标记坐标轴，指定线条的形式、粗细和颜色等。一些常用的图形处理函数如表 13-2 所示。

表 13-2 常用的图形处理函数

函数	说明	函数	说明
grid	网格开关	text	加文本标注
title	加图形标题	gtext	用鼠标标注文字
xlabel	x 轴标注	legend	标注图例
ylabel	y 轴标注	box	坐标框开关

例 13-7 已知电压$u = 4\cos(10t)\text{V}$。试画出电压u的波形，并在图上作标注。

解：在命令窗口键入命令

```
>> t = 0 : 0.001 : 1;
>> u = 4 * cos(10 * t);
>>plot(t,u,'k', 'LineWidth',1);
>>grid;
>>xlabel('时间/s');
```

```
>> ylabel('电压/V');
>>title('交流电压');
```

命令执行完毕，波形如图 13-7 所示。

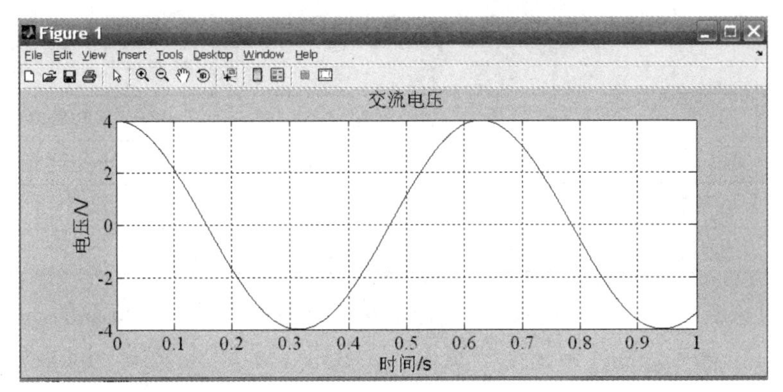

图 13-7　电压 u 的波形

利用图形窗口的菜单栏和工具栏也可对图形进行处理，在此就不作进一步介绍了。

13.1.3　MATLAB 语言要点

MATLAB 也是一种高级语言，其语法特征与 C 语言相似，编程比 C 语言简单得多。

一、变量

和其他高级语言一样，MATLAB 也是使用变量来保存信息的。变量的命令是以字母开头，后接字母、数字或下划线，最多 31 个字符，且区分大小写。

MATLAB 中有一些预定义的变量，如表 13-3 所示。MATLAB 语句中若出现表中的变量，则系统将赋予其默认值。

表 13-3　预定义的变量

变量名	默认值	变量名	默认值
i 或 j	虚数单位	Inf	无穷大数
pi	圆周率 π	eps	浮动运算相对精度
ans	缺省变量名	NaN	不定值

MATLAB 中的变量都代表矩阵，标量可看作1×1阶矩阵，行向量可看作$1\times n$阶矩阵，列向量可看作$n\times1$阶矩阵。矩阵中的每一个元素都可以是复数。

二、运算符

MATLAB 提供了 5 种算术运算：加法、减法、乘法、除法、乘方。表 13-4 列出了算术运算符。

表 13-4 算术运算符

符号	意义	符号	意义	符号	意义
+	加	\	矩阵左除	^	矩阵乘幂
-	减	.\	矩阵元素左除	.^	矩阵元素乘幂
*	矩阵乘	/	矩阵右除		
.*	矩阵元素乘	./	矩阵元素右除		

MATLAB 的运算符*、\、/、^是把矩阵作为一个整体来运算的，而运算符.*、.\、./、.^是对矩阵元素按单个元素进行运算，要注意它们之间的区别。例如：

已知矩阵和方程

$$A=\begin{bmatrix}a_{11} & a_{12}\\ a_{21} & a_{22}\end{bmatrix}、B=\begin{bmatrix}b_{11} & b_{12}\\ b_{21} & b_{22}\end{bmatrix}、C=\begin{bmatrix}c_1\\ c_2\end{bmatrix}、D=\begin{bmatrix}d_1\\ d_2\end{bmatrix}$$

$$X=\begin{bmatrix}x_1\\ x_2\end{bmatrix}、Y=\begin{bmatrix}y_1 & y_2\end{bmatrix}、AX=C、YB=D$$

则

$$5*A=A*5=\begin{bmatrix}5a_{11} & 5a_{12}\\ 5a_{21} & 5a_{22}\end{bmatrix}，5.*A=A.*5=\begin{bmatrix}5a_{11} & 5a_{12}\\ 5a_{21} & 5a_{22}\end{bmatrix}$$

$$A*B=AB=\begin{bmatrix}a_{11} & a_{12}\\ a_{21} & a_{22}\end{bmatrix}\begin{bmatrix}b_{11} & b_{12}\\ b_{21} & b_{22}\end{bmatrix}=\begin{bmatrix}a_{11}b_{11}+a_{12}b_{21} & a_{11}b_{12}+a_{12}b_{22}\\ a_{21}b_{11}+a_{22}b_{21} & a_{21}b_{12}+a_{22}b_{22}\end{bmatrix}$$

$$A.*B=B.*A=\begin{bmatrix}a_{11}b_{11} & a_{12}b_{12}\\ a_{21}b_{21} & a_{22}b_{22}\end{bmatrix}$$

$$A\backslash C=A^{-1}C=X，\quad D/B=DB^{-1}=Y$$

$$A.\backslash B=\begin{bmatrix}\dfrac{b_{11}}{a_{11}} & \dfrac{b_{12}}{a_{12}}\\ \dfrac{b_{21}}{a_{21}} & \dfrac{b_{22}}{a_{22}}\end{bmatrix}，\quad A./B=\begin{bmatrix}\dfrac{a_{11}}{b_{11}} & \dfrac{a_{12}}{b_{12}}\\ \dfrac{a_{21}}{b_{21}} & \dfrac{a_{22}}{b_{22}}\end{bmatrix}$$

$$A\hat{}\,2=A^2=AA$$

$$A.\hat{}\,2=\begin{bmatrix}a_{11}^2 & a_{12}^2\\ a_{21}^2 & a_{22}^2\end{bmatrix}$$

MATLAB 提供了 6 种关系运算：小于、大于、小于或等于、大于或等于、等于、不等于。表 13-5 列出了关系运算符。

表 13-5　关系运算符

符号	意义	符号	意义	符号	意义
<	小于	>	大于	==	等于
<=	小于或等于	>=	大于或等于	~=	不等于

MATLAB 提供了 3 种关系运算：与、或、非。表 13-6 列出了逻辑运算符。

表 13-6　逻辑运算符

符号	意义	符号	意义	符号	意义
&	逻辑与	|	逻辑或	~	逻辑非

三、基本数学函数

MATLAB 提供了大量的基本数学函数，部分常用的基本数学函数如表 13-7 所示。

表 13-7　部分常用的基本数学函数

数学函数	说明	数学函数	说明
abs	绝对值，复数的模	sign	符号函数
angle	复数的辐角	fix	向 0 舍入为整数
real	复数的实部	sin	正弦
imag	复数的虚部	cos	余弦
conj	共轭复数	tan	正切
sqrt	平方根	cot	余切
exp	以 e 为底的函数	asin	反正弦
log	自然对数	acos	反余弦
log2	以 2 为底的对数	atan	反正切
log10	以 10 为底的对数	acot	反余切

四、流程控制语句

计算机程序通常都是从前到后逐条执行的。但有时也会根据实际情况，中途改变执行的次序，称为流程控制。MATLAB 共有 4 种流程控制语句。

1. if 语句

根据复杂程度，if 语句有 3 种形式。

（1）单分支结构

```
if 表达式
    语句组
```

```
end
```

（2）双分支结构

```
if 表达式 1
    语句组 1
else
    语句组 2
end
```

（3）多分支结构

```
if 表达式 1
    语句组 1
elseif 表达式 2
    语句组 2
    ……
else
    语句组 n
end
```

2. switch 语句

switch 语句根据表达式的取值不同，分别执行不同的语句，其结构形式为

```
switch 表达式
    case 值 1
        语句组 1
    case 值 2
        语句组 2
    ……
    otherwise
        语句组 n
end
```

3. for 语句

for 语句通常用在循环次数已知的场合，其结构形式为

```
for  k = 初值：增值：终值
    语句组 A
end
```

4. while 语句

while 语句通常用在事先不能确定循环次数的场合，其结构形式为

```
while 表达式
    语句组 A
end
```

当表达式中的值为真时执行语句组 A。当语句组 A 执行完毕，继续判断表达

式的值，如果仍为真就继续执行循环体。如此循环，直到表达式的值为假时终止循环。

五、M 文件

初学 MATLAB 的用户习惯使用交互式的命令行工作方式，即键入一行命令后，让系统立即执行该命令。使用这种方式，不仅程序的可读性差，而且结果也难以存储。对于需要大量命令行才能完成特定功能的情况，应编写可存储的程序文件，再让 MATLAB 执行该程序文件，即使用程序工作模式。

由 MATLAB 语句构成的程序文件称为 M 文件，它将 m 作为文件的扩展名。由于 M 文件是 ASCII 码文本文件，用户可以用任意文件编辑器来对 M 文件进行编辑。MATLAB 为用户提供了专用的 M 文件编辑器，用来帮助用户完成 M 文件的创建、保存、编辑、调试和执行等工作。

M 文件分为两种：一种是命令文件（script file），另一种是函数文件（function file）。

命令文件就是命令行的简单叠加，MATLAB 会自动按顺序执行文件中的命令。命令文件中定义或使用的变量都是全局变量，在退出文件后仍是有效变量，且被保留在工作空间中，其他命令文件和函数可以共享这些变量。命令文件在运行过程中可以调用 MATLAB 工作空间中的所有数据。在程序设计中，命令文件常作为主程序来设计。

函数文件主要用来解决参数传递和函数调用问题。函数文件可以接受输入变量，也可以返回输出变量。除了输入变量和输出变量以外，在函数文件内部使用的其他变量通常为该函数文件的局部变量，仅在函数内部起作用，并随调用的结束而被消除。MATLAB 所提供的绝大多数功能函数都是用函数文件实现的，这足以说明函数文件的重要性。

函数文件必须以关键字 function 开头，第一行为函数说明语句，其格式为

```
function [输出变量 1,输出变量 2,…]=函数名[输入变量 1,输入变量 2,…]
```

其中，函数名由用户自己定义，通常取其存储文件的文件名与函数名一致。若不一致，则在调用时应使用文件名。

例 13-8　已知向量 A 的元素满足 $A(k+3)=A(k+2)+A(k+1)+A(k)$，$k=1, 2, \cdots$，且 $A(1)=1$，$A(2)=2$，$A(3)=3$。试求向量 A 中第一个大于 1000 的元素。

解：首先编写函数文件 first.m，该函数文件实现从向量 A 中找出第一个大于某个数的元素的功能。程序代码如下：

```
function y=first(x)
A=[];
```

```
A(1)=1; A(2)=2; A(3)=3;
if A(1)>x
    y(1)=1; y(2)=A(1);
elseif A(2)>x
    y(1)=2; y(2)=A(2);
elseif A(3)>x
    y(1)=3; y(2)=A(3);
else
    k=3;
    while A(k)<=x
        k=k+1;
        A(k)=A(k-1)+A(k-2)+A(k-3);
    end
    y(1)=k; y(2)=A(k);
end
```

然后编写命令文件 exm138.m，该文件实现显示结果的功能。程序代码如下：

```
number=1000;
result=first(number);
disp('向量 A 中第 1 个大于 1000 的元素的下标是');
disp(result(1));
disp('该元素的数值是');
disp(result(2));
```

在命令窗口键入“exm138”，按回车键后将显示如下结果：

```
向量 A 中第 1 个大于 1000 的元素的下标是
    13
该元素的数值是
    1431
```

科学技术和工程中很多问题是用微分方程的形式建立数学模型，因此微分方程的求解有很实际的意义。MATLAB 提供了求解一阶微分方程组数值解的功能函数，如 ode23、ode45、ode113、ode15s、ode23s、ode23t、ode23b 等。这些函数使用相同的语句格式，这使得采用不同算法分析同一个问题非常便利，只需要简单的改变函数名称即可。求解一阶微分方程组数值解的最简单语句格式为

```
[t,y]=solver('odefun',[t0 tf],y0)
```

其中：solver 为求解函数，如 ode23、ode45 等。odefun 为描述微分方程的函数文件。t0 为自变量初值，tf 为自变量终值。y0 为因变量初值。t 为自变量的离散值，y 为因变量的离散值。

例 13-9 已知微分方程（范德堡方程）

$$\begin{cases} \dfrac{\mathrm{d}y_1}{\mathrm{d}t} = y_2 \\ \dfrac{\mathrm{d}y_2}{\mathrm{d}t} = r(1-y_1^2)y_2 - y_1 \end{cases}$$

求其数值解。假设 $r=2$，自变量 t 的初值和终值分别为 0 和 20，因变量 y_1 和 y_2 的初值分别为 1 和 2。

解：首先编写描述此微分方程的函数文件 vdpabc.m。程序代码为

```
function fdydt=vdpabc(t,y)
fdydt = [y(2);2 * (1 - y(1) ^ 2) * y(2) - y(1)];
```

然后编写命令文件 exm139.m。程序代码为

```
[t,y]=ode45('vdpabc',[0 20],[1;2]);
plot(t,y(:,1),'-',t,y(:,2).'--');        %实线为 y1,虚线为 y2
title('范德堡方程的数值解');
xlabel('t');
ylabel('y1 和 y2');
```

最后在命令窗口键入“exm139”，按回车键后显示如图 13-8 所示的结果。

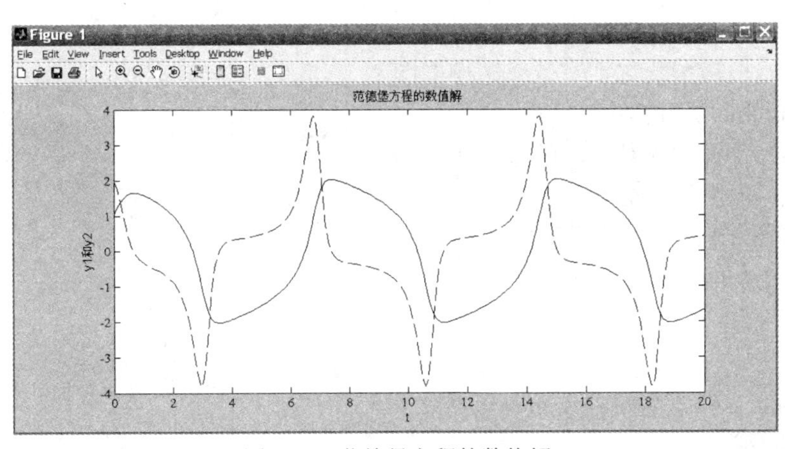

图 13-8 范德堡方程的数值解

值得强调的是：若是高阶微分方程，要先将它转化为一阶微分方程组；此外要注意描述一阶微分方程组的函数文件的写法，本例的函数文件 vdpabc.m 就是一个模板。

13.1.4 仿真工具 Simulink

Simulink 是 MATLAB 中的一种可视化仿真工具，用来实现动态系统的建模和仿真。Simulink 提供了一些基本模块，这些模块放在库浏览器里，用户可以通过

鼠标将模块拖放到模型窗口中。用户只需知道模块的功能、输入和输出，而不必管模块内部是怎样实现的。在模型窗口中，双击某个模块，就会弹出设置该模块参数的对话框。通过模型窗口上的菜单栏可设置仿真参数。

库浏览器的作用是让用户快速地对模块进行定位。库浏览器包括 Commonly Used Blocks 库、Continuous 库、Discontinuities 库、Discrete 库、Logic and Bit Operations 库、Lookup Tables 库、Math Operations 库、Model Verification 库、Model-Wide Utilities 库、Ports and Subsystems 库、Signal Routing 库、Sinks 库、Sources 库、User-Defined Functions 库、Additional Math & Discrete 库。一般从库名可以看出该库中模块的功能。例如，Sources 库中都是产生信号的模块。

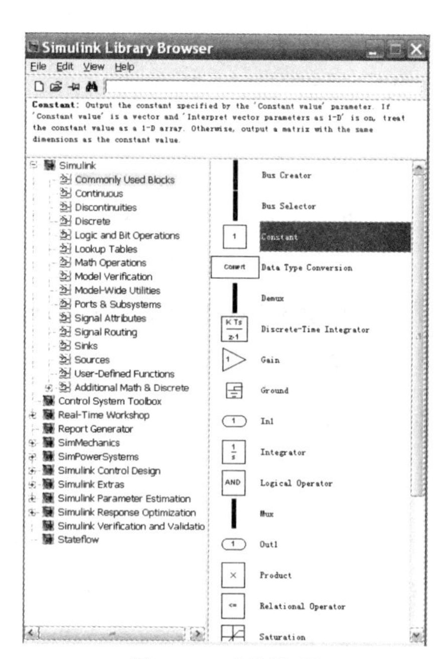

图 13-9 库浏览器

在已知系统数学模型或系统框图的情况下，利用 Simulink 进行建模仿真的步骤如下：

（1）启动 MATLAB，打开 Simulink 库浏览器。

（2）建立空白模型窗口。

（3）根据系统数学模型或结构框图建立 Simulink 仿真模型。

（4）设置仿真参数，运行仿真。

（5）输出仿真结果。

例 13-10 已知某系统的数学模型为 $y = 10 + 5\sin(2t)$。试建立该系统的仿真模型。

解：（1）在 MATLAB 命令窗口键入“simulink”，运行后将弹出库浏览器，如图 13-9 所示。

（2）选择库浏览器菜单栏的 File→New→Model，运行后将弹出模型窗口，如图 13-10 所示。选择模型窗口菜单栏的 File→Save，填写文件名 exm1310.mdl，单击“确定”按钮，图 13-10 所示窗口中标题栏上的“untitled”将变为“exm1310”。

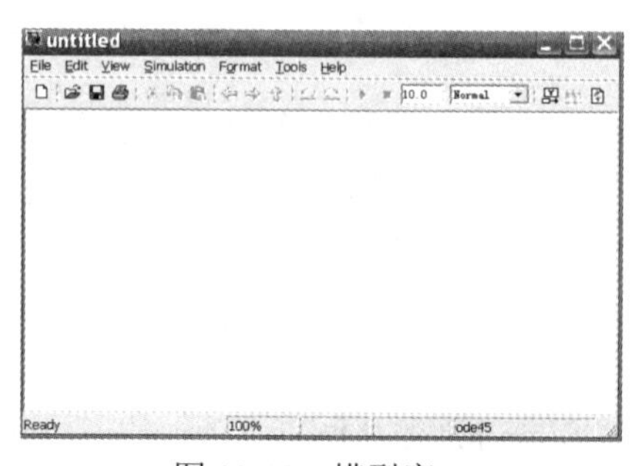

图 13-10 模型窗口

（3）选中 Sources 库中的 Sine Wave 模块，用鼠标将其拖放到模型窗口，如图

13-11 所示。用同样的方法，将 Sources 库中的 Constant 模块、Math Operations 库中 Add 模块、Sinks 库中的 Scope 模块用鼠标拖放到模型窗口，拖放所需模块后的模型窗口如图 13-12 所示。根据系统的数学模型把模块用直线连接起来，连线后的模型窗口如图 13-13 所示。连线的方法很简单，将鼠标定位到某个模块的输出端后，按下左键不松开，同时将鼠标拖到另一个模块的输入端，松开左键就完成了一条连线。

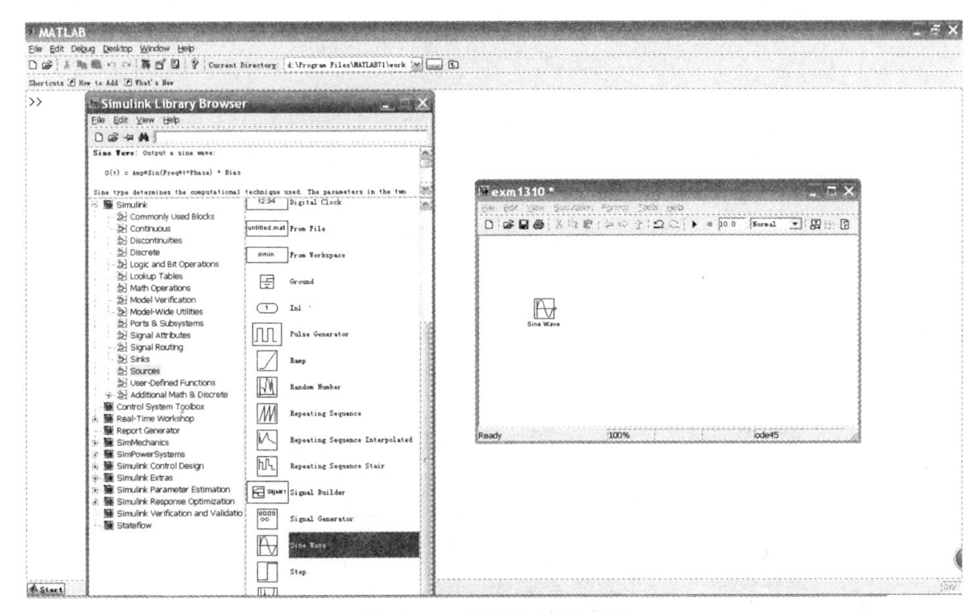

图 13-11　模块拖放示意图

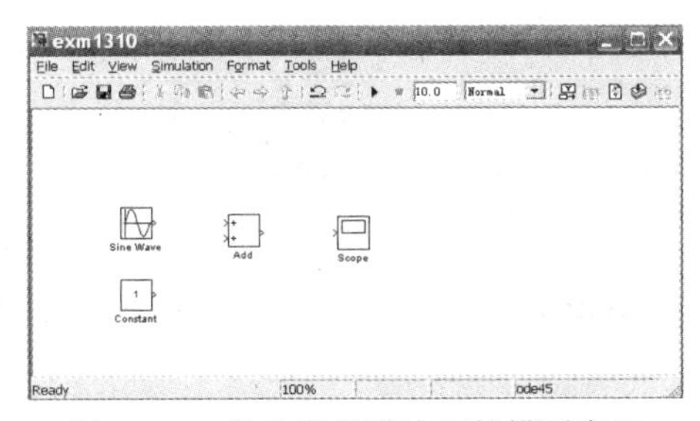

图 13-12　拖放所需模块后的模型窗口

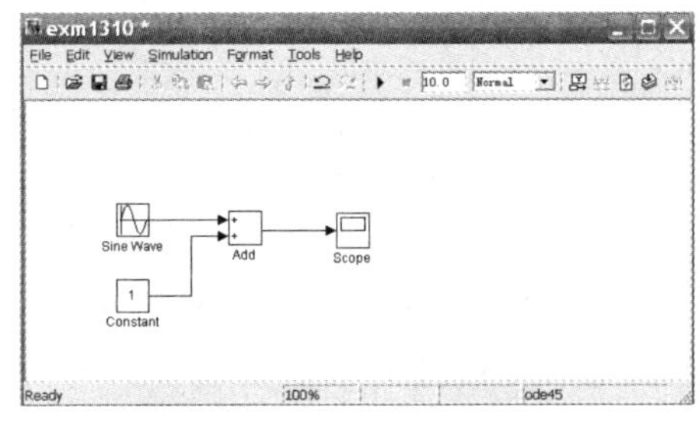

图 13-13　连线后的模型窗口

（4）在模型窗口双击 Sine Wave 模块，在弹出的参数设置对话框中设置正弦信号的幅值（Amptitude）为 5、角频率（Frequency）为 2rad/s，如图 13-14 所示。用同样的方法设置 Constant 模块的参数为 10。选择模型窗口菜单栏的 Simulink→

Configuration parameters，在弹出的仿真参数设置对话框中设置仿真参数，设置后的对话框如图 13-15 所示，注意仿真开始时间（start time）和结束时间（stop time）的单位为秒。

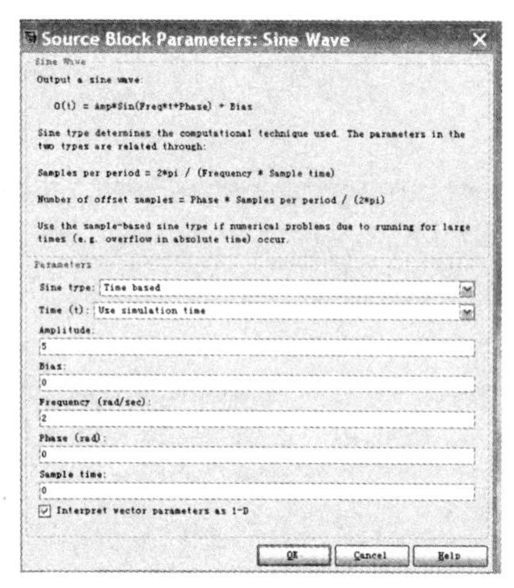

图 13-14　Sine Wave 模块参数设置对话框

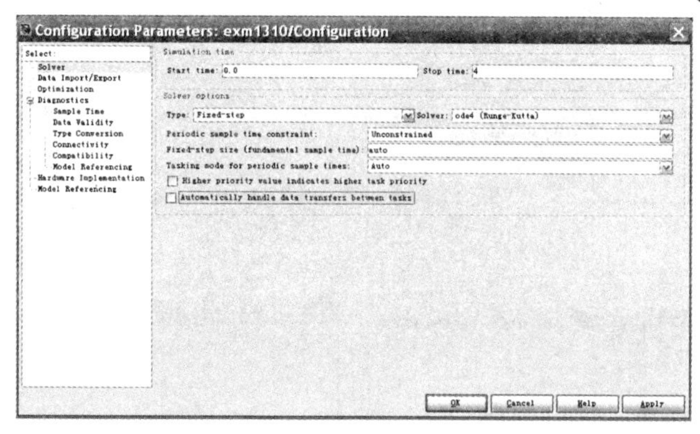

图 13-15　仿真参数设置对话框

（5）选择模型窗口菜单栏的 Simulink→Start，运行仿真模型。双击 Scope 模块即可看到 y 的波形，如图 13-16 所示。

例 13-11　建立下面微分方程的仿真模型

$$\frac{\mathrm{d}x}{\mathrm{d}t}=-2x+u$$

式中，u 是幅度为 1、频率为 1rad/s 的方波信号。

解：首先建立系统的仿真模型 exm1311.mdl，如图 13-17 所示。图中 Integrator

模块将 x 的微分信号进行积分来获得 x，而 x 的微分信号等于 $-2x+u$，u 由 Signal Generator 模块产生，用 Gain 模块将 x 变为 $-2x$，用 Add 模块将 u 和 $-2x$ 相加得到 $-2x+u$，Scope 模块用来显示 x 的波形。然后设置各模块参数和仿真参数。最后运行仿真，Scope 模块显示 x 的仿真结果，如图 13-18 所示。

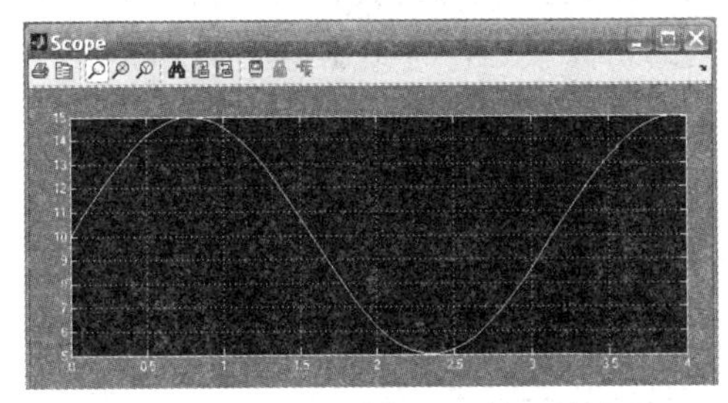

图 13-16　Scope 模块显示的 y 的波形

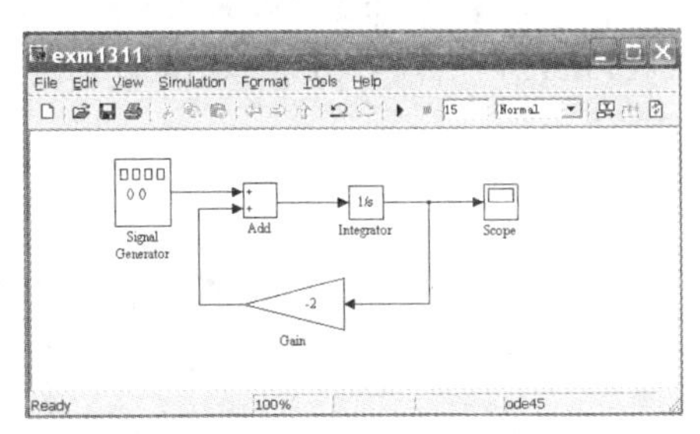

图 13-17　系统的仿真模型

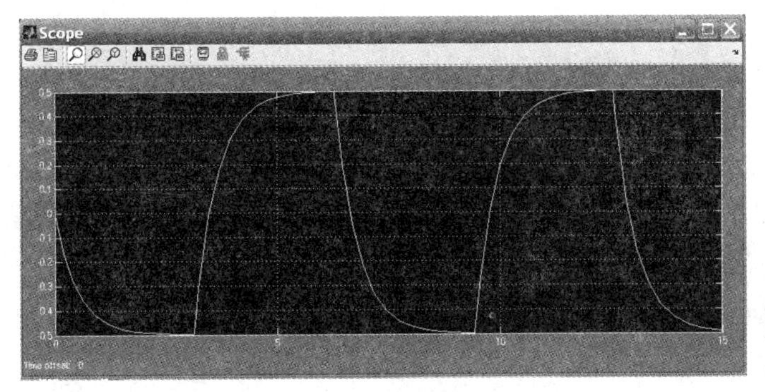

图 13-18　x 的仿真结果

值得指出的是：要成为一个 Simulink 仿真高手，必须会编写 Used-Defined Functions 库中 S-Function 模块的代码。S-Function 是系统函数（System Function）的简称，是对一个动态系统的计算机程序语言描述。用 S-Function 可以建立非常复杂系统的仿真模型。S-Function 既可以用 MATLAB 语言编写，也可以用 C 语言编写。MATLAB 提供了 S-Function 模板，用户看懂模板中的代码后就能够自己编写 S-Function 的代码。

13.1.5　电力系统仿真工具箱

电力系统仿真工具箱（SimPowerSystems）是以 Simulink 为基础的工具箱，可用于电路、电力电子系统、电机系统、电力系统的仿真。电力系统仿真工具箱包括 Electrical Sources 库、Elements 库、Power Electronics 库、Machines 库、

Measurements 库、Application Libraries 库、Extra Library 库和 Powergui 工具，每个库中都有几十个模块，这些模块的使用方法与 Simulink 中模块的使用方法相同。

利用电力系统仿真工具箱来建立电路的仿真模型，主要工作就是在模型窗口中把相应的虚拟电路搭起来，类似于在面包板上做电路实验。

例 13-12　电路如图 13-19 所示，已知 $u(t)=120\sqrt{2}\cos(314t+90°)\text{V}$，$R=10\Omega$，$L=30\text{mH}$，$C=41.65\mu\text{F}$。试建立该电路的仿真模型，并给出电流 $i(t)$ 的波形。

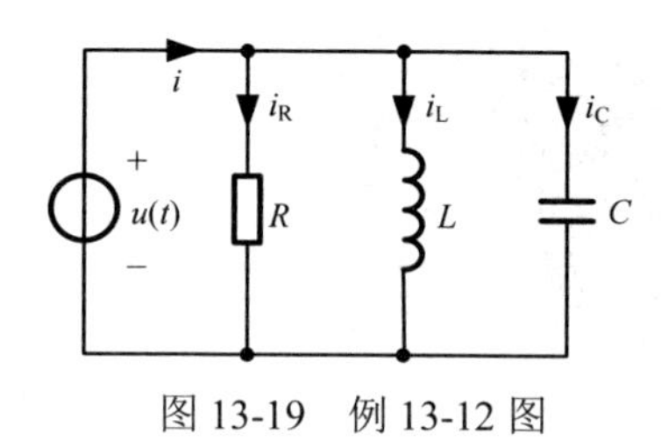

图 13-19　例 13-12 图

解：（1）新建一个空白模型窗口，命名为 exm1312.mdl。

（2）打开 SimPowerSystems，将 Electrical Sources 库中的 AC Voltage Source 模块用鼠标拖放到模型窗口，如图 13-20 所示。用同样的方法，将 Elements 库中的 Series RLC Branch 模块、Measurements 库中的 Current Measurement 模块、Sinks 库（Simulink 中的库）中的 Scope 模块用鼠标拖放到模型窗口。根据图 13-19 把模型窗口中的模块用直线连接起来，连线后的模型窗口如图 13-21 所示。

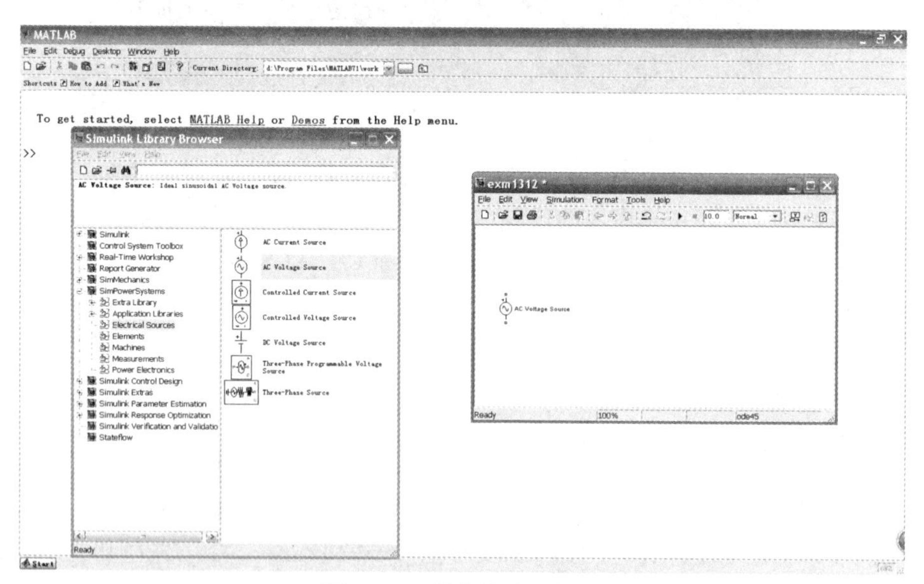

图 13-20　模块拖放示意图

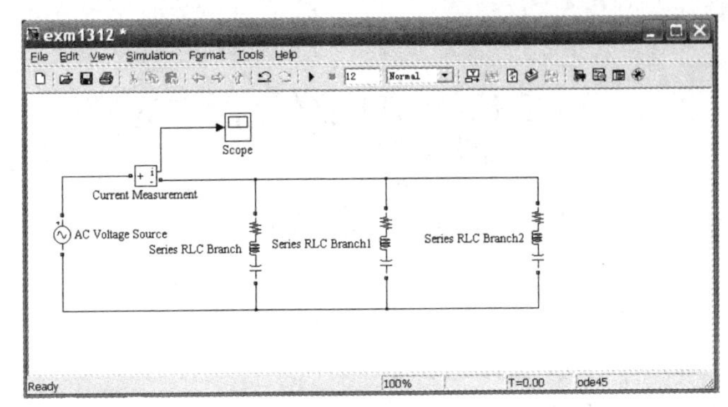

图 13-21　连线后的模型窗口

（3）根据已知条件设置模块参数。由于该软件不允许电压源直接和电容并联，在这种情况下可以给电容串联一个极小的电阻。设置模块参数后的模型窗口如图 13-22 所示。

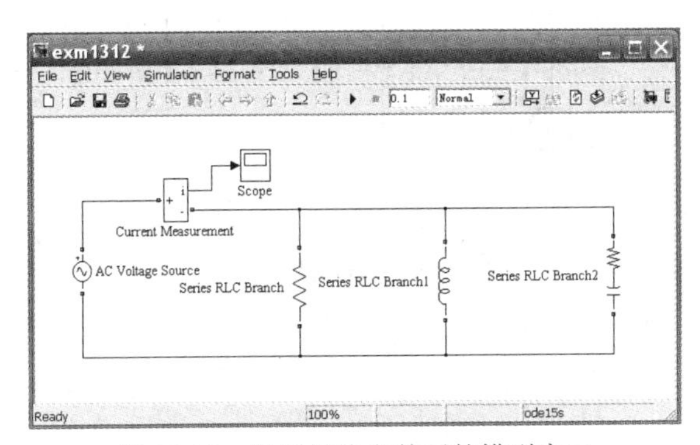

图 13-22　设置模块参数后的模型窗口

（4）设置仿真参数，运行仿真，Scope 模块显示电流 i 的波形，如图 13-23 所示。

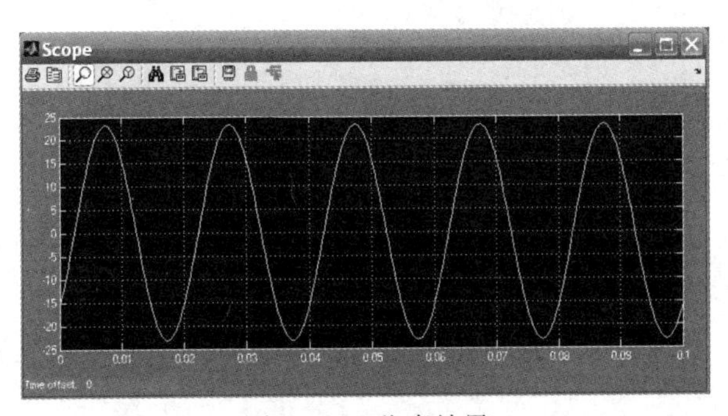

图 13-23　仿真结果

13.2 MATLAB 在电路分析中的应用

用 MATLAB 对电路进行分析有三种常用的方法。方法一是先列写电路方程，再编写 M 文件，通过运行 M 文件得到结果。方法二是先列写电路方程，再用 Simulink 提供的模块建立电路的仿真模型，通过仿真得到结果。方法三是用电力系统仿真工具箱提供的模块建立电路的仿真模型，通过仿真得出结果。这三种方法各有优点和缺点，应根据具体电路及要求来选择合适的方法。

例 13-13 电路如图 13-24 所示，已知 $R_1=1\Omega$，$R_2=2\Omega$，$R_3=2\Omega$，$R_4=1\Omega$，$R_5=1\Omega$，$u_S=2V$，$i_S=4A$。试用结点电压法求电压 u 和电流 i_1。

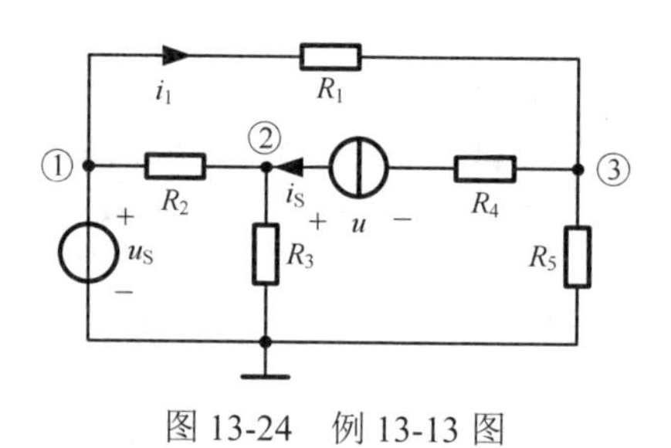

图 13-24 例 13-13 图

解：（1）列写结点电压方程为

$$\begin{cases} u_{n1}=u_S \\ -\dfrac{1}{R_2}u_{n1}+\left(\dfrac{1}{R_2}+\dfrac{1}{R_3}\right)u_{n2}=i_S \\ -\dfrac{1}{R_1}u_{n1}+\left(\dfrac{1}{R_1}+\dfrac{1}{R_5}\right)u_{n3}=-i_S \end{cases}$$

求解 u 和 i_1 的方程分别为

$$u=R_4 i_S+u_{n2}-u_{n3}$$

$$i_1=\frac{u_{n1}-u_{n3}}{R_1}$$

（2）编写 M 文件 exm1313.m，内容如下：

```
R1=1;R2=2;R3=2;R4=1;R5=1;uS=2;iS=4;
G=zeros(3);    %生成 3 阶的全零方阵
G(1,1)=1;
G(2,1)=-1/R2;G(2,2)=1/R2+1/R3;
```

```
G(3,1)=-1/R1;G(3,3)=1/R1+1/R5;
B=[uS;iS;-iS];
un=G\B;
u=R4*iS+un(2)-un(3);
i1=(un(1)-un(3))/R1;
u
i1
```

（3）运行 exm1313.m，可得$u=10\text{V}$，$i_1=3\text{A}$。

例 13-14　图 13-25 所示的正弦稳态电路中，已知$R_1=5\Omega$，$X_1=10\Omega$，$R_2=3\Omega$，$X_2=4\Omega$，$R_3=8\Omega$，$X_3=-6\Omega$，$\dot{U}_S=10\angle 25^\circ\ \text{V}$。求电流$\dot{I}_1$。

解：（1）列写电路方程

$$Z_1=R_1+\text{j}X_1$$
$$Z_2=R_2+\text{j}X_2$$
$$Z_3=R_3+\text{j}X_3$$
$$Z=Z_1+Z_2Z_3/(Z_2+Z_3)$$
$$\dot{I}_1=\dot{U}_S/Z$$

（2）编写 M 文件 exm1314.m，内容如下：

```
R1=5;X1=10;R2=3;X2=4;R3=8;X3=-6;
US=10*cos(25*pi/180)+j*10*sin(25*pi/180);
Z1=R1+j*X1;Z2=R2+j*X2;Z3=R3+j*X3;
Z=Z1+Z2*Z3/(Z2+Z3);
I1=US/Z;
I1abs=abs(I1)
I1angle=angle(I1)*180/pi
```

（3）运行 exm1314.m，可得$\dot{I}_1=0.667\angle -28.13^\circ\ \text{A}$。

例 13-15　电路如图 13-26 所示，已知$u_S(t)$为方波，其幅度为 10V，周期为 0.01s。试画出下面两种情况下$u_R(t)$和$u_C(t)$的波形。

（1）$R=100\Omega$，$C=1000\mu\text{F}$。

（2）$R=100\Omega$，$C=5\mu\text{F}$。

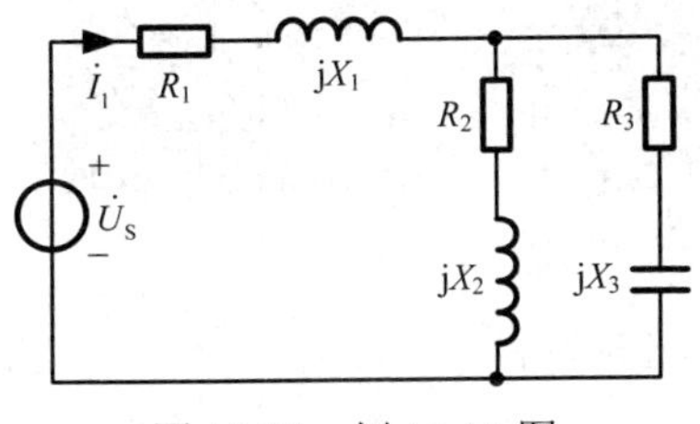

图 13-25　例 13-14 图

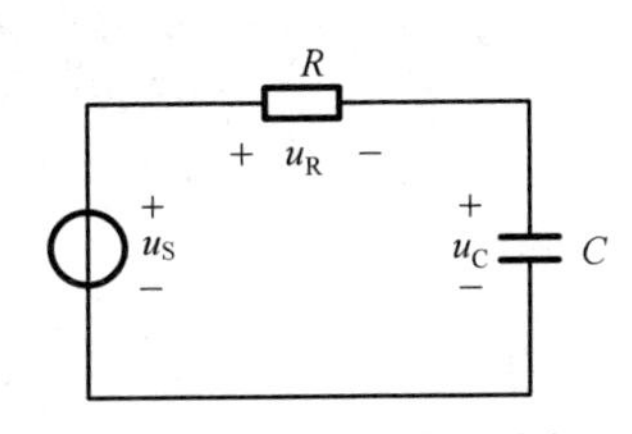

图 13-26　例 13-15 图

解：利用电力系统仿真工具箱提供的模块建立电路的仿真模型 exm1315.mdl，如图 13-27 所示。

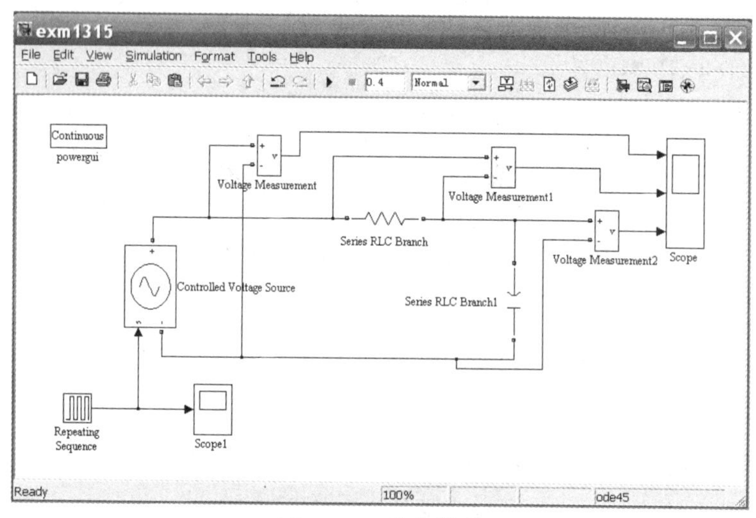

图 13-27 仿真模型

根据已知条件设置模块参数，$R=100\Omega$、$C=1000\mu\text{F}$ 时的仿真结果如图 13-28 所示，从上到下依次为 $u_S(t)$、$u_R(t)$ 和 $u_C(t)$ 的波形。

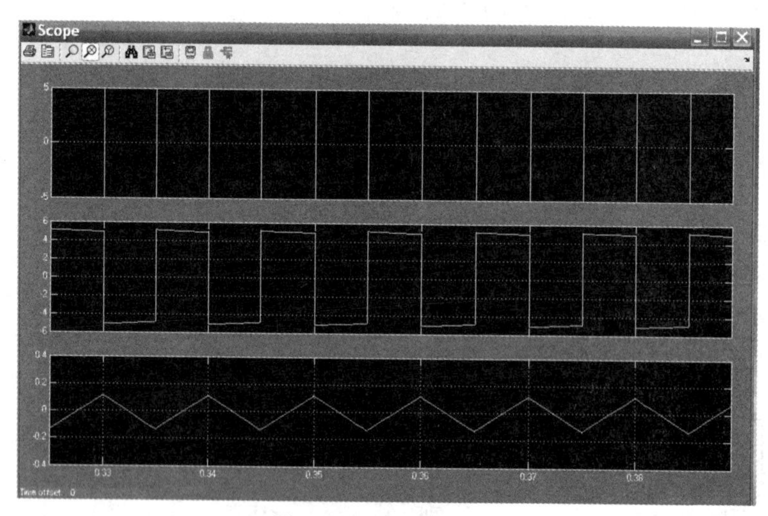

图 13-28 仿真结果一

$R=100\Omega$、$C=5\mu\text{F}$ 时的仿真结果如图 13-29 所示，从上到下依次为 $u_S(t)$、$u_R(t)$ 和 $u_C(t)$ 的波形。

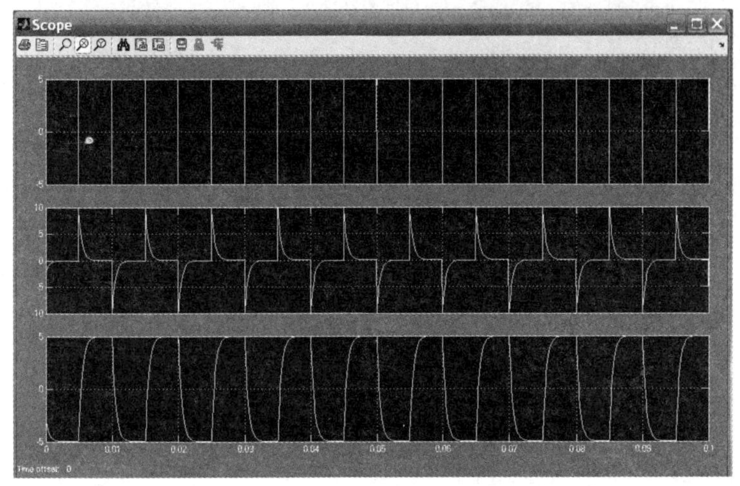

图 13-29　仿真结果二

例 13-16　电路如图 13-30 所示，已知$U=5\text{V}$，$R_1=1\Omega$，$R_2=2\Omega$，$L_1=4\text{H}$，$L_2=1\text{H}$，$M=1.5\text{H}$，$i_1(0_-)=i_2(0_-)=0$。求$t\geqslant 0$时的电流i_1和i_2。

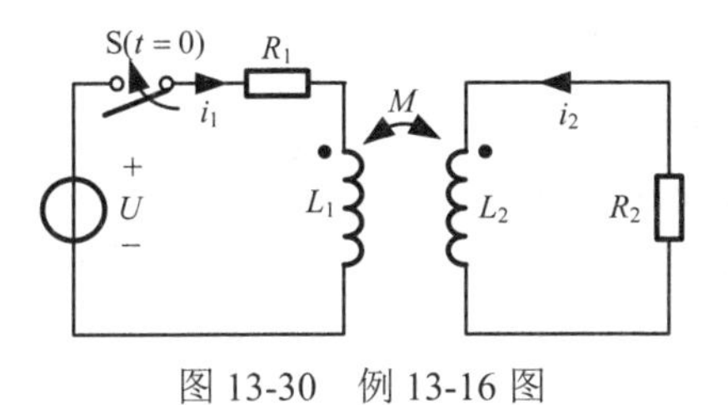

图 13-30　例 13-16 图

解 1：（1）列写方程

$$\begin{cases} L_1\dfrac{\mathrm{d}i_1}{\mathrm{d}t}+M\dfrac{\mathrm{d}i_2}{\mathrm{d}t}=U-R_1i_1 \\ M\dfrac{\mathrm{d}i_1}{\mathrm{d}t}+L_2\dfrac{\mathrm{d}i_2}{\mathrm{d}t}=-R_2i_2 \end{cases}$$

写成矩阵形式

$$\begin{bmatrix} L_1 & M \\ M & L_2 \end{bmatrix}\begin{bmatrix} \dfrac{\mathrm{d}i_1}{\mathrm{d}t} \\ \dfrac{\mathrm{d}i_2}{\mathrm{d}t} \end{bmatrix}=\begin{bmatrix} -R_1 & 0 \\ 0 & -R_2 \end{bmatrix}\begin{bmatrix} i_1 \\ i_2 \end{bmatrix}+\begin{bmatrix} U \\ 0 \end{bmatrix}$$

当$L_1L_2-M^2\neq 0$时，上式可化为

$$\begin{bmatrix} \dfrac{di_1}{dt} \\ \dfrac{di_2}{dt} \end{bmatrix} = \begin{bmatrix} L_1 & M \\ M & L_2 \end{bmatrix}^{-1} \begin{bmatrix} -R_1 & 0 \\ 0 & -R_2 \end{bmatrix} \begin{bmatrix} i_1 \\ i_2 \end{bmatrix} + \begin{bmatrix} L_1 & M \\ M & L_2 \end{bmatrix}^{-1} \begin{bmatrix} U \\ 0 \end{bmatrix}$$

将已知数据代入上式，可得

$$\begin{bmatrix} \dfrac{di_1}{dt} \\ \dfrac{di_2}{dt} \end{bmatrix} = \begin{bmatrix} -0.5714 & 1.7143 \\ 0.8571 & -4.5714 \end{bmatrix} \begin{bmatrix} i_1 \\ i_2 \end{bmatrix} + \begin{bmatrix} 2.8571 \\ -4.2857 \end{bmatrix}$$

（2）编写 M 文件 exm1316a.m，内容如下：

```
function fdydt=exm1316a(t,y)
U=5;R1=1;R2=2;L1=4;L2=1;M=1.5;
A=[L1 M;M L2];
B=[-R1 0;0 -R2];
C=[U;0];
K=inv(A)*B;
G=inv(A)*C;
fdydt=[K(1,1)*y(1)+K(1,2)*y(2)+G(1);K(2,1)*y(1)+K(2,2)*y(2)+G(2)];
```

（3）编写 M 文件 exm1316b.m，内容如下：

```
[t y]=ode45('exm1316a',0,30,[0;0]);
plot(t,y(:,1),'k');
grid;
xlabel('t');
ylabel('i1 和 i2');
gtext('i1');
hold on
plot(t,y(:,2),'k');
gtext('i2');
```

（4）运行 exm1316b.m，得到如图 13-31 所示的仿真结果。

解 2：（1）根据解 1 中列出的方程，利用 Simulink 提供的模块建立电路的仿真模型 exm1316c.mdl，如图 13-32 所示。

（2）根据已知条件设置各模块的参数，运行仿真模型，得到如图 13-33 所示的仿真结果。

显然，这两种方法所得到的结果是相同的。

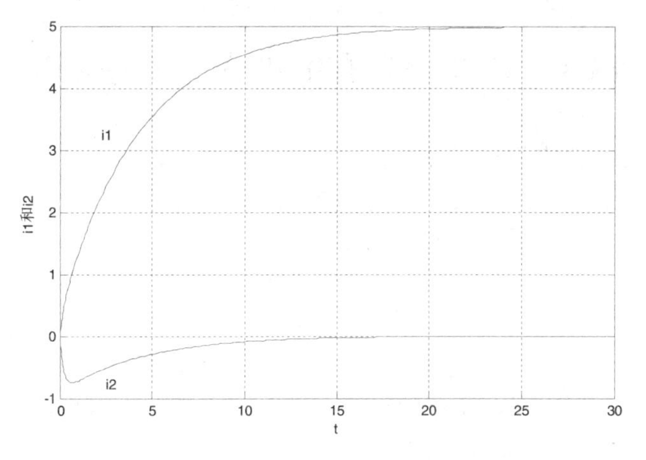

图 13-31　仿真结果

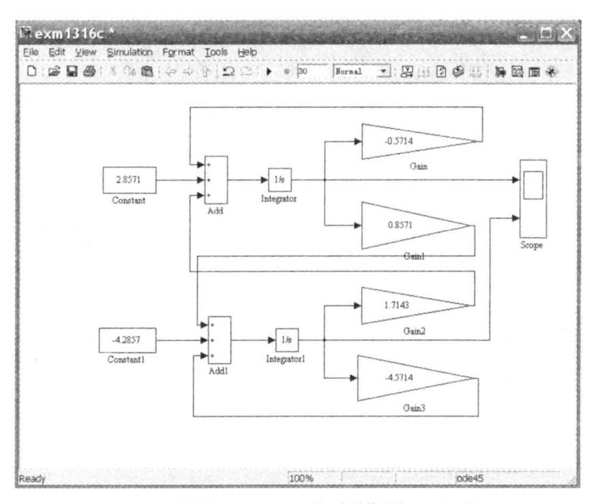

图 13-32　仿真模型

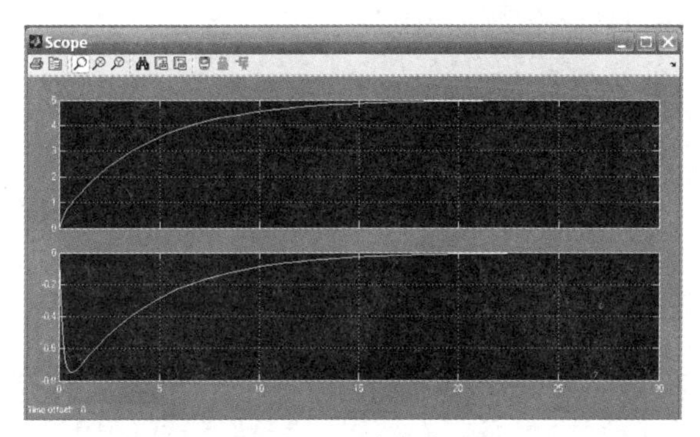

图 13-33　仿真结果

13.3 MATLAB 在电机分析中的应用

用 MATLAB 对电机进行分析有两种常用的方法。方法一是先列写方程，再编写 M 文件，通过运行 M 文件得到结果。方法二是用电力系统仿真工具箱提供的模块建立仿真模型，通过仿真得出结果。

例 13-17 已知一台三相异步电动机的数据为：定子绕组三角形联接，$U_N = 380V$，$f_1 = 50Hz$，$n_N = 1487r/min$，$R_1 = 0.055\Omega$，$X_{1\sigma} = 0.265\Omega$，$R_m = 0.763\Omega$，$X_m = 16.39\Omega$，$R_2' = 0.04\Omega$，$X_{2\sigma}' = 0.565\Omega$。试画出降低定子电压的人为机械特性（取定子电压分别为额定值的 80%、70%、60%和 50%）。

解：（1）三相异步电动机的电磁转矩 T 与转差率 s 之间的关系为

$$T = \frac{3}{\Omega_1} \frac{\frac{R_2'}{s} U_1^2}{\left(R_1 + c\frac{R_2'}{s}\right)^2 + (X_{1\sigma} + cX_{2\sigma}')^2}$$

式中，$\Omega_1 = \frac{2\pi f_1}{p}$，$p$ 为电机的磁极对数，$c \approx 1 + \frac{X_{1\sigma}}{X_m}$，$U_1$ 为定子绕组相电压。

（2）编写 M 文件 exm1317.m，内容如下：

```
p=2;U1=380;f1=50;
omega=2*pi*f1/p;
R1=0.055;R2=0.04;X1=0.265;X2=0.565;Xm=16.39;
c=1+X1/Xm;
s=0.001:0.001:1;
RX=(R1+c*R2./s).^2+(X1+c*X2).^2;
T100U1=(3*U1^2*R2./s)./(omega*RX);
T80U1=0.8^2*T100U1;T70U1=0.7^2*T100U1;
T60U1=0.6^2*T100U1;T50U1=0.5^2*T100U1;
plot(s,T100U1,'k');
grid;
title('改变定子电压时的人为机械特性');
xlabel('转差率 s');
ylabel('电磁转矩 T');
gtext('U1=380V');
hold on
plot(s,T80U1,'k');
gtext('U1=304V');
plot(s,T70U1,'k');
gtext('U1=266V');
plot(s,T60U1,'k');
```

```
gtext('U1=228V');
plot(s,T50U1,'k');
gtext('U1=190V');
```

（3）运行 exm1317.m，得到如图 13-34 所示的仿真结果。

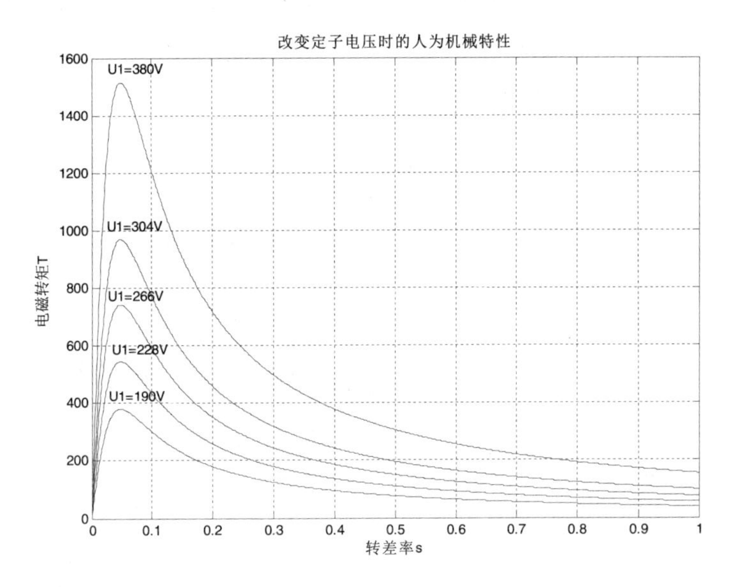

图 13-34　仿真结果

例 13-18　三相异步电动机直接起动时，起动电流可达额定电流的 5～7 倍。试用电力系统仿真工具箱提供的模块建立三相异步电动机直接起动的仿真模型，观察起动过程中电机的转速、电磁转矩和定子电流的波形。

解：（1）用电力系统仿真工具箱提供的模块建立三相异步电动机直接起动的仿真模型 exm1318.mdl，如图 13-35 所示。

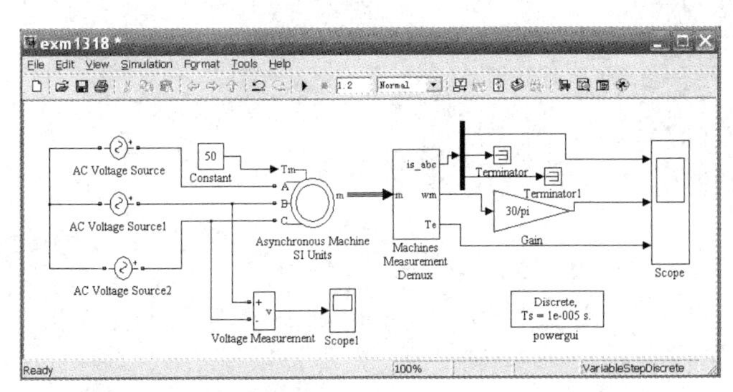

图 13-35　三相异步电动机直接起动的仿真模型

（2）设置模块参数。三相异步电动机模块的参数设置如图 13-36 所示，Preset model（预设模型）选项中有一些模型可供选用，本例选用预设模型 20，所以随后的参数不再需要设定，若不选用预设模型，则电机参数由用户自行设定。三个交流电压源模块构成三相对称电源，它们的参数应根据电机的参数来设置。Machine Measurements Demux 模块的参数设置如图 13-37 所示。

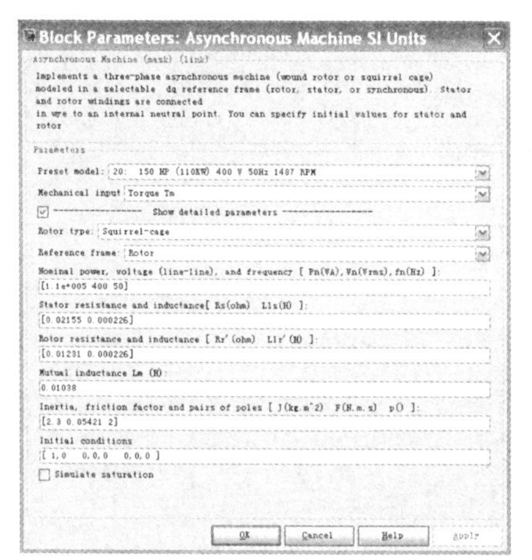

图 13-36 三相异步电动机模块的参数设置

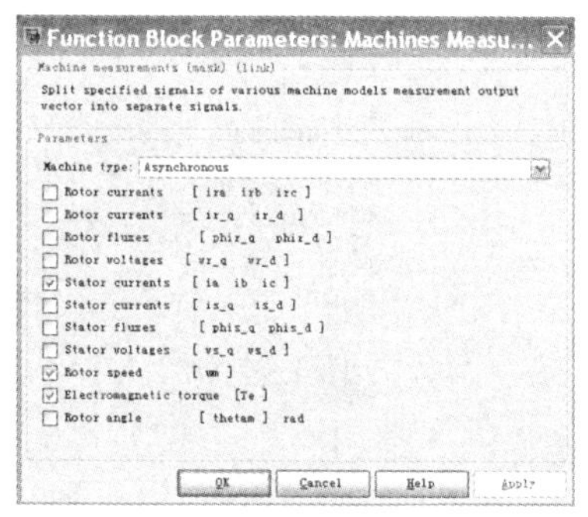

图 13-37 Measurements 模块的参数设置

（3）设定仿真时间为 1.2s。运行仿真可得如图 13-38 所示的仿真结果，从上至下依次为定子 A 相电流、转速和电磁转矩的波形。

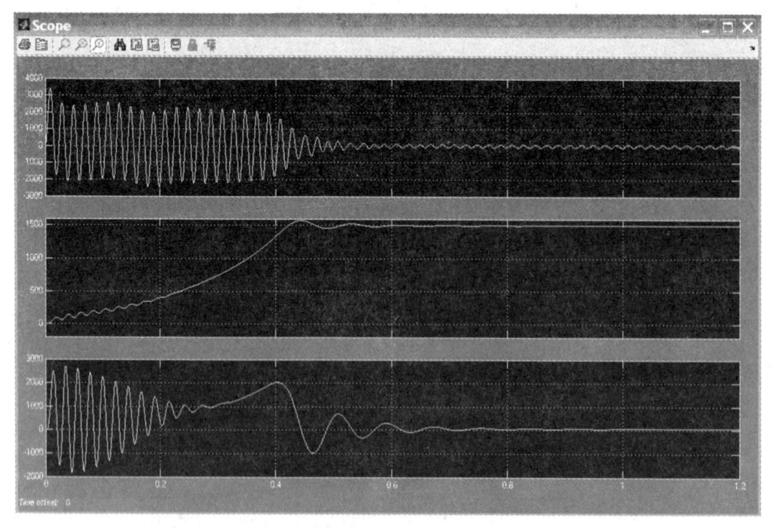

图 13-38 仿真结果

（1）MATLAB 具有强大的矩阵处理功能和图形处理功能，深受科技人员的欢迎，是理工科专业学生必须掌握的工具。本章仅介绍了 MATLAB 的初步知识。

（2）电路中的问题既可以编写 M 文件求解，也可以通过建立仿真模型来求解。

（3）电机中的问题一般通过建立仿真模型来求解，这是因为高版本的 MATLAB 提供了电力系统仿真工具箱，利用该工具箱中的模块建立电机系统的仿真模型特别简单。

13-1　已知代数方程

$$\begin{bmatrix} 1-\mathrm{j} & 5 & -9 & 5+13\mathrm{j} \\ 7.5 & 20 & 8.1 & -25\mathrm{j} \\ 5+6\mathrm{j} & 6 & 12-2.5\mathrm{j} & 7\mathrm{j} \\ 25-7\mathrm{j} & -7\mathrm{j} & 45\mathrm{j} & -6+8\mathrm{j} \end{bmatrix} \begin{bmatrix} x_1 \\ x_2 \\ x_3 \\ x_4 \end{bmatrix} = \begin{bmatrix} 3+6\mathrm{j} \\ 0 \\ -5\mathrm{j} \\ 0 \end{bmatrix}$$

试求 x_1、x_2、x_3 和 x_4。要求编写 M 文件，并给出该文件的运行结果。

13-2　编写求解习题 3-5 的 M 文件，并给出该文件的运行结果。

13-3　编写求解习题 3-10 的 M 文件，并给出该文件的运行结果。

13-4　编写求解习题 5-10 的 M 文件，并给出该文件的运行结果。

13-5　利用 Simulink 提供的模块建立习题 5-14 所示电路的仿真模型，并给出仿真结果。

13-6　利用电力系统仿真工具箱提供的模块建立习题 5-17 所示电路的仿真模型，并给出仿真结果。

13-7　编写求解习题 7-12 的 M 文件，并给出该文件的运行结果。

13-8　利用电力系统仿真工具箱提供的模块建立三相异步电动机转子串电阻起动的仿真模型，并给出仿真结果。

13-9　利用电力系统仿真工具箱提供的模块建立三相异步电动机能耗制动的仿真模型，并给出仿真结果。

部分习题答案

第 1 章

1-1　$P_{A}=150W$（发出），$P_{B}=30W$（吸收），$P_{C}=60W$（吸收），
$P_{D}=40W$（吸收），$P_{E}=20W$（吸收）

1-2　（a）$P_{2A}=10W$（吸收），$P_{5\Omega}=20W$（吸收），$P_{15V}=30W$（发出）
（b）$P_{2A}=30W$（发出），$P_{5\Omega}=45W$（吸收），$P_{15V}=15W$（发出）
（c）$P_{2A}=30W$（吸收），$P_{5\Omega}=45W$（吸收），$P_{15V}=75W$（发出）

1-3　（1）$i_{1}=\frac{20}{9}A$，$u_{ab}=\frac{8}{9}V$　（2）$u_{cb}=-13V$

1-4　（a）$I=2A$，$U=-24V$　（b）$U=5V$
（c）$i_{1}=2A$，$i_{2}=5A$，$u=6V$　（d）$U=-1V$，$I=2A$

1-5　$U=2V$

1-6　$P_{A}=-336W$

1-7　$R=\frac{4}{3}\Omega$

1-8　$i=\frac{4}{3}A$

1-9　$R=3\Omega$

1-10　$P_{3V}=0$，$P_{1A}=7W$（发出）

第 2 章

2-1　（a）$R_{ab}=3\Omega$（b）$R_{ab}=4\Omega$（c）$R_{ab}=2\Omega$（d）$R_{ab}=3\Omega$
（e）$R_{ab}=2\Omega$（f）$R_{ab}=3.6\Omega$

2-2　（a）$R_{ab}=1.269\Omega$（b）$R_{ab}=7\Omega$（c）$R_{ab}=1.5\Omega$

2-3　$i=20A$

2-4　（a）$U=12V$（b）$U=12V$

2-5　（a）$U=2V$，$R=2\Omega$　（b）$U=-6V$，$R=5\Omega$

（c）$U = 13\text{V}$， $R = 4\Omega$ （d）$U = 7\text{V}$， $R = 6\Omega$

2-6 $I = \frac{10}{9}\text{A}$

2-7 $U = 1\text{V}$

2-8 $U = 3\text{V}$

2-9 $R = 4\Omega$

2-10 $R_i = 1.5\Omega$

2-11 $R_i = 3.6\Omega$

2-12 $R_i = -32\Omega$

2-13 $R_i = 25\Omega$

第3章

3-1 $i_1 = 0.5\text{A}$， $i_2 = -0.1\text{A}$， $i_3 = -0.4\text{A}$

3-2 $i_1 = -1\text{A}$， $i_2 = 2\text{A}$， $i_3 = 4\text{A}$

3-3 $i_1 = 9.25\text{A}$， $i_2 = 2.75\text{A}$， $i_3 = 6.5\text{A}$

3-4 $i_3 = -4\text{A}$

3-5 $i_1 = 1.5\text{A}$， $i_2 = -0.5\text{A}$， $i_3 = 0.5\text{A}$， $i_4 = 1.5\text{A}$， $i_5 = -2\text{A}$

3-6 $I = 1\text{A}$

3-7 $P = 3060\text{W}$

3-8 $u = 1.5\text{V}$

3-9 $u = -\frac{13}{6}\text{V}$

3-10 $u = -1.5\text{V}$

3-11 $I_1 = 6.15\text{A}$， $I_2 = -0.85\text{A}$， $I_3 = 1.15\text{A}$

3-12 $P = -14\text{W}$

3-13 $I_S = -\frac{8}{9}\text{A}$

3-14 $P = \frac{16}{15}\text{W}$

第4章

4-1 $u = -5\text{V}$， $i = 1\text{A}$

4-2 $u=-\frac{13}{6}\text{V}$

4-3 $i=4\text{mA}$

4-4 （1）$R=2\Omega$ （2）$I_2=10\text{A}$，$U_3=20\text{V}$

4-5 $I_1=-2\text{A}$

4-6 $\alpha=-1$

4-7 $i=1\text{A}$

4-8 $i=2.5\text{A}$

4-9 $u=30\text{V}$

4-10 $u=50\text{V}$

4-11 $R=2\Omega$

4-12 $I=6\text{A}$

4-13 $u_{\text{OC}}=30\text{V}$，$R_{\text{eq}}=1\Omega$；$i_{\text{SC}}=30\text{A}$，$R_{\text{eq}}=1\Omega$

4-14 $P=6.25\text{W}$

4-15 $R=\frac{5}{3}\Omega$，$P_{\max}=15\text{W}$

4-16 $R=6\Omega$，$P_{\max}=6\text{W}$

4-17 $U_{\text{S1}}=34\text{V}$，$g=2\text{S}$ 或 $U_{\text{S1}}=-6\text{V}$，$g=2\text{S}$

4-18 $R=2\Omega$，$P_{\max}=0.5\text{W}$

4-19 $R=2.5\Omega$，$P_{\max}=10\text{W}$

第 5 章

5-1 （1）$i(t)=\begin{cases}0 & t<0\\ -1\text{A} & 0\leqslant t<2\text{s}\\ 2\text{A} & 2\text{s}\leqslant t<3\text{s}\\ 0 & t\geqslant 3\text{s}\end{cases}$ $p(t)=\begin{cases}0 & t<0\\ t\text{W} & 0\leqslant t<2\text{s}\\ 4(t-3)\text{W} & 2\text{s}\leqslant t<3\text{s}\\ 0 & t\geqslant 3\text{s}\end{cases}$

（2）1W，0.5J

5-2 （1）$u(t)=\begin{cases}0 & t<0\\ 2\text{V} & 0\leqslant t<2\text{s}\\ 0 & 2\text{s}\leqslant t<3\text{s}\\ -2\text{V} & 3\text{s}\leqslant t<5\text{s}\\ 0 & t\geqslant 5\text{s}\end{cases}$ $p(t)=\begin{cases}0 & t<0\\ 2t\text{W} & 0\leqslant t<2\text{s}\\ 0 & 2\text{s}\leqslant t<3\text{s}\\ -2(5-t)\text{W} & 3\text{s}\leqslant t<5\text{s}\\ 0 & t\geqslant 5\text{s}\end{cases}$

（2）3W，2.25J

5-3　$u_C(0_+) = 40V$， $i_C(0_+) = -4.5A$

5-4　$i(0_+) = 0.4A$， $i_C(0_+) = -0.4A$， $u_L(0_+) = -2V$， $\left.\frac{du_C}{dt}\right|_{t=0_+} = -\frac{2}{15}V/s$

5-5　0.25s

5-6　$\frac{1}{3}s$

5-7　$u_C(t) = 4e^{-10t}V \quad t > 0$， $i(t) = (2 + 4e^{-10t})A \quad t > 0$

5-8　$u_C(t) = (72 - 60e^{-t})V \quad t > 0$， $u(t) = (-60 + 60e^{-t})V \quad t > 0$

5-9　$i_L(t) = 2e^{-5t}A \quad t > 0$， $u(t) = -4e^{-5t}V \quad t > 0$

5-10　$i_L(t) = e^{-2t}A \quad t > 0$， $u_L(t) = -4e^{-2t}V \quad t > 0$

5-11　$u_C(t) = (10 - 10e^{-2t})V \quad t > 0$， $u(t) = (10 - 4e^{-2t})V \quad t > 0$

5-12　$u_C(t) = (6 - 6e^{-t})V \quad t > 0$， $i(t) = (1 + 2e^{-t})A \quad t > 0$

5-13　$i_1(t) = (4 - \frac{7}{3}e^{-\frac{t}{3}})A \quad t > 0$， $i_2(t) = (3 - \frac{7}{2}e^{-\frac{t}{3}})A \quad t > 0$

5-14　$u_C(t) = (-3 + 6e^{-t})V \quad t > 0$

5-15　$i_L(t) = (3 - 2e^{-10t})A$， $u_C(t) = (-35 + 5e^{-t})V$，

$i(t) = (2.5 - 2e^{-10t} + 0.5e^{-t})A$， $t > 0$

5-16　$i_L(t) = (1 + 2e^{-2t})A \quad t > 0$， $u(t) = (3 - 6e^{-2t})V \quad t > 0$

5-17　$u(t) = -\frac{4}{3}e^{-0.5t}V \quad t > 0$

第 6 章

6-1　（1）$6.23 - j7.08$　（2）$209 \angle 67.6°$　（3）$13.08 \angle 126.6°$

（4）$4.37 \angle -101.3°$

6-2　$A = 100 \quad \theta = 30°$ 或 $A = 200 \quad \theta = -90°$

6-3　（1）$5 \angle -36.87°$　（2）$6 \angle 15°$

6-4　（1）$10\cos(\omega t - 53.1°)$　（2）$10\cos(\omega t + 143.1°)$　（3）$10\cos(\omega t - 90°)$

6-5　$103\cos(\omega t - 75.96°)$

6-6　9.146，16.62

6-7　35.16V

6-8　（1）0.637H　（2）10Ω　（3）5Ω　（4）10μF　（5）2.63μF

第7章

7-1 （1）$Z = 20\angle 0^\circ\ \Omega$ （2）$Z = 5\angle 10^\circ\ \Omega$ （3）$Z = \mathrm{j}20\Omega$

（4）$Z = 5\angle 17^\circ\ \Omega$ （5）$Z = 100\angle 30^\circ\ \Omega$ （6）$Z = 10\angle -152.62^\circ\ \Omega$

7-2 $Z = (6 + \mathrm{j}17)\Omega$

7-3 $i_{\mathrm{R}}(t) = 2.236\cos(t - 26.56^\circ)\mathrm{A}$，$i_{\mathrm{C}}(t) = 15.68\cos(t + 63.44^\circ)\mathrm{A}$，

$i_{\mathrm{L}}(t) = 2.236\cos(t - 116.5^\circ)\mathrm{A}$，$L = 1\mathrm{H}$

7-4 $I_1 = 10\mathrm{A}$，$X_{\mathrm{C}} = -15\Omega$，$R_2 = X_{\mathrm{L}} = 7.5\Omega$

7-5 $R = 86.6\Omega$，$L = 0.159\mathrm{H}$，$C = 31.85\mu\mathrm{F}$

7-6 （2）$\dfrac{R_1}{R_2} = \dfrac{3}{7}$

7-7 $R = 9.6\Omega$，$L = 12.8\mathrm{mH}$，$C = 50\mu\mathrm{F}$，$I_2 = 8\mathrm{A}$

7-8 $\dot{U} = 10\angle 0^\circ\ \mathrm{V}$

7-9 $\dot{I} = 2\angle 0^\circ\ \mathrm{A}$，$\dot{U}_{\mathrm{S}} = 12.8\angle -53.1^\circ\ \mathrm{V}$

7-10 $\dot{U}_{\mathrm{S}} = 2\sqrt{2}\angle 45^\circ\ \mathrm{V}$

7-11 $\dot{I}_1 = 1\angle 16.2^\circ\ \mathrm{A}$，$\dot{I}_2 = 1.44\angle 109.4^\circ\ \mathrm{A}$

7-12 $\dot{I}_1 = 6.95\angle -49.3^\circ\ \mathrm{A}$，$\dot{I}_2 = 6.69\angle 52.1^\circ\ \mathrm{A}$

7-13 $\dot{I}_1 = 0.447\angle -34.1^\circ\ \mathrm{A}$，$\dot{I}_2 = 2.9\angle 24.36^\circ\ \mathrm{A}$

7-14 $\dot{U}_{\mathrm{OC}} = 20\angle -90^\circ\ \mathrm{V}$，$Z_{\mathrm{eq}} = -\mathrm{j}2.5\Omega$

7-15 $R = 750\Omega$，$X_{\mathrm{L}} = 375\Omega$

7-16 $U = 50\mathrm{V}$，$I = 3\mathrm{A}$，$X_{\mathrm{C}} = 12.5\Omega$

7-17 $I_1 = 5\mathrm{A}$，$I_2 = 11.1\mathrm{A}$，$I = 10.85\mathrm{A}$，$P = 1067\mathrm{W}$

7-18 $P = 3\mathrm{W}$

7-19 $\lambda = 0.64$，$Q = 4.8\mathrm{kvar}$，$C = 173\mu\mathrm{F}$

7-20 $I_{\mathrm{S}} = 2\mathrm{A}$

7-21 $Z = (3 + \mathrm{j}3)\Omega$，$P_{\max} = 1.5\mathrm{W}$

7-22 $H(\mathrm{j}\omega) = \dfrac{\mathrm{j}\dfrac{\omega}{\omega_{\mathrm{C}}}}{\mathrm{j}^2\left(\dfrac{\omega}{\omega_{\mathrm{C}}}\right)^2 + \mathrm{j}3\dfrac{\omega}{\omega_{\mathrm{C}}} + 1}$，$\omega_{\mathrm{C}} = \dfrac{1}{RC}$

7-23 $f_0 = \dfrac{1}{2\pi\sqrt{3LC}}$

7-24　$f_0 = \dfrac{1}{\sqrt{2\pi LC(1-k)}}$

7-25　$C_0 = \dfrac{\sqrt{3}}{2}\text{F}$，$C = \dfrac{\sqrt{3}}{3}\text{F}$，$L = \sqrt{3}\text{H}$

7-26　$L = 0.1\text{H}$

7-27　$u_C(t) = [50 + 95\sqrt{2}\cos(1000t - 45°)]\text{V}$，$U_C = 107.4\text{V}$

7-28　$i(t) = [1 + \cos(\omega t - 45°) + 0.1\sqrt{2}\cos(3\omega t - 41.5°)]\text{A}$，$I = 1.23\text{A}$，$P = 15.1\text{W}$

7-29　$i_{eq} = 4.03\sqrt{2}\cos(\omega t - 45.53°)\text{A}$

第 8 章

8-1　星形联接，$I_P = 22\text{A}$，$I_L = 22\text{A}$；三角形联接，$I_P = 38\text{A}$，$I_L = 65.8\text{A}$

8-2　$\dot{I}_a = 1.174\angle -27°\text{A}$，$\dot{U}_{ab} = 377.4\angle 30.275°\text{V}$

8-3　$\dot{I}_1 = \dfrac{44}{\sqrt{3}}\angle -6.9°\text{A}$，$\dot{I}_2 = \dfrac{44}{\sqrt{3}}\angle -126.9°\text{A}$，$\dot{I}_3 = \dfrac{44}{\sqrt{3}}\angle 113.1°\text{A}$

8-4　$\dot{I}_A = 26.44\angle -43.8°\text{A}$，$\dot{I}_B = 26.44\angle -163.8°\text{A}$，$\dot{I}_C = 26.44\angle 76.2°\text{A}$，$P = 12.6\text{kW}$

8-5　（1）$\dot{I}_A = 25.4\angle -30°\text{A}$，$\dot{I}_B = 12.7\angle 60°\text{A}$，$\dot{I}_C = 16.93\angle -75°\text{A}$，$\dot{I}_N = 37.38\angle -28.88°\text{A}$

（2）$\dot{I}_A = 6.01\angle 26.25°\text{A}$，$\dot{I}_B = 21.95\angle 82.2°\text{A}$，$\dot{I}_C = 25.8\angle -108.94°\text{A}$，$\dot{U}_{N'N} = 226.2\angle -12.75°\text{V}$

8-6　电流表 A_1、A_2、A_3 的读数分别为 5.774A，10A，5.774A

8-7　$P = 4654\text{W}$

8-8　$P_1 = 190\text{W}$，$P_2 = 380\text{W}$，$P = 570\text{W}$

8-9　$P_1 = 4320\text{W}$，$P_2 = 1002\text{W}$，$P = 5322\text{W}$

第 9 章

9-1　$L = 3.2\text{H}$

9-2　$\dot{I}_C = 1.5\angle -90°\text{A}$，$\dot{U}_C = 1.5\angle -180°\text{V}$

9-3　$\dot{U}_2 = 100\angle -90°\text{V}$

9-4　$\omega_0 = 2000\text{rad/s}$

9-5　$C = 0.066\text{F}$

9-6　$M = 0.5\text{H}$

9-7　$\dot{I}_1 = 4\angle{-53.1^\circ}\ \text{A}$，$\dot{I}_2 = 4.47\angle{-26.5^\circ}\ \text{A}$，$P_2 = 80\text{W}$

9-8　$\dot{U}_S = 8\angle{0^\circ}\ \text{V}$，$\dot{I}_2 = 0.5\angle{0^\circ}\ \text{A}$，$\dot{U}_1 = 4\sqrt{2}\angle{45^\circ}\ \text{V}$，$\dot{U}_2 = 8\sqrt{2}\angle{45^\circ}\ \text{V}$，$P = 8\text{W}$

9-9　$\dot{I}_1 = 2\angle{0^\circ}\ \text{A}$，$\dot{U}_2 = 60\angle{180^\circ}\ \text{V}$，$P = 20\text{W}$

9-10　$Z = 6\Omega$，$P_{\max} = 33.3\text{W}$

第 10 章

10-9　（1）$I_1 = 25.59\text{A}$，$I_2 = 42.76\text{A}$，$I_m = 1.2\text{A}$

（2）$\cos\varphi_1 = 0.772$（滞后），$\cos\varphi_2 = 0.8$（滞后）

（3）$P_1 = 7507\text{W}$，$P_2 = 7314\text{W}$，$\eta = 97.43\%$

第 11 章

11-5　$I_1 = 11.47\text{A}$，$I_2' = 10.02\text{A}$，$I_m = 3.92\text{A}$

11-7　$T = 29.14\text{N}\cdot\text{m}$，$T_{\max} = 63.77\text{N}\cdot\text{m}$，$T_{st} = 26.39\text{N}\cdot\text{m}$

第 12 章

12-1　（1）A　（2）C　（3）B　（4）B　（5）A

第 13 章

13-1　$x_1 = -0.3778 - 0.3491\text{j}$，$x_2 = 0.3066 + 0.4733\text{j}$

$x_3 = 0.1222 - 0.1885\text{j}$，$x_4 = 0.2128 - 0.1715\text{j}$

参考文献

[1] 邱关源．电路[M]．5 版．北京：高等教育出版社，2006.

[2] 李瀚荪．电路分析基础[M]．4 版．北京：高等教育出版社，2006.

[3] 陈洪亮，张峰，田社平．电路基础[M]．北京：高等教育出版社，2007.

[4] 王松林，吴大正，李小平．电路基础[M]．3 版．西安：西安电子科技大学出版社，2008.

[5] 赖旭芝，宋学瑞，陈宁，李中华等．电路理论基础[M]．3 版．长沙：中南大学出版社，2009.

[6] 石生，韩肖宁．电路基本分析[M]．北京：高等教育出版社，2000.

[7] 巨辉，周蓉．电路分析基础[M]．北京：高等教育出版社，2012.

[8] 汤蕴璆．电机学[M]．4 版．北京：机械工业出版社，2011.

[9] 孙旭东，王善铭．电机学[M]．北京：清华大学出版社，2006.

[10] 许实章．电机学[M]．北京：机械工业出版社，1981.

[11] 李发海，朱东起．电机学[M]．4 版．北京：科学出版社，2007.

[12] 秦曾煌．电工学[M]．6 版．北京：高等教育出版社，2003.

[13] 唐介．电工学（少学时）[M]．2 版．北京：高等教育出版社，2005.

[14] 赖旭芝，张亚鸣，李飞，阙建荣．电工基础实用教程（机电类）[M]．3 版．长沙：中南大学出版社，2006.

[15] 侯世英．电工学[M]．北京：高等教育出版社，2008.

[16] 王永华．现代电气控制及 PLC 应用技术[M]．2 版．北京：北京航空航天大学出版社，2008.

[17] 孙传友，孙晓斌．感测技术基础[M]．北京：电子工业出版社，2001.

[18] 冯晓云．电力牵引交流传动及其控制系统[M]．北京：高等教育出版社，2009.

[19] 宋雷鸣，吴鑫．动车组传动与控制[M]．北京：中国铁道出版社，2009.

[20] 周惠潮．常用电子元件及典型应用[M]．北京：电子工业出版社，2005.

[21] 陈坚．电力电子学——电力电子变换与控制技术[M]．2 版．北京：高等教育出版社，2004.

[22] 张燕宾．SPWM 变频调速应用技术[M]．4 版．北京：机械工业出版社，2012.

[23] 陈怀琛，吴大正，高西全．MATLAB 及其在电子信息课程中的应用[M]．3 版．北京：电子工业出版社，2006.

[24] 范世贵，郭婷．电路分析基础重点难点考点辅导与精析[M]．西安：西北工业大学出版社，2011.
[25] 王淑敏．电路基础常见题型解析及模拟题[M]．西安：西北工业大学出版社，2000.
[26] 邢丽冬，潘双来．电路学习指导与习题精解[M]．2 版．北京：清华大学出版社，2009.
[27] 梁贵书，董华英．电路理论基础学习指导[M]．北京：中国电力出版社，2011.
[28] 龚世缨，熊永前．电机学实例解析[M]．武汉：华中科技大学出版社，2001.